Markenbotschafter – Erfolg mit Corporate Influencern

Dr. Kerstin Hoffmann

Markenbotschafter – Erfolg mit Corporate Influencern

Überblick, Strategie, Praxis, Tools

1. Auflage

Haufe Group
Freiburg · München · Stuttgart

Bibliografische Information der Deutschen Nationalbibliothek

Die Deutsche Nationalbibliothek verzeichnet diese Publikation in der Deutschen Nationalbibliografie; detaillierte bibliografische Daten sind im Internet über http://dnb.dnb.de abrufbar.

Print: ISBN 978-3-648-13627-0 Bestell-Nr. 10462-0001
ePub: ISBN 978-3-648-13631-7 Bestell-Nr. 10462-0100
ePDF: ISBN 978-3-648-13632-4 Bestell-Nr. 10462-0150

Dr. Kerstin Hoffmann
Markenbotschafter – Erfolg mit Corporate Influencern
1. Auflage, Mai 2020

www.haufe.de
info@haufe.de

Produktmanagement: Judith Banse
Lektorat: Peter Böke, Berlin

Inhaltsverzeichnis

Vorworte

»Meiner Ansicht nach ist man als Vorstand immer auch Markenbotschafter. Die Frage ist eher, wie man diese Rolle ausgestaltet. Ich sehe soziale Medien als große Chance für authentische und direkte Kommunikation.«

Julia Bangerth, Vorstandsmitglied der Nürnberger DATEV eG, Chief Operating Officer

»Meine Devise lautet: Tue Gutes und sprich drüber. Ich möchte gerne meine positiven Erfahrungen meines Arbeitgebers mit anderen Menschen teilen.«

Lisa Mölleke, Business Analystin in der OTTO IT im Bereich der Einkaufssysteme

»Als Kommunikationsleiter in einer zwar wachsenden, aber eher noch kleinen Großstadt stehe ich ohnehin in der Öffentlichkeit. Das muss man auch mögen. Ich bin Markenbotschafter meines Unternehmens. Und ich bin es gerne und mit Überzeugung.«

Jürgen Scheer, Leiter der Zentralabteilung Unternehmenskommunikation/Marketing der Stadtwerke Neuss

»Als herausgehobene Führungskraft ist man immer Markenbotschafter, ob man es möchte oder nicht. Wer nicht kommuniziert, der sagt damit auch etwas über die Marke aus.«

Dr. Jörg Ehmer, CEO von Apollo Optik und Vice President des Optical Retailers GrandVision

»Grundsätzlich finde ich es immer wichtig, sich selbst ausführlich Gedanken zu machen – »Wofür stehe ich? Wofür möchte ich stehen? Was sind meine Werte?« – und das dann auch nachhaltig, glaubwürdig und authentisch zu verfolgen.«

Magdalena Rogl, Head of Digital Channels, Microsoft Deutschland GmbH

»Ich verkaufe keine Produkte, ich erzähle meine und die Konzerngeschichte und beide haben etwas Fundamentales gemeinsam: Wir verändern uns!«

Sascha Pallenberg, Head of Digital Transformation in der Unternehmenskommunikation der Daimler AG

»Ich bekomme fast täglich Anfragen, wie man sich am besten bewerben soll und wie ich das Auswahlverfahren bestanden habe, ob ich Tipps habe. Mich freut es, dass ich junge Leute dadurch motivieren kann, zur Polizei zu gehen.«

Michelle Uhrig, Eisschnellläuferin und Polizeimeisterin bei der Bundespolizei

»Wer für sein Unternehmen, für seine Marke, für seine Behörde kein Markenbotschafter sein möchte, sollte seine Rolle überdenken – gemäß dem alten Motto »love it, change it oder leave it.«

Jochen Müller ist stellvertretender Geschäftsleiter des KRZN, des »Kommunalen Rechenzentrums Niederrhein«

»Für einen Bäckermeister ist die Rolle als Markenbotschafter wie geschaffen. Manche nehmen das leider nicht wahr. Manche machen es nur unbewusst, aber trotzdem gut. Generell sollten Handwerker mehr ›Gesicht‹ zeigen.«

Wolfgang Süpke, Geschäftsführer und Bäckermeister bei Bäcker Süpke OHG

»Ich bin vollkommen davon überzeugt, dass das, was ich beruflich mache, einen positiven Einfluss auf unsere Gesellschaft nimmt. Deshalb will ich so viel wie möglich darüber erzählen, um meine Begeisterung für meine Arbeit mit anderen zu teilen.«

Stefan Möller, Regionalleiter Firmenkunden Bochum bei der GLS Bank

»Ich möchte den Menschen einen Einblick in meine Arbeitswelt geben. Das treibt mich an! Aus meiner Sicht motiviere ich weitere Kolleginnen und Kollegen, mitzumachen und ihr Thema nach außen zu transportieren.«

Carsten Meißner, Senior Consultant, Siemens Smart Infrastructure, Deutschland.

»Wir Botschafter machen auf die tolle Arbeit der Kolleginnen und Kollegen aufmerksam. Und darauf, dass wir durchaus stolz sein können. Das motiviert und hilft auch bei zukünftigen Aufgaben.«

Manuela Wild, Senior Experte Eskalationsmanagement für die Deutsche Telekom Technik GmbH

Die Vorworte sind kurze Zitate aus den insgesamt zwölf Exklusivinterviews in diesem Buch. Darin liefern Markenbotschafterinnen und Markenbotschafter aus ganz verschiedenen Unternehmen und Organisationen spannende Einblicke in die Praxis der Markenbotschafter bei ihren Arbeitgebern.

Kerstin Hoffmann, im Frühjahr 2020

1 Einleitung

1.1 Was erwartet Sie in diesem Buch?

»Markenbotschafter – Erfolg mit Corporate Influencern« ist zugleich ein Appell, eine umfassende Einführung in das Thema, ein Ratgeber und ein praktischer Leitfaden für alle diejenigen, die an der Erarbeitung ebenso wie an der praktischen Umsetzung von Markenbotschafterstrategien beteiligt sind oder sich Gedanken dazu machen. Das Buch schafft Bewusstsein, hilft bei der Einschätzung sowie der eigenen Verortung und liefert eine komplette Strategie-Anleitung mit vielen verschiedenen Aspekten. Es liefert zeitgemäßes Wissen und essenzielle Informationen in einem schlüssigen Konzept, die Entscheider und Mitarbeitende brauchen.

Best Practice in Beispielen und in 12 Exklusivinterviews !

Besonders wertvoll sind die umfangreichen Praxiserfahrungen, die hier eingeflossen sind: **Zwölf Exklusivinterviews** sowie weitere Originaltöne von Markenbotschaftern und Verantwortlichen in Unternehmen liefern aktuelle Best Practice. Zugleich beleuchten sie das Thema und dessen Umsetzung aus ganz unterschiedlichen Blickwinkeln der Akteure an ganz verschiedenen Positionen in Unternehmen und Organisationen.

Das Buch hilft Ihnen dabei, den gesamten Themenbereich und dessen Bedeutung für Ihr Unternehmen einzuschätzen und zugleich gängige Fehler zu vermeiden. Das Buch ist also auch aktive Krisenprävention. Personenmarken im Unternehmen – vom CEO bis zum einzelnen Mitarbeitenden – erhalten Orientierung, Entscheidungshilfen sowie praktische Unterstützung bei Planung und Umsetzung ihrer individuellen Kommunikationsstrategie.

In den Praxisbeispielen und aktuellen Bezügen referiert das Buch den Wissensstand zum Zeitpunkt seiner Entstehung. Es bezieht Erfahrungen aus Projekten der unmittelbar vorhergehenden Jahre ein. Jedoch umfasst es einen weit größeren Zeitraum der Forschung und Beratungspraxis. Auch wenn sich einzelne genannte Plattformen ändern oder an Bedeutung gewinnen beziehungsweise verlieren könnten, bleiben die zugrunde liegenden Prinzipien überwiegend bestehen. Das Buch ist bewusst so angelegt, dass sich die Tipps, Erfahrungen und Anleitungen auch auf andere Gegebenheiten übertragen lassen. In den strategischen Überlegungen ebenso wie in den Tools besitzt es langfristige Gültigkeit. Ich habe absichtlich auf detaillierte Anleitungen zu bestimmten Funktionen in digitalen Medien verzichtet, weil sich diese sehr schnell ändern. Solche Inhalte gehören nicht in ein Buch. Sollten Aktualisierungen, Ergänzungen oder Korrekturen erforderlich sein, so erscheinen diese auf der Buch-Website (Kapitel 1.3). Wenn Sie sich zu aktuellen Entwicklungen auf dem Laufenden halten wollen, finden Sie in meinem Online-Magazin PR-Doktor[1], in meinen Newslettern sowie in meinen Profilen und Seiten in sozialen Netzwerken[2] ein umfangreiches, täglich aktualisiertes Angebot.

Das Buch liefert Ihnen ...

- **eine praxisnahe, gut gegliederte Einführung in das Thema Corporate Influencer/Markenbotschafter und dessen Bedeutung für Unternehmen.**
- **einen aktuellen Überblick** über den Stand in der digitalen Kommunikation, insbesondere natürlich bezogen auf die Themen Corporate Influencer und soziale Netzwerke.
- **Begriffsklärungen und Optionen für die Erarbeitung einer Markenbotschafterstrategie.**
- **Informationen darüber**, was es bedeutet, Markenbotschafter im Unternehmen zu identifizieren, zu aktivieren und aufzubauen.
- **Entscheidungskriterien**, die Sie brauchen, um Ihr eigenes Unternehmen einzuordnen sowie den Handlungsbedarf zu definieren.
- **Entscheidungs- und Planungshilfen für die Markenbotschafterstrategie in Ihrem Unternehmen.**
- **Argumentationshilfen** für die strategiebegleitende interne Kommunikation an alle Unternehmensebenen.
- **Leitfäden und Hilfe** zum Aufbau einer Personenmarkenstrategie für Markenbotschafter.
- **konkrete, praktische Ansätze** für die Umsetzung in (digitalen) Medien und für die Auswahl der Plattformen.
- **zahlreiche Beispiele** aus der aktuellen Praxis in Unternehmen sowie von einzelnen Markenbotschaftern.
- **Praxisberichte aus erster Hand von Markenbotschaftern in Unternehmen** – vom Techniker bis zur Vorständin.
- **umfassende weiterführende Informationen**, Lesetipps und Links.
- **Antworten auf wichtige Rechtsfragen.**

!

Markenbotschafter und Recht – alles Wichtige in Fragen und Antworten

In der Unternehmenskommunikation spielen, wie in allen anderen Unternehmensbereichen, juristische Fragen eine große Rolle: Datenschutz, Persönlichkeitsrechte, Urheberrecht, Arbeitsrecht und weitere. Daher müssen Verantwortliche und Ausführende von Markenbotschafterstrategien sich mit Rechtsfragen auseinandersetzen, so wie jeder, der sich in irgendeiner Weise in den Medien bewegt und im Internet präsent ist. Bestimmte Regeln sind zu beachten, und diese sind einer sich wandelnden Rechtsprechung unterworfen, die oft mit den schnellen Veränderungen in den digitalen Medien kaum Schritt hält. Da es zu jedem

1 https://www.pr-doktor.de
2 Diese sind auf der Buch-Website verlinkt.

Kommunikationskonzept in Unternehmen gehört, sich unter anderem mit juristischen Fragen zu befassen, versteht sich dies natürlich ebenfalls für Markenbotschafterstrategien. Datenschutz, Persönlichkeitsrechte, Urheberrecht, Arbeitsrecht und weitere Gebiete sind zu beachten. Daher empfiehlt sich immer eine rechtliche Beratung und Begleitung. Für die Anwendung und Übertragung aller Vorschläge und Tipps aus diesem Buch auf Ihren individuellen Fall sind Sie selbst verantwortlich. Da ich selbst keine Juristin bin und rechtliche Hinweise nicht geben kann, hat mir der erfahrene Rechtsanwalt **Dr. Thomas Schwenke** alle meine Rechtsfragen rund um das Thema Markenbotschafter/Corporate Influencer ausführlich beantwortet. Auf diese Weise ist ein kompakter Fachratgeber zum Thema Markenbotschafter und Recht entstanden. Sie finden die Fragen und Antworten am Schluss dieses Buchs in Kapitel 6.

Offenlegung !

In dieses Buch sind meine langjährigen Erfahrungen aus vielen Projekten eingeflossen. Es stellt zudem zahlreiche Praxisbeispiele vor. An mehreren der vorgestellten Projekte habe ich mitgewirkt, mit anderen Interviewpartnern und Zitatgebern habe ich bereits in anderen Zusammenhängen zusammengearbeitet. Ich habe jedoch für die Aufnahme in das Buch kein Honorar erhalten, sondern die betreffenden Projekte und Personen allein im Hinblick auf den Wert der Beispiele und Aussagen für den Leser ausgewählt. Es versteht sich, dass ich in diesem Buch selbst keine Interna aus Projekten preisgebe, an denen ich mitgewirkt habe, soweit dies nicht mit den Auftraggebern ausdrücklich abgesprochen war.
Die Hinweise auf Plattformen, Webseiten, Tools, kostenfreie und kostenpflichtige Angebote habe ich unabhängig von den Anbietern selbst ausgewählt.

1.2 An wen richtet sich dieses Buch?

Dieses Buch richtet sich an sechs Personengruppen:

- Führungsspitze und Entscheider in Konzernen ebenso wie in mittelständischen Unternehmen
- Kommunikationsverantwortliche und deren Mitarbeitende in Unternehmen
- Verantwortliche im Personalbereich und deren Mitarbeitende
- Kundenberater und Mitarbeitende an der Schnittstelle zu Kunden und den Zielgruppen des Unternehmens
- Mitarbeitende in Unternehmen, die ihre Markenbotschafter-Rolle bewusst gestalten und ihre eigene Personenmarke auf- und ausbauen wollen
- Kommunikationsfachleute, PR-Berater, Contentstrategen und Social-Media-Manager

Kurz: Im Prinzip braucht die Informationen aus dem Buch jeder, der sich mit dem Thema Markenbotschafter/Corporate Influencer beschäftigen möchte.

1.3 Die Website zum Buch

Zu diesem Buch gibt es eine Website mit vielen kostenfreien, nützlichen Inhalten. Hier können Sie beispielsweise die von mir entwickelten Werkzeuge herunterladen. Die Interviewpartner aus dem Buch sind dort vorgestellt. Das gesamte Literaturverzeichnis ist hinterlegt, so dass Sie die entsprechenden Weblinks zu den Büchern und zu den Quellen im Internet direkt anklicken können. Sind Aktualisierungen, Ergänzungen und Korrekturen zum Buch sinnvoll, dann erscheinen sie ebenfalls auf der Seite. Sie finden hier zudem Kontakt- und Interaktionsmöglichkeiten:

www.markenbotschafterbuch.de

Rund um das Buch gibt es darüber hinaus ein umfassendes Beratungs- und Schulungsangebot zum Thema Markenbotschafterstrategien, die »Markenbotschafterschmiede«.

!

Hinweis zum Gendern

Sprache spiegelt Bewusstsein und schafft Realität. Die gendergerechte Sprache ist ein wichtiger Schritt für eine wirklich gleichberechtigte Gesellschaft. Deswegen wird in diesem Buch häufig eine geschlechtsneutrale Schreibweise (»Mitarbeitende«) verwendet oder die männliche und weibliche Form ausgeschrieben (»Leserinnen und Leser«). Zugleich fühle ich mich aber auch der Lesbarkeit und Kürze meiner Texte verpflichtet. Daher habe ich dennoch bei manchen Formulierungen auf eine geschlechtsspezifische Differenzierung verzichtet. Dabei sind selbstverständlich und ausdrücklich immer Personen beider Geschlechter gemeint sowie diejenigen, die sich anderen oder keinem zuordnen.

1.4 Warum Ihr Unternehmen jetzt eine Markenbotschafterstrategie braucht

1.4.1 Ihr Unternehmen kann nicht *keine* Markenbotschafter haben

Jedes Unternehmen hat heute Markenbotschafter – gewollt oder ungewollt. Soziale Netzwerke und privat organisierte Communitys in Messengern sorgen dafür, dass mittlerweile sehr viele, wenn nicht sogar die meisten Mitarbeitenden als potenzielle Schnittstelle in die Öffentlichkeit direkt erreichbar und ansprechbar sind. Unternehmen brauchen dringend Strategien, um damit umzugehen. Denn sobald jemand als Unternehmensangehöriger erkannt wird, hat das Verhalten des- oder derjenigen Einfluss auf das Markenbild und damit am Erfolg des Arbeitgebers und an dessen Krisenfestigkeit. Sind die Betreffenden sich dessen nicht bewusst oder erhalten keine Unterstützung, sind sie immer noch Markenbotschafter – aber manchmal dann eben auch schlechte. Je nach persönlicher Kommunikationsfähigkeit des Einzelnen, seiner oder ihrer Position im Unternehmen sowie der persönlichen Sicht auf den Arbeitgeber werden also viele verschiedene Markenbilder nach draußen und auch in das Unternehmen hinein transportiert und dann von anderen weitergetragen. Die Unternehmenskommunikation kann dies kaum noch kontrollieren. Doch sie kann Einfluss nehmen, indem sie Bewusstsein schafft und Unterstützung liefert. Das ist der eine Aspekt und der Bereich, der unbedingt abgedeckt und strategisch geplant sein sollte.

Darüber hinausgehend wird es für Unternehmen zunehmend schwer, sich in der Flut der Informationen zu behaupten. Menschen stehen Werbung häufig skeptisch gegenüber, vertrauen aber anderen Menschen, die für eine Marke stehen. Sichtbare Personen sorgen für Glaubwürdigkeit, Reichweite und bauen Beziehungen auf. Auf diese Weise erzeugen sie eine Bindung zur Marke. Sie tragen mit ihrer Persönlichkeit zum Markenimage bei, erst recht dann, wenn sie sich aktiv als Corporate Influencer engagieren. Sie stellen, gerade in sozialen Netzwerken, oft die eigentlichen oder sogar die einzigen Schnittstellen in relevante Communitys und zu Zielgruppen. Damit liefern sie zugleich wichtige Informationen und tragen so zum Listening bezüglich Themen sowie zum Monitoring bei.

Mehr denn je ist die persönliche Vernetzung von Köpfen in Unternehmen für die Sichtbarkeit und den Erfolg einer Marke entscheidend. In Zeiten der Informationsüberflutung bestimmen zu einem immer größeren Anteil persönliche Beziehungen, welche Inhalte wahrgenommen werden und welche sich nicht verbreiten. Glaubwürdigkeit, Empfehlungen von echten Menschen, Zugänge zu Mikro-Communitys: All dies wird in der Zukunft darüber entscheiden, ob und wie sich andere mit den Inhalten eines Unternehmens beschäftigen; ob und wie sie eine Bindung zu der Marke empfinden.

Daher braucht heute jedes Unternehmen eine Markenbotschafterstrategie. Die Option, sich mit dem Thema nicht auseinanderzusetzen, besteht also gar nicht mehr. Nicht zufällig sind daher Markenbotschafter/Corporate Influencer derzeit eines der beherrschenden Kommunikationsthemen.

In einer wachsenden Zahl von Unternehmen machen sich Entscheider Gedanken darüber, wie sie ihre Markenbotschafter gezielt fördern und aufbauen – oder sie haben bereits damit begonnen. Doch es herrschen viele Vorurteile und Fehleinschätzungen. Entscheider und Kommunikationsverantwortliche pflegen unrealistische Vorstellungen davon, wie eine Markenbotschafterstrategie aussehen sollte und was möglich ist. Der Informationsstand ist sehr heterogen, doch es gibt ein großes Informationsbedürfnis. Es ist schwierig, sich einen Überblick zu verschaffen und das relevante Fachwissen herauszufiltern. Auch bei den Mitarbeitenden bestehen große Unsicherheiten: Wo engagiere ich mich? Wie entwickle ich eine persönliche Kommunikationsstrategie? Welche Plattformen eignen sich dafür und wie setze ich die Strategie dort operativ um? Was sind die Risiken und Gefahren – und wie vermeide ich sie?

Menschen vertrauen Menschen mehr als Marken

In dieser Phase des digitalen Zeitalters sind wir alle einer nie zuvor dagewesenen Fülle von Informationen ausgesetzt. Selbst wenn wir uns auf das Nötigste beschränken und keine aktiven Präsenzen in sozialen Netzwerken pflegen, kann sich kaum jemand dieser Informationsüberflutung entziehen. Das gilt natürlich vor allem für diejenigen, die in irgendeiner Weise beruflich tätig oder anderweitig engagiert sind. Sie brauchen Austausch mit anderen, neues Wissen und aktuelle Daten, um nicht von den Entwicklungen abgehängt zu werden. Aber um an das zu kommen, was wirklich relevant für sie ist, müssen sie ungleich mehr davon sichten und sortieren. Täglich drängen neue Unternehmen ins Internet vor und wetteifern mit den bereits etablierten um die Aufmerksamkeit der User. Consumermarken ebenso wie B2B-Unternehmen überbieten einander mit immer mehr Inhalten auf immer mehr Plattformen. Deswegen bleibt pro Inhalt immer weniger Zeit, um diesen wahrzunehmen oder sich gar von ihm in einen Entscheidungs- und Kaufprozess (ver-)führen zu lassen. Auch fällt es dem User zunehmend schwer, Glaubwürdiges von Fraglichem, Seriöses von nicht so Empfehlenswertem zu trennen. Alles, was nicht in Sekundenbruchteilen als dringend benötigt erkannt wird, fällt aus dem Aufmerksamkeitsfeld heraus. Verbreitet eine Marke ihre Inhalte über gesichtslose Profile und Seiten, landet sie schnell im Abseits – es sei denn, es gibt für den User andere, sehr gewichtige Gründe, sich näher mit ihr zu beschäftigen, etwa massive Kaufvorteile. Doch selbst dann fällt es leichter, Aufmerksamkeit zu erzeugen, Beziehungen aufzubauen und Bindungen zu vertiefen, wenn die Marke und deren Inhalte mit Gesichtern verknüpft sind. Deswegen setzen heutzutage, in den Zeiten des Influencer-Booms auf Instagram oder Facebook, selbst sehr bekannte Marken auf klassische Testimonials: So zeigt etwa Dieter Bohlen Gesicht für den Möbel-Discounter Roller[3] oder Stefan Effenberg lässt sich bei der Eröffnung einer McDonald's-Filiale mit Fans fotografieren.[4] Dies wirkt nicht viel anders als beispielsweise Thomas Gottschalk, der in den 1990ern für Haribo geworben hat. Selbst die Medien sind oft gleich geblieben, etwa der immer noch existierende Print-Beileger zum Anzeigenblatt oder der Bericht in der Tageszeitung, der heutzutage natürlich auch online abzurufen ist. Allerdings verstärken soziale Netzwerke die zuerst in klassischen Medien wie dem Fernsehen aufgebaute Bekanntheit des Promis.[5] Auf Instagram kann heute kaum ein Prominenter, gleich welcher Herkunft und welchen Genres, verzichten. Hier mischt sich die alte Welt derjenigen, die ihre Bekanntheit auf sozusagen klassischen Wegen, etwa im Fernsehen, aufgebaut haben, mit der neuen Welt der sehr

3 Theobald, Tim: »Roller wirbt jetzt mit dem doppelten Bohlen«, in: Horizont, 23. September 2019, https://www.horizont.net/agenturen/nachrichten/jubilaeumskampagne-roller-wirbt-jetzt-mit-dem-doppelten-bohlen-177745

4 »Effenberg hautnah – ein Star und seine Fans«, in: RP Online, 24. Oktober 2019, https://rp-online.de/nrw/staedte/krefeld/krefeld-stefan-effenberg-bei-mcdonalds-wiedereroeffnung_aid-46693057

5 Dieter Bohlen auf Instagram: @dieterbohlen, https://www.instagram.com/dieterbohlen/?hl=de; Stefan Effenberg auf Instagram: @stefan_effenberg_official, https://www.instagram.com/stefan_effenberg_official/?hl=de

jungen Influencer, die ihre Sichtbarkeit auf den Plattformen entwickeln, auf denen sie sie auch vermarkten.

Jetzt fragen Sie sich vielleicht, und das zu Recht, was diese externen, gegen Honorar engagierten Testimonials mit den echten, authentischen Markenbotschaftern aus den Unternehmen selbst zu tun haben. Eine solche Frage ist umso berechtigter, weil es ja ohnehin schon reichlich Begriffsverwirrung rund um die Bezeichnungen für Markenbotschafter, Influencer und Corporate Influencer gibt. Dies erschwert es vielfach, in Unternehmen das Konzept von sichtbaren Influencern aus der Belegschaft zu vermitteln. Zur Begriffsklärung folgt gleich noch ein Absatz. Doch zunächst einmal müssen wir uns klarmachen, dass dies genau das mediale Umfeld ist, in dem sich Unternehmen zur Zeit bewegen und behaupten müssen. Dass große Consumermarken auf bekannte Gesichter setzen, um sich in der Informationsflut mit ihren Angeboten durchzusetzen, bringt alle diejenigen in Zugzwang, die sich ebenfalls behaupten wollen. Es setzt aber zugleich einen Referenzpunkt, um sich von der oft sehr plakativen Reklame mit echten und behaupteten Influencern abzusetzen. Dies gilt für den B2C-Bereich insofern, als Konsumenten zunehmend kritisch gegenüber den Social-Media-Stars sind. Ob das Influencer-Marketing allerdings wirklich ein so vorübergehender Hype ist, wie in vielen Abgesängen auf diese Werbeform schon jetzt zu lesen ist, bleibt abzuwarten. Aktuelle Studien legen eher nahe, dass die Bedeutung von Influencern in Marketing und Werbung noch zunehmen wird.[6]

Doch schon jetzt setzt sich mehr und mehr die Ansicht durch, dass authentische, echte Köpfe aus Unternehmen in vielen Zusammenhängen noch ungleich glaubwürdiger wirken als eingekaufte Werbegesichter. Den Unternehmensangehörigen glaubt man, dass sie sich mit dem Arbeitgeber und dessen Leistungen beziehungsweise Produkten identifizieren. Jeder weiß, dass man Mitarbeitende nicht zwingen kann, Inhalte des Arbeitgebers in sozialen Netzwerken zu teilen, und der User traut es sich zu, zu beurteilen, ob die Begeisterung echt ist. Dies gilt nicht nur, aber in besonderer Weise für den B2B-Bereich. So oder so müssen sich in diesen Zeiten der medialen Übermacht eben auch B2B-Unternehmen mit ihren Inhalten behaupten, und auch hier funktioniert dies am besten über Gesichter.

Tatsächlich sind gut vernetzte Personen oft die einzige Möglichkeit, wirklich Relevanz bei den gewünschten Kunden, Empfehlern und Geschäftspartnern zur erzielen. Denn die klassische direkte Werbung funktioniert immer schlechter. Vor allem (aber nicht nur) die jungen User fliehen, wie Studien belegen, regelrecht vor der Reklame in

6 Vgl. Piechowski, Nadine von: »Erfolg fürs Influencer Marketing: Jeder Fünfte kauft Produkte nach Empfehlung«, in: Onlinemarketing.de, https://onlinemarketing.de/news/studie-influencer-marketing-2020

immer neue Netzwerke, in denen es um persönlichen Austausch geht und die Markenbotschaften außen vor bleiben.[7]

Doch es ist eben nicht allein der Werbeaspekt, der zum Tragen kommt. Häufig wird die Annahme geäußert, dass Markenbotschafter aus allen Unternehmensbereichen bei Consumermarken entbehrlich seien, weil hier eben andere Werbemechanismen greifen und ein einzelner kleiner Angestellter keine großen Zielgruppen erschließen könne. Diese Fehlannahme beruht aber auch auf einem Missverständnis bezüglich der Rolle von Influencern aus dem Unternehmen: Sie sind eben keineswegs einfach nur Werbegesichter, die mit gesponserten Postings Endkunden zum Kauf motivieren sollen. Jedes Unternehmen hat zahlreiche Stakeholder, die für den Geschäftserfolg entscheidend sind. Wie gut der Kontakt zu ihnen ist, darüber entscheiden die Beziehungen zu den Markenvertretern mit.

Es geht nicht allein ums Senden

Häufig herrscht in Führungsetagen und selbst in Kommunikationsabteilungen eine Sicht auf digitale Medien vor, die sich primär auf eine Sender-Rolle in Bezug auf die gewünschten Kunden fokussiert: Es geht darum, mit breit gestreuten Botschaften möglichst viele Kunden zu erreichen und zum Kauf zu motivieren. Empfehler und Multiplikatoren werden als Inhaber von digitalen Kanälen betrachtet, um diese Botschaften möglichst breit an ihre eigenen Netzwerke weiterzuverteilen. Gespräche mit der Community dienen in dieser Vorstellung allenfalls dazu, Informationen über die Kunden einzusammeln, um die Werbung noch besser auf sie auszurichten. Aber es geht eben niemals im Vertrieb nur darum, Inhalte an möglichst viele Empfänger weiterzuverbreiten und somit aussendend ein Markenimage zu vermitteln. Deswegen kann es auch nicht die Rolle von Markenbotschaftern sein, einfach Inhalte des Unternehmens ihrerseits über persönliche Accounts weiterzuverbreiten. Auch eine solche eingeschränkte Sicht auf die Rolle von Markenbotschaftern ist noch sehr häufig anzutreffen.

Corporate Influencer: Frühwarnsystem und direkter Draht in die Community

Einer der Aspekte, die beim Markenbotschafter-Thema häufig vernachlässigt wird, ist der Aspekt der Informationsbeschaffung – aber nicht als Einbahnstraße oder als billiger Ersatz für teure Marktforschung. Über offizielle Unternehmensaccounts sind viele Mikronetzwerke kaum erreichbar, durchsuchbar erst recht nicht. Wer wissen will, wie die relevanten Stakeholder ticken, was diese brauchen und was sie über Markt und eigene Marke denken, muss mit ihnen direkt sprechen. Mitarbeitende haben das Ohr direkt an den Bezugsgruppen des Unternehmens. Sie erfahren zudem frühzeitig davon, wenn etwas schiefläuft. Sind sie gut vernetzt innerhalb einer wertschätzenden

7 »74 Percent of Digital Natives Tired of Brands Shouting at Them«, Lithium, 5. Mai 2016, http://www.lithium.com/company/news-room/press-releases/2016/lithium-74-percent-of-digital-natives-tired-of-brands-shouting-at-them

Community, so werden ihre persönlichen Kontakte ihnen beispielsweise melden, wenn sich irgendwo jemand negativ über das Unternehmen äußert oder sich ein Shitstorm zusammenbraut. Dies kann beispielsweise in einem nicht-öffentlichen Posting auf Facebook der Fall sein oder in einer LinkedIn-Gruppe, in einem Mikronetzwerk in einem Messenger, ebenso aber bei physischen Zusammenkünften. Sich andeutende Kommunikationskrisen sind auf diese Weise oft schon viel früher zu erkennen als über das offizielle Monitoring. Zudem ist eine gute Vernetzung im Krisenfall auch deswegen hilfreich, weil hier Unterstützer sitzen, die sich für jemanden oder etwas stark machen, in ihrem eigenen Umfeld die Wogen glätten oder dabei helfen, sachliche Informationen weiterzuverbreiten. Doch damit jemand sich engagiert, muss bereits eine Beziehung bestehen. Dies gilt aber eben nicht nur für den Worst Case einer Kommunikationskrise. Marktbeobachtung und Meinungsforschung sind exemplarisch über persönliche Netzwerke oft aussagekräftiger als alle anderen Untersuchungsmethoden.

Warum Netzwerke zu Relevanz führen und Relevanz für Kunden sorgt

Tatsächlich sind gut vernetzte Personen oft die einzige Möglichkeit, wirklich Relevanz bei den gewünschten Kunden, Empfehlern und Geschäftspartnern zur erzielen. Denn die klassische Werbung funktioniert immer schlechter. Vor allem die jungen User fliehen, wie Studien bereits seit Jahren belegen,[8] regelrecht vor der Reklame in immer neue Netzwerke. Hier bevorzugen sie persönlichen Austausch. Unternehmen haben mit ihren Anzeigen nur dann eine Chance, wenn sie ganz genau den Bedarf im richtigen Moment mit dem richtigen Ton treffen. Deswegen setzen Marken vor allem im Consumerbereich längst auf Influencer als bezahlte Werbegesichter. Währenddessen steigt die Informationsflut immer weiter, und es fällt immer schwerer, Aufmerksamkeit selbst für wertvolle Inhalte zu erzielen. Markenbotschafter mit einem wiedererkennbaren Profil gewinnen weiter an Bedeutung gegenüber gesichtslosen Markenbotschaften. Hinzu kommt eine Tatsache, die sich viele Entscheider und Kommunikationsverantwortliche in ihrem Bestreben, Kunden und Empfehler über soziale Netzwerke zu erreichen, gar nicht bewusst machen: Empfehlungen und Kaufentscheidungen finden zu großen Teilen in geschlossenen Zirkeln, also Gruppen innerhalb der großen sozialen Netzwerke, statt sowie mehr und mehr über Messenger. Wer hier außen vor bleibt, erreicht nicht die relevanten Meinungsbildner und Entscheider. Zugang in solche entscheidenden Kreise aber erlangt man vielfach nicht durch Unternehmensseiten oder die Business-Versionen von Messengern, sondern allein als Menschen, die für eine Marke (ein-)stehen.

8 »74 Percent of Digital Natives Tired of Brands Shouting at Them«, Lithium, 5. Mai 2016, http://www.lithium.com/company/news-room/press-releases/2016/lithium-74-percent-of-digital-natives-tired-of-brands-shouting-at-them

Keine Arbeitgebermarke ohne Markenbotschafter

Über sichtbare Unternehmensvertreter, die sich mit ihrem Arbeitgeber identifizieren, ist es deutlich leichter, sich als attraktive Arbeitgebermarke zu beweisen. Zudem stellen persönliche Beziehungen einen besonders wirkungsvollen Weg dar, von potenziellen neuen Mitarbeitenden zu erfahren und diese anzusprechen. Im Employer Branding spielt eine Markenbotschafterstrategie daher ebenfalls eine große Rolle. Der Online-Händler OTTO hat beispielsweise mit den Jobbotschaftern ein Markenbotschafterprogramm aufgesetzt, dessen Hauptziel es ist, neue Fachkräfte zu gewinnen.[9]

Doch nicht nur, wenn es darum geht, neue Mitarbeitende zu gewinnen, stärken Markengesichter die Position. Auch die Bindung der einzelnen Mitarbeitenden an das Unternehmen sowie seine Bereitschaft, sich zu engagieren und gute Arbeit abzuliefern, steigt in dem Maße, in dem er oder sie öffentlich beziehungsweise in Netzwerken für die Firma spricht.

Wenn es um Bedenken gegenüber dem Einsatz sichtbarer Markenbotschafter geht, hört man häufig die Befürchtung, dass die Betreffenden eben auch für potenzielle andere Arbeitgeber besser erreichbar seien. Doch die Wahrscheinlichkeit, dass ein engagierter Markenbotschafter das Unternehmen verlässt, sinkt in dem Maße, in dem er sich mit dem Unternehmen positiv identifiziert. Will jemand dennoch wechseln, wird man sie oder ihn ohnehin nicht aufhalten können. Während erfahrungsgemäß die Zufriedenheit von Mitarbeitenden, die sich als Corporate Influencer engagieren, mit dieser Aktivität oft noch weiter verstärkt, wird sich umgekehrt niemand in dieser Weise einbringen, der oder die mit dem eigenen Arbeitsplatz nicht zufrieden ist. Wie wir später noch sehen werden, spielt daher die Mitarbeiterzufriedenheit eine große Rolle bei der Markenbotschafterstrategie. Ist sie nicht sehr ausgeprägt, gibt es zunächst noch eine Menge anderer Baustellen. Denn, wie bereits betont: Auch unzufriedene Mitarbeitende sind Markenbotschafter mit Auswirkungen auf das Image, sobald sie als Unternehmensangehörige erkennbar sind.

Keine Markenbotschafterstrategie ohne oberste Markenbotschafter

Markenbotschafterstrategien müssen von der Unternehmensleitung ausgehen und mitgetragen werden. Dies hat wiederum interne und externe Gründe. In bestimmten Bereichen und Branchen mutet es für die Community regelrecht verdächtig oder zumindest sehr rückständig an, wenn bestimmte Repräsentanten, Funktionsträger und herausragende Markengesichter sich nicht über alle Medien hinweg auch sichtbar und erreichbar machen. Es zeugt also von wenig Medienkompetenz, wenn das Unternehmen auf allen Kanälen eine One-to-many-Dauerwerbesendung produziert, aber

9 Vgl. Hoffmann, Kerstin: »Zwei Jahre Corporate Influencer bei Otto: ›Wir müssen lernen loszulassen‹«, in: PR-Doktor, 16. September 2019.

kein Unternehmensvertreter in echte Dialoge mit der Community tritt und sich persönlich engagiert.

Doch für den internen Zusammenhalt und die gemeinsame Außenwirkung spielt die Community *im* Unternehmen eine mindestens ebenso große Rolle. Zum einen tun sich viele Mitarbeitende verständlicherweise schwer, sich nach außen für die Firma zu zeigen, wenn ihre Chefs sich zurückhalten. Dies ist erst recht in größeren Unternehmen der Fall, in denen direkter persönlicher Kontakt zwischen Führungsspitze und den Mitarbeitenden oft kaum oder zumindest nicht regelmäßig gegeben ist.

Auch wenn sich in den vergangenen Jahren in dem Bereich einiges bewegt hat, so bildet doch der Social CEO in Deutschland eher noch die Ausnahme. Sie finden aber in diesem Buch zahlreiche gute Beispiele und Zitate von Vorständen und Geschäftsführerinnen, die ihre Rolle als oberste Markenbotschafter aktiv und verantwortungsbewusst gestalten.

Darum braucht Ihr Unternehmen eine Markenbotschafterstrategie

- **Sie haben längst Markenbotschafter.** Viele Ihrer Mitarbeitenden sind – etwa über soziale Netzwerke – erkennbar und ansprechbar. Nur wer sich dieser Rolle bewusst ist, sich darin unterstützt und wertgeschätzt fühlt, ist ein guter Markenbotschafter.
- **Gesichter sorgen für Sichtbarkeit.** Persönliche Beziehungen entscheiden darüber, welche Inhalte und **Informationen** sich in der Contentflut durchsetzen, weil sie als relevant und interessant empfunden werden. Auch die Algorithmen in sozialen Netzwerken orientieren sich an Beziehungen.
- **Menschen vertrauen Menschen.** Persönliche Beziehungen entscheiden darüber, wie eine Marke wahrgenommen wird und wie viel Aufmerksamkeit sie bekommt. Sie steigern die Glaubwürdigkeit des Unternehmens.
- **Inhalte brauchen Gesichter.** Menschen interessieren sich für andere Menschen und für deren Geschichten viel mehr als für gesichtslose Unternehmensbotschaften.
- **Gesichter machen Arbeitgeber sichtbar und sympathisch.** Sowohl im externen Employer Branding als auch in der internen Mitarbeiterbindung stärken Markengesichter die Position.
- **Persönliche Vernetzung liefert Informationen.** Wer gut vernetzt ist, erfährt frühzeitig von Entwicklungen, die sonst nur in geschlossenen Kreisen zugänglich sind. In einer funktionierenden Kommunikation innerhalb des Unternehmens fließt dieses Feedback zügig an die richtigen Stellen zurück. Dies dient zugleich der aktiven Krisenprävention.

1.4.2 Warum Mitarbeitende sich als Markenbotschafter engagieren (sollten)

Warum sollten sich Mitarbeiterinnen und Mitarbeiter öffentlich für ein Unternehmen zeigen, sich als Corporate Influencer engagieren oder auch nur dessen Inhalte weiterverbreiten? Sie werden dies nur dann tun, wenn sie selbst einen Nutzen darin erkennen, und auch dies wiederum nur dann, wenn sie mit dem Arbeitgeber sowie ihrer Stelle zufrieden sind. Dann aber besteht der Effekt einer aktiven Markenbotschafterstrategie darin, dass nicht nur das betreffende Unternehmen profitiert, sondern auch jede einzelne beteiligte Personenmarke selbst. Dies gilt aber nur dann, wenn die Betreffenden entsprechend unterstützt werden. Auch sollte es ein elementarer Bestandteil der strategiebegleitenden internen Kommunikation sein, die Vorteile zu kommunizieren. Denn nicht jedem wird dies alles so explizit bewusst sein. Eine solche Nutzen-Argumentation brauchen im Übrigen alle Beteiligten. Auch ein Geschäftsführer oder ein Vorstand wird nur dann einsehen, sich mit einem vielleicht bisher ungeliebten Thema auseinanderzusetzen, wenn ihm oder ihr unmittelbar klar ist, welche Belohnung dies bringt – oder welcher Schmerz damit vermieden wird. Abstrakte, allgemeine Unternehmensziele überzeugen weder den Facharbeiter noch den CEO. Vor allem Letzteres wird insgesamt in der Kommunikation oft vergessen. Es wird angenommen, dass die Unternehmensleitung von selbst den Sinn einer Kommunikationsmaßnahme erkennt. Dies ist aber nicht immer der Fall. Deswegen braucht jede Strategie ein internes Kommunikationskonzept, für das man die verschiedenen Zielgruppen in ihren spezifischen Bedürfnissen und Eigenschaften kennen muss, um sie ihnen gemäß anzusprechen. Ein solches Konzept zu erarbeiten ist wesentlicher Bestandteil einer Markenbotschafterstrategie. Wie Sie dabei vorgehen, erfahren Sie in Kapitel 4.

Markenbotschafter können nicht *nicht* den Wert der eigenen Personenmarke steigern

Generiert ein sichtbarer Markenbotschafter einen Nutzen für das Image – oder andere Ziele des Arbeitgebers –, dann steigert er oder sie automatisch auch den Wert der eigenen Personenmarke. Vorausgesetzt ist hier und auch im Folgenden natürlich immer, dass die Betreffenden im Sinne einer Strategie positiv auffallen. Sichtbar in einem Fach, zu einem Thema, mit persönlichen Kompetenzen zu sein: Das sind die Merkmale erfolgreicher, gut vernetzter Personenmarken. Auch bei einem Stellenwechsel entscheidet der Wert der Personenmarke mit über den (Arbeits-)Marktwert und die Karrierechancen.

Warum sollte sich jeder Mensch Gedanken über die eigene Personenmarke in digitalen Medien machen? Denken Sie zunächst einmal an die Informationshoheit über Ihren eigenen Namen: Bestimmen vielleicht andere, was über Sie im Netz zu finden ist? Wissen Sie überhaupt genau, was über Sie online steht, und erfahren Sie von diesbezüglichen Neuigkeiten? Wenn nicht, ist es höchste Zeit, sich Gedanken über das eigene Reputationsmonitoring zu machen. Jeder von uns ist eine Personenmarke – auf die eine oder andere Weise; öffentlich oder im privaten Kreis; beruflich oder ehrenamtlich. In dem Moment, in dem wir mit anderen interagieren (oder auch uns bewusst entscheiden, nicht zu interagieren), erzeugen wir bei anderen einen Eindruck, ein Bild. Wir haben eine Reputation, ein Image. Wenn wir dies im professionellen Bereich bewusst gestalten, betreiben wir Personal Branding. Wenn wir im professionellen Kontext kommunizieren und dies nicht bewusst gestalten – indem wir etwa Selbstbild und Fremdbild abgleichen und entsprechend handeln –, betreiben wir auch Personal Branding, aber eben unbewusst. Damit sind wir dann mutmaßlich weniger erfolgreich oder zumindest weniger ausgerichtet im Sinne der eigenen Kommunikationsziele.

Jeder sollte sich also Gedanken über die eigene Personenmarke machen, ob sie nun so genannt wird oder nicht. Denn ansonsten ist es mehr oder weniger dem Zufall überlassen, wie er oder sie wirkt und wahrgenommen wird. Dazu braucht man – und dies gilt wiederum für Marken ebenso wie für Personen – nicht nur ein Selbstbild, sondern auch ein Fremdbild.

Dabei gilt: Eine Personenmarke ist nicht das, was ich selbst aufbaue, sondern das, was andere über mich wahrnehmen. Ich kann also bewusstes Personal Branding betreiben. Kontrollieren kann ich es aber nur bedingt. Denn die Marke, und das gilt für Unternehmen ebenso wie für Personen und damit eben auch für Markenbotschafter, entsteht erst im Auge, im Ohr, im Kopf meiner Empfänger und Gesprächspartner. Doch je bewusster und werteorientierter eine Personenmarkenstrategie gestaltet ist, desto erfolgreicher werden die eigenen Kommunikationsziele erreicht. Daher kann es nur im Interesse derjenigen sein, die eine Markenbotschafterstrategie für ein Unternehmen aufbauen, die Einzelnen entsprechend den individuellen Gegebenheiten und Rollen bestmöglich zu unterstützen. So und nur so gerät die gemeinsame Strategie zum Erfolg.

Gut vernetzte Personenmarken wissen mehr – und das früher

Wer gut vernetzt ist, erfährt von entscheidenden Informationen als Erster. Dieser Informationsvorsprung kann sich beispielsweise auf Inhalte beziehen, die der Arbeit im Unternehmen zugutekommen und damit auch die eigene Position stärken. Es kann sich aber auch um Informationen handeln, die in anderer Weise nützlich sind, etwa über neue Jobs im eigenen und in anderen Unternehmen. Damit haben die Betreffenden auch einen Vorsprung am Arbeitsmarkt. Zwar sind wir in manchen Branchen mittlerweile in einem Markt angekommen, in dem sich eher Arbeitgeber um Arbeitnehmer bewerben als umgekehrt. Dies ist aber nicht durchgehend so, und natürlich gibt es bestimmte, besonders begehrte Positionen. Viele Stellen werden direkt über Netzwerke vergeben. Oft gelangen sie gar nicht in die öffentliche Ausschreibung. Je besser jemand vernetzt ist, desto mehr Fürsprecher und Empfehler finden sich. An dieser Stelle scheinen Markenbotschafterstrategie und Personenmarkenstrategie einander zu widersprechen. Denn welcher Arbeitgeber will schon Arbeitnehmern dabei helfen, sich anderweitig zu bewerben? Denn die betreffenden Mitarbeitenden sind natürlich eben auch für andere Unternehmen sichtbarer, können leichter abgeworben werden und beträchtliche Werte mitnehmen. Doch zum einen identifizieren sich engagierte Markenbotschafter eher mit ihrem Unternehmen und sind erfahrungsgemäß treuer. Zum anderen ist eine gewisse Fluktuation nicht unbedingt schädlich, und mancher Karriereweg führt eben früher oder später zu einem Wechsel. So oder so: Die Vorteile sichtbarer Markenbotschafter überwiegen – für alle Beteiligten. Warum das so ist, darum wird es in den folgenden Kapiteln noch genauer gehen. Wer sich im Digitalen souverän bewegt und mit aktuellen Entwicklungen Schritt hält, ist zudem fit für die Arbeitsmärkte der Zukunft sowie für künftige Aufgaben in einer zunehmend digitalisierten Welt.

Wer gut vernetzt ist, ist besser gegen persönliche Krisen gewappnet

Zur »Personenmarke« gehören eben nicht nur rein professionelle Aspekte, sondern die ganze Person. Beziehungen, gleich welcher Art, entwickeln sich zwischen Menschen. Ein großes Netzwerk kann in Krisen helfen. Aber es muss gar nicht immer erst zu Krisen kommen, damit jemand persönlichen Rückhalt erfährt. Austausch, Wertschätzung, gegenseitige Unterstützung: Wie viel jemand dabei vom eigenen Privatleben preisgibt und wie sehr er oder sie sich persönlich einlässt, ist von Person zu Person unterschiedlich. Doch je besser die Community gepflegt ist, desto höher ist die Wahrscheinlichkeit, dass sie auch im Krisenfall unterstützt und für Hilfe sorgt. Auch dies kann übrigens letztlich wieder dem Unternehmen zugute kommen: Bittet ein gut vernetzter Markenbotschafter sein persönliches Netzwerk um Unterstützung, etwa bei einem ungerechtfertigten Shitstorm, den das Unternehmen erfährt, werden viele in die Bresche springen.

! **Vorteile für die Markenbotschafter**

- **Höherer Personenmarkenwert:** Mehr Sichtbarkeit als Markenbotschafter gleich mehr Sichtbarkeit für die Person. Mit der richtigen Personenmarkenstrategie innerhalb der Markenbotschafterstrategie profitiert der Mitarbeitende auch für sich persönlich.
- **Informationsvorsprung:** Wer gut vernetzt ist, also praktisch eine eigene Community um sich schart, erfährt von entscheidenden Informationen als Erster.
- **Vorsprung bei der Stellensuche:** Auch bei einer Jobsuche hilft das digitale und reale Netzwerk. Der oder die Betreffende erfährt eher von offenen Positionen und hat wahrscheinlich auch mehr Empfehler.
- **Mehr persönlicher Rückhalt:** Wer gut vernetzt ist, verfügt über das eigene Unternehmensumfeld hinaus über ein soziales Umfeld, das auch in persönlichen Krisen unterstützen, Fragen beantworten oder anderweitig hilfreich sein kann.
- **Zukunftsfähigkeit:** Wer sich erkennbar in der digitalen Welt auskennt, ist auch fit für die Arbeitsmärkte der Zukunft.

1.4.3 Wer eignet sich überhaupt als Corporate Influencer – und wer nicht?

Wenn wir davon sprechen, dass Mitarbeitende sich als Markenbotschafter beziehungsweise Corporate Influencer engagieren sollten, und die Vorteile für die Betreffenden herausstellen, dann muss zugleich klar sein: Nicht jeder Unternehmensangehörige kann und sollte Teil eines Markenbotschafterprogramms sein. Daher sollte man fein unterscheiden: Auf der einen Seite braucht jedes Unternehmen eine Strategie, um damit umzugehen, dass potenziell jeder Mitarbeitende als Unternehmensvertreter wahrgenommen wird. Hier gilt es in jedem Fall ein Bewusstsein zu schaffen sowie bestimmte Grundregeln zu etablieren. Nochmals: Man kann niemandem verbieten, in sozialen Netzwerken zu agieren, ebenso wenig wie man es – bis auf wenige Ausnahmen – vorschreiben kann. Deswegen kann man Markenbotschafter nicht verhindern. Auf der anderen Seite jedoch sprechen wir in dem Moment, in dem ein Programm mit aktiven Corporate Influencern aufgesetzt wird, von ganz anderen Dimensionen.

Nicht jeder ist ein aktiver Markenbotschafter

Nicht jeder im Unternehmen kann und möchte sich an einem Markenbotschafterprogramm beteiligen. Nicht jeder möchte in Social Media aktiv werden oder die eigene private Kommunikation in digitalen Medien unter beruflichen Aspekten betrachten. Auch wenn wir alle auf die eine oder andere Weise digital vernetzt sind, ist noch lange nicht jeder mit Präsenzen in den großen Social Media sichtbar – oder möchte es auf absehbare Zeit sein. Daher kann niemand als Markenbotschafter oder als Teilnehmer eines Programms verpflichtet werden. Zu vermeiden ist auch jeder Anschein, als wolle man bisher bestehende Social-Media-Aktivitäten innerhalb der Unternehmenskommunikation instrumentalisieren. Daher braucht heute zwar jedes Unternehmen eine Markenbotschafterstrategie, doch das bedeutet nicht, dass jeder Mitarbeitende als Markenbotschafter aktiviert werden sollte.

Vorsicht mit den Begriffen in der internen Kommunikation!

Auch mit dem Begriff sollte man vorsichtig umgehen. Ohne umfassende interne Kommunikationsstrategie kann eine solche Bezeichnung eher auf Skepsis oder Vorurteile stoßen. In der internen Erarbeitung von Guidelines und dergleichen spielt das Verständnis der Mitarbeitenden als sichtbare Markenvertreter zweifellos eine Rolle, weil es auch die Dringlichkeit verdeutlicht, sich mit dem Thema auseinanderzusetzen. Kommuniziert man jedoch in das Unternehmen hinein, dass nun jeder Mitarbeitende ein Markenbotschafter sei, so schafft man eine Quelle von Missverständnissen, Ängsten und unter Umständen auch Anspruchshaltungen.

Daher empfiehlt es sich gerade bei einer Minimalstrategie (vgl. Kapitel 3.1.1), zwar im Kommunikationsteam alle Aspekte der Markenbotschafter-Rolle zu beleuchten, jedoch in der internen Vermittlung zunächst bei eingeführten Begriffen zu bleiben beziehungsweise nur das zu thematisieren, was die jeweilige interne Zielgruppe tatsächlich betrifft. Dies kann also beispielsweise die Entwicklung eines bewussten Umgangs mit der eigenen Rolle in sozialen Netzwerken sein, sobald jemand als Unternehmensangehöriger erkennbar ist.

1.4.4 Die Social-Media-Schere: Wie wird man allen gerecht?

In dieser gegenwärtigen Stufe der Digitalisierung klafft die Schere immer noch weit – und zunehmend weiter! – auseinander: zwischen Menschen, die soziale Netzwerke sehr aktiv nutzen und sich bereits als Influencer engagieren, und solchen, die keinerlei Beziehung dazu haben oder ihnen sogar sehr ablehnend gegenüberstehen. Dazwischen findet man die gesamte Bandbreite der digitalen Medienkompetenz und -nutzung. Dies führt oft zu einer eigenartigen Gemengelage, auch innerhalb von Unternehmen. So hängt beispielsweise sehr viel davon ab, wie die Unternehmensleitung in Sachen Social Media eingestellt und aufgestellt ist. Herrschen hier Ablehnung und (oft klischeehafte) Vorbehalte vor, dann ist es deutlich schwieriger, das Thema insgesamt im Unternehmen professionell zu integrieren. Mitarbeitende, die keinerlei Zugang zu digitalen Medien haben, sind oft von Informationen abgeschnitten. Dies gilt ja auch gesamtgesellschaftlich: Es droht durchaus die Gefahr einer Zweiklassengesellschaft der digital Kompetenten auf der einen Seite und derjenigen, die mehr und mehr abgehängt werden. Zugleich muss man auch sagen, dass viele derjenigen, die von sich selbst sagen, dass sie sozialen Netzwerken ablehnend gegenüberstehen, dennoch viele digitale Medien benutzen. Sie kommunizieren beispielsweise per WhatsApp.

Verschiedene Bedürfnislagen berücksichtigen

Insofern sieht man sich in fast jeder Markenbotschafterstrategie in puncto Social Media mit ganz unterschiedlichen Bedürfnislagen konfrontiert: Da sind zum einen diejenigen, die mit hoher kommunikativer Kompetenz bereits als sichtbare Markenvertreter auch in sozialen Netzwerken agieren. Dann hat man zumeist eine Gruppe, die ebenfalls digital sehr aktiv ist, aber sich noch nicht so viele Gedanken um Image und öffentliche Wirkung gemacht hat, auch und gerade im Zusammenhang mit einer Corporate-Influencer-Rolle. Zum Dritten gibt es die bereits genannte Gruppe derjenigen, die wenig oder keinen Bezug zu Social Media haben oder diese sogar ablehnen. Auf alle diese Voraussetzungen gilt es einzugehen und die jeweils passenden Informationen sowie Entscheidungskriterien für die weitere persönliche Vorgehensweise zu liefern.

2 Erfolgreiche Markenbotschafterstrategien: Alles Wissenswerte

2.1 Zum aktuellen Stand der Diskussion – eine Einordnung

Das Thema Markenbotschafter/Corporate Influencer hat gerade in jüngster Zeit noch einmal beträchtlich an Fahrt aufgenommen und an Brisanz gewonnen. Es ist in fast allen Branchen angekommen.[10] Große Unternehmen gehen mit Programmen voran. In vielen kleineren Unternehmen setzt sich erstmals das Bewusstsein durch, dass die Mitarbeitenden als Markenbotschafter beträchtlichen Einfluss auf die öffentliche Wahrnehmung haben. Zugleich wagen immer mehr Führungskräfte und Vorstände den Schritt in die sozialen Netzwerke. Aber wie bei fast allen Kommunikationsthemen in der gegenwärtigen Phase der Digitalisierung geht die Schere weit auseinander: zwischen denjenigen, die bereits ein ausgeprägtes Bewusstsein für das Thema ausgebildet haben, und denjenigen, die sich noch überhaupt nicht damit auseinandergesetzt haben oder sogar eine aktive Verweigerungshaltung kultivieren.

Was dabei am häufigsten vergessen wird: Man kann nicht *nicht* Markenbotschafter sein, sobald man als Unternehmensangehöriger öffentlich beziehungsweise in den sozialen Medien erkennbar ist. Im Zweifel ist man eben einfach ein schlechter oder unkommunikativer oder schlecht informierter Markenbotschafter. Dies gilt unabhängig vom Grad der Mediennutzung des Betreffenden. Ein CEO beispielsweise, der sich Businessnetzwerken wie LinkedIn komplett verweigert, setzt damit auch ein Zeichen.

Dabei ist die Disziplin »Markenbotschafter/Corporate Influencer« in ihrer derzeitigen Ausprägung noch so jung, dass es nur wenige umfassende Publikationen und noch weniger Forschung dazu gibt, geschweige denn eine umfassende wissenschaftliche Auseinandersetzung. Dies gilt, in unterschiedlichem Ausmaß, für fast alle Bereiche und Teilbereiche der Kommunikation in digitalen Zeiten. Besser als **Annika Schach** es in ihrem Beitrag zum Buch »Influencer Relations« beschreibt, könnte man es auch für das Corporate-Influencer-Thema nicht formulieren:

> Der Begriff »Influencer« und die daraus abgeleiteten Disziplinenbeschreibungen »Influencer Relations« oder »Influencer Marketing« werden in der kommunikativen Praxis stark diskutiert und manifestieren sich durch eine Vielzahl an Gründungen und Spezialisierungen von Akteuren. Während sich in der

10 Vgl. Studie: »Markenbotschafter – Corporate Influencer, Zum Stand in den Unternehmen«. Auswertung der Umfrage der Markenbotschafterschmiede – ein Angebot von Dr. Kerstin Hoffmann, Dezember 2019, www.markenbotschafterschmiede.de/studie/

> kommunikativen Praxis diese Entwicklung teils sehr schnell und unstrukturiert entwickelt, ist die theoretische Beschäftigung und empirische Forschung noch nicht sehr weit vorangeschritten – was in der Natur der Sache liegt. Ein neues Arbeitsfeld gilt es zunächst zu beobachten und die Relevanz und Entwicklungschancen einzuschätzen. [...] Das Forschungspotenzial ist in diesem Bereich sehr hoch, das Interesse seitens der PR- und Marketing-Praxis ebenso.[11]

Letztlich greift man dann, um ganz neue Phänomene zu beschreiben, auf altbewährte Erfahrungen zurück, wie etwa die Weak-tie-Theorie[12] von Mark Granovetter aus den 1970ern oder die Studie »The People's Choice« zum Thema Meinungsführer von Paul Felix Lazarsfeld und Weiteren aus dem Jahr 1944.[13] Neue Erkenntnisse sind also dringend gefragt, doch eilt die Praxis der Theoriebildung immer voraus, und wer sich mit diesem Thema gründlich befasst, hat schon alle Hände voll damit zu tun, für Wissen und Information bei denen zu sorgen, die dringend darauf angewiesen sind: die Entscheider und Mitarbeitenden im Unternehmen. Dies gilt auch für meine Arbeit. Gleichwohl hoffe ich, dass meine Publikationen im PR-Doktor, meine Vorträge, meine erste Studie zum Thema[14] sowie die Best-Practice-Interviews in diesem Buch sowie die von mir gesammelten und veröffentlichten Erfahrungen einen Beitrag leisten, der zu einer seriösen Auseinandersetzung in dem ganzen Hype zumindest beitragen.

Bis eine theoretische Aufbereitung in größerem Ausmaß vorliegt, gilt auch für den Bereich der Markenbotschafter: Die Informationshoheit über das Fachgebiet haben diejenigen, die die größte Reichweite besitzen und sich mit ihren Aussagen durchsetzen. Nicht selten kann man beobachten, dass Thesen und Formulierungen von vielen Menschen wiederholt und weitergetragen werden, oft unverändert und ungeprüft, ohne dass die Publizierenden selbst nennenswerte Praxiserfahrungen in diesem Gebiet vorweisen könnten. Eine große Zahl von »Experten« für Corporate Influencer ist in letzter Zeit aus dem Boden geschossen, und oft fällt es dem Suchenden schwer zu unterscheiden, ob diese zu den wirklichen Fachleuten gehören oder sie nur auf der Modewelle mitreiten, um sich auch einen Anteil zu sichern. Wo es aber keine Prüfkriterien dafür gibt, wie stichhaltig etwas ist, tappt derjenige im Dunkeln, der nach Erkenntnis, Unterstützung und praktischem Rat sucht.

11 Influencer Relations: Marketing und PR mit digitalen Meinungsführern von Annika Schach, Timo Lommatzsch.

12 Mark Granovetter: »The Strength of Weak Ties«, in: American Journal of Sociology 78 (1973), S. 1360-1380.

13 Paul F. Lazarsfeld, Bernard Berelson, Hazel Gaudet: »The People's Choice. How the Voter Makes Up his Mind in a Presidential Campaign. Duell, Sloan and Pearce, New York 1944«. Auf diese Studie bezieht sich auch Schach in dem zuvor zitierten Beitrag.

14 Vgl. Studie: »Markenbotschafter – Corporate Influencer, Zum Stand in den Unternehmen«. Auswertung der Umfrage der Markenbotschafterschmiede – ein Angebot von Dr. Kerstin Hoffmann, Dezember 2019, www.markenbotschafterschmiede.de/studie/

Großer Klärungsbedarf: Begrifflichkeit und Bezeichnungen

Wer mit anderen über Markenbotschafter- oder Corporate-Influencer-Strategien spricht, sollte zunächst einmal klären, was genau damit gemeint ist. Denn zwei Menschen können ein und dieselbe Bezeichnung verwenden und etwas ganz Unterschiedliches meinen. Diese Disziplin ist in ihrer jetzigen Form noch sehr jung, und das hat sie mit dem Influencer-Marketing gemeinsam. Wie beim Influencer-Marketing geht es (auch) darum, Sichtbarkeit, Reichweite und Glaubwürdigkeit bei den Stakeholdern mittels unverwechselbarer Köpfe zu erzielen. Doch während das Influencer-Marketing einen Teilbereich der Werbung darstellt, reicht das Thema Mitarbeiter-Markenbotschafter weit über die Werbung und das Marketing hinaus, hat sogar mit eingekauften Testimonials so gut wie gar nichts zu tun. Gleichwohl ähneln sich manche Mechanismen, schon deswegen, weil die genutzten Medien und Plattformen vielfach die gleichen sind. Doch die Corporate Influencer sind nicht einfach unternehmenseigene Testimonials, die sich ausschließlich in Social Media zeigen. Richtig ist, dass Kommunikation sich mehr in sozialen Netzwerken abspielt, dass hier relevante Diskussionen stattfinden und sichtbare Personenmarken sich zu einem großen Teil in sozialen Netzwerken manifestieren, einfach weil dies zeitgemäße Medien des Austauschs und der Informationsgewinnung sind. Doch die Unternehmenskommunikation mit sichtbaren Unternehmensvertretern ausschließlich als Social-Media-Phänomen zu betrachten, greift zu kurz. Jedoch genau diese einschränkende Sichtweise zeigt sich sehr häufig, wenn Entscheider und Mitarbeitende in Unternehmen beginnen, sich mit der Thematik auseinanderzusetzen.

Dieser Tunnelblick, den man angesichts der Neuigkeit des Themas und den vielen irreführenden Aussagen dazu niemandem verübeln kann, hat jedoch weitreichende Folgen. Er führt zu vorschneller Ablehnung, wenn das Thema soziale Netzwerke ohnehin mit Skepsis besetzt ist. Er provoziert Aktionismus in Teilbereichen, wo zunächst der ganzheitliche strategische Blick gefragt wäre. Obgleich natürlich Medien und Plattformen eine große Rolle spielen: Auf diese Weise reduziert man ein umfassendes und komplexes Thema auf Medien, statt den Fokus auf die Inhalte und die Beziehungen zu legen. Mehr noch: Allein der Begriff »Influencer« ist für viele ein Reizwort. Als Bestandteil des Begriffs »Corporate Influencer« führt er daher oft zu einer vorschnellen Ablehnung beziehungsweise Verwechslung. So bleibt der Blick darauf versperrt, dass die unternehmenseigenen Influencer und Mikro-Influencer mit den Mode und Kosmetik anpreisenden Instagram-Sternchen, auf die viele Menschen das Influencer-Thema reduzieren, meistens nicht viel gemeinsam haben. Wird dies nicht gleich zu Beginn geklärt, steht es der nachhaltigen Entwicklung einer Markenbotschafterstrategie in Unternehmen oft im Wege, weil es auf allen Unternehmensebenen entweder einerseits Vorbehalte nährt oder auf der anderen Seite unrealistische Erwartungen schürt.

Welche Bezeichnungen verwendet werden, kann von Autor zu Autor, von Unternehmen zu Unternehmen, aber auch in unterschiedlichen Branchen und Fachgebieten stark variieren. Als »Markenbotschafter« werden beispielsweise häufig klassische Testimonials[15] – etwa Promis aus Sport und Unterhaltung – ebenso bezeichnet wie Social-Media-Influencer, die sich für Werbekampagnen engagieren lassen. »Markenbotschafter« ist aber auch in Stellenanzeigen zu einem Synonym für Stellen geworden, die man früher als Promoter oder noch früher als Propagandist bezeichnet hätte.[16] Viele Fachleute verwenden daher lieber den Begriff »Corporate Influencer«[17], doch auch dieser ist nicht ganz unproblematisch. Zum einen enthält er den meiner Erfahrung nach wie vor von vielen als Reizwort empfundenen Anglizismus »Influencer«, mit den eingangs beschriebenen möglichen Irritationen. Zum anderen gibt es wieder andere Autoren, die nur eine bestimmte Gruppe der Mitarbeiter-Markenbotschafter als »Corporate Influencer« bezeichnen[18] – und selbst dies ist nicht immer ganz eindeutig definiert und variiert von Autor zu Autor.

Bis also vielleicht irgendwann eine einheitliche, verbindliche Nomenklatur vorliegt, bleibt es jedem selbst überlassen, wie er oder sie die Begriffe verwendet. Entscheidend ist es daher jeweils, wenn man über das Thema Mitarbeiter-Markenbotschafter spricht, immer sehr klar zu sagen, was und wer gemeint ist, damit eine gemeinsame Diskussions- und Arbeitsgrundlage besteht. Daher steht hier eine Begriffsklärung an.

2.1.1 Markenbotschafter, Corporate Influencer, Influencer: Begriffsklärung

Was ist ein Corporate Influencer, was ein Markenbotschafter – und was hat das mit dem Influencer-Marketing zu tun? Die Begriffe tragen ein gewisses Verwechslungspotenzial in sich. Denn mit dem Influencer als Werbegesicht, der seine Reichweite an verschiedene Unternehmen vermietet, haben die Mitarbeiter-Influencer zunächst einmal wenig zu tun. Doch auch extern eingekaufte Werbegesichter, etwa Prominente, und selbst freiberufliche Promoter werden häufig als Markenbotschafter bezeichnet. In diesem Buch sind jedoch, wenn nicht ausdrücklich anders vermerkt, immer Markenbotschafter/Corporate Influencer *aus dem Unternehmen* gemeint, denn um diese geht es in der im Strategieteil (Kapitel 4) beschriebenen Erarbeitung.

Ein Markenbotschafter ist eine Person, ein wiedererkennbares Gesicht, das für das betreffende Unternehmen steht und dessen Werte und Botschaften nach außen vertritt – in physischen Begegnungen, aber auch in den digitalen Medien, bei Facebook,

15 Vgl. »Opel startet neue Corsa-Kampagne mit Jürgen Klopp in der Hauptrolle«, in: Opel Pressroom, 4. November 2019.

16 Vgl. https://twitter.com/RecrudoJobs/status/1189924623804248064?s=20

17 Vgl. Spangenberg, Toni: »Corporate Influencer sind eine Riesenchance«, in: Pressesprecher, 16. Juli 2019, https://www.pressesprecher.com/nachrichten/corporate-influencer-vorteile-tipps-risiken-2017522695

18 Vgl. Schindler, Marie-Christine: »Mitarbeiter als Influencer, Botschafter oder sollen sie einfach ihre Arbeit tun?«, in: mcschindler.com, 28. August 2018.

Instagram oder etwa in einem Corporate Blog. Markenbotschafter müssen also, allgemein gesprochen, nicht im Unternehmen angestellt sein. Auch Kunden können beispielsweise als Markenbotschafter fungieren, ebenso wie Empfehler. Doch die überzeugendsten und besten Markenbotschafter sind Menschen aus dem Unternehmen: Inhaber, Führungskräfte, Mitarbeitende.

Der viel diskutierte und oft umstrittene Begriff »Influencer« bedeutet in Abgrenzung zum »Markenbotschafter« eigentlich auch nichts anderes als »Meinungsbildner«. Auch Markenbotschafter können Meinung bilden. Als »Influencer« werden aber nach gängiger Vorstellung Personen bezeichnet, die Sichtbarkeit im Internet haben und die Kanäle, in denen sie ihre Sichtbarkeit sprich Bekanntheit aufgebaut haben, dafür nutzen, um für Unternehmen und Produkte zu werben. Influencer sind also eher Werbegesichter. Ich bevorzuge tendenziell den deutschen Begriff »Markenbotschafter« vor dem Anglizismus. Andere Kollegen favorisieren »Corporate Influencer«. Letzterer hat den Vorteil, dass er von der ursprünglichen Wortbedeutung ausgehend neutral ist, weil er den Begriff »Marke« nicht enthält. Ich verwende jedoch beide synonym.

Weitere Begriffe, die ebenfalls oft eher nach persönlicher Vorliebe des jeweiligen Sprechers als aufgrund einer allgemeingültigen Definition verwendet werden, lauten beispielsweise »Brand Ambassador« oder »Brand Evangelist«. Ich verzichte in diesem Buch darauf, sie zu verwenden. Entscheidend ist letztlich ohnehin, immer im Einzelfall sicherzustellen, worüber man spricht und sich in Diskussionen zu vergewissern, dass das Gegenüber das Gleiche meint.

2.1.2 Die Studie: »Markenbotschafter – Corporate Influencer«[19]

Zum aktuellen Stand in den Unternehmen

Für dieses Buch habe ich gründlich recherchiert. Ich habe mit vielen Initiatoren und Projektleitern von Markenbotschafterprogrammen gesprochen. Zudem habe ich zahlreiche Führungskräfte sowie Mitarbeitende aus Unternehmen interviewt, die sich in irgendeiner Form als Corporate Influencer engagieren; zum Teil innerhalb solcher Programme, zum Teil ohne dass es im Unternehmen eine explizite Markenbotschafterstrategie gäbe. Dabei ist die Idee entstanden, in einer größer angelegten Umfrage Entscheider und Mitarbeitende zum Status in ihren Unternehmen zu befragen, um einen aktuellen Eindruck und ein Meinungsbild zu gewinnen. Herausgekommen ist, so finde ich, eine sehr interessante und spannende Momentaufnahme vom Stand der Markenbotschafter und dem Bild der Corporate Influencer vor allem in deutschen Unternehmen und im DACH-Raum im ausgehenden zweiten Jahrzehnt des neuen Jahrtausends.

19 https://www.markenbotschafterschmiede.de/studie/

Erkenntnisleitendes Interesse und Methode

Wie steht es um die Markenbotschafter in deutschen Unternehmen? Wie stark haben Entscheider das Thema Corporate Influencer auf dem Schirm? Sind die Mitarbeitenden motiviert, sich zu engagieren, oder fühlen sie sich eher alleingelassen? Ziel der Umfrage war es, ein Meinungsbild und einen Eindruck von der Stimmung insbesondere in deutschen Unternehmen in Bezug auf das Thema Corporate Influencer zu gewinnen. Um herauszufinden, wie weit die Entwicklungen bereits fortgeschritten sind, was die direkt Betroffenen darüber denken und wie sich das Engagement der Markenbotschafter in das digitale Umfeld sowie die Kommunikationsstrategie einfügt: Dazu sollte die ausführliche Umfrage dienen. Sie richtete sich ausdrücklich an unternehmensinterne Beteiligte, also Unternehmensinhaber, Entscheider, Kommunikationsverantwortliche und Mitarbeitende in Unternehmen – nicht an Berater oder Einzelunternehmer.

Aufgrund der Form als öffentlich zugängliche, von den Befragten selbst auszufüllende Umfrage sind die Ergebnisse nicht repräsentativ. Deswegen stand die Gewinnung eines Stimmungs- und Meinungsbilds im Vordergrund. Aufgrund der Art der Verbreitung über soziale Netzwerke war zudem davon auszugehen, dass sich überwiegend solche Personen beteiligen, die in digitalen Medien bereits aktiv oder zumindest präsent sind. Es ist ebenfalls davon auszugehen, dass ein großer Teil von ihnen bereits mit der Thematik in Berührung gekommen ist oder sich zumindest dafür interessiert.

Daher waren die Fragen insbesondere darauf ausgerichtet, einen Eindruck von der Relation zwischen dem Reifegrad der Digital- und der Kommunikationsstrategie und einem Bewusstsein für die Bedeutung der Corporate Influencer zu gewinnen. Ein weiterer Schwerpunkt lag darin zu ermitteln, wie die Unternehmen an die Erarbeitung von Corporate-Influencer-Programmen herangehen und ob und wie sie sich dabei extern unterstützen lassen. Schließlich ging es um die Erhebung qualitativer Aussagen von Führungskräften und Mitarbeitenden in Bezug auf die Behandlung und Umsetzung der Thematik sowie der empfundenen Unterstützung der Mitarbeitenden durch Unternehmenskommunikation und Führungsebene. Alle Kommentare, Bewertungen und Einordnungen stellen Interpretationen dar und sollen bei der Betrachtung im Gesamtkontext des Themas Markenbotschafter/Corporate Influencer helfen. Jedoch sind die Zahlen und Prozentzahlen offengelegt, so dass Sie sich ein eigenes Bild machen können. Die wörtlichen Zitate der Befragten sprechen ebenfalls für sich selbst.

Zeitraum, Beteiligte, Geografie

In der Zeit vom 3. September bis zum 29. November 2019 haben sich insgesamt 147 Führungskräfte und Mitarbeitende aus Unternehmen an der Studie beteiligt. Davon arbeiteten nach eigenen Angaben 111 Personen in Unternehmen mit deutschem Standort, weitere 13 in Österreich und der Schweiz, weitere 15 in der EU. Die weiteren

Teilnehmenden gaben an, dass sie in internationalen Unternehmen tätig sind. Die Umfrage war ausschließlich in deutscher Sprache gehalten. Damit stammt die überwiegende Zahl der Antworten aus Deutschland und dem deutschsprachigen Raum.

Zielgruppen der Befragung und Zielgruppen-Selektion

Die Teilnehmenden wurden in der ersten Frage in drei Zielgruppen eingeteilt und dementsprechend unterschiedlich durch die Befragung geführt: Die Gruppe der Unternehmensinhaber, Vorstand und C-Level, Kommunikationsentscheider und deren Mitarbeitende (Zielgruppe 1) erhielten zu Beginn zusätzlich mehrere Fragen zu Digitalstrategie, Kommunikationsstrategie sowie zu Planung und Umsetzung einer etwaigen Markenbotschafterstrategie – also zu Bereichen, mit denen sie schwerpunktmäßig befasst sind. Zielgruppe 2 erhielt zwei Fragen zur Markenbotschafterstrategie, in der ihre Sicht abgefragt wurde. Beide Zielgruppen wurden zur Fehlerkultur im Unternehmen befragt.

Beide Gruppen erteilten Auskunft über ihre Haltung zum Thema Corporate Influencer sowie ihr eigenes Engagement, über ihre persönliche Mediennutzung und ihre Bedürfnisse als Voraussetzung für ein Engagement als Corporate Influencer.

Ergebniszusammenfassung

Das Thema »Markenbotschafter/Corporate Influencer« ist in sehr vielen deutschen Unternehmen angekommen. Das zeigt die Auswertung ganz deutlich. Noch vor relativer kurzer Zeit wäre es wohl kaum gelungen, eine so große Zahl von Teilnehmenden zu gewinnen, die offenkundig bereits ziemlich genaue Vorstellungen von der Thematik haben. Während der Recherche in den Jahren 2015/2016 für mein erstes Markenbotschafter-Buch[20] wussten viele derjenigen, die ich befragt habe, mit dem Begriff noch gar nichts anzufangen. Das hat sich Ende 2019 erkennbar geändert, sicherlich auch wegen etlicher Vorreiter und sichtbarer Vorbilder.

Doch ob und wie in Unternehmen über das Thema Markenbotschafter/Corporate Influencer nachgedacht wird, hängt sehr stark von den entscheidenden sowie den handelnden Personen ab. Aus den hier vorliegenden Ergebnissen lässt sich einiges darüber ablesen, wie das Markenbotschafter-Thema derzeit in Führungsetagen, Kommunikationsabteilungen und der Belegschaft behandelt wird. Häufig wird die Thematik in die PR-Ecke geschoben oder als reines Social-Media-Thema wahrgenommen. Etliche der hier Befragten zeigen aber andererseits ein sehr differenziertes Bewusstsein dafür, dass schon heute alle Mitarbeitenden immer dann Markenbotschafter sind, wenn sie als Unternehmensangehörige wahrgenommen werden.

20 Vgl. Hoffmann, Kerstin: Lotsen in der Informationsflut. Haufe 2017.

Viele detaillierte persönliche Aussagen in dieser Studie, auch im Freitext, sagen ebenso viel über die Arbeitgeber-Unternehmen der Beteiligten aus wie über deren persönliche Motivation. Sie helfen damit denjenigen, die an solchen Strategien (mit-) arbeiten oder über Art, Umfang und Ausprägung entscheiden. Denn auch Frustration lässt sich aus einigen Aussagen ableiten, ebenso wie Unwillen, sich vor die Karren wenig authentischer oder wenig engagierter Firmenchefs spannen zu lassen.

Besonders aufschlussreich ist zudem der Bezug zwischen den Antworten auf die Frage, ob und wie die Mitarbeitenden als Markenbotschafter gefördert werden, und auf die Frage zur Fehlerkultur. Hier zeigt sich ein deutlicher prozentualer Unterschied: Mitarbeitende sollen sich offenbar häufig engagieren. Aber dennoch sehen viele Befragte deutlichen Nachholbedarf in der Fehlerkultur. Doch die Qualität der Unterstützung erweist sich ja oft erst in der Krise. Solange Verantwortliche und Mitarbeitende sich nicht der Rückendeckung der Geschäftsleitung sicher sein können, wenn ihnen einmal ein Fehler unterläuft, kann man sie ermutigen so viel man will. Nur wenige werden die sichere Deckung verlassen, die breite Masse aber lehnt sich dann lieber nicht aus dem Fenster.

Insgesamt machen mich die Befragungsergebnisse jedoch sehr zuversichtlich, dass sich in vielen Unternehmen bereits etwas bewegt hat oder sehr bald bewegen wird, weil sich Bewusstsein und Wertschätzung für die Mitarbeitenden als wertvolle Markenvertreter mehr und mehr verbreiten.

Originalstimmen aus der Studie

Da die Studie nicht repräsentativ ist, besteht der besonders interessante Teil – neben den Zahlen, die Sie dem Dokument selbst entnehmen können[21] – aus den wörtlichen Zitaten der Teilnehmenden, in denen sie ihre Einstellung zur eigenen Markenbotschafter-Rolle reflektieren und preisgeben. Im Folgenden einige Auszüge der anonym abgegebenen Statements.

Antworten auf die Frage: »Wenn Sie *nicht* als Markenbotschafter*in aktiv sind: Warum nicht?«

> »Ich gebe zwar mich als Unternehmensangehörige zu erkennen und teile auch gelegentlich Unternehmensnews. Aber ich mag dort nicht wirklich aktiv sein und meine eigene Meinung kundtun. Der Grund liegt in der Haltung meines Arbeitgebers, die nicht meine Überzeugung ist. Mein Arbeitgeber hat Angst, in seiner Kommunikation Kontrolle abzugeben. Somit setzt er kein großes Vertrauen in seine Mitarbeiter – leider auch die Kommunikationsexperten

21 https://www.markenbotschafterschmiede.de/studie/

inbegriffen – und (theoretisch) steht vor jeder Veröffentlichung eines Posts ein (für Social Media unrealistischer) Freigabeprozess, der potenziellen Influencern jede Lust am ›Aktiv sein‹ nimmt.«

»Auf SoMe bin ich privat unterwegs, da will ich meine persönliche Meinung nicht mit der Position meines Arbeitgebers vermischt wahrgenommen haben.«

»Keine Erfahrung, keine unternehmensinterne Möglichkeit der Wissensaneignung.«

»Es fehlt eine klar erkenntliche Markenstrategie und die dazugehörigen Botschaften. Zu wichtigen strategischen Themen (Diversity, Nachhaltigkeit, Gesellschaft, pro/con von Digitalisierung) positioniert sich das Unternehmen bewusst nicht öffentlich – und ich möchte mir ungern »die Finger verbrennen«. Obwohl ich eine dezidierte persönliche Haltung zu diesen Themen habe.«

Antworten auf die Frage: »Wenn Sie *nicht* als Markenbotschafter*in aktiv sind: Was bräuchten Sie, um sich zu engagieren?«

»Unterstützung von der Chefetage«

»Es muss etwas bringen. Wenn mehr guter Content produziert als konsumiert wird, ist fraglich, wer das noch alles lesen soll.«

»Identifikation. Und wenn es nur um ein Teilprojekt, ein Mitarbeiterprogramm oder einen anderen enger gefassten Bereich ginge. Man muss ja gar nicht immer ALLES als erstklassig und hochgradig identifikationsstiftend ansehen.«

»Mehr Zeit dafür!«

»Mehr Wertschätzung und Rückendeckung«

»Offizielles Go von der Führungsetage«

Mehr Informationen und Download der Studie

Die komplette Studie mit allen hier zitierten Inhalten sowie weiteren Informationen steht auf einer eigenen Seite zum kostenlosen Download als PDF bereit, eine Anmeldung oder Registrierung ist nicht erforderlich: https://www.markenbotschafterschmiede.de/studie/

2.2 Markensichtbarkeit mit Markengesichtern

Wir leben in spannenden Zeiten: im Zeitalter der Digitalisierung. Tatsächlich kann man aber eine Epoche immer erst rückblickend einordnen. Wer weiß, wie kommende Generationen unsere Gegenwart betrachten, beschreiben und bezeichnen werden? Doch für die Unternehmenskommunikation, die PR, das Marketing, den Vertrieb stellen sich jetzt – wie für alle Unternehmensbereiche – große Herausforderungen: Wie will man funktionierende Strategien erarbeiten, wenn sich das Setting und das Umfeld ständig verändern; wenn Wirtschaftsunternehmen als Betreiber der sozialen Netzwerke die Kommunikation mit ihren Regeln und Funktionen lenken und sich ständig neue Funktionen einfallen lassen? Wie will man Zielgruppen erreichen, wenn diese kaum noch konstant anhand eines typischen Medienverhaltens zu beschreiben sind?

Immer dann, wenn man meint, eine Erkenntnis gewonnen und eine erfolgreiche Taktik etabliert zu haben, haben sich die Plattformen schon wieder gewandelt, und die Zielgruppen haben sich neue Angebote erschlossen. Dies gilt für jede Kommunikationsdisziplin und erst recht für das in seiner jetzigen Form noch sehr junge Influencer-Marketing und eben auch den Bereich der Corporate Influencer, der (Mitarbeiter-)Markenbotschafter aus dem Unternehmen.

Wer sich mit dem Thema Corporate Influencer befasst, muss verstehen, wie Kommunikation – Unternehmenskommunikation, Informationsbeschaffung, Kommunikation zwischen Usern – funktioniert:

- Wie sieht das Umfeld aus, in dem die Markenbotschafter sich bewegen?
- Auf welchen Wegen finden Menschen zu Unternehmensinhalten?
- Wie funktionieren Informationsvermittlung und Meinungsbildung in der gegenwärtigen Evolutionsstufe der digitalen Medien?

Fast niemand hat heutzutage das Problem, dass er nicht genügend Informationen zu einem beliebigen Interessensgebiet fände. Die Herausforderung besteht im Gegenteil vielmehr darin, *nur* die Informationen zu finden, die für eine bestimmte Fragestellung, für ein Problem oder einen konkreten Wissensbedarf relevant sind. Selbst wenn wir die Ergebnisse einer Recherche eingegrenzt haben, stehen wir vor der zusätzlichen Aufgabe, sie zu verifizieren oder zu falsifizieren. Es wird immer leichter, Täuschungen zu fabrizieren, wenn man es darauf anlegt. So kann man beispielsweise mittels *Deep Learning* sogenannte *Deep Fake Audios* erzeugen. Die spezifische Stimme eines Menschen wird über ein Modell abgebildet, so dass dann ein Avatar – und das kann eben auch eine reale Person, etwa in einem Video sein – jeden beliebigen Text sprechen kann.[22] Damit

22 Vgl. Liebich, Dirk: »Was Entscheider jetzt über Künstliche Intelligenz und Machine Learning wissen müssen«, in: PR-Doktor, 19. September 2018.

könnte man jedem beliebigen Menschen etwas in den Mund legen, und tatsächlich hat es schon Straftaten in diesem Zusammenhang gegeben.[23] Dies nur als Beispiel: Auch Bilder, Videos und Informationen lassen sich leicht verändern, verfälschen oder komplett neu erzeugen. Es muss noch nicht einmal böswillig passieren: Menschen teilen oft vorschnell Informationen, ohne sich wirklich über den Wahrheitsgehalt versichert zu haben. Das ist kein Phänomen der jüngsten Zeit, aber heute sind andere Dynamiken im Spiel als noch vor wenigen Jahren. Wenn dann womöglich ein reichweitenstarker Influencer oder gar ein Leitmedium aufspringt, weil es das Zwei-Quellen-Prinzip nicht gewissenhaft genug befolgt hat, ist eine Fehlmeldung schnell in der Welt. Dabei muss es gar nicht gleich besonders dramatisch aussehen. Die Herausforderung, aus vielen Informationen auch nur die relevanteren und seriöseren herauszufiltern, ist schon Aufgabe genug: Was muss ich lesen, anschauen, abonnieren? Welche aktuellen Nachrichten sind für mich relevant? Wo finde ich Unterhaltung, Rat, Informationsvorsprung? Dabei ist dies ja nur die Seite der Kommunikation, bei der ich selbst entscheide, wo und was ich lese, höre und anschaue. Hinzu kommen die ganzen Kanäle, über die zusätzlich Inhalte hereinkommen, die Aufmerksamkeit binden: E-Mails, Messenger, Benachrichtigungen in Apps, Mitteilungen in (Social) Intranets und, und, und …

Doch was hat dieses Aufmerksamkeitsproblem, dem sich fast jeder Nutzer ausgesetzt fühlt, mit Markenkommunikation und Markenbotschaftern zu tun? Im Umkehrschluss wirkt es sich unmittelbar auf diejenigen aus, die Inhalte produzieren. Sie haben das Problem, wie es ihnen gelingt, sich in der Flut der Informationen Gehör und Sichtbarkeit zu verschaffen. Deswegen müssen sie sich die Frage stellen, über welche Mechanismen dies gelingt und mit welchen Inhalten. Zudem gilt es, das richtige Maß zu finden. Wer zu viel aussendet, wird schnell deabonniert oder blockiert. Wer zu wenig Output erzeugt, schafft es gar nicht erst die Aufmerksamkeitsschwelle zu überwinden. Zum einen gilt es also herauszufinden, welche Inhalte in welcher Form und in welcher Frequenz die gewünschten Empfänger – oder besser: Gesprächspartner – brauchen und verarbeiten können. Welches sind die Indikatoren dafür, dass Inhalt, Form und Menge passen?

2.2.1 Inhalte für Wunschzielgruppen

Auch ist es nicht nur entscheidend, was wo geteilt wird, sondern auch von wem. Inhalte von Personen, zu denen bereits eine Beziehung besteht, denen der Empfänger beziehungsweise Gesprächspartner vertraut und bei denen er Qualität erwartet, erzielen erfahrungsgemäß deutlich mehr Resonanz als unbekannte oder namenlose Accounts.

23 Vgl. »Alte Masche, neue Technik«, in: Deutschlandfunk Nova, 25. Juni 2019, https://www.deutschlandfunknova.de/beitrag/deep-fakes-betrug-per-stimmsynthese

Dies sind die sogenannten »Lotsen in der Informationsflut«.[24] Sie allein gewährleisten den Erfolg aber nicht. Auch sie können nur dann zu den Kommunikationszielen der Marke beitragen, wenn die Inhalte zur Zielgruppe passen und umgekehrt.

Diese Lotsen helfen aber auch dabei, dies herauszufinden, weil sie im direkten Kontakt zu den Zielgruppen stehen. Es geht darum, dem Orientierung Suchenden, dem in der Informationsflut Schwimmenden zu signalisieren: »Ich bin dein Lotse. Ich sorge dafür, dass du erfährst, was für dich relevant ist. Und nur das.« Dann werden die Stakeholder auch den originären Content der dazugehörigen Marke wahrnehmen, wertschätzen und weiterverbreiten. Daher lohnt es sich, zum einen in wirklich nützliche Inhalte zu investieren und zum anderen in die sichtbaren Personen, die hinter der Marke stehen.

Die entscheidende Frage sollte also lauten: »Wie können wir als unverwechselbare Marke mit unverwechselbaren Gesichtern an den wirklich relevanten Gesprächen teilnehmen?« Denn dort, wo viele Menschen sich treffen, geht es vor allem um Beziehungen, um Austausch und Gespräche zwischen den Beteiligten. Wie gut die Persönlichkeiten aus einem Unternehmen es schaffen, solche Beziehungen aufzubauen und in Austausch zu treten, wird in Zukunft immer mehr darüber entscheiden, wie gut sich Markeninhalte in der Informationsflut durchsetzen.

2.2.2 Vom Sender-Empfänger-Internet zum Netz der Gespräche

In der Anfangszeit des Internets bestimmten die Produzenten von Inhalten – oft mit erheblichem Kostenaufwand – darüber, welche Informationen online über ihre Marke abrufbar waren. Heute sind es vorwiegend die Gespräche auf öffentlichen Plattformen ebenso wie in geschlossenen (Mikro-)Netzwerken, die das Bild einer Marke bestimmen. Wir sprechen hier über Online-Medien, die einer breiten Bevölkerung mit wenig Aufwand zugänglich waren und sind. Das hat zur Folge, dass es in der Unternehmenskommunikation – und eben auch in der Kommunikation mit und mittels Markenbotschaftern – nicht mehr sinnvoll erscheint, Botschaften an möglichst viele auszusenden. Häufig herrscht aber in Unternehmen immer noch eine solche Sichtweise vor. Das mag auch daran liegen, dass das Führen und Monitoren vielfacher Dialoge natürlich einen deutlich größeren Aufwand erzeugt als eine Einbahnstraßen-Kommunikation. Es hat aber sicherlich auch damit zu tun, wie etliche der heutigen Entscheider medial sozialisiert wurden und ob sie seither ihre Sichtweise bewusst verändert haben. Wenn wir solchen Menschen verdeutlichen wollen, was sich verändert hat, dann lohnt sich ein Blick auf die Entwicklung der Internet-Kommunikation.

24 Vgl. Hoffmann, Kerstin: Lotsen in der Informationsflut. Haufe 2017.

Mitte der 1990er-Jahre kamen die Angebote im Internet einem riesigen, ständig wachsenden Buch gleich, das sich mit der Zeit immer komfortabler durchsuchen ließ. Jeweils einer sendet, viele empfangen, wie im Radio oder im Fernsehen: »Broadcasting« oder »One to Many« sind die Begriffe, die dieses Prinzip am besten beschreiben. Rückkoppelung und Reaktionen fanden zumeist über andere Kanäle statt; noch lange nicht jeder verfügte über eine eigene E-Mail-Adresse. Reaktionszeiten auch auf elektronische Post waren zuweilen durchaus mit dem klassischen Postweg vergleichbar. Internetforen, in denen direkter Austausch stattfindet und die man als die Vorläufer der sozialen Netzwerke sehen kann, ermöglichten zwar bereits eine schnellere, direkte Interaktion, waren aber kein Massenphänomen. Gleiches gilt für die ersten Weblogs. Einfach und schnell einen Inhalt ins Internet bringen: Das lag vor und unmittelbar nach der Jahrtausendwende selbst für die meisten Unternehmen noch relativ lange außerhalb des Machbaren. Firmen-Websites wurden konzipiert wie Printprodukte und meistens auch ähnlich selten aktualisiert. Online-Medien wie Spiegel Online oder Zeit Online, die zu den Vorreitern in Deutschland gehörten, waren ebenfalls eher Sende- als Dialogplattformen.

Etwa ab 2007 begannen sich die erst wenige Jahre zuvor gegründeten Social Media einer breiteren Bevölkerung zu erschließen. Sie lösten vielfach Onlineforen ab, wenngleich einige davon bis heute weiter bestehen und ihrerseits zusätzliche Funktionen sozialer Netzwerke integrieren. Die SMS veränderte als schnelle Möglichkeit, Kurznachrichten zu senden, zugleich die Anforderungen und Erwartungen an die Reaktionsgeschwindigkeit des Gegenübers. Unternehmen konnten nun über ihre Website nicht mehr nur senden, sondern zugleich kurzfristig Anfragen erhalten. Auch hier stiegen die Erwartungen der Nutzer mit den Möglichkeiten zur Interaktion. Das Paradigma in der Unternehmenskommunikation der Nuller Jahren lautete: Im Mittelpunkt der eigenen Kommunikation liegt die eigene Website. Präsenzen in sozialen Netzwerken dienen zu einem großen Teil dazu, diese eigenen Inhalte weiterzuverbreiten, vor allem indem Links gestreut werden. Diskussionen fanden, wo dies möglich war, auf den Markenseiten selbst statt, beispielsweise in Kommentarsträngen unter Blogbeiträgen. Erst langsam verlagerten sie sich in soziale Netzwerke – aber nicht komplett. Bis heute gibt es viele Unternehmenswebsites, die diesem Paradigma verhaftet bleiben. Allerdings gibt es bis heute auch immer noch sehr viele Unternehmen ohne ausgeschriebene Contentstrategie und ohne eigenes Online-Magazin. Gemäß dem Rieplschen Gesetz[25] werden die bestehenden Möglichkeiten um die neuen Wege ergänzt, aber nicht komplett ersetzt. Doch veränderte sich die Relevanz von Selbstaussagen sowie die Meinungs- und Informationshoheit der Beteiligten. Bewertungsplattformen und externe Nennungen laufen seither den markeneigenen Seiten oft den Rang

25 Vgl. Wulff, Hans Jürgen: »Rieplsches Gesetz«, in: Lexikon der Filmbegriffe, Artikel zuletzt geändert am 24.07.2011, http://filmlexikon.uni-kiel.de/index.php?action=lexikon&tag=det&id=4772

in den Suchmaschinen ab. Jeder spricht mit jedem, Einbahnstraßen in der Kommunikation und rein statische Angebote wichen einer zunehmenden Vernetzung. Diese Entwicklung schreitet bis heute fort und bleibt sehr dynamisch. Einen Zustand, auf dessen Basis man alle Kommunikationswege verlässlich planen könnte, gibt es nicht. In diesem anarchischen, chaotischen System wird es immer schwieriger, Nutzerwege vorauszusagen oder gar zu kontrollieren. Redaktionelle Inhalte auf eigenen Webseiten spielen heute nach wie vor eine große Rolle, sind aber allenfalls Knoten im Netz der Multiloge, der vielstimmigen, miteinander verbundenen Gespräche. Zwar ist es heute sogar so, dass verstärkt der eigene Content Hub in den Mittelpunkt der Unternehmenskommunikation treten sollte. Denn dort hat das Unternehmen das Hausrecht, und darauf sollten letztlich die User Journeys zurücklaufen. Doch darf die Kommunikation einer Marke sich nicht auf eigene Webseiten beschränken, denn der User entscheidet, wo er über ein Thema spricht. Unternehmen und deren Vertreter müssen also dort präsent sein, wo sich Bedürfnisse manifestieren. Ihre Inhalte müssen auffindbar und sichtbar sein, wo sich Menschen austauschen. Insgesamt verlagern sich die Gespräche ebenso wie die Vermittlung von Inhalten auf immer mehr verschiedene Angebote. Mobile Nutzungen verändern die Anforderungen an die Usability und die Customer Journeys. Kunden kaufen bei einer Marke, ohne jemals deren Internetpräsenz aufgesucht zu haben. Die Anbieter der sozialen Netzwerke arbeiten daran, dass die User das geschlossene Universum des jeweiligen Netzwerks gar nicht mehr verlassen müssen, um ganz unterschiedliche Bedürfnisse zu befriedigen – bis hin zum Kauf in Messengern. Wie erreichbar und ansprechbar Markenvertreter außerhalb der eigenen Kommunikationsmedien sind und wie sie sich dort verhalten, entscheidet oft mehr über die Wahrnehmung eines Unternehmens als dessen eigentliches Angebot.

In der Zukunft werden sich noch ganz andere Herausforderungen an die Kommunikation zwischen Menschen, aber auch von Unternehmen zu Menschen stellen. 5G und das Internet der Dinge bringen große Veränderungen. Maschinen werden immer intelligenter. Das Einzige, was sicher und vorhersagbar ist: Bestimmte Mechanismen (zwischen)menschlicher Kommunikation werden sich nicht verändern. Genau hier aber liegt die Konstante, die auch für den Erfolg der Markenbotschafterstrategien entscheidend ist.

2.2.3 Marken und Auffindbarkeit im Internet

Sucht jemand »kalt« nach einem Angebot oder einer Information, also ohne dass vorher ein Kontakt zu einem Anbieter vorhanden war, dann ist heute Google mit einem Marktanteil von 95 Prozent meistens die erste Anlaufstelle.[26] In den Anfangszeiten

26 Lewanczik, Niklas: »27 Jahre SEO und Suchmaschinen im Zeitraffer«, in: Onlinemarketing.de, 28. November 2018, https://onlinemarketing.de/news/27-jahre-seo-suchmaschinen-zeitraffer

des Internets gab es für Anbieter die Möglichkeit, die Auffindbarkeit einer Website in den Suchergebnissen mit dem sogenannten Keyword-Stuffing, einer Anhäufung des gewünschten Suchbegriffs, oder massenhaften Backlinks positiv zu beeinflussen. Doch seither hat Google die Algorithmen fortwährend weiterentwickelt und lässt sich nicht mehr so leicht überlisten. Dies gilt natürlich für andere Suchmaschinen ebenfalls. Suchmaschinenoptimierung stellt daher viel komplexere Herausforderungen als noch vor wenigen Jahren. Grundsätzlich lässt sich sagen, dass dynamische, anwachsende Inhalte für eine gute Auffindbarkeit essenziell sind. Dazu müssen sie userfreundlich organisiert, mobil optimiert und fachlich hochwertig sein, denn auch Letzteres kann die Suchmaschine erkennen. Doch bei allen Bemühungen ist es dennoch nicht immer die eigene, selbst kontrollierte Plattform, die als erste in den Suchmaschinen auftaucht. Hoch gerankte Seiten wie Wikipedia ebenso wie Bewertungsportale und Suchergebnisse aus sozialen Netzwerken nehmen häufig die ersten Plätze ein – und zwar nicht nur dann, wenn jemand nach bestimmten Begriffen sucht, sondern auch bei der Suche nach dem spezifischen Markennamen.

2.2.4 Markenbindung und Kundentreue in digitalen Zeiten

Markenbindung herzustellen und zu halten erfordert viel Aufwand. Menschen treffen Kaufentscheidungen aufgrund ihrer eigenen Bedürfnisse und des angenommenen Nutzens eines Angebots aber in den meisten Fällen nicht allein aufgrund eines Labels oder als Folge eines vorherigen Kaufs. Noch schwieriger ist eine solche Bindung herzustellen, wenn ein Unternehmen nicht eine eigene, unverwechselbare Leistung anbietet, sondern Produkte verkauft, die auch anderswo zu haben sind, oder austauschbare Dienstleistungen. Beim nächsten Kauf wird der Interessent nicht automatisch in dasselbe Geschäft zurückgehen, sondern erneut unter vielen Anbietern nach dem günstigsten Preis für die Ware oder die Leistung suchen. Selbst Dienstleister mit nicht direkt vergleichbaren Portfolios werden leichter ausgetauscht, weil ein neuer Anbieter schneller zu finden ist als früher. Allerdings kosten die Suche und der Vergleich den potenziellen Käufer eine Menge Zeit und Aufmerksamkeit, und deswegen durchläuft fast jeder angestrebte Wechsel einer Kosten-Nutzen-Abwägung. Diese geschieht jedoch häufig eher intuitiv als von rationalen Kriterien gesteuert. Dabei folgt der Nutzer oft der User Journey, die für ihn die bequemste und vermeintlich transparenteste ist – etwa wegen der Vergleichbarkeit von Preisen. Genau aus solchen Gründen sind große Händler wie Amazon oder Zalando so erfolgreich: Sie suggerieren eine große Vergleichbarkeit der Produkte verschiedener Anbieter, liefern die Bewertungen der Nutzer gleich mit und sparen demjenigen, der auf der Plattform bleibt, viel Zeit und Aufwand. Er hat einmal gelernt, wie der Bestellvorgang funktioniert, verlässt sich auf die Sicherheit bei Zahlung und Bestellung und kann mit einer schnellen Lieferung rechnen. Die Art der Präsentation suggeriert, dass die Preise objektiv vergleichbar wären und es sich zudem um besonders günstige Angebote handelt. Bewertungen von Kunden verleihen ein zusätzliches Sicherheitsempfinden, denn hier kommen scheinbar nur echte Käufer zu Wort.

Auch für Beratung und Dienstleistungen gilt: Solange die vom Kunden angenommenen Vorteile beim Verbleib die vermuteten Nachteile bei einem Wechsel überwiegen, hält der Auftraggeber dem bisherigen Anbieter die Treue. Dabei spielen, wie im Consumerbereich, pekuniäre Motive mit eine Rolle, sind aber nicht allein entscheidend. Womöglich ist der finanzielle Aspekt gerade im Dienstleistungsbereich noch wesentlich weniger ausschlaggebend, weil es eben nicht um austauschbare Anbieter für ein und dasselbe, genau vergleichbare Produkt geht.

Wenn es also einmal gelungen ist, eine Marke mit einem solchen Nutzen sozusagen aufzuladen und wirkliches Vertrauen herzustellen, dann zeigt sich der Nutzer und Käufer dankbar für einen derartigen Leuchtturm in der Flut der Angebote. Das bedeutet, und dies ist alles andere als paradox, dass gerade in Zeiten abnehmender Markenbindung jedes Unternehmen danach streben sollte, als unverwechselbare Marke wahrgenommen zu werden. Dies erfordert kontinuierliche Arbeit an der Positionierung. Zugleich ist es mit einer solchen einmaligen Positionierung allein nicht getan. Wer konstant im Bewusstsein der Kunden und weiteren Stakeholder präsent bleiben will, muss in der Community präsent sein – also nicht nur unmittelbar um das Kaufangebot herum. Genau dies aber gelingt heutzutage nur noch mit der richtigen Contentstrategie, die von den Markenbotschaftern mitgetragen wird.

Customer Journey, Usability, User Experience (UX): Im heutigen Marketing wird vom Kunden und seinen Bedürfnissen her gedacht und geplant. Die Customer Journey beginnt bereits vor dem allerersten Kontakt eines Kunden mit dem Unternehmen, und sie hört mit dem ersten Kauf keineswegs auf. Markenbindung erzielt man über Beziehungen. Hier kommen die Markenbotschafter ins Spiel. Der Markenbotschafter richtet sich auf Kunden – und andere Stakeholder – aus und pflegt seine Beziehungen. Als wiedererkennbarer Influencer in seinem Fachgebiet ist er nur dann erfolgreich, wenn er ein klares Bewusstsein dafür besitzt, was sein Netzwerk, seine Community braucht.

Eine erfolgreiche Markenbotschafterstrategie ist ganz von selbst kundenzentriert. Ist sie dies nicht, kann sie keinen Erfolg haben. Gefährlich wäre es allerdings, »kundenzentriert« als Ausrichtung allein auf direkte Kunden zu verstehen. Wer in digitalen Zeiten mit Vertrieb und Verkauf erfolgreich sein will, muss über die Kundenzielgruppen hinausdenken und alle relevanten Stakeholder betrachten.

2.2.5 Markenbilder, Listening und Monitoring in geschlossenen Kreisen

Unternehmenskommunikation kann nur dann erfolgreich ihre spezifischen Zielgruppen erreichen, wenn sie auf valide Daten aus Marktforschung, Listening und Monitoring zurückgreift. Sie muss also ...

- Informationen über Umfeld, Wettbewerbung und Zielgruppe haben (Marktforschung),
- zuhören, wie über Branche, Themen und Marke gesprochen wird (Listening), und
- relevante Begriffe sowie die eigene Marke beziehungsweise deren Bild in der Öffentlichkeit überwachen (Monitoring).

Online- und Offline-Strategien brauchen Messgrößen und qualitative Bewertungsmaßstäbe, anhand derer dann der Erfolg im Einzelnen überprüft werden könnte. Es geht jedoch nicht allein darum, Daten und Informationen zu sammeln, um die eigenen Botschaften zielgerichtet zu platzieren. Nur wer einen aktuellen und umfassenden Blick darauf hat, wie über die relevante Themen und die eigene Marke gesprochen wird, kann strategisch handeln. Dabei geht es ebenso darum, mögliche (Kommunikations-)Krisen frühzeitig als solche zu erkennen, wie auch darum, die eigene Unternehmenspolitik bestmöglich auf die relevanten Meinungsbildner und Multiplikatoren abzustimmen. Dazu muss man aktiv an Dialogen teilhaben.

Ein umfassendes Monitoring mit geeigneten Tools allein würde jedoch ein trügerisches Sicherheitsgefühl vermitteln. Denn nicht alle Gespräche über Themen, Marken und eben auch das eigene Unternehmen sind automatisiert mittels Suchmaschinen zu entdecken. Suchmaschinen und Alert-Dienste zeigen Ihnen, wo und wie öffentlich über Ihre Marke gesprochen wird. In gewissen Grenzen ist sogar das vergleichsweise geschlossene Facebook-Universum in seinem öffentlichen Bereich durchsuchbar. Sie können Twitter nach bestimmten Begriffen durchsuchen und dauerhaft monitoren. Auch für andere Plattformen gibt es Analyse- und Monitoringtools.[27] Facebook-Statusmeldungen, die einen eingeschränkten Empfängerkreis haben (Freunde oder bestimmte Listen), lassen sich dagegen nicht von außen durchsuchen. In geschlossenen und geheimen Facebook-Gruppen können nur die Mitglieder nach Stichwörtern suchen. Gar nicht mit Monitoring-Tools durchsuchbar sind digitale Dialoge in privaten Chats, Messengern, in Direktnachrichten, per SMS oder per E-Mail. Das ist ja nicht anders als bei privaten Gesprächen oder Telefonaten. Ein großer, wenn nicht sogar der größte Teil der entscheidenden Dialoge findet im Verborgenen statt. Entscheidungs- und Meinungsbildungsprozesse spielen sich zu großen Teilen in geschlossenen Zirkeln ab. Wie bereits seit Längerem zu beobachten ist, geht die Entwicklung weg von den großen sozialen Netzwerken hin zu kleineren, geschlossenen Einheiten, in denen

27 So hat etwa der MonitoringMatcher eine Übersicht mit über 30 Tools allein für Instagram zusammengestellt, http://www.monitoringmatcher.de/2016/04/mehr-als-30-instagram-tools/

sich die Menschen austauschen: den sogenannten »Tribes« (Stämmen).[28] In fast allen sozialen Netzwerken gibt es Gruppen und nichtöffentliche Diskussionen. WhatsApp und der Facebook-Messenger sind hier nach wie vor führend.[29] Aber auch in geschlossenen Gruppen, etwa auf Facebook, tauschen sich Mikro-Influencer und Zielgruppenbesitzer aus.[30] In solche Bereiche dringt das klassische Monitoring nicht vor. Wer aber nicht an den relevanten Gesprächen teilnimmt beziehungsweise gar nicht erst davon erfährt, weiß nicht, wie über die eigene Marke gesprochen wird. Zudem erreicht er oder sie nicht die relevanten Meinungsbildner und Entscheider. Doch was können Unternehmen tun, wenn doch genau hier die entscheidenden Dialoge stattfinden? Zumindest indirekt können sie auch hierüber dennoch eine Menge erfahren. Zugang in solche entscheidenden Kreise erlangt man nicht durch gesichtslose Firmenseiten, sondern allein als Menschen, die für eine Marke (ein-)stehen.

Selbstverständlich hat es solche Gruppenbildungen schon immer gegeben, aber mit dem Vormarsch der Messenger legen sie an Geschwindigkeit sowie Reichweite zu. Auch in den Internetforen, den Vorgängern der heutigen sozialen Netzwerke, fand und findet man kleinere Zirkel, in denen sich Menschen vertraulich austauschen. Das ist bei physischen Treffen und Zusammenkünften ebenso. Auch auf Konferenzen, die in sich meistens bereits einen vertrauten Rahmen bilden, gibt es noch vertrautere Gespräche zwischen einzelnen Menschen. Hier werden oft die wirklich relevanten Informationen ausgetauscht und die eigentlichen Entscheidungen getroffen.

Werden Sie also als Markenbotschafter Teil der persönlichen Gespräche nicht nur unmittelbar um Ihre Marke herum, sondern in einem größeren Zusammenhang. Ermutigen Sie Mitarbeitende, dies ebenfalls zu tun. Sie müssen sich selbst an relevanten Dialogen beteiligen und sich in den richtigen Gruppen aufhalten. Zudem sollten Sie den direkten persönlichen Kontakt, etwa auf Branchenveranstaltungen, nicht vernachlässigen. Dabei sollten Sie keinesfalls immer nur auf die sogenannten »Influencer«, die Meinungsbildner mit großer Reichweite, schauen. Jeder Facebook-Kontakt stellt eine Schnittstelle in Ihre Community hinein dar. Der Austausch mit Einzelnen gibt Aufschluss darüber, was viele denken. Über die persönliche Kontaktpflege hinaus sollten Sie jedoch weiterhin in der professionellen Kommunikation alle Möglichkeiten des Monitorings, des Listenings und der Erfolgsmessung wahrnehmen. Hierüber gewinnt man, direkt oder indirekt, eindeutige Erkenntnisse, wo und wie über die eigene Marke gesprochen wird; selbst dann, wenn der direkte Zugriff auf den privaten Dialog nicht möglich ist.

---

28 Vgl. Bullas, Jeff: »The Social Network Tribes – Plus Infographic«, https://www.jeffbullas.com/2012/07/05/the-social-network-tribes-plus-infographic/

29 Vgl. »Welche Messenger nutzen Sie regelmäßig?«, Statista, 18. Juni 2019. https://de.statista.com/prognosen/999735/umfrage-in-deutschland-zu-beliebten-messengern

30 Vgl. »Warum B2B-Unternehmen auf Facebook-Gruppen setzen sollten«, in: PR-Doktor, 18. November 2019. https://www.kerstin-hoffmann.de/pr-doktor/facebook-gruppen-b2b-kommunikation/

2.2.6 Markenbotschafter im B2B- und B2C-Bereich

Gerade bezüglich der Unternehmenskommunikation in digitalen Medien wird häufig der Unterschied zwischen B2C, also dem Geschäft mit Verbrauchern, und B2B, also Geschäften zwischen Unternehmen, hervorgehoben. Begründet wird dies meistens mit einer ganz anderen Zielgruppenstruktur sowie unterschiedlichen Vertriebswegen. Tatsächlich ändern sich ja auch Vertriebswege mit den Möglichkeiten des Direktvertriebs im Internet. Oft werden Großhändler und auch der Einzelhandel gar nicht mehr in Anspruch genommen, um Konsumgüter zu vertreiben. Zum anderen steht gerade in persönlichen Netzwerken nicht nur die direkte Kundengewinnung im Fokus. Auch die Entscheider und Mitarbeitenden einer Consumermarke vernetzen sich mit Geschäftspartnern, Branchenkollegen, Empfehlern und anderen Bezugspersonen. Dabei versteht es sich eigentlich von selbst, dass sich der prominente CEO einer Consumermarke nicht mit Millionen von Endkunden persönlich befreunden wird. Das ist weder seine Aufgabe, noch wäre der Aufwand zu bewältigen. Ebenso wenig kann aber auch der Geschäftsführer eines B2B-Unternehmens mit allen Stakeholdern der Firma gleichermaßen eng verbunden sein. Dagegen wird beispielsweise der einzelne Kundenberater unter seinen direkten Kontakten auch etliche Kunden haben. Ein Einzelhändler im eher hochpreisigen Segment wird direkte Kunden in seinem Netzwerk haben. Das liegt daran, dass er pro Verkaufsvorgang relativ viel Umsatz macht und innerhalb einer eingeschworenen Community wie zum Beispiel die der Aktiven in einer bestimmten Sportart jeder Kunde zugleich eine Schnittstelle zu weiteren Kontakten ist.

Die grundlegenden Prinzipien gerade der Kommunikation in digitalen Zeiten gelten für den B2B- genauso wie für den B2C-Bereich. Das bedeutet: Jedes Unternehmen, jede Marke muss sich auf ihre Zielgruppen und Dialogpartner ausrichten. Aber insgesamt spielt die Trennung zwischen Business- und Consumer-Kommunikation auf der übergeordneten Ebene eine immer geringere Rolle.

2.3 Markenbotschafterstrategien: Voraussetzungen und Zuständigkeiten

Auch wenn es bestimmte Merkmale und Herangehensweisen gibt, in denen sich viele verschiedene Markenbotschafterprojekte gleichen, sieht doch – das ist meine Erfahrung aus vielen solchen Projekten – das Vorgehen bei der Erarbeitung einer Markenbotschafterstrategie in jedem Unternehmen anders aus. Der Strategieteil in Kapitel 4 dieses Buches unterstützt Sie bei der Entwicklung einer Markenbotschafterstrategie. Doch zunächst einmal gilt es, sich ein Bild zu machen, wie die Arbeit mit Corporate Influencern überhaupt aussehen kann. Was sollte man vorher wissen? Welche Voraussetzungen sind zu erfüllen? Und zu welcher Unternehmensdisziplin gehören die Markenbotschafter überhaupt?

2.3.1 Wo ist die Strategieführung angesiedelt?

Eine Frage, die häufig gar nicht thematisiert wird, wenn pauschal über »Corporate Influencer« gesprochen wird: Welche Bereiche beziehungsweise Disziplinen im Unternehmen sind denn überhaupt in der Markenbotschafterstrategie führend? Ist es ein Kommunikationsthema oder sollte man es in der Personalabteilung ansiedeln? Geht es um Marketing oder um Public Relations, um Online-Marketing, um Werbung, um das Employer Branding – oder um mehrere Bereiche zusammen? Wird die Markenbotschafterstrategie als Teil der unternehmenseigenen Social-Media-Strategie angesehen und entsprechend geführt? Auf welche strategischen und welche Kommunikationsziele zahlen die Markenbotschafter, direkt oder indirekt, ein, und in welcher Form tun sie dies? Und, nicht zu vergessen: Welche eigenen Ziele verfolgen sie als jeweils eigenständige Personenmarken? Über all dies ist ein gemeinsames Verständnis bei den Beteiligten zu erzielen, bevor man überhaupt fundiert über das Thema sprechen und eine gemeinsame Vorgehensweise, also Markenbotschafterstrategie, entwickelt werden kann. Ansonsten operiert erfahrungsgemäß jeder mit eigenen Annahmen, und oft stellt sich erst im Verlauf eines Projekts heraus, welche unterschiedlichen Erwartungen an die Ausprägungen sowie den Erfolg der Strategie jeweils vorherrschten. Längst ist bekannt – oder sollte es zumindest sein –, dass eine Silobildung der einzelnen Kommunikationsdisziplinen nicht förderlich ist.

Markenbotschafterstrategie und Employer Branding

Markenbotschafterstrategien sind immer ein Kommunikationsthema, ganz gleich, wo sie im Unternehmen schwerpunktmäßig angesiedelt werden. Auch wenn die Personalabteilung in diesem Thema führt und die Strategie vor allem auf die Mitarbeitergewinnung einzahlen soll, geht es um Kommunikation und Markenbildung, eben um Employer Branding. Die sichtbaren Betriebsangehörigen machen das Unternehmen mit ihren authentischen Aussagen attraktiv als Arbeitgebermarke. Alles, was sie sagen und was von anderen wahrgenommen wird, fällt auf das Markenimage zurück. Eine isolierte Betrachtungsweise ist weder sinnvoll noch überhaupt möglich. Die öffentliche Wahrnehmung eines Unternehmens als Arbeitgebermarke fällt immer auch auf das Markenimage an sich zurück, und das gilt im positiven wie im negativen Sinne. Umgekehrt zahlen jedes Marketing, jede PR für ein Unternehmen auf die Attraktivität als Arbeitgeber ein.

Markenbotschafterstrategie und Unternehmensziele

Jede Markenbotschafterstrategie zahlt auf strategische Ziele des Unternehmens ein. Je nachdem, wie diese definiert sind, kann auch der Schwerpunkt unterschiedlich gesetzt sein. Meistens aber startet die Erarbeitung eines speziellen Programms oder einer kompletten Strategie in einem einzelnen Unternehmensbereich, weil dies besonders naheliegt oder sich auch mehr oder weniger zufällig ergibt. Naheliegende Gründe dafür könnten beispielsweise in einer besonderen Affinität der jeweiligen Beteiligten oder Initiatoren zu Digitalthemen liegen oder in einem besonderen Bedarf in der Mitarbeitergewinnung. Es kann auch die Feststellung zugrunde liegen, dass in einem bestimmten Bereich bereits eine große Zahl von Mitarbeitenden sich sehr aktiv zeigt. Oft startet eine Markenbotschafterstrategie auch, weil ein einzelner Verantwortlicher sie sich zum Thema macht und die Initiative ergreift.

Markenbotschafterstrategie und Unternehmenskommunikation

Ganz gleich, an welcher Stelle im Unternehmen die Führung des Markenbotschafterprojekts liegt: Es kann nur dann funktionieren, wenn Kommunikationsverantwortliche und -ausführende mit eingebunden sind. Dies kann man an prominenten Beispielen wie dem Jobbotschafter-Programm der OTTO Group – um das es im Folgenden und in Kapitel 3.1.5 noch detaillierter gehen wird – beobachten. Zwar bezieht sich das Programm allein auf die Gewinnung von Fachkräften, und die Mitarbeitenden werden entsprechend auch in den Fachbereichen geschult. Doch sobald es um die Kommunikation nach außen geht, ist die Konzernkommunikation zuständig. Sie ist auch dann gefragt, wenn es darum geht, die Jobbotschafter etwa in der Social-Media-Kommunikation zu schulen. So antwortet **Eugenia Mönning**, Pressesprecherin HR bei OTTO, auf die Frage: »Was muss die PR leisten, damit ein solches Programm ein Erfolg wird?«

> Durch persönliche Ansprechpartner und Workshops nehmen wir den Jobbotschaftern die Angst, etwas falsch zu machen. Wir ermutigen sie dazu, ihre Leidenschaft mit anderen zu teilen und authentisch über ihre Aufgaben zu erzählen, wobei wir auch nichts aufzwingen. Alles ist freiwillig: Jeder kann, keiner muss. Funktionieren kann das Ganze aber nur, wenn die Kollegen zufrieden sind mit ihrem Job. Und das ist das Beste, was die Jobbotschafter aus PR-Sicht tun können. Wir wollen sie nicht zu Pressesprechern machen, sie sollen einfach erzählen, wie es ist, bei uns zu arbeiten. Damit schaffen sie Nähe, und Interessierte haben weniger Hemmungen, mit uns als Unternehmen in Kontakt zu kommen, weil sie die Menschen sehen und mit ihnen sprechen können, die da arbeiten.
>
> Die Unternehmenskommunikation muss allerdings lernen loszulassen. Je schneller wir erkennen, dass wir nicht mehr die alleinige Kommunikationshoheit haben, desto schneller können wir zu Unterstützern werden. Die Unternehmensbotschaften erzählen immer noch wir, aber unsere Jobbotschafter füllen sie mit Leben.[31]

31 Zwei Jahre Corporate Influencer bei Otto: »Wir müssen lernen loszulassen«, in: PR-Doktor, 16. September 2019, https://www.kerstin-hoffmann.de/pr-doktor/2-jahre-jobbotschafter-otto-interview/

Markenbotschafterstrategie und Contentstrategie

Ohne Kommunikation kein Markenbotschafter. Ohne Inhalte keine Kommunikation. Folglich kein Markenbotschafter ohne Inhalte: Jeder Dialog erzeugt Content. Es ist sinnvoll, die Markenbotschafterstrategie eng mit der Contentstrategie innerhalb der Unternehmenskommunikation zu verknüpfen. Dies gilt in beide Richtungen. Zum einen brauchen Markenbotschafter Anregungen und Ressourcen, auf die sie zurückgreifen können, wenn sie sich auf das Unternehmen beziehen. Zum anderen liefern sie Einblicke in die Zielgruppen, spielen Informationen aus dem Markt in das Unternehmen zurück und liefern Themen sowie gegebenenfalls auch Beiträge für die Unternehmenskommunikation, die PR, die Social-Media-Strategie. Dabei braucht heutzutage jedes Unternehmen eine Contentstrategie. Oft zeigen sich Schwächen der Contentstrategie erst so richtig in der Erarbeitung der Markenbotschafterstrategie. Während sich viele Unternehmen (zu) lange nicht um das Thema Contentstrategie und Content-Marketing gekümmert haben, wird nun häufig die solide Erarbeitung innerhalb der Kommunikationsstrategie übersprungen. Stattdessen wird oft sehr operativ gehandelt. »Einfach mal loslegen« ist in digitalen Medien grundsätzlich keine schlechte Idee, wenn es gilt, neue Wege und neue Plattformen auszuprobieren. Doch spätestens nach einer Orientierungsphase muss sich jede Maßnahme, jede Kanalstrategie innerhalb der Gesamtkommunikation rechtfertigen, und dazu braucht man eine strategische Planung. Hierzu wiederum gehören Key Performance Indicator (KPI), denn nur so lässt sich Erfolg messen.

Dem Einsatz von Markenbotschaftern in der Mitarbeitergewinnung und -bindung wird häufig eine Sonderrolle zugewiesen. Die Jobbotschafter von OTTO sind ein Beispiel dafür, dass eine Corporate-Influencer-Strategie sich ausschließlich auf das Employer Branding fokussiert. Hier steht sogar ausdrücklich der Teilbereich der Fachkräftegewinnung im Fokus, wie **Eugenia Mönning**, Pressesprecherin HR bei OTTO, im Interview betont:

> Unsere Botschafter arbeiten eng mit dem Personalmarketing und dem Recruiting zusammen, weil wir mit dem Programm vor allem das Ziel verfolgen, unsere offenen Stellen schneller mit den geeigneten Talenten zu besetzen.[32]

Wie jeder Bereich in Kommunikation und Markenbildung unterliegt das Employer Branding eigenen Gesetzmäßigkeiten und stellt spezielle Anforderungen. Insofern stellt es nicht mehr und nicht weniger einen Sonderfall dar als jeder andere spezifische Schwerpunkt innerhalb einer Markenbotschafterstrategie. Es gilt immer, möglichst konkret die Ziele, die Beteiligten, die Medien sowie alle weiteren Parameter festzulegen.

32 Ebd.

2.3.2 Medien, Kanäle, Mechanismen: Was macht erfolgreiche Markenbotschafter aus?

Unternehmensangehörige, die sich mit den Werten und Inhalten des Arbeitgebers identifizieren und gerne in ihrem Unternehmen arbeiten, sind erfahrungsgemäß gewillter, dessen Botschaften weiterzuverbreiten. Beispielsweise können sie Postings, Publikationen oder Informationen der Firma in eigenen Accounts mit ihrem Netzwerk verteilen. Damit werden sie in ihrem persönlichen Umfeld bereits zum Mikro-Influencer.

Gut vernetzte Mikro-Influencer sind aber zugleich auch Augen und Ohren an der Schnittstelle zu Teilöffentlichkeiten: Sie erfahren oft viel früher als das offizielle Monitoring von Entwicklungen, Gerüchten oder Gerede. Es ist jedoch nicht jeder Mitarbeitende automatisch ein Unternehmenssprecher. Auch jemand, der oder die als Markenbotschafter wahrgenommen wird, spricht zunächst für sich selbst. Doch das Verhalten der Betreffenden fällt auf die Marke zurück. Markenbotschafter zu sein hat also zunächst einmal mehr mit dem Selbstverständnis zu tun als mit den spezifischen Kanälen. Sprich: Es kommt nicht primär darauf an, wo er oder sie agiert. Solange der oder die Betreffende als Firmenangehöriger erkennbar ist, sollte er sich auch seiner Rolle als Markenbotschafter bewusst sein. Womöglich bezieht sich das bei dem einen vor allem auf den direkten Austausch in Messengern oder auf Veranstaltungen. Die andere ist vielleicht vor allem auf Facebook aktiv oder auf Twitter. Wieder jemand anders bevorzugt Business-Netzwerke wie XING und LinkedIn. In den Best-Practice-Interviews in diesem Buch finden Sie dazu zahlreiche, sehr unterschiedliche Beispiele.

Der individuelle Kanalmix kann sich auch verändern. Auch die Angebote selbst entwickeln sich ständig weiter, ebenso die allgemeinen Vorlieben größerer Gruppen in Bezug auf die Frage, wo sie sich austauschen. So waren beispielsweise Instagram Stories vor noch gar nicht so langer Zeit kein Thema. Heute spielen sie sowohl in der Unternehmenskommunikation als auch im privaten Austausch eine Rolle. Meistens entwickeln die einzelnen Personen einen sehr individuellen, von den eigenen Vorlieben geprägten Mix, insbesondere dann, wenn das Selbstverständnis im Vordergrund steht und nicht eine gemeinsame Kanalstrategie. Beides kann sich aber auch ergänzen.

Gibt es jedoch seitens des Unternehmens bevorzugte offizielle Medien und Kanäle, in die die Mitarbeitenden eingebunden sind, dann liegt hier oft ein Schwerpunkt – etwa wenn jemand sich als Autor im Corporate Blog engagiert oder Teil eines Instagram-Teams ist. Beide Formen können auch nebeneinander existieren: Einige Mitarbeitende sind aktiver Bestandteil eines Teams, das ein bestimmtes Medium bespielt. Sie betreiben darüber hinaus persönliche Profile nach eigenen Vorlieben. Zusätzlich herrscht im Unternehmen ein generelles Markenbotschafter-Verständnis. Sichtbare Köpfe kommen aus dem gesamten Unternehmen – und nicht nur aus den

Kommunikationsabteilungen: Hier sind die Möglichkeiten sehr vielseitig, und der Aufwand ist skalierbar. Es reicht vom Mitarbeitenden statt dem Fotomodell bei der Produktion von Werbematerialien über Aktivitäten in sozialen Netzwerken bis zum Mitarbeiter-Autor im Corporate Blog oder zum bloggenden CEO. Dazu gehören natürlich ebenfalls Mitarbeiter-Markenbotschafter, die Veranstaltungen besuchen, Vorträge halten oder sich im Employer Branding, etwa auf Messen oder bei Recruiting-Veranstaltungen, engagieren. Hier wird vielleicht schon klar: Der Begriff des Markenbotschafters ist im Grunde ebenso schwer zu fassen wie ein idealtypisches Medienverhalten, und es gibt unzählige strategische Herangehensweisen. Im Best-Practice-Teil (Kapitel 3) finden Sie Beispiele für Markenbotschafter-Rollen. Im Strategieteil (Kapitel 4) zeige ich Ihnen, wie Sie Corporate Influencer im Unternehmen entdecken und unterstützen. Im Personenmarken-Teil (Kapitel 5) finden Sie Anregungen und Tools für Personenmarken.

2.3.3 Content-Marketing: Wertvolle Inhalte mit sichtbaren Köpfen

Content-Marketing besteht im Wesentlichen darin, spannende, interessante, nützliche oder auch unterhaltsame Inhalte zu entwickeln, darüber Sichtbarkeit aufzubauen und auf diese Weise strategische sowie Umsatzziele zu erreichen. Dazu muss man die Inhalte, das Fachwissen, die Geschichten im eigenen Unternehmen entdecken und eine Contentstrategie innerhalb der Gesamtkommunikation entwickeln. Wenn es im Unternehmen beim Content-Marketing hapert, dann liegt dies meist nicht einmal an einer fehlenden Einsicht in die Notwendigkeit dieser Kommunikationsform an sich. Doch in vielen Unternehmen, vor allem im Mittelstand, sind die Budgets knapp, und es fehlt an zusätzlichen personellen Ressourcen für eine Neuorientierung in der Kommunikation. Oft fällt, selbst mit professioneller Unterstützung, der Perspektivenwechsel schwer, der für erfolgreiches Content-Marketing unbedingt notwendig ist. Dabei sollte eine zentrale Frage lauten: Wieso sollte jemand sich näher für die Inhalte eines Unternehmens interessieren? Doch viele Entscheider schrecken davor zurück, Inhalte mit wertvollem Wissen zu verschenken, die nicht mindestens eine klare Werbebotschaft enthalten und deren (Verkaufs-)Wirkung nicht direkt nachweisbar gemessen werden kann. Das Bewusstsein dafür, dass Content-Marketing eine ganz eigene, für viele noch neue Disziplin mit ganz eigenen Gesetzmäßigkeiten ist, muss sich in vielen Unternehmen erst noch durchsetzen. Der Perspektivenwechsel muss häufig regelrecht eingeübt werden, und es muss sich wirklich etwas verändern. Es nützt nichts, eine einzelne Mitarbeiterin für ein paar Tage zum Social-Media-Lehrgang zu schicken, wenn sie anschließend nichts verändern darf. Dies gilt erst recht, wenn keine zusätzlichen Ressourcen geschaffen werden, sondern die Erwartung vorherrscht, dass in derselben Arbeitszeit nun auch noch zusätzliche Aufgaben erledigt werden.

Mit diesem Buch lege ich den Schwerpunkt auf die Rolle der Markenbotschafter in der Kommunikation. Es erhebt daher gar nicht den Anspruch, zugleich einen kompletten Ratgeber zum Thema Contentstrategie und Content-Marketing zu liefern. Zudem möchte ich inhaltliche Überschneidungen mit meinem Buch »Web oder stirb! Erfolgreiche Unternehmenskommunikation in Zeiten des digitalen Wandels« vermeiden. Darüber hinaus empfehle ich die weiterführende Lektüre beispielsweise folgender Bücher: »Think Content!« von Miriam Löffler[33] sowie »Die Content-Revolution im Unternehmen« von Klaus Eck und Doris Eichmeier.[34] Mein Buch »Prinzip kostenlos« führt ebenfalls in eine Methode ein, wie vor allem Berater und Dienstleister mit geteiltem Wissen hochwertige Empfehlungen generieren, Sichtbarkeit erzeugen sowie neue Kunden gewinnen.[35]

Die Content-Ampel

Für die schnelle, operative Prüfung aller Inhalte habe ich die Content-Ampel entwickelt, die Sie komplett mit einer umfassenden Anleitung kostenlos herunterladen können.[36]

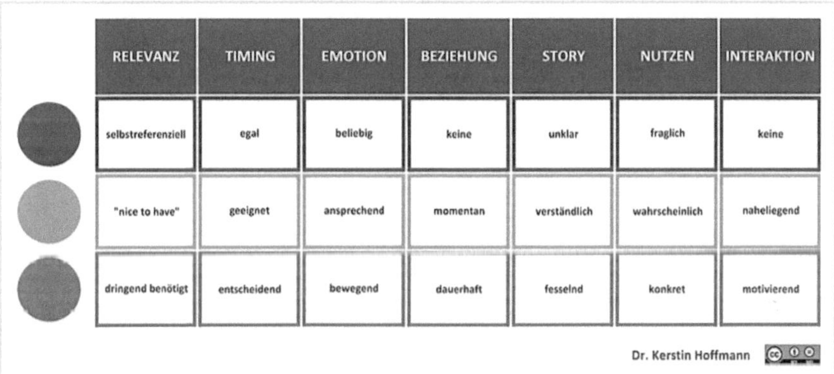

Abb. 1: Die Content-Ampel

Speziell bezogen auf das Content-Marketing mit Markenbotschaftern: Welches sind die Erfolgsfaktoren, und was ist insbesondere zu beachten? Um diese Frage geht es auf den folgenden Seiten.

33 Siehe Literaturverzeichnis.
34 Ebd.
35 Ebd.
36 http://www.content-ampel.de

2.3.4 Content-Marketing mit Markenbotschaftern: Sechs Vorteile für Unternehmen

1. Markenbotschafter sind zur richtigen Zeit am richtigen Ort

Inhalte sind dann besonders erfolgreich, wenn sie für den Empfänger oder Gesprächspartner eine aktuelle Relevanz besitzen. Gutes Content-Marketing liefert der Community zur richtigen Zeit am richtigen Ort etwas, das von den Richtigen weiterverbreitet wird. Um dies zu erreichen, braucht man ein umfassendes Listening, Einblicke in die Bedürfnisse der Wunschzielgruppe sowie das richtige Timing. Gut vernetzte Personen haben Zugang zu den relevanten Gesprächen und wissen daher, welche aktuellen Themen gerade besonders gefragt sind. Erfolgreich im Sinne des eigenen Unternehmens kann dies nur dann genutzt werden, wenn es etablierte Strukturen gibt, über die die Einzelnen solche Bedürfnisse in das Unternehmen zurückspielen können. Dazu brauchen sie sowohl Einblicke in die Kommunikations- und Contentstrategie als auch Schulung darin, aus Gesprächen Themenideen zu gewinnen sowie Kommunikationsanlässe zu erkennen.

2. Markenbotschafter erzeugen Vertrauen und Bindung

Selbst ein völlig zeitloses Ratgeberstück wird von jedem einzelnen Leser, Hörer, Zuschauer immer in einem bestimmten Moment benötigt. Häufig liefert dann eine Google-Suche die ersten Anhaltspunkte. Aus der großen und wahrscheinlich ziemlich unübersichtlichen Zahl der Fundstücke greift man dann bevorzugt auf Plattformen zurück, die einem schon als seriös bekannt sind oder auf den ersten Blick ebenso überzeugend wie aktuell erscheinen. Ist ein Inhalt mit einem Gesicht verknüpft, so ist der Empfänger weniger kritisch, weil er der Quelle bereits vertraut.

Persönliche Bindung spielt auch bei der Aufnahme künftiger Inhalte eine entscheidende Rolle: Bei einem Anbieter, der mir bereits Qualitätsinhalte geliefert hat, werde ich beim nächsten Mal eine solche Qualität voraussetzen. Dies gilt selbst dann, wenn mich die Überschrift nicht im gleichen Ausmaß spontan anzieht wie die eines Konkurrenzanbieters. Die große Herausforderung besteht zweifellos darin, diese Wiedererkennbarkeit über viele verschiedene Plattformen hinweg zu erhalten. Gerade hier spielen Markengesichter eine große Rolle.

3. Markenbotschafter sorgen für Auffindbarkeit, auch jenseits von Google

Suchmaschinenoptimierung mittels wertvoller Inhalte in einer googlefreundlichen technischen Umgebung wird häufig vernachlässigt, ebenso die Bedeutung von Mobiltauglichkeit, Ladezeiten und anderen Faktoren für das Google-Ranking. Insbesondere wird die Tatsache übersehen, dass Menschen sich mehr und mehr in den geschlossenen Universen einzelner Plattformen bewegen und diese gar nicht mehr mit Google durchsuchen, sondern dort direkt nach Stichworten und Themen Ausschau halten. Auch dies gestaltet sich je nach Plattform ganz unterschiedlich. Wenn

Markenbotschafter mit ihren persönlichen Profilen gut vernetzt sowie in Social Media geschult sind, dann können sie auf den jeweiligen Plattformen Sichtbarkeit erzeugen, die mit Unternehmensseiten nur schwer – und dann oft nur unterstützt durch bezahlte Werbung – zu erreichen ist.[37]

4. Markenbotschafter sind wertvolle Empfehler und Zielgruppenbesitzer

Zwar ist eine Sicht auf die Mitarbeitenden als die verlängerten Arme der Unternehmens-PR verfehlt. Man kann sie nicht instrumentalisieren, um einfach Markeninhalte über ihre persönlichen Profile zu streuen. Doch wenn es in Corporate Blogs und Unternehmenskanälen in Social Media wirklich werthaltige, interessante Inhalte gibt, werden die Markenbotschafter sie auch gerne zumindest gelegentlich teilen. Je einfacher man ihnen dies macht und je besser die Inhalte auffindbar und teilbar sind, desto besser funktioniert es. Viele Menschen haben längst vor der Menge an Informationen, die auch nur eine einzige Google-Suche hervorbringt, mehr oder weniger kapituliert, zumindest bei komplexen Themen. Ihr direkter Zugang zu relevanten Informationen führt über Gruppen in sozialen Netzwerken oder über ihr persönliches Netzwerk, zu dem sie Kontakt in Social Media, in Messengern oder per E-Mail pflegen. Hier finden sie die Gatekeeper zum jeweiligen Fachgebiet. Hier stellen sie ihre Frage. Wie die Antwort ausfällt und welche Quellen für die weitere Recherche genannt werden, hängt zum einen davon ab, wie sie ihr eigenes Netzwerk und ihre Zugänge gewählt haben. Zum anderen haben die Empfehler wiederum bereits im Vorfeld die für sie relevanten Vertrauenspersonen und Quellen ausgewählt, die ihnen den meisten Nutzen versprechen.

5. Markenbotschafter sind wiedererkennbare Experten

Wenn sich ein bestimmter Inhalt über ein bestimmtes Thema zu einem bestimmten Zeitpunkt verbreiten soll, kann die Arbeit an der Sichtbarkeit nicht erst mit diesem Inhalt beginnen. Es gilt, über längere Zeit hinweg einen Expertenstatus aufzubauen, der dann im Moment des Bedarfs die richtigen Interessenten anzieht. Dann mag es sein, dass sich ein einzelner Inhalt scheinbar viral verbreitet. Doch lässt sich dessen Erfolg eben nicht allein an diesem einzelnen Ereignis festmachen und begründen. Unternehmensangehörige als Experten zu einem Thema spielen in diesem Zusammenhang eine große Rolle. Sie nehmen in ihren Communitys häufig eine exponierte Stellung ein. Ihnen gelingt über die persönlichen, langfristigen Beziehungen, was über gesichtslose Firmenaccounts und Seiten kaum möglich ist. Dabei nützen sie einerseits den Zielen des Arbeitgebers. Nicht selten spielt aber zugleich das Renommee des Unternehmens, in dem sie arbeiten, eine wichtige Rolle für sie selbst. Es bestätigt und fördert ihren Expertenstatus, den sie als Einzelperson in gleicher Weise nicht

---

37 Auf die Themen Werbung in sozialen Netzwerken, Targeting von Anzeigen, Google Ads und ähnliche Themen gehe ich hier nicht ausführlich ein, weil dies den Rahmen des Buchs sprengen würde.

aufgebaut hätten. Gerade namhafte Arbeitgeber zahlen auf den Wert einer Personenmarke in gleichem Maße ein, wie diese Person der Arbeitgebermarke nützt.

6. Markenbotschafter liefern interessante Inhalte und Geschichten
Jede gute Geschichte, jedes noch so kleine Stück Inhalt braucht einen roten Faden. Gute Kommunikation erzählt Geschichten über mehrere Medien und Plattformen hinweg. Markenbotschafter binden abstrakte Inhalte und Unternehmenscontent in ihre eigene, persönliche Geschichte ein. Sie sind die Helden der Unternehmensstorys. Sie liefern aber auch aus ihrer Sicht heraus und aufgrund ihres Fachwissens Ideen, Inhalte oder Praxisberichte. Wie gut sie in die Content-Marketing-Strategie eingebunden sind, entscheidet darüber, ob dies funktioniert. Keine Contentstrategie, kein Marketing kommt ohne Storytelling aus, auch wenn man den Begriff, der derzeit zu einem regelrechten Modewort geworden ist, nicht ausdrücklich nennen muss. Umgekehrt ist aber das Storytelling nicht auf die Contentstrategie beschränkt, sondern nimmt als zugrunde liegendes Prinzip in allen Kommunikationsbereichen eine wichtige Rolle ein.

2.3.5 Storytelling mit Markenbotschaftern

Menschen lieben Geschichten. Geschichten verdeutlichen Zusammenhänge, und sie sorgen dafür, dass Inhalte sich besser im Gedächtnis verankern. Mittels Geschichten gelingt es, sachliche Inhalte mit Emotionen zu verknüpfen. Insofern sollte Storytelling nicht so sehr als eigenständige Disziplin, sondern vielmehr als jeder Kommunikation immanent verstanden werden. Meinem Verständnis nach muss jeglicher Inhalt eine Geschichte enthalten oder zumindest die Dramaturgie einer Geschichte verwirklichen, also einen roten Faden besitzen. Das gilt für journalistische Texte ebenso wie für Werbeanzeigen, für Videos wie für Statusmeldungen in sozialen Netzwerken. Auch beim Netzwerken in den sozialen Medien spielt das Storytelling selbst dann eine Rolle, wenn es nicht explizit so heißt. Ich konzentriere mich hier auf diejenigen Aspekte, die speziell mit der Rolle von Markenbotschaftern zusammenhängen.

Man kann Geschichten um die Menschen herum erzählen, die ein Produkt herstellen oder eine Dienstleistung anbieten. Denn eine Geschichte wiederum ist nichts ohne ihre Helden, ihre Protagonisten. In der Kommunikationsstrategie von Unternehmen bilden die Markenbotschafter eine wichtige Gruppe von Protagonisten beziehungsweise Berichterstattern. Ein Markenbotschafter, der über mehrere Medien und Kanäle hinweg etwas von sich preisgibt, das über rein fachliche Inhalte hinausgeht, erzählt bereits eine Geschichte, für die sich andere interessieren und mit der sie interagieren können. Jeder Markenbotschafter ist also zugleich der Held seiner eigenen Geschichte sowie der Gefährte und Begleiter in den Geschichten seiner Kontakte. So entstehen über Profile und Plattformen hinweg multimediale Geschichten. Denn tatsächlich besteht das Storytelling heute nicht mehr daraus, einfach als Sender irgendwelche

PR-optimierten Erzählformen auszusenden, in der Hoffnung, dass andere sie weiterverbreiten. Geschichten entstehen in Communitys, aus der Verbindung und Interaktion von Menschen miteinander.

Storytelling braucht keine weitschweifigen Allegorien

Ich halte das Storytelling für ein vielfach missverstandenes Konzept. Als sie Ende des 20. Jahrhunderts in der Unternehmenskommunikation aufkam, trieb diese Disziplin oft etwas merkwürdige Blüten, indem sie sich allzu weit hergeholter Allegorien und Metaphern bediente. Andererseits dienen natürlich Bildwelten, die zunächst einmal mit dem Produkt oder der Dienstleistung direkt nichts zu tun haben, auch dazu, etwas Abstraktes erlebbar oder etwas Austauschbares einzigartig zu machen.

Ein bekanntes, sehr erfolgreiches Beispiel dafür stellt der »Marlboro Man« als Ikone in der Werbung für eine Zigarettenmarke dar. Anbieter von zunächst völlig gesichtslosen, nicht unterscheidbaren Produkten wie Energie oder Wasser nutzen in ihrem Storytelling die Geschichten von Anwendern oder auch Unternehmensmitarbeitern, um das eigene Angebot attraktiver zu gestalten. Doch geraten die Metaphern zu bemüht, die Allegorien zu abgehoben, dann geht der Nutzer auf der Customer Journey verloren. Niemand hat Zeit, sich in langwierige Geschichten hineinzudenken, wenn er oder sie sich eigentlich auf der Suche nach einer Information oder nach der Lösung für ein Problem befindet. Auch ist immer eine Balance zwischen der Produktwelt des Unternehmens und der Bildwelt der Allegorie zu wahren. Entfernt sich Letztere zu sehr von den Kernaussagen, dann bleibt womöglich nur das Bild oder die Allegorie selbst im Gedächtnis, das eigentliche Kommunikationsziel der Geschichte wird jedoch gar nicht mehr erreicht. Diese Falle lässt sich von vornherein vermeiden, wenn man die Markenbotschafter zu Helden der Unternehmensgeschichten macht und sie darüber hinaus ihre eigenen Geschichten erzählen und entwickeln lässt.

Verschiedene Rollen im Storytelling

»Der Held einer Geschichte muss nicht heroisch sein«, heben die Autoren von »Storytelling. Das Praxisbuch« hervor:

> Der Held oder Protagonist einer Geschichte ist die Person, von der diese Geschichte in erster Linie handelt. Anders ausgedrückt bedeutet dies, dass es die Person ist, die die Transformation vom Ausgangs- zum Endzustand aktiv oder passiv auslöst, durchlebt oder erleidet. Der Held steht also im Mittelpunkt des Veränderungsprozesses, den eine Geschichte erzählt.[38]

38 Frenzel, Müller, Sottong: Storytelling. Das Praxisbuch, München/Wien 2006.

Ebenso kann der Gefährte eines Helden als Erzähler fungieren: »Zum Beispiel, wenn Sie erzählen, wie Ihr Chef die Abteilung umstrukturiert hat. Sie [...] haben alles miterlebt, aber das Agens der Veränderung [...] ist Ihr Chef.«[39] Ein klassisches Beispiel für eine solche Gefährtenfunktion des Helden stellt beispielsweise der Erzähler Dr. Watson in den Sherlock-Holmes-Geschichten dar.

Auch als Berichterstatter, also mit noch mehr Distanz zum Geschehen, kann der Erzähler auftreten.[40] In diesem Fall verleiht er der Geschichte aber immer noch ein Gesicht. Der Erzähler ist der stellvertretende Beobachter für den Zuschauer, Leser, Zuhörer und bildet zugleich die Identifikationsfigur mit Wiedererkennungswert. Zugleich lädt er dazu ein, mit ihm in den Dialog zu treten, weil er eine eigene Person darstellt und nicht einfach ein anonymer, gesichtsloser Erzähler ist. Wenn also die Geschichten eines Unternehmens von dessen Markenbotschaftern erzählt werden, dann gewinnen sie über jede dieser drei Rollen an Glaubwürdigkeit, persönlichem Bezug und Interaktionsmöglichkeiten.

Die Geschichten der »Helden« im Unternehmen entdecken

Wenn man im Unternehmens gezielt auf die Menschen hinter den Produkten, Dienstleistungen sowie internen Prozessen schaut, dann wird man unzählige Geschichten entdecken. Diese sind meistens viel interessanter als nur das, was man über das professionelle Angebot der Firma sachlich erzählen kann. Personengebundene Geschichten erzeugen mehr Aufmerksamkeit und sind besonders dazu geeignet, Beziehungen zu knüpfen und zu festigen. Tatsächlich erleben wir ja alle ständig Geschichten: Wir gehen in eine Situation hinein und verlassen sie nach einer Abfolge von Geschehnissen wieder. Von außen betrachtet ist jede Geschichte jedes einzelnen Menschen auf die eine oder andere Weise eine Heldenreise. Doch erst in der Darstellung und Aufbereitung sowie in der Art und Weise, wie Erkenntnisse auf den Punkt gebracht werden, entscheidet sich, ob eine Geschichte für andere interessant ist. Es gibt Menschen, die aus kleinen Alltagsbegebenheiten witzige oder auch nachdenklich machende Miniaturen mit Eröffnung und Pointe (oder offenem Ende) erzählen können. Doch nicht jedem ist gleichermaßen die Fähigkeit gegeben, Erzählenswertes im Alltag zu entdecken. Gleichzeitig erzählt aber beispielsweise jedes Social-Media-Profil in der Abfolge der Postings seine eigene Geschichte: mit Bildern, kurzen oder auch längeren Texten, multimedialen Formen.

Nicht jede Geschichte, die ein Markenbotschafter erzählen kann, ist auch sinnvoll im Rahmen der Unternehmenskommunikation und der Contentstrategie – selbst dann, wenn sich andere Menschen dafür interessieren. Wer sich als Markenbotschafter

39 Ebd., S. 91.
40 Vgl. ebd., S. 92.

versteht und engagiert, muss sich Gedanken über das größere Ganze machen, zu dem er beiträgt, und auch über das Fremdbild nachdenken, das er oder sie abgibt. Eine allzu beschönigende Inszenierung wird allerdings auf Dauer wiederum auch nicht funktionieren. Mit ausgedachten Identitäten, die nicht zur eigenen Person passen, pflegt man keine echten Beziehungen. Beziehungen und Verbindungen aber entscheiden wiederum über die Sichtbarkeit innerhalb der größeren Geschichte, die aus den multimedialen Schnipseln mehrerer Beteiligter entsteht.

Multimediale Formen gewinnen an Bedeutung

Noch vor nicht allzu langer Zeit dachte man beim Thema Storytelling fast ausschließlich an eigene Plattformen, also Websites und Blogs, und beim Thema Content vor allem an Textformen. Inzwischen machen längere Lesestücke nur noch einen vergleichsweise geringen Teil der Inhalte im Internet aus. Bilder und Bild-Geschichten über mehrere Plattformen hinweg ergänzen und ersetzen Texte oder werden nur noch von kurzen Texten begleitet. Bewegtbilder, Videos gehören mittlerweile zu den wichtigsten Formen im Storytelling. Live-Videos entstehen auf neuen Plattformen wie Instagram Stories oder TikTok und erobern die etablierten sozialen Netzwerke. All dies stellt neue Herausforderungen nicht nur an die Art und Weise, wie wir Geschichten erzählen, sondern auch an die Beherrschung unterschiedlicher Medien sowie an die Auffindbarkeit über Suchmaschinen.

Wenn Unternehmen das Potenzial (auch) ihrer Markenbotschafter-Inhalte ausschöpfen wollen, müssen sie sich also grundsätzlich Gedanken über die verschiedenen Formen des Erzählens und der dazugehörigen Contentkreation machen. Der einzelne Markenbotschafter dagegen wird sich entscheiden müssen, welche Formen er nutzt, und er wird nur einen Bruchteil der infrage kommenden Plattformen aktiv nutzen. Während die Nutzer von der professionellen Unternehmenskommunikation eine qualitativ hochwertige Umsetzung erwarten, dürfen persönliche multimediale Formen deutlich spontaner wirken und haben oft eher einen Werkstattcharakter.

Stichwort: »Multimediales Storytelling«

Mehrere soziale Netzwerke haben in letzter Zeit Angebote zum sogenannten multimedialen oder auch Visual Storytelling herausgebracht. Angebote wie Snapchat, Instagram oder TikTok beruhen auf dem Prinzip, Eindrücke im Moment des Erlebens als kurzes Video (oder Foto) festzuhalten und um weitere Elemente, etwa Schrift und Filter, zu ergänzen. Es entstehen immer wieder neue, sehr spannende Möglichkeiten, in Echtzeit mit anderen Menschen zu kommunizieren, Erlebnisse zu teilen, Bilder auszutauschen. Unternehmen ebenso wie Personenmarken sind dadurch herausgefordert: Immer mehr Formen sind zu berücksichtigen, bieten neue Optionen der Berichterstattung und Interaktion.

Jedoch darf man eben die Nutzung eines solchen Tools oder Angebotes – auch wenn der Anbieter von »Story« oder »Stories« spricht – nicht mit dem eigentlichen Prinzip des Storytellings selbst verwechseln. Ein Live-Video macht noch keine Geschichte aus. Eine Personenmarke an sich wird nicht interessanter, nur weil sie sich live präsentiert. Eine echte Geschichte entsteht erst, wenn die Erzählenden sich überlegen, was sie zu sagen haben und wie der jeweilige einzelne Inhalt in ihre Geschichte passt, um etwas für das eigene Netzwerk beizutragen.

Die Kunst in der Gesamtkommunikation besteht darin, die verschiedenen Markenbotschafter in ihren spezifischen Eigenheiten wertzuschätzen und zu unterstützen sowie ihre Inhalte in die Strategie einzubeziehen. Die Herausforderung für den einzelnen Markenbotschafter besteht darin, die für ihn passenden Plattformen und Formen auszuwählen, auf denen und mit denen er sein bestehendes Netzwerk erreicht sowie weiter ausbaut. Insofern stellen neue, multimediale Angebote das Storytelling vor neue Herausforderungen und bieten ihm zugleich faszinierende neue Möglichkeiten. Der Austausch in Social Media wird schneller und die Vernetzung nimmt immer weiter zu. Die grundlegenden Prinzipien, wie man gute Geschichten erzählt und darüber Beziehungen pflegt, ändern sich dadurch nicht.

Markenbotschafter im Netzwerk: Geschichten gemeinsam erzählen

Aus den vielen Contentstücken und oft nur Schnipseln einer einzelnen Person entsteht über die Zeit hinweg so etwas wie ein digitaler Ausschnitt aus dessen persönlicher Geschichte. Wahrscheinlich spannt sich seine Geschichte über mehrere Plattformen hinweg und bezieht physische Begegnungen mit ein. Je nach Kontext werden dabei unterschiedliche Aspekte verwirklicht. So mag sich jemand auf XING oder LinkedIn vorwiegend in seiner beruflichen Rolle präsentieren. Im Corporate Blog trägt er oder sie vielleicht vor allem Fachwissen bei, das sich aber wiederum auch auf andere Plattformen erstreckt. Auf Facebook oder Instagram bestimmt, je nach persönlicher Ausrichtung, auch Privates die Inhalte mit. Vielleicht hat derjenige sich entschieden, auf Instagram fotografisch über sein Hobby zu berichten. Womöglich betreibt er noch ein privates Blog oder einen YouTube-Kanal. Oder sie hat sich entschieden, die im Professionellen aufgebaute Reichweite für ihr soziales Engagement mit zu nutzen.

Doch der einzelne Nutzer ist ja eben nicht allein und isoliert unterwegs, sondern trägt mit seinen Postings, die sich zu einem Erzählstrang verbinden, zu einem viel größeren Netzwerk bei. Indem er mit anderen interagiert und diese mit ihm, bekommt die persönliche Geschichte viele neue Aspekte. In den oft schnellen Dialogen in sozialen Netzwerken wechseln die Rollen der einzelnen Person oft ständig zwischen Held, Gefährte, Erzähler und Zuhörer. Wer eben noch Protagonist war, ist im nächsten Moment der Zuschauer und wird dann wiederum zum (Weiter-)Erzähler der Geschichte an andere. Geschichten und regelrechte Netze aus einzelnen Erzählsträngen verweben sich zu einem dynamischen Ganzen, sowohl auf jeweils einer Plattform als auch über

Plattformen hinweg. Zugleich entstehen auf diese Weise Beziehungen, Bindungen zwischen Menschen, die unabhängig von dem tatsächlich sichtbar Erzählten bestehen. Jeder Austausch, jeder Bezug aufeinander festigt oder verändert diese Beziehung. Die Qualität der Beziehungen eines Markenbotschafters sowie der Grad der Glaubwürdigkeit, die er sich in seinem Netzwerk erarbeitet hat, entscheiden wesentlich darüber mit, wie auch sein Arbeitgeber in diesem Netzwerk bewertet wird. Die Größe des persönlichen Netzwerks, die Reichweite der Kontakte sowie die Sichtbarkeit, die er mittels seiner Geschichte(n) erzielt, wirken sich unmittelbar auf Reichweite und Sichtbarkeit der Unternehmensinhalte aus.

2.4 Persönlichkeiten und Personenmarken in der Markenbotschafterstrategie

Welchen Platz haben die Markenbotschafter innerhalb der Gesamtkommunikation eines Unternehmens? Was macht Corporate Influencer aus? Warum sollte die Führungsebene in Unternehmen mit gutem Beispiel vorangehen? Welche Beteiligten sind zu berücksichtigen? Im Folgenden gehe ich auf diese Fragen näher ein.

2.4.1 Die Rolle des Social CEO in der Markenbotschafterstrategie

Die gewandelten Anforderungen an Unternehmensstrukturen und an digitale Strukturen verändern auch die Ansprüche an Führung im digitalen Zeitalter. Dies wirft auch in der Kommunikation eine Reihe von Fragen auf: Brauchen Unternehmen eine Führungsebene, die sich in sozialen Netzwerken engagiert? Wenn ja: Wie nahbar muss, darf und kann ein sogenannter Social CEO eigentlich sein? Wie bewältigt er oder sie den damit verbundenen gestiegenen Aufwand, und welche Unterstützung gibt es dafür aus dem Kommunikationsteam?

Eine digitale Kommunikationsstrategie kann nur dann nachhaltig im gesamten Unternehmen funktionieren, wenn sie von der Unternehmensleitung vorangebracht oder zumindest sichtbar mitgetragen wird. Denn sie setzt in der Regel einen Kulturwandel voraus. »Wie soll sich die Kultur eines ganzen Unternehmens verändern, wenn der CEO nicht bereit ist, neue Wege zu gehen?«, fragte beispielsweise bereits 2016 der damalige Opel-CEO Karl-Thomas Neumann?[41] Auch eine Markenbotschafterstrategie braucht sichtbare Köpfe aus der Unternehmensleitung, wenn sie von allen Mitarbeitenden akzeptiert werden soll. In den Führungsetagen vieler deutscher Unternehmen

41 Neumann, Karl-Thomas: »CEOs: Digital ist Teil Ihres Jobs. Nutzen Sie die Chancen.«, in: LinkedIn, Meinungen & Macher, 1. August 2016, https://www.linkedin.com/pulse/ceos-digital-ist-teil-ihres-jobs-nutzen-sie-die-chancen-neumann

ist jedoch auch heute noch das Verständnis für digitale Medien und für soziale Netzwerke nur bedingt vorhanden, von aktiver Teilhabe ganz zu schweigen. Doch langsam scheint ein Wandel einzusetzen. Dieser lässt sich nicht zuletzt daran festmachen, dass in einer wachsenden Zahl von Unternehmen über das Thema Corporate Influencer nachgedacht wird.

2.4.2 Personenmarken entsprechend der Position im Unternehmen

Das Auftreten der Markenbotschafter kann sehr unterschiedlich aussehen, abhängig von der Rolle im Unternehmen, aber auch von persönlichen Eigenschaften. So muss nicht immer der Chef das sichtbarste Markengesicht sein. In der übergeordneten Strategie kann man daher die unterschiedlichen Personengruppen beschreiben, die beteiligt sind. Auch jeder Einzelne braucht Klarheit über die eigene Außenwirkung. Zusätzlich kann man - unabhängig von Position und Art der Tätigkeit - innerhalb einer Markenbotschafterstrategie verschiedene Rollen definieren, wie im Folgenden beispielhaft anhand einiger Personengruppen aus dem Unternehmen gezeigt werden soll. Wie Sie deren Mitglieder jeweils in ihrer Markenbotschafterstrategie gezielt unterstützen oder wie Sie - zusätzlich oder alternativ - Rollen für unterschiedliche Markenbotschafter definieren, erfahren Sie im Strategieteil des Buchs (Kapitel 4).

Unternehmensleitung

»Oberste Markenbotschafter« oder »Chief Influencer«: Das sind in der in der Regel ein oder mehrere Mitglieder der Geschäftsleitung, der Vorstand, CEO, Mitglieder der zweiten Führungsebene. Das Bekenntnis der Führungsebene zur Markenbotschafterstrategie und die Vorbildfunktion sind für den Erfolg entscheidend.

Unternehmenskommunikation, Marketing, PR

Mitarbeitende in Unternehmenskommunikation, PR, Social Media, Pressesprecher nehmen bei der Erarbeitung jeder Markenbotschafterstrategie eine besondere Rolle ein, weil sie die Fachleute in Sachen Kommunikation und Branding sind. Diese Personen sind oft sehr medienkompetent, können bereits zu Beginn mit Rat zur Verfügung stehen und sind oft gut vernetzt. Wenn sie mit gutem Beispiel vorangehen, kann das dem Projekt einen enormen Schub verleihen.

Vertrieb und Verkauf

Gut vernetzte Persönlichkeiten aus Vertrieb, Verkauf und Kundenbeziehungen sind die natürlichen Markenbotschafter jedes Unternehmens. Dazu gehören beispielsweise Kundenberater, aber auch alle anderen Personen im Unternehmen an besonders wichtigen Schnittstellen zu Kunden und Öffentlichkeit. Eine genaue Abgrenzung zu den Kommunikationsprofis ist gar nicht immer möglich und auch nicht nötig.

Human Resources

Führungskräfte im Bereich Human Resources (HR) und deren Mitarbeitende in den verschiedenen Funktionen wirken ganz entscheidend am Markenbild mit. Ihr Verhalten in Mitarbeitergesprächen beziehungsweise gegenüber Bewerbern wirkt sich nach innen und nach außen aus. Es beeinflusst beispielsweise auch die Bewertung auf einer Arbeitgeberplattform wie kununu. Sie treten auf Veranstaltungen wie beispielsweise Jobmessen auf. Sie sind im Bewerbungsbereich der Unternehmenswebsite als Ansprechpartner zu sehen. Sind sie in digitalen Medien gut vernetzt und ansprechbar, hilft dies bei der Fachkräftegewinnung. Bezieht sich das Markenbotschafterprogramm auf das Employer Branding, sind sie natürlich besonders stark eingebunden. Sind weitere Mitarbeitende an diesem Programm beteiligt, kommt den Verantwortlichen und Fachleuten in HR zudem eine wichtige Rolle in deren Schulung und Unterstützung zu.

Wissensträger

Jedes Unternehmen hat Experten in spezifischen Fachgebieten – oft in mehreren –, die für ihren Bereich die Autoritäten darstellen. Diese können ganz unterschiedlichen Unternehmensbereichen angehören. Deswegen kann man sie in einer solchen allgemeinen Übersicht auch nicht einer einzelnen Abteilung zuordnen. Auch können sie in den bereits beschriebenen Bereichen angesiedelt sein: Ein Wissenschaftler aus Forschung und Entwicklung kann ebenso ein Wissensträger sein wie eine Vertriebsangehörige. Sie liefern wertvolle Impulse beispielsweise für das Content-Marketing, sind aber auch dazu prädestiniert, stellvertretend für das Unternehmen in dessen eigenen Medien und in sozialen Netzwerken Fragen zu beantworten oder auf Veranstaltungen Fachvorträge zu halten. Häufig sind sie in ihrem Fachgebiet mit anderen Experten aus anderen Unternehmen, aus Medien oder aus der Forschung vernetzt.

Weitere Mitarbeitende

Nicht alle Mitarbeitenden in allen Unternehmen lassen sich den beschriebenen Gruppen zuordnen. Das ist auch gar nicht erforderlich. Da Mitarbeitende aus allen Bereichen des Unternehmens gute Markenbotschafter sein können und oft auch schon sind, könnte man sie – unabhängig von Position, Aufgaben und Abteilungszugehörigkeiten – beispielsweise unter dem Begriff »weitere Mitarbeitende« oder »Mikro-Influencer« zusammenfassen. In ihrem persönlichen Umfeld, als Zielgruppenbesitzer von Freundeskreis, Familie, Verein oder digitalen Communitys, werden sie als Markenvertreter wahrgenommen, sobald sie als Unternehmensangehörige erkennbar sind.

Rockstar oder Evangelist

Dieser Typus des gut sichtbaren Markenvertreters stellt einen Sonderfall dar. Er oder sie hat eine starke Personenmarke, die weit über den Firmenkontext hinaus Sichtbarkeit besitzt. Dies kann der Fall sein, bevor sie in das Unternehmen eingetreten ist. In diesem Fall wird sie oft explizit hierfür eingestellt. Mehr dazu ebenfalls in der Strategie-Typologie unter »Rockstar-Strategie« (vgl. Kapitel 3.1.10). Bei der externen Suche nach solchen namhaften Personenmarken wird aber manchmal übersehen, dass im Unternehmen bereits deutlich sichtbare Influencer mit beachtlichen Communitys vorhanden sein können. Diese gilt es zuvorderst zu entdecken, wertzuschätzen und zu fördern.

2.4.3 Markenbotschafter im Team und im Netzwerk

Personenmarken können nicht erfolgreich und sichtbar sein, wenn sie versuchen, isoliert zu agieren und nur die eigenen Ziele zu erreichen. Erst im Netzwerk und mit der gegenseitigen Unterstützung kann sich derjenige verwirklichen, der als Markenbotschafter eine starke Personenmarke aufbauen will. Gerade in sozialen Netzwerken lässt sich sehr gut beobachten, dass Resonanz und Sichtbarkeit der Statusmeldungen einer Person zu einem großen Teil von ihrer Beliebtheit in der eigenen Community abhängen. Dabei sind keinesfalls nur Online-Aktivitäten und Beziehungen ausschlaggebend.

Direkter Austausch muss nicht immer im physischen Kontakt erfolgen, aber das persönliche Netzwerken ist auch in digitalen Zeiten nach wie vor sehr relevant für die Intensität von Beziehungen. Veranstaltungsbesuche, Kongresse, Vorträge zum eigenen Fachgebiet: Dies alles bringt Menschen einander näher, so dass anschließend auch im digitalen Austausch eine größere Verbindlichkeit besteht. Auch wenn soziale Netzwerke in Markenbotschafterstrategien eine zentrale Rolle spielen, sind sie dann besonders erfolgreich, wenn sie sich nicht allein auf das Digitale beschränken. Umgekehrt helfen aber Verbindungen in sozialen Netzwerken dabei, Beziehungen fortzusetzen, auszubauen sowie um weitere Beziehungen zu erweitern. Dabei versteht es sich von selbst, dass man nicht jeden einzelnen Kontakt in gleicher Intensität pflegen kann. Auch bilden enge Freunde die Schnittstellen zu weiteren Kontakten, die im Netzwerk nicht ganz so nah sind. Nach Robin Dunbar liegt die typische Zahl von Freunden, mit denen ein einzelnes Individuum soziale Beziehungen unterhalten kann, zwischen 100 und 250. Die Zahl der Menschen, so eine aktuelle Untersuchung, mit der man tatsächlich in sehr enger Interaktion steht, ist noch geringer.[42] Doch kann ein Markenbotschafter persönlichen Einfluss auch in größeren Communitys nehmen als dem Kreis, den er selbst aktiv persönlich pflegt: als Influencer eben.

42 Vgl. Saramäki, Leicht et al.: »Persistence of social signatures in human communication«, in: Crossmark, 11. November 2013, http://www.pnas.org/content/111/3/942; vgl. Dambeck, Holger: »Soziale Netzwerke verdrängen alte Freunde«, in: Spiegel online Wissenschaft, 7. Januar 2014, http://www.spiegel.de/wissenschaft/mensch/psychologie-neue-freunde-verdraengen-alte-freunde-a-941971.html

2.4.4 Was Markenbotschafter für ihre Communitys leisten

Wir haben schon einiges darüber gesagt, wie Mitarbeiter-Markenbotschafter ihrem Arbeitgeber nützen und wie sie auch selbst davon profitieren. Doch damit sie diesen Erfolg erzielen, brauchen sie eine Community, von der sie geschätzt und anerkannt werden. Einem gut vernetzten, sichtbaren Markenbotschafter kommt innerhalb seiner Community oder seines Netzwerks eine Meinungsbildner- und Vorbildrolle zu, die weit über die Funktion als Unternehmensvertreter hinausgeht. Was leistet er oder sie in der Wahrnehmung der anderen vor allem? Im Folgenden einige Beispiele für den Nutzen, den gut vernetzte Fachleute aus Unternehmen ihrem Umfeld liefern.

1. Orientierung in einer immer komplexer werdenden Welt

Je mehr Informationen wir über die Welt erhalten, je mehr Nachrichten von überall auf uns einströmen, desto orientierungsloser fühlen wir uns häufig. Obgleich Studien uns nahelegen, dass die Welt immer sicherer wird, empfinden wir das Gegenteil. In beruflichen wie in privaten Zusammenhängen wird es immer schwieriger, sich eine Meinung zu bilden – und zwar nicht obwohl, sondern gerade *weil* wir so viele Möglichkeiten haben, uns zu informieren. Zugleich wollen wir bei jedem Kauf, bei jeder Buchung sicher sein, die richtige Entscheidung zu treffen. Bewertungsportale suggerieren uns, dass wir selbst schuld seien, wenn wir nicht in jedem Lebens- und Arbeitsbereich die perfekte Auswahl treffen. Schließlich sind die Informationen ja vorhanden. Doch eine Bewertung zu lesen stellt noch keine Erfahrung dar. Um in jedem Teilgebiet alle Informationen zu sammeln und zu bewerten, dafür fehlt uns schlicht die Zeit. Daher hilft es Menschen, wenn sie in den verschiedenen Bereichen jeweils eine oder allenfalls wenige Autoritäten finden, die ihnen glaubhaft die nötige Orientierung versprechen. Ist das Vertrauen zu einem solchen Menschen einmal gefasst, stellt er womöglich in seinem Thema für andere die entscheidende Referenz dar. Er oder sie übernimmt eine Lotsenfunktion (vgl. Kapitel 5.4.2, Abb. 2). Der Empfänger hat die Sicherheit, dass er die Aussagen nicht jedes Mal überprüfen und mit vielen anderen Quellen vergleichen muss.

2. Ratgeber in Fachfragen

Fast jeder, der oder die als Angehörige eines bestimmten Unternehmens oder Fachgebiets im persönlichen Umfeld bekannt ist, ist schon einmal auf Fachliches angesprochen worden. Das gilt für den Arzt ebenso wie für die Computerspezialistin. Es gilt auch unabhängig davon, ob im Unternehmen eine Markenbotschafterstrategie existiert. Das Umfeld macht die Betreffenden von selbst zu Markenbotschaftern. Je nachdem wie souverän sie auf Anfragen antworten, wird auch das Arbeitgeber-Unternehmen bewertet. Eine Markenbotschafterstrategie führt dazu, dass diese Rolle nicht mehr als Projektion des Umfelds erfahren, sondern aktiv gestaltet wird.

Ein Berater, der sich als Meinungsbildner etabliert hat, ist dann die erste Adresse, wenn jemand Beratung sucht. Bei Markenbotschaftern aus produzierenden Unternehmen wird die Glaubwürdigkeit des persönlich bekannten Unternehmensangehörigen auch auf das Produkt übertragen. Gleiches gilt für den Bereich des Employer Branding: Ein meinungsstarker, gut sichtbarer Markenbotschafter zieht potenzielle Bewerber an und übernimmt zugleich eine entscheidende Vorbildfunktion im Unternehmen.

3. Persönliche Unterstützung, Verbindung und Vernetzung

So gut wie niemand wird zum Meinungsbildner ohne die Fähigkeit, sich zu vernetzen und Beziehungen zu pflegen. Dies geschieht auf vielerlei Art und Weise, wie auch schon in den vorigen Punkten beschrieben. Wer sich für eine Sache engagiert und für die Werte eines Unternehmens einsteht, kann damit anderen ein Vorbild sein – unternehmensintern ebenso wie extern. Dazu gehört es, im Dialog auf andere einzugehen und persönlich zur Verfügung zu stehen. In welchem Ausmaß dies möglich ist, wird sich immer wieder ändern. Wer viele Kontakte hat, muss Prioritäten setzen. Doch ein erfolgreicher Markenbotschafter wird nicht nur selbst die eigenen Beziehungen pflegen, sondern auch andere zusammenbringen und verbinden.

4. Wertevorbild

In diesen Zeiten scheinen Standpunkte und auch Werte immer beliebiger zu werden. Die unterschiedlichsten Positionen prallen in sozialen Netzwerken aufeinander. Oft scheint in einem Augenblick ein Argument plausibel, dann aber auch wieder dessen genaues Gegenteil. Oft setzt sich derjenige durch, der die Dinge sprachlich am besten auf den Punkt bringen oder die größte Zahl von Menschen hinter sich versammeln kann. Hier liefert ein digital kompetenter und gut vernetzter Meinungsbildner mit seinen deutlich gezeigten Wertvorstellungen eine klare Orientierung – ebenfalls wieder nach innen wie nach außen.

5. Vorbild als »Early Adopter«[43]

Eine Markenbotschafter-Rolle verwirklicht sich nicht allein in digitalen Medien. Doch die Nutzung sozialer Netzwerke spielt dabei, wie generell in der Kommunikation, eine große Rolle. Daher brauchen Corporate Influencer digitale Kompetenzen sowie kommunikative Kompetenzen in der Nutzung sozialer Netzwerke. Nicht nur inhaltlich gehen erfolgreiche Markenbotschafter in der digitalen Welt ihrem Netzwerk voraus, sondern auch in der Nutzung neuer Angebote und technischer Innovationen. Auch dies fällt auf die Wahrnehmung der Personenmarke ebenso wie der Arbeitgebermarke zurück. In Zeiten, in denen qualifizierte Führungskräfte die Unternehmen verlassen,

43 Ein »Early Adopter« ist jemand, der insbesondere technologische Neuerungen als einer der Ersten ausprobiert und nutzt, bevor sie sich in einem breiteren Publikum durchgesetzt haben; oftmals auch, bevor sie ganz ausgereift sind.

die in der Digitalisierung zurückbleiben,[44] spielt diese Vorbildfunktion im Digitalen eine ganz besondere Rolle.

2.5 Markenbotschafter: Shitstorm-Gefahr oder Retter in der Krise?

Große Sichtbarkeit bringt große Verantwortung mit sich: Je mehr Einfluss eine Person hat, je mehr Bedeutung ihr von der Community zugemessen wird, desto exponierter ist sie naturgemäß auch und desto kritischer wird gegebenenfalls jede ihrer Äußerungen betrachtet. Wird eine Person als stellvertretend für ein Unternehmen wahrgenommen, so können persönliche Äußerungen auf die Marke zurückwirken. Wenn aber Menschen interagieren und kommunizieren, dann geschehen Fehler und Irrtümer. Das lässt sich gar nicht vermeiden. Wie berechtigt sind in diesem Zusammenhang die Ängste von Entscheidern, dass eine Markenbotschafterstrategie das Risiko von Kommunikationskrisen und Shitstorms erhöht? Wie sinnvoll ist es, in diesem Zusammenhang möglichst viel zu reglementieren und zu kontrollieren?

Als erstes und wichtigstes Argument für eine aktive Förderung der Corporate Influencer lautet: Eine Markenbotschafterstrategie erhöht nicht das Risiko für einen Shitstorm, sondern verringert es eher. Denn auch – und gerade! – wenn sich Personen mit medialer Sichtbarkeit ihrer Wirkung nicht bewusst sind, können Fehler sich auswirken. Es kann auch offensichtlich zu wenig Beratung und Unterstützung stattfinden – oder nicht angenommen werden, was ja von außen zunächst einmal nicht ersichtlich ist. Daher sollten sich gerade exponierte Personen aus dem Unternehmen gut überlegen, was sie öffentlich sagen. Dazu brauchen sie möglicherweise Schulung und Unterstützung. Für Führungspersönlichkeiten muss man feststellen, dass hier eine einfache Unterweisung in Social Media nicht ausreicht, sondern aufgrund der besonderen Sichtbarkeit der Betreffenden eine intensivere Begleitung immer angeraten ist. Gleiches gilt aber im Grunde für alle anderen Mitarbeitenden, denn Sichtbarkeit hat nicht allein mit der Position im Unternehmen zu tun. Es gibt genügend Beispiele, in denen Unternehmensangehörige aus allen Bereichen und Hierarchieebenen große Sichtbarkeit erlangt haben.

Der Versuch maximaler Kontrolle seitens des Arbeitgebers stellt hier jedenfalls nicht den Weg zu mehr Sicherheit dar. Eine solche Kontrolle ist ohnehin nicht möglich. Doch gerade weil Markenbotschafter auf ihre ganz persönliche Weise ihre Netzwerke

44 Vgl. Schmidt, Holger: »Digitale Nachzügler riskieren Abwanderung ihrer besten Mitarbeiter«, in: netzoekonom.de, 29. Juli 2016, https://netzoekonom.de/2016/07/29/11961/

pflegen, bietet eine gemeinsame Strategie so große Chancen in der Prävention von Kommunikationskrisen.

Markenbotschafter brauchen besondere Unterstützung

Nicht erst wenn ein Unternehmen im Zentrum einer Krise, eines Störfalls oder eines Shitstorms steht brauchen exponierte Markenbotschafter für ihre gesamte Kommunikation statt Kontrolle konstruktive Unterstützung. Zu riskant wären ansonsten unbedachte Äußerungen bei jemandem, der eine große Reichweite besitzt. Bei kritischen Themen sollte es unbedingt ein Vier-Augen-Prinzip geben. Ebenso braucht man Szenarien für den Umgang mit unterschiedlichen Situationen. Denn nicht bei jedem Inhalt lässt sich voraussagen, wie er bei anderen ankommt. Es haben sich schon an scheinbar völlig unverfänglichen Statusmeldungen heftige Diskussionen entzündet. Wer jedoch davon ausgeht, dass man jegliche Risiken vermeiden könne, in dem man jede einzelne Wortmeldung genau prüft, steht vor einem schier aussichtslosen Vorhaben. Die schöne Utopie, dass man auch im geschützten Raum nur Dinge sagen sollte, die jederzeit und überall jeder wissen dürfte, kann man gleich ganz vergessen. In bestimmten Situationen und mit bestimmten Gesprächspartnern wird und muss man über Themen sprechen, die in anderem Kontext und von anderen Personen missverstanden und falsch ausgelegt werden können. Nicht jeder Inhalt aus jedem Gespräch ist für die Öffentlichkeit geeignet, aber es gibt keine Garantie, dass etwas nicht auf irgendeine Weise nach außen dringt. Mit diesem Risiko müssen Unternehmen leben.

Deswegen sollte man auch diejenigen besonders unterstützen und im Zweifelsfall sogar schützen, die es an der Schnittstelle zu Kunden und zur Öffentlichkeit ausbaden müssen, wenn an der Spitze der Firma etwas schiefläuft. Denn nicht nur der Busfahrer einer Verkehrsgesellschaft oder der Verkäufer einer Consumermarke, der gezielt als Markenbotschafter aufgebaut wurde, wird von seinen Fahrgästen oder Kunden als solcher wahrgenommen, sondern auch derjenige, der im Alltag unvorbereitet in die Rolle eines Unternehmensvertreters gedrängt wird – einfach weil er oder sie gerade verfügbar und als Unternehmensangehöriger erkennbar ist.

Was ist überhaupt eine Krise?

Generell lässt sich sagen, dass die wenigsten der großen Kommunikationskrisen von Unternehmen allein wegen unbedachten Äußerungen in sozialen Netzwerken entstehen. Zwar verbreiten sich heute Informationen immer schneller, und die Mechanismen und Dynamiken im Web sind unvorhersehbar, vor allem aber unkontrollierbar. Doch nicht immer löst die öffentliche Äußerung einer prominenten Person gleich einen sogenannten Shitstorm aus; und nicht jeder Shitstorm zeitigt dauerhafte Folgen für die betroffene Person oder Marke. Gleichwohl gilt es, sich im öffentlichen und teilöffentlichen Raum sowie an jeder Schnittstelle jede Äußerung zu überlegen. Denn auch ein persönlicher Dialog ist, wie wir bereits gesehen haben, keine Garantie dafür, dass nichts nach außen dringt.

Dabei ist es wichtig zu unterscheiden, ob eine Kommunikationskrise, deren Sonderfall die Empörungswelle in Social Media darstellt, durch die Äußerung eines Markenbotschafters ausgelöst wird oder ob es sich um eine Krise handelt, weil ein Missstand aus dem Unternehmen oder aus dem Verhalten einer Person an die Öffentlichkeit gerät. In den meisten Fällen geht es nämlich um das Letztere: Da hat jemand ein Fehlverhalten aufgedeckt, und nun verbreitet sich die Berichterstattung darüber durch alle Medien. Oder es geschieht ein Unfall, ein Störfall oder etwas anderes, was selbst die größte Risikovorbeugung nicht immer verhindern kann. Dann ist es entscheidend, wie gut für den Krisenfall vorgesorgt wurde.

Jedes Unternehmen braucht ein Konzept für die Krisen-PR

Jedes Unternehmen sollte es haben, doch vor allem bei Mittelständlern ist es keinesfalls immer vorhanden: ein Konzept für die Krisen-PR. Dazu gehört eine Liste der Verantwortlichen, externen Ansprechpartnern, Multiplikatoren-Kontakten, Abstimmungswegen und typischen Szenarien. Ohne ein solches Konzept geschieht es, dass der Geschäftsführer oder der Leiter PR-Abteilung am Freitagnachmittag panisch PR-Agenturen abtelefoniert, weil ein Fernsehteam irgendetwas aufgedeckt hat und man nun nicht weiß, wie man sich verhalten soll. So etwas kann nicht nur den typischerweise von Störfällen besonders häufig betroffenen Betrieben so gehen oder politisch besonders exponierten Organisationen. Nicht alles kann selbst die beste Krisenkommunikation aus der Welt schaffen, erst recht nicht, wenn tatsächlich etwas Ungesetzliches oder gemäß öffentlicher Meinung Verwerfliches geschehen ist. Doch entscheidet häufig die erste Reaktion eines Unternehmensvertreters darüber, wie die gesamte weitere Diskussion und Berichterstattung verläuft; und damit auch, wie groß der Schaden tatsächlich ausfallen könnte. Markenbotschafter spielen hier ebenfalls eine entscheidende Rolle.

Gut sichtbare Markenbotschafter als Retter in der Krise

Verfügt ein Unternehmen auf allen Ebenen und an allen Schnittstellen zur Öffentlichkeit und zu Teilöffentlichkeiten über gut vernetzte Markenbotschafter, stellt dies auch in Kommunikationskrisen einen hohen Wert dar. Besonders dann, wenn sie in ihrer jeweiligen Community die Rolle eines Meinungsführers übernommen haben, verfügen Markenbotschafter über einen direkten Zugang zu denjenigen, die den weiteren Verlauf der Krise mitbestimmen. Auf diese Weise ist es möglich, den Zugang in die (Teil-) Öffentlichkeit dafür zu nutzen, ehrlich und offen zu kommunizieren, so wie es die dortigen Gesprächspartner (hoffentlich) von der betreffenden Person bereits aus der Vergangenheit gewohnt waren. Gut vernetzte Markenbotschafter kürzen die Wege ab, um andere zu erreichen, und sie bauen natürlich auf bereits vorhandenem Wohlwollen auf. Doch alles Weitere ist eine Frage dessen, wie gut und werteorientiert die Krisenkommunikation tatsächlich funktioniert. Vor allem dürfen die Gesprächspartner nicht den Eindruck gewinnen, dass der betreffende Markenbotschafter als Sprachrohr der PR-Abteilung versucht, seine Beziehungen zu instrumentalisieren.

Klar definierte Rollen sind nicht nur in der Krise essenziell

Nicht jeder Markenbotschafter ist ein offizieller Unternehmenssprecher, auch und erst recht nicht im Falle einer Krise. In Unternehmen sollte grundsätzlich geklärt sein, wer in welchem Fall was sagen darf und wer in welchen Situationen offiziell für die Firma spricht. Dazu muss es Sprachregelungen, Feedback-Mechanismen sowie Ablaufdiagramme für die Abstimmung geben. Das gilt übrigens für den normalen Firmenalltag ebenfalls. Allerdings kann man gerade in besonders schwierigen Zeiten, wenn man das Potenzial der Markenbotschafter wirklich ausschöpfen will, nicht jede einzelne Äußerung in sozialen Netzwerken erst autorisieren lassen. Daher ist es umso wichtiger, an den internen Strukturen zu arbeiten und Mitarbeitende mit einem gesunden Gefühl dafür auszustatten, was sie sinnvollerweise sagen dürfen und wo es zunächst der weiteren internen Abstimmung bedarf. Das ist, wie in diesem Buch an anderer Stelle weiter ausgeführt, viel mehr eine Frage der Unternehmenskultur als allein der formalen Regelungen. Für den Krisenfall sollte es jedoch ein bereits eingeführtes und für jeden Beteiligten zugängliches Dokument geben, das allen Beteiligten die nötige Sicherheit verleiht, sich richtig und abgestimmt zu verhalten.

3 Erfolgreiche Markenbotschafterstrategien: Best Practice

In der noch jungen Disziplin der Corporate-Influencer-Strategien und Programme gibt es mittlerweile viele gute Beispiele. Ist es sinnvoll, diese in Typen und Formen einzuteilen? Zunächst muss man sagen: Es gibt nicht die eine spezielle Form, auf die sich ein Unternehmen fokussieren muss, und vor allem ist nicht die Bezeichnung erfolgsentscheidend. Verschiedene Formen können hervorragend nebeneinander stehen und einander ergänzen. Aber es hilft, die verschiedenen Ausprägungen zu kennen, um sich für einen Schwerpunkt zu entscheiden. Erst anhand von Beispielen aus der Unternehmenspraxis wird dies erlebbar und anschaulich. Deswegen gibt es in diesem Buch die Interviews mit Markenbotschaftern auf allen Unternehmensebenen, die Einblicke in die Hintergründe sowie die Art der Erarbeitung von Markenbotschafterstrategien gewähren.

12 Exklusivinterviews liefern aktuelle Praxisbeispiele !

Im Best-Practice-Teil lesen Sie zwölf Interviews mit Verantwortlichen für Markenbotschaftern und mit Corporate Influencern in ganz unterschiedlichen Positionen im Unternehmen. Die Interviews habe ich exklusiv für dieses Buch geführt.

3.1 Markenbotschafterstrategien und -programme: Typologie mit zahlreichen Beispielen

Im Folgenden finden Sie besonders gelungene Beispiele für Markenbotschafterstrategien und -programme. Diese sind, jeweils anhand von idealtypischen Ausprägungen, einer kleinen Typologie zugeordnet. Wichtig: Es können in ein- und demselben Unternehmen verschiedene Formen zugleich stattfinden und miteinander kombiniert werden. Mischformen oder parallel existierende Formen sind sogar eher die Regel als die Ausnahme. Die Benennungen sind von mir gewählt, entsprechend habe ich die genannten Beispiele dieser Typologie zugeordnet – unabhängig davon, ob die betreffenden Unternehmen sich ebenfalls unter einer solchen Bezeichnung verorten würden. Im Strategieteil dieses Buchs (Kapitel 4) erhalten Sie einen Leitfaden mit konkreten Hinweisen und Empfehlungen für die Erarbeitung.

Passend zu den verschiedenen Strategieformen finden Sie Interviews mit herausragenden Markenbotschaftern. Einige von ihnen sind zugleich verantwortlich für die Markenbotschafterstrategie im Unternehmen oder arbeiten daran mit. Sie werden wahrscheinlich feststellen, dass ein und dieselbe Person an verschiedenen Stellen innerhalb der Typologie gut aufgehoben wäre.

> **!** **Tipp: Nutzen Sie die Beispiele zur eigenen Vertiefung**
>
> In diesem Kapitel lernen Sie zahlreiche Praxisbeispiele für erfolgreiche Markenbotschafterstrategien kennen. Ebenso wie die Best-Practice-Interviews sind sie einer Typologie der Markenbotschafterstrategien zugeordnet. Nutzen Sie die Quellenhinweise in den Fußnoten sowie die Links dazu auf der Buch-Website, um mehr über die betreffenden Projekte zu erfahren. Auf diese Weise können Sie deren aktuelle Entwicklungen verfolgen und sich über Neuigkeiten auf dem Laufenden halten.

3.1.1 Die Minimalstrategie

Eine der Kernthesen dieses Buchs lautet: Unternehmen können *nicht keine* Markenbotschafter haben. Mitarbeitende sind in sozialen Netzwerken als Betriebsangehörige erkennbar, organisieren sich via Messengern in anarchischen Mikronetzwerken und sprechen auch in physischen Begegnungen über ihren Arbeitgeber. Insofern ist es für jede Firma unabdingbar, sich mit dem Thema auseinanderzusetzen. Eine solche Auseinandersetzung ist noch keine Strategie im engeren Sinn, aber das Minimum dessen, was geschehen sollte. Zugleich beginnt auch jede weitergehende Markenbotschafterstrategie mit einer grundlegenden internen Bewusstseinsbildung und Bewusstmachung des *Status quo* sowie der Verständigung auf einige gemeinsame Grundregeln.

Social-Media-Guidelines

Dazu gehören die Social-Media-Guidelines: Unternehmensleitung und Mitarbeitende machen sich bewusst, dass jeder, der als Unternehmensangehöriger erkennbar ist, auf die eine oder andere Weise als Vertreter der Marke wahrgenommen wird – öffentlich oder in geschlossenen Netzwerken. Je aktiver diese Rolle gestaltet wird, desto besser gelingt sie im Sinne eines gemeinsamen Marken- und Werteverständnisses.

Unterstützung für die Mitarbeitenden

Es muss Unterstützung für jeden einzelnen Mitarbeiter und jede einzelne Mitarbeiterin geben, sich adäquat zu verhalten, wo immer sie als Unternehmensangehörige erkennbar sind. Dabei geht es vor allem um Empfehlungen und Bewusstseinsbildung, nicht um Vorschriften oder Verbote. Eine solche Minimalstrategie ist in vielen Unternehmen bereits vorhanden, auch wenn die Begriffe Markenbotschafter oder Corporate Influencer dabei nicht verwendet werden. Oft haben engagierte Mitarbeitende bereits eine große Sichtbarkeit in sozialen Netzwerken aufgebaut. Gerade die Akteure von Mittelständlern sind häufig lokal und regional hervorragend vernetzt.

Ohne es explizit so zu verstehen, fahren allerdings nicht wenige Unternehmen eine Art negative oder restriktive Minimalstrategie: Sie untersagen ihren Mitarbeitenden und selbst der Führungsebene ausdrücklich, sich in bestimmten sozialen Netzwerken mit Bezug auf den Arbeitgeber zu engagieren, oder reglementieren dies zumindest stark.[45]

3.1.2 Die »Jeder ist ein Markenbotschafter«-Kultur

Eine »Jeder ist ein Markenbotschafter«-Kultur stellt die nächstfolgende Stufe im Unternehmensbewusstsein dar. Die Anforderungen der Minimalstrategie sind darin auf jeden Fall enthalten. Die Ausprägung einer solchen Kultur kann sehr unterschiedlich aussehen. Im Grunde sollten heute alle Unternehmen ein solches Bewusstsein pflegen, denn jedes Unternehmen hat ja Mitarbeitende, die Schnittstellen in die Öffentlichkeit bilden. Im Grunde handelt es sich um nichts Geringeres als einen Paradigmenwechsel, der in vielen Unternehmen erst noch zu vollziehen ist: Während bisher Unternehmenskommunikation allein in den Fachabteilungen angesiedelt war und bezüglich nicht PR-konformer Äußerungen eher Misstrauen vorherrschte, setzt sich nun das Bewusstsein durch, dass Vertrauen Kontrolle ersetzen muss. Allein das Eingeständnis, dass die Mitarbeitenden mit vielen Stimmen nach außen wirken und sich das Markenbild aus vielen Gesichtern zusammensetzt, stellt in der internen Kommunikation, vor allem in Richtung der Führungsebenen, oft einen beträchtlichen Kraftakt dar. Nicht selten setzt es Ängste frei. Zugleich stellt es aber auch einen Prüfstein dafür dar, wie gut die Fehlerkultur ausgeprägt ist. Auf diesbezüglichen Handlungsbedarf deuten Fragen hin wie: »Wie verhindern wir denn, dass Mitarbeitende schädliche Äußerungen tun oder Fehler machen?« Die Antwort darauf muss, wie sich im Strategieteil in Kapitel 4 im Einzelnen zeigen wird, lauten: »Gar nicht. Es können Fehler geschehen, und es werden Fehler geschehen. Entscheidend ist, wie man damit umgeht und wie gut die Rückendeckung ist, die die Unternehmensangehörigen erfahren.«

Ist jedoch der Paradigmenwechsel angestoßen, dann verändert sich sowohl die Kultur in der externen Kommunikation als auch die interne Wertschätzung für alle Beteiligten als aktive Markenbotschafter. In Unternehmen, in denen dies bereits die Realität bildet, ist das Verständnis, dass alle Mitarbeitenden einen Teil des öffentlichen Markenbildes ausmachen, tief in der Unternehmenskultur verankert. Wer als Unternehmen mit vielen Stimmen, aber mit einem einheitlichen Verständnis nach außen und nach innen kommuniziert, ist krisenfester und sorgt zugleich auch für einen schnellen Zufluss an Informationen aus der Außenwelt.

Idealerweise gibt es in solchen Unternehmen ein ausgeschriebenes Leitbild. Jeder Beteiligte ist sich darüber im Klaren, was wo und wie kommuniziert werden darf. In

45 Dass dies nur in bestimmten Fällen haltbar ist, erläutert Rechtsanwalt Dr. Thomas Schwenke im abschließenden Rechtsteil in Kapitel 6 dieses Buchs.

der Regel haben in solchen gut funktionierenden Systemen die Einzelnen eine relativ große Freiheit sich (öffentlich) zu äußern. Die Mitarbeitenden sind sich der Rückendeckung durch die Führungsebene sicher, und es gibt eine gelebte Fehlerkultur. Diese basiert auf der Erkenntnis, dass Fehler geschehen, wo Menschen kommunizieren.

Entsprechend dominiert nicht die Angst vor Shitstorms oder Enthüllungen. Stattdessen bestimmen Transparenz und Kooperation die interne und externe Kommunikation. Zur funktionierenden Zusammenarbeit gehören Kollaborationstools und intern genutzte digitale Medien.

Beispiele hierfür sozusagen sortenrein darzustellen, ist gar nicht so einfach, weil sich eine solche Kultur nicht primär anhand der genutzten Medien und des äußeren Anscheins aufzeigen lässt. Ein großer Teil des Austauschs findet zudem in geschlossenen Mikronetzwerken, etwa via Messenger, oder in nichtöffentlichen Gruppen und Foren statt. Dennoch lässt sich auch anhand der Ausprägung öffentlicher Kanäle ebenso wie anhand der Präsenz einzelner Akteure oft ganz gut auf die Kultur schließen, die dahinter steckt. Meistens ist sie verknüpft mit weiteren Strategien, etwa der Kanalstrategie (Kapitel 3.1.6) und der Leuchtturm-Strategie (Kapitel 3.1.8).

Microsoft hat mit Mitarbeiterinnen wie Magdalena Rogl, bei der die Markenbotschafter-Rolle sozusagen in der Job-Beschreibung steht, eine sehr sichtbare Personenmarke aus der Unternehmenskommunikation, die man schon als Markenbotschafter-Rockstar bezeichnen kann. Deswegen kommt sie in einem Interview in Kapitel 3.1.11 zu Wort. Aber insgesamt sind viele Microsoft-Mitarbeitende aller Ebenen sehr präsent in sozialen Netzwerken ebenso wie auf Veranstaltungen – und eben nicht nur Kommunikationsprofis, sondern etwa auch Produktmanager. Es gibt bei erfahrenen, bewährten Mitarbeitenden keine aufwendigen Freigabeprozesse, sondern das Unternehmen vertraut ihnen. Mit Sabine Bendiek, Vorsitzende der Geschäftsführung,[46] haben sie ein weiteres gutes Vorbild. Damit verwirklicht Microsoft eine umfassende Herangehensweise, inklusive Leuchtturm-Strategie, die in Kapitel 3.1.8 näher beschrieben wird.

Ein weiteres, sehr anschauliches Beispiel für eine solche Markenbotschafter-Kultur findet man beispielsweise bei dem IT-Dienstleister fme AG. Gemeinsame Werte, die für alle Mitarbeitenden verbindlich sind. Im Mittelpunkt der Selbstdarstellung des Unternehmens stehen nicht so sehr dessen Leistungen, sondern vielmehr die Unternehmenskultur und die Mitarbeitenden.[47] Es gibt ein umfangreiches Onboarding-Programm. Regelmäßig erscheint ein »Culture Book«.[48] Dieses zahlt zum einen auf das Employer Branding ein, sowohl in der Mitarbeitergewinnung als auch im Onboarding

46 Sabine Bendiek auf Twitter: https://twitter.com/bendiek
47 fme stellt sich vor: Inside fme. https://www.fme-karriere.de/inside-fme/
48 https://www.fme-karriere.de/culture-book/

und der Mitarbeiterbindung. Es soll aber auch Kunden anhand von authentischen Markengesichtern das Unternehmen näherbringen. Aus dem Vorwort des »Culture Books«:

> Als Teil des Willkommenspaketes haben wir deshalb gemeinsam für unsere neuen Mitarbeiterinnen und Mitarbeiter dieses kleine Buch geschrieben. Unsere Kultur ist das, was jeder einzelne darüber denkt, was sie von anderen Unternehmen unterscheidet, was jeder daran mag und was uns sonst so zu dem Thema eingefallen ist. In Form von Fotos, Zitaten und Geschichten, die das Thema fme-Kultur für uns beschreiben, haben wir JEDEN Beitrag in das Buch aufgenommen. Es wurden nur die Tippfehler korrigiert, der Rest blieb, wie er war, und wurde mit einer Übersetzung ins Englische in das Buch aufgenommen. Das fme Culture Book wird an alle neuen und derzeitigen Mitarbeiter, aber auch an potentielle Bewerber verteilt, um Ihnen dabei zu helfen zu beurteilen, ob sie und fme zusammenpassen. Wir nutzen das Culture Book ebenfalls dazu, um unseren Kunden zu zeigen, was fme so besonders und einzigartig macht.

Eine solche Kultur setzt auf jeden Fall eine ausdrückliche Beteiligung und entsprechende Absichtserklärung der Unternehmensleitung voraus. Hier geht die DATEV mit gutem Beispiel voran. Obgleich sie erst vor relativ kurzer Zeit ein Corporate-Influencer-Programm aufgesetzt hat, führt dies zu einem tiefgreifenden, vom Vorstand aktiv unterstützten Wandel, der alle Stakeholder mit einbezieht. Wie dies im Unternehmen gelebt wird, verrät Vorständin **Julia Bangerth** detailliert in dem folgenden Interview.

3.1.3 »Wir können nichts einfordern, das wir nicht selbst leben« – Interview mit Julia Bangerth (DATEV)

Julia Bangerth ist Vorstandsmitglied der Nürnberger DATEV eG, Chief Operating Officer.

Die DATEV hat im vergangenen Jahr ein Corporate-Influencer-Programm aufgesetzt.[49] Sie selbst sind seit 2017 auf Twitter und auch in anderen digitalen Netzwerken, etwa auf LinkedIn, nicht nur präsent, sondern sehr aktiv. Wie verorten Sie sich persönlich innerhalb des Projekts?

Julia Bangerth (JB): Ich sehe mich selbst als DATEV-Botschafterin – ich halte es gerade in Zeiten von hoher Veränderungsdynamik und Fachkräftemangel für besonders wichtig, authentische Botschaften an relevante Zielgruppen zu senden. Ein reiner Marken-Auftritt allein reicht da einfach nicht mehr aus. Das heißt für mich ganz konkret: Wir

49 Vgl. www.datev.de/botschafter

verändern uns bei DATEV -- geben Menschen mehr Verantwortung, arbeiten flexibler und schneller, agieren in interdisziplinären Teams – das sind alles Veränderungen, über die der Einzelne authentischer kommunizieren kann als die Marke. Externe Stakeholder, ob Kunden oder potenzielle Mitarbeiter, sollen diese Authentizität spüren. Deswegen ist das Botschafter-Programm so wichtig.

Wir haben uns im Vorstand Ende 2018 ganz bewusst dazu entschieden, ein Botschafter-Programm ins Leben zu rufen. Ich freue mich sehr, dass sich heute schon so viele Kolleginnen und Kollegen daran beteiligen und sich öffentlich engagieren. Uns war es von Anfang an wichtig, dass Mitarbeitende über echte Themen aus dem Unternehmensumfeld und ihr eigenes Erleben schreiben.

Ich sehe mich gleichzeitig auch als interne Botschafterin für das Programm selbst. In dieser Rolle möchte ich Mitarbeiterinnen und Mitarbeiter dazu ermutigen, sich im Botschafter-Programm einzubringen. Je mehr Menschen Teil der Community sind, desto mehr Erfahrungen und Perspektiven können sie untereinander austauschen. Wir setzen im Programm sehr stark auf das Thema Vernetzung und Community-Management: Die gesamte Botschafter-Community trifft sich beispielsweise einmal pro Monat, um gemeinsam zu lernen, sowie einmal pro Jahr für einen gemeinsamen Botschafter-Tag im Barcamp-Format. Außerdem gibt es vielfältige Lernangebote im Intranet, wie eine FAQ[50]-Liste, die vor allem Rechtssicherheit herstellen soll.

Wie sehen Sie Ihre Bedeutung als Vorbild für andere Mitarbeitende im Unternehmen?

JB: Wir haben einen Transformationsprozess angestoßen, mit dem praktisch jede und jeder im Unternehmen irgendwann in Berührung kommen wird. Zur Begleitung in Veränderungsprozessen ist auch das Thema Kommunikation ein wesentlicher Bestandteil, gerade in einem Prozess, der offen gestaltet ist. Herausfordernd ist dabei insbesondere auch die Ungleichzeitigkeit des Erlebens von Veränderung im Unternehmen: Für viele ist die Kommunikation über eine Veränderung sehr weit entfernt von der tatsächlichen eigenen Betroffenheit. Wir haben gelernt, dass wir häufiger die Grundthemen berühren und die Betroffenheit des Einzelnen aufzeigen müssen. Es geht darum, möglichst viele Kolleginnen und Kollegen einzubeziehen und Veränderung gemeinsam zu gestalten.

Natürlich müssen wir im Vorstand, in der Geschäftsleitung, auf allen Führungsebenen diese Transformation auch leben und mitgestalten. Wir können von den Mitarbeiterinnen und Mitarbeitern nichts einfordern, das wir nicht auch selbst leben. Insofern ist die Vorbildfunktion eine sehr grundsätzliche, nicht nur in Bezug auf die DATEV-Botschafter. Diese sehe ich tatsächlich eher als einen Baustein im Veränderungsprozess.

50 Frequently Asked Questions, deutsch: Häufig gestellte Fragen.

Das Corporate-Influencer-Programm ist bei Ihnen in der Unternehmenskommunikation aufgehängt, berücksichtigt aber auch Aspekte wie Recruiting oder Unternehmenskultur. Wie stark ist HR hier einerseits an der Entwicklung und Steuerung beteiligt, und für wie wichtig halten Sie andererseits das Projekt für Ihren eigenen Bereich?

JB: Grundsätzlich finde ich, dass das Projekt das gesamte Unternehmen betrifft. Wir verändern uns und wollen diesen Veränderungsprozess nach außen transparent machen, indem wir authentisch darüber berichten. Das wiederum hat Auswirkungen auf unterschiedliche Zielgruppen, wie zum Beispiel auf unsere Kunden: Wir verändern uns, um unseren Kunden schneller und flexibler Wert liefern zu können. Es ist wichtig, genau das auch deutlich zu machen: dass wir uns nicht einfach nur mit uns selbst beschäftigen, sondern der Kundennutzen im Mittelpunkt steht. Eine weitere Zielgruppe sind potenzielle Mitarbeiter: Es wird für Unternehmen immer schwieriger, die passenden Menschen für bestimmte Positionen zu finden, gerade im Software-Entwicklungsbereich. Wir sind gleichzeitig ein attraktiver und innovativer Arbeitgeber mit hochqualifizierten Experten aus unterschiedlichsten Themenbereichen. Und wenn diese Experten aus unseren Reihen mit ehrlicher Begeisterung über ihre Themen berichten, ist das auch die beste und authentischste Werbung, die wir uns als Arbeitgeber wünschen können – und die vor allem in der Zielgruppe auch direkt gehört wird.

Wir wollen, dass sowohl die Fachthemen als auch die Transformation sichtbar werden. Das erreichen wir regelmäßig im Rahmen unserer Barcamp- und Digicamp-Formate. Über ihre Erfahrungen und Erlebnisse dort berichten Mitarbeiter und Kunden in den sozialen Netzwerken. Wie gut das funktioniert, zeigt sich daran, dass wir es im Rahmen solcher Veranstaltungen bereits mehrfach zum Trend-Hashtag bei Twitter geschafft haben. Es hat mich sehr gefreut zu sehen, mit welcher Begeisterung die Mitarbeiterinnen und Mitarbeiter ihre Eindrücke geteilt haben.

Insgesamt gilt für den Aufbau des Botschafter-Programms: Auch hier ist bereichsübergreifende und crossfunktionale Zusammenarbeit wichtig für den Erfolg – ein Ansatz, den wir an vielen Stellen verfolgen. Die Weiterbildung war beispielsweise an der Entwicklung unseres Corporate-Learning-Programms beteiligt und das Arbeitsrecht hat bei rechtlichen Fragen beratend unterstützt.

Wie verstehen Sie Ihre eigene Rolle als Corporate Influencer?

JB: Mir liegt ein Thema sehr am Herzen, das erstmal nur indirekt mit dem Programm zu tun hat, inhaltlich aber aus meiner Sicht eng damit verknüpft ist. Wir haben in der Vergangenheit im Unternehmen, aber auch darüber hinaus wie beispielsweise durch unser Bildungssystem, gewisse Verhaltensweisen »gelernt«. Zum Beispiel lernen wir in der Schule, dass wir alleine klarkommen müssen – und im Job wollen wir dann möglichst nur Teamplayer haben. Deswegen halte ich es für mindestens genauso wichtig wie Neues zu lernen, alte Glaubenssätze und Verhaltensmuster bewusst zu verlernen – also Überzeugungen und Herangehensweisen, die aus der Organisationsgeschichte früher vielleicht sogar sinnvoll waren, heute im Kontext von Digitalisierung und Agilität aber eher behindern.

Wenn wir lernen, ergänzen wir das, was wir bereits wissen, um neue Fähigkeiten oder Kenntnisse. Wenn wir verlernen, verändern wir bewusst unsere Sichtweise. Wir können keine Organisationen leiten und voranbringen, wenn wir uns nur auf Prinzipien des letzten Jahrhunderts verlassen. Das heißt auch: Um eine lernende Organisation zu sein, muss man damit beginnen, eine verlernende Organisation zu sein. Die DATEV-Botschafter sind hierfür ein schönes Beispiel aus unserer Unternehmensperspektive: Früher wurde Kommunikation zentral gesteuert. Heute wollen wir, dass Kommunikation schnell, authentisch und vielstimmig ist. Wir müssen sowohl als Organisation wie auch als Menschen alte Muster verlernen, um die neue Form der Kommunikation neu zu lernen. Das machen wir in den sozialen Medien öffentlich und laut, vielfach passiert das aber auch im Kleinen, in internen Abläufen. Das Muster ist das gleiche und ich halte es für wichtig, dass wir Menschen im Unternehmen wie auch insgesamt in der Gesellschaft dazu ermutigen, sich auf Veränderung einzulassen.

Vorstände, die twittern oder auf LinkedIn posten und kommentieren, sind in Deutschland immer noch vergleichsweise selten. Kann man heutzutage überhaupt in leitender Funktion in einem Unternehmen arbeiten, ohne sich als Markenbotschafterin zu verstehen und auch entsprechend öffentlich zu zeigen?

JB: Meiner Ansicht nach ist man als Vorstand immer auch Markenbotschafter. Die Frage ist eher, wie man diese Rolle ausgestaltet. Als Repräsentant des Unternehmens ist ein Vorstand ja beispielsweise auch auf Veranstaltungen, in Interviews oder im Kundenkontakt aktiv und ist dort (auch) Markenbotschafter. Das heißt nicht, dass jeder diese Rolle in den sozialen Medien ausfüllen muss. Ich sehe soziale Medien als große Chance für authentische und direkte Kommunikation. Gleichzeitig ist mir auch bewusst: Wenn ich in einem Kanal präsent bin, muss ich hier auch kommunizieren und in den Austausch gehen.

Twitter und LinkedIn habe ich bereits als Beispiele für soziale Netzwerke genannt, die Sie aktiv nutzen. In welchen anderen digitalen Medien sind Sie persönlich präsent?

JB: Ich bin derzeit vor allem bei LinkedIn, Twitter, XING und Instagram unterwegs, wobei ich die ersten drei Netzwerke hauptsächlich für berufliche Zwecke nutze. Instagram nutze ich vor allem privat und schaue mir lieber meinen Feed an, als selbst viel zu posten. Bei den beruflichen Netzwerken nutze ich aus inhaltlichen Gründen insbesondere LinkedIn und Twitter. Twitter ist schnell und aktuell, da bekomme ich einen guten Überblick zu unterschiedlichen aktuellen Themen und Trends, aber auch zu Veranstaltungen, die sich via Hashtag perfekt auf Twitter verfolgen lassen. LinkedIn nutze ich vor allem dazu, meine Meinung und Haltung zu verschiedenen Fragestellungen einzubringen und mich dazu auszutauschen. Gerade die Kombination gefällt mir sehr, und die Reaktionen in den Netzwerken bestärken mich darin, dass ich mit dieser Strategie ganz gut unterwegs bin.

Inhaltlich und thematisch beschäftige ich mich auf beiden Plattformen mit Themen wie Agile Organisation, Diversity, Lernen und Kompetenzen sowie Veränderung und Auswirkungen der digitalen Transformation auf die Arbeit. Für diese Themen stehe ich auch innerhalb unseres Unternehmens.

Ein Corporate Influencer ist ja nicht allein auf Social Media beschränkt. Physische Begegnungen mit anderen Menschen sind mindestens genauso relevant: Welche Medien, Plattformen, Aktivitäten sind für Sie besonders wichtig, um sich mit anderen zu vernetzen?

JB: Natürlich sind interne und externe Veranstaltungen sehr gut dazu geeignet, sich auszutauschen und zu vernetzen. Gerade bei externen Einladungen zu Veranstaltungen entscheide ich aber jeweils im Einzelfall, welche dieser Veranstaltungen ich gezielt nutze. Es ist mir wichtig, dass nicht ich als Person im Fokus stehe, sondern dass es um die Themen geht, die ich vertrete, und darum, die passenden Zielgruppen zu erreichen. Ich finde es auch sehr wichtig, mich mit Menschen aus anderen Unternehmen in ähnlicher Situation auszutauschen, unsere Erfahrungen in der Transformation zu teilen oder von ihnen selbst auch wieder zu lernen.

Auch intern geht es in einem Veränderungsprozess darum, möglichst viele Kolleginnen und Kollegen einzubeziehen und Veränderung gemeinsam zu gestalten. Und es geht auch darum, verschiedene Stakeholder wie Mitglieder, Kunden und Partner zu vernetzen und zusammenzubringen, um diese Veränderung gemeinsam zu unterstützen. Es ist beispielsweise sehr hilfreich, wenn unsere Mitglieder ein Verständnis dafür gewinnen, wie wir arbeiten und welchen Nutzen die Transformation für sie hat. Wir hatten bei einem unserer Digicamps eine Session mit einem Entwickler-Team, das auf SmartExperts, unserer Suchplattform für Steuerberater, Rechtsanwälte und Wirtschaftsprüfer, ein neues Feature nach den Wünschen der Teilnehmenden live programmiert hat. Das Release kam noch am gleichen Tag und hat unseren Mitgliedern einen guten Einblick in unsere Arbeit gegeben. Auch mit unseren Partnern, die uns in der Transformation beraten und begleiten, haben wir solche Erfahrungen gemacht: Zu unserem CoCreationCamp haben wir Coaches und Consultants eingeladen. Wir haben unser Zielbild für die Organisation vorgestellt und dann gefragt: Was könnt ihr uns anbieten, wie könnt ihr uns unterstützen? Wir hatten im Vorfeld intern viel darüber diskutiert, ob die Consultants wirklich in einen offenen Diskurs einsteigen. Die sind teilweise ja auch in einer Konkurrenzsituation. Der Erfolg gibt uns jedoch recht: Es haben rund 240 Beraterinnen und Berater intensiv und konstruktiv miteinander und mit uns an den Themen gearbeitet.

Hat sich bei Ihnen durch das Markenbotschafterprogramm in puncto Aktivitäten in sozialen Netzwerken etwas verändert?

JB: Das Markenbotschafterprogramm war für mich persönlich vor allem ein Verstärker – also ein zusätzlicher Impuls, da die Relevanz der sozialen Netzwerke dadurch noch einmal stärker ins Bewusstsein gerückt ist. Vor allem hat es dem Thema bei DATEV mehr Sichtbarkeit gegeben und dadurch andere motiviert sich einzubringen, so dass ein spannender Resonanzraum entstanden ist, der auf Impulse von innen wie von außen reagiert.

Eine Vorständin hat ja noch anderes zu tun, als in sozialen Netzwerken zu posten. Wie bewältigen Sie das zeitlich?

JB: Das ist richtig. In Social Media aktiv zu sein, kostet Zeit und anfänglich auch Überwindung – und es ist etwas, das ich persönlich auch erst lernen musste. Deshalb hat es mir sehr geholfen, Menschen zu haben, die mich dabei beraten und begleiten.

Meine Inhalte wähle und schreibe ich grundsätzlich selbst. Ende vergangenen Jahres haben wir ein Social-Media-Tool im Rahmen des Botschafter-Programms eingeführt. Dort erhalte ich, genau wie alle anderen Botschafterinnen und Botschafter auch, Inspiration für eigene Inhalte, die ich in meinen Netzwerken teilen kann. Das ist ein kleines Beispiel dafür, wie Tools einem auch in diesem Bereich das Leben leichter machen können. Am Ende des Tages bleibt es aber eine Grundsatzentscheidung, ob man die Kommunikation und den Dialog in sozialen Medien suchen will – und dann muss man natürlich auch, wenn man es ernst meint, die nötige Zeit dafür aufbringen.

3.1.4 Das Markenbotschafterprogramm

Die Anforderungen der Minimalstrategie sind mindestens erfüllt. Mehr noch: Das Bewusstsein für die Bedeutung der Köpfe aus dem Unternehmen hat bereits Einzug in die Unternehmenskultur gehalten. Im Grunde ist eine explizite »Jeder ist ein Markenbotschafter«-Kultur die Grundlage für jede weitere, speziellere Erarbeitung. Eine solche kann dann beispielsweise in einem speziellen Programm bestehen, um Mitarbeitende in ihrer Markenbotschafter-Rolle zu begleiten, zu stärken und zu schulen. Ein solches Programm bezieht sich in der Regel auf einen bestimmten Schwerpunkt, beispielsweise das Employer Branding. Darin unterscheidet es sich von der in Kapitel 3.1.13 beschriebenen Pilotstrategie, die zwar zunächst auch nur eine ausgewählte

Gruppe umfasst, aber diese eher als Vorreiter für alle Mitarbeitenden betrachtet. Das Markenbotschafterprogramm ermöglicht es ausgewählten Mitarbeiterinnen und Mitarbeitern, sich innerhalb dieses ausgewählten Schwerpunktes als sichtbare Markengesichter zu profilieren. Häufig handelt es sich hier um bereits sehr aktive Personen, die sich oft schon seit einiger Zeit für das Unternehmen sichtbar machen. Wer sich für das Programm bewirbt, bringt also bereits die Bereitschaft mit, sich zu engagieren. Spezielle Unterstützung findet in Form von Workshops, Camps, Mentoring-Programmen und je nach Bedarf auch individuellen Coachings statt. Solche Aufgaben verlangen Einsatz, der zumindest teilweise über die normale Arbeitsleistung hinausgeht. Dafür steigt natürlich der Wert der jeweils eigenen Arbeitnehmermarke immens. Da auch der Arbeitgeber beträchtliche Ressourcen bereitstellt und große Teile der Erarbeitung und des Repräsentierens in der Arbeitszeit stattfinden, gibt es oft ein Auswahlverfahren beziehungsweise eine limitierte Zahl von Teilnehmenden.

Ein gutes Beispiel für ein Markenbotschafterprogramm für einen speziellen Bereich ist das Jobbotschafter-Programm von OTTO.[51] Hier geht es vor allem darum, über sichtbare Unternehmensvertreter neue Talente für das Unternehmen zu entdecken. **Eugenia Mönning**, Pressesprecherin HR, unterstreicht im Interview die Bedeutung des Programms für das Employer Branding:

> Für uns sind die Corporate Influencer nicht mehr wegzudenken. Wer könnte glaubwürdiger über Otto sprechen als die eigenen Mitarbeiter*innen? Sie brennen für ihre Aufgaben und stecken andere mit ihrer Leidenschaft an. Potenzielle Bewerber*innen profitieren so von dem direkten Einblick und den Erfahrungen der Botschafter*innen.
>
> Das Besondere: Unsere Kolleg*innen können sich für eines oder mehrere der sechs Profile anmelden und erhalten maßgeschneiderte Trainings für das jeweilige Modul. Damit tragen sie aktiv dazu bei, wer bald der oder die neue Kolleg*in sein könnte.

OTTO unterteilt sein Jobbotschafter-Programm noch einmal in verschiedene Rollen. Dies ist durchaus typisch für eine sinnvolle Vorgehensweise. Mehr dazu in Kapitel 4.6 über Markenbotschafter-Rollen.

51 Die Grundzüge des Programms sind in dieser öffentlich abrufbaren Präsentation von Nicole Heinrich dargestellt, https://www.rethink-hrtech.de/wp-content/uploads/2018/03/Tag-2_05_Nicole-Heinrich_Otto.pdf. In dieser Aufzeichnung einer Podiumsdiskussion auf der Social Media Week Hamburg (an der die Autorin auch teilgenommen hat) gibt Nick Marten von OTTO Auskunft über Details (Start etwa bei 4:12 h). https://youtu.be/BWZSdDK6mTY

3.1.5 »Am meisten Spaß bringt mir das persönliche Netzwerken« – Interview mit Lisa Mölleken (OTTO)

Lisa Mölleken ist Business Analystin in der OTTO IT im Bereich der Einkaufssysteme.

Seit wann sind Sie ein Teil der OTTO-Jobbotschafter?

Lisa Mölleken (LM): Seit Beginn an: September 2017. Ich habe schon vor der Jobbotschafter-Zeit diese Tätigkeiten verfolgt, jedoch sind jetzt alle Aktionen über das Programm gebündelt.

Im Jobbotschafter-Programm sind ja verschiedene Profile definiert: Multiplikator, Socializer, Fachexperte, Kontakter, Co-Recruiter, Impulsgeber.[52] Welcher Gruppe rechnen Sie sich zu, und wie sieht das für Sie konkret aus?

LM: Ich sehe mich selbst als Socializer und Multiplikator. Die Socializer-Rolle fülle ich dadurch aus, dass ich unternehmensfremden Personen beispielsweise auf Messen von OTTO berichte und deren Fragen beantworte. Als Socializer teile ich zum Beispiel News auf XING in meinem eigenen Netzwerk.

Wie sind Sie auf Ihre Rolle als Jobbotschafterin – und speziell auf diese Profile – vorbereitet worden? Wie werden Sie weiter unterstützt?

LM: Es besteht die Möglichkeit, in kleinen angebotenen Gruppensessions zu einem bestimmten Thema geschult zu werden, wenn es gewünscht ist. Dazu gehören beispielsweise generelle Informationen zur Arbeitgebermarkenkommunikation oder über spezifische Inhalte wie Instagram.

Einige Tage vor jeder Veranstaltung, beispielsweise einer Messe, gibt es für alle Beteiligten ein Briefing. Das dient insbesondere für die Keyfacts, den Ablauf und als Vernetzung beziehungsweise Kennenlernen unter den Jobbotschaftern.

Was motiviert Sie persönlich dazu, sich für Ihren Arbeitgeber sichtbar zu machen?

LM: Meine Devise lautet: Tue Gutes und sprich drüber. Ich möchte gerne meine positiven Erfahrungen meines Arbeitgebers mit anderen Menschen teilen.

Zusätzlich wird das Image von OTTO häufig ›nur‹ mit dem Kataloggeschäft gesehen. Das Unternehmen bietet jedoch viel mehr – von Softfacts bis hin zu technologischen

52 Wird in Kapitel 3.2.11 erläutert.

Skills, die nicht verborgen bleiben sollten. Zudem motiviert es mich selbst, aus meiner eigenen Komfortzone herauszugehen, um meinen eigenen Erfahrungshorizont zu erweitern.

Im Allgemeinen kann ich sagen, dass ich einfach Spaß daran habe, es Abwechslung in den Arbeitsalltag bringt, ich OTTO für einen guten Arbeitgeber halte und diese Erfahrung gerne weitergebe für potenzielle Kandidaten.

Was bringt Ihr Engagement aus Ihrer Sicht dem Unternehmen?

LM: Unser spezieller Bereich in der OTTO IT ist in der Öffentlichkeit nicht so präsent wie andere Bereiche. Da wir jedoch ebenfalls immer auf der Suche nach guten Fachkräften sind, möchte ich aktiv Werbung für unseren Bereich tätigen und ihn bekannter machen.

Das Jobbotschafter-Programm von OTTO ist ja speziell auf das Employer Branding ausgelegt. Haben Sie den Eindruck, dass es sich auch auf andere Bereiche auswirkt?

LM: Durch das Jobbotschafter-Programm habe ich aus meiner Sicht heraus die Möglichkeit, OTTO als Tech-Unternehmen zu präsentieren.

Wie reagieren Kolleginnen und Kollegen darauf, die nicht Teil des Programms sind?

LM: Meine Kolleginnen und Kollegen, die sich nicht aktiv am Jobbotschafter-Programm beteiligen möchten, finden die Initiative trotzdem gut, da dadurch unter anderem unser Bereich sichtbarer und präsenter wird.

Wie reagiert Ihr persönliches Umfeld darauf?

LM: Bei Unterhaltungen in meinem persönlichen Umfeld finden die Personen es interessant, da ihnen die Themen, die OTTO bewegt, nicht so präsent sind: beispielsweise der Wandel zur Plattform oder welche Themen zu beachten sind bei einer konzernweiten IT-Einkaufssystemlandschaft. Das Interesse ist spannenderweise höher bei Personen, die nicht aus Hamburg kommen, weil ihnen OTTO als Arbeitgeber weniger ein Begriff ist.

Zusätzlich bewundern durchweg alle die Möglichkeit, dass ich das ohne Probleme in meinen Arbeitsalltag integrieren und selbst einen Perspektivwechsel zu meiner eigentlichen Arbeit erleben kann. Ganz ohne Mehraufwand auf freiwilliger Basis, es ist ganz normale Arbeitszeit.

Verfolgen Sie eine bestimmte Personenmarkenstrategie?

LM: Ich persönlich befolge keine Personenmarketingstrategie. OTTO zeichnet sich unter anderem durch die Vielfältigkeit der hier arbeitenden Menschen aus, und das ist gut so.

Natürlich kann ich zu Tech-Profilen gegebenenfalls einem Interessenten mehr Auskunft über den Arbeitsalltag in unserem Bereich geben als über Interessenten außerhalb meines Wirkungsgrades – aber in solchen Fällen kann ich an einen entsprechenden Kollegen oder an HR weiterleiten.

Welche Social Media nutzen Sie, und welche davon sind Ihre bevorzugten?

LM: Ich nutze im beruflichen Kontext XING. In Einzelfällen gibt es auch über meinen privaten Account eine Story oder Post auf Instagram. Das geschieht aber, da ich meinem persönlichen Umfeld etwas berichten möchte und nicht, weil es Teil des Jobbotschafter-Programms ist. Dort verlinke ich über Hashtags gegebenenfalls den otto_inside-Kanal, wenn ich es möchte.

Wie bewerten Sie für sich persönlich das Verhältnis zwischen Aktivitäten in sozialen Netzwerken und dem persönlichen Netzwerken, etwa auf Messen?

LM: Ich würde das Verhältnis als recht ausgewogen bezeichnen. Es ist beides im überschaubaren Maß, weil die eigentliche Arbeit auch nicht zu kurz kommen soll.

Am meisten Spaß jedoch bringt mir das persönliche Netzwerken, da ich dort mit neuen Personen ins Gespräch komme und der Austausch intensiver stattfinden kann als über einen Post bei oder Instagram.

Wie sahen Ihre Social-Media-Aktivitäten aus, bevor Sie sich als Jobbotschafterin engagiert haben? Hat sich dadurch etwas verändert – und wenn ja, was?

LM: In meinem Umgang mit Social Media haben sich durch das Jobbotschafter-Programm keine Veränderungen ergeben. Die Häufigkeit des Postens hat sich dadurch nicht erhöht. In Zeiten vor dem Jobbotschafter-Programm habe ich in ähnlicher Häufigkeit gepostet wie nun unter der Jobbotschafter-Flagge.

Was bringen Ihnen Ihre Aktivitäten in sozialen Netzwerken?

LM: Mein persönliches Umfeld spricht mich bei einem Wiedersehen gelegentlich auf Inhalte an, die ich bei XING oder Instagram verbreitet habe, da sie gerne meine Perspektive/Erfahrung dazu wissen möchten – oder weil sie das Thema einfach interessiert. Als Beispiel fällt mir spontan die Nachricht ein, dass unser Vorstand beim Umzug auf unsere neugestalteten Flächen auf die Einzelbüros verzichtet und mit uns auf die Großraumfläche zieht. Das ist für solch ein großes Unternehmen ein Novum. Natürlich ist auch der Wandel zur Plattform oder die Sicht auf Amazon immer ein beliebtes Thema, auf welches ich angesprochen werde.

Häufig werde ich auch dann von meinem persönlichen Umfeld angesprochen, wenn es News in der Presse gibt – positiv und negativ.

Woran messen Sie den Erfolg Ihrer Aktivitäten?

LM: Bisher habe ich für mich keine festen und getrackten KPIs definiert. Es gibt meines Wissens offizielle Auswertungen aus HR, ob eine Veranstaltung erfolgreich ist.

Ich bewerte für mich persönlich, ob ich Menschen begeistere, ihnen ein positives Bild vermittelt habe und sie mit neuen Erkenntnissen aus dem Gespräch gehen. Ich freue mich, wenn ich, Monate nach einem Event, einen Bewerber als neuen Mitarbeiter auf dem Campus begrüßen kann. Bei Meet-ups: ob wir darüber Bewerber akquiriert haben.

Wie bringen Sie die Aufgabe als Jobbotschafterin mit Ihrer eigentlichen Arbeit in Einklang?

LM: Mein Bereich unterstützt die Aktivitäten, deshalb konnte ich es mir bisher immer passend legen. Natürlich haben die anderen Aufgaben Vorrang, jedoch kommt eine Veranstaltung auch nicht unvorhergesehen. Planung ist alles.

Hat Ihre Sichtbarkeit als Jobbotschafterin aus Ihrer Sicht auch Nachteile?

LM: An erster Stelle Gesichtsverlust und meine Glaubwürdigkeit, falls es einen Skandal bei OTTO gibt. Ich stehe bei dem Jobbotschafter-Programm für das Unternehmen und die Werte, die es vertritt. Wenn durch einen Skandal diese Werte verletzt werden, würde ich mir selbst die Frage stellen, ob es noch sinnvoll ist, als Jobbotschafter zu agieren. Ist bisher jedoch noch nie passiert.

3.1.6 Die Kanalstrategie

Jede umfassende Markenbotschafterstrategie braucht Teil- oder Kanalstrategien, die eng miteinander innerhalb der Gesamtstrategie verknüpft und integriert sind. Die Einbindung von Markenbotschaftern in der Gesamtkommunikation kann sich aber auch schwerpunktmäßig auf einen Kanal fokussieren. Dies können zum Beispiel Mitarbeiter-Autoren im Corporate Blog sein. Ebenso kann ein Unternehmen sich in seiner Kanalstrategie auf ein soziales Netzwerk fokussieren, mit einzelnen Protagonisten oder als die Plattform, die bevorzugt bespielt wird und für die es Schulungsprogramme gibt. Dann beginnt die gesamte Markenbotschafterstrategie als Kanalstrategie.

Im Bereich Mitarbeiterblogs hat das Daimler Blog viele Jahre lang eine Vorreiterstellung eingenommen.[53] Ein weiteres Beispiel ist das Salesforce Deutschland Blog. Hier schreiben »CRM-Experten, Marketing-, Vertriebs-Profis, IT- und Cloud-Spezialisten«.[54] Die Stadtwerke Neuss setzen ebenfalls auf Mitarbeiter-Autoren in ihrem Magazin. Hintergrundwissen dazu liefert Kommunikationschef Jürgen Scheer – der zugleich auch ein gutes Beispiel für die Personengruppe der Kommunikationsprofis als Markenbotschafter darstellt – in einem Interview am Ende dieses Abschnitts.

Häufig setzen Unternehmen in ihrer digitalen Markenbotschafterstrategie auf die junge, medienaffine Gruppe der Azubis in einem speziellen Kanal – beispielsweise einem Blog oder Instagram. Dies ist etwa bei Ikea[55] der Fall oder bei der EWE GmbH[56]. Oft geht es dabei schwerpunktmäßig ebenfalls um das Employer Branding und die Nachwuchsgewinnung. Gerade in solchen Kanalstrategien, die sich zudem auf eine bestimmte Gruppe im Unternehmen beschränken, gibt es nicht unbedingt eine im Unternehmen bereits ausgeschriebene Markenbotschafterstrategie, die sich auf allen Kanälen wiederfindet. Umgekehrt kann sich aber auch die in der Unternehmenskultur verankerte Bedeutung der Unternehmensangehörigen schwerpunktmäßig in einem bestimmten Kanal widerspiegeln. So setzt die Beautymarke Douglas nach eigenem Bekunden unter dem Stichwort »Verantwortung« nicht nur auf Nachhaltigkeit, sondern auch auf die Mitarbeitenden: »Die rund 20.000 Mitarbeiterinnen und Mitarbeiter sind Douglas' wichtigste Markenbotschafter und bilden damit ein Fundament unserer Strategie.«[57] Auf der Unternehmenswebsite jedoch findet man nur die Gesichter des Managements,[58] und auch im Douglas Blog[59] oder auf Instagram[60] geht es nicht um Mitarbeitende. Aber Douglas pflegt bei LinkedIn einen Unternehmenskanal, der die Protagonisten aus dem Management mit ihren Gesichtern und Profilen zeigt. Rund 2.800 weitere Mitarbeitende sind über die Douglas-Unternehmensseite auf LinkedIn[61] mit Namen und Profilen zu finden. Douglas-CEO Tina Müller – zuvor bereits als Marketingchefin von Opel sehr

53 Ende 2019 ist das Daimler Blog eingestellt worden und teilweise in einem neuen Magazin aufgegangen. Hier gibt es aber nach wie vor einige Mitarbeiter-Autoren. Vgl. in: PR-Doktor, 6. Dezember 2017, https://www.kerstin-hoffmann.de/pr-doktor/uwe-knaus-zehn-jahre-daimler-blog-mitarbeiter-markenbotschafter/
54 https://www.salesforce.com/de/blog/uber-dieses-blog
55 https://ausbildung.ikea.de/azubi-blog
56 https://azubiblog.ewe.com
57 https://corporate.douglas.de/ueber-douglas/verantwortung/
58 https://corporate.douglas.de/ueber-douglas/management/
59 https://www.douglas.de/tipps-trends/blog/
60 https://www.instagram.com/douglas_cosmetics/
61 https://www.linkedin.com/search/results/people/?facetCurrentCompany=%5B%221798701%22%5D

sichtbar – gehört zu den *Top Voices* auf LinkedIn:[62] eine Kanalstrategie, die zugleich auf einen sichtbaren »Leuchtturm« setzt. Inzwischen gehören viele Unternehmen, die mit Mitarbeitenden in einem Kanal begonnen haben, auch zu den Vorreitern derjenigen, die komplexere Markenbotschafterstrategien aufbauen.

3.1.7 »Markenbotschafter mit Überzeugung« – Interview mit Jürgen Scheer (Stadtwerke Neuss)

Jürgen Scheer ist Leiter der Zentralabteilung Unternehmenskommunikation/Marketing der Stadtwerke Neuss.

Als Sie vor einigen Jahren für die Stadtwerke Neuss einen Marken-Relaunch realisiert haben, war bereits vorgesehen, Mitarbeiterinnen und Mitarbeiter als Markengesichter zu zeigen – etwa auf Plakaten. Darüber hinaus haben Sie aber auch eine Contentstrategie mit einem Corporate Magazin erarbeitet, in dem Mitarbeitende aus allen Abteilungen als Autoren, Experten und Interviewpartner auftreten. Diese Planungen liegen rund fünf Jahre zurück, aber auch heute ist so etwas gerade in der öffentlichen Verwaltung immer noch sehr selten. War es schwierig, das zu realisieren? Gab es Widerstand aus der Unternehmensleitung oder von anderen?

Jürgen Scheer (JS): Die Geschäftsführung hat die Einbeziehung von Mitarbeitern als Markenbotschaftern vorbehaltlos unterstützt. Dies unterstreicht die Wertschätzung, die jeder Mitarbeiter und jede Mitarbeiterin im Unternehmen genießt. Viele Kolleginnen und Kollegen haben unmittelbaren Kundenkontakt. Nehmen Sie nur einfach die rund 200 Busfahrer oder die Fachkräfte in unseren Bädern und Freizeiteinrichtungen. Diese sind, kraft ihrer Tätigkeit, automatisch Markenbotschafter für das Unternehmen. Dies in der werblichen Kommunikation oder auch im Corporate Blog, unserem »Stadtwerke-Magazin« auf der Homepage zu nutzen, ist letztlich nur logisch und konsequent.

Wie sind Sie mit dem Projekt gestartet? Wie ist es gelungen, die Mitarbeitenden einzubinden?

JS: Es musste schon Überzeugungsarbeit geleistet werden. Wir haben die Mitarbeiter über unsere Kanäle der internen Kommunikation aufgerufen, sich zu melden. Es ist aber auch eine direkte Ansprache »face to face« aus der Unternehmenskommunikation in Richtung einzelner Kollegen erfolgt. Im Redaktionsteam unseres Corporate Magazins gibt es seit dem Start wenig Fluktuation. Uns war es wichtig, eine möglichst

62 https://www.linkedin.com/in/tina-mueller/

große Breite unserer Geschäftsfelder abzudecken. Die erste oder zweite Führungsriege der Stadtwerke ist nur durch mich vertreten. Ein Abteilungsleiter aus dem technischen Bereich ist auch dabei. Ansonsten besteht die Redaktion aus »normalen« Stadtwerkern, Fachleuten auf ihren Gebieten – ob es Busfahrer sind, Schwimmmeister oder Techniker, Handwerker oder Vertriebsmitarbeiter.

Wie hat sich das Projekt seither entwickelt? Sind weitere Kanäle hinzugekommen?

JS: Als zusätzlichen Kanal haben wir Instagram vor rund zweieinhalb Jahren hinzugenommen. Die ursprüngliche Intention war hier, einen Kanal zu schaffen, der von aktuellen Auszubildenden der Stadtwerke bespielt wird. Zielsetzung war es, die Stadtwerke durch junge Menschen anderen jungen Menschen nahezubringen und damit nicht zuletzt das Recruiting von Auszubildenden zu befeuern. Hier haben wir im Vorbild mit unseren HR-Kollegen und den Ausbildern zusammengearbeitet. Nach anfänglicher Begeisterung durch die aktuellen Auszubildenden ist das Projekt allerdings leider gescheitert. Dies haben wir akzeptiert und bauen seitdem mit guten Reichweiten und Wachstumsraten den Insta-Kanal als weiteren Corporate-Kanal für die Stadtwerke und unsere Tochter- und Beteiligungsunternehmen auf und aus.

Wie ist die Resonanz – intern und extern?

JS: Die Akzeptanz für unsere Online- und Social-Media-Kanäle ist in den vergangenen Jahren sprunghaft gewachsen. Die Kanäle sind zu einer Selbstverständlichkeit geworden. Unsere Aufbauarbeit hat sich ausgezahlt.

Bis auf ganz wenige Ausnahmen stehen unsere Kolleginnen und Kollegen gerne als Markenbotschafter in allen Kanälen zur Verfügung. Sie nehmen unsere Aktivitäten auch ganz offen über ihre eigenen Facebook- oder Instagram-Profile wahr und liken und kommentieren. Gerade wenn ein Kollege Akteur eines Posts oder Blog-Beitrags ist, ist die Resonanz aus der Mitarbeiterschaft sehr beachtlich.

Woran messen Sie den Erfolg?

JS: Natürlich zunächst an Reichweiten. Aber auch daran, wie sich die Akzeptanz und Selbstverständlichkeit im Unternehmen für Facebook und Co. im Laufe der Jahre gesteigert hat. Gerade in einer Krise, nehmen wir eine Versorgungsunterbrechung bei Wasser oder Gas, zahlt sich die schnelle und ehrliche Kommunikation über unser Online- und Social-Media-Kanäle aus. Wenn man dann noch einen echten Stadtwerker an der Schadensstelle im Einsatz zeigt, zahlt das enorm auf das Unternehmensimage ein. Und gleichzeitig wird der Kollege, der nachts die Wasserleitung flickt, noch zum kleinen Helden.

Gibt es rückwirkend etwas, was Sie anders machen würden? Was würden Sie den Verantwortlichen in einem ähnlichen Unternehmen raten, die so etwas planen?

JS: Grundsätzlich haben wir in meinen Augen vieles richtiggemacht. Wir haben aus Fehlern und Erfahrungen, die wir selbstverständlich auch gemacht haben, gelernt. Raten kann ich den Mut aufzubringen, sich auf den Kanälen zu präsentieren, wo die eigenen Kunden oder potenziellen Kunden unterwegs sind. Und dort dann authentisch zu informieren und gerne auch zu unterhalten.

Sie sind selbst sehr aktiv in sozialen Netzwerken, sowohl mit Beruflichem als auch mit Privatem. Wie verstehen Sie Ihre eigene Rolle als Corporate Influencer?

JS: Als Kommunikationsleiter in einer zwar wachsenden, aber eher noch kleinen Großstadt stehe ich ohnehin in der Öffentlichkeit. Das muss man auch mögen. Ich bin Markenbotschafter meines Unternehmens. Und ich bin es gerne und mit Überzeugung.

Was motiviert Sie persönlich dazu, sich für Ihren Arbeitgeber sichtbar zu machen?

JS: Das Unternehmen selbst, unsere wichtigen Aufgaben der Daseinsvorsorge und nicht zuletzt die vielen, äußerst heterogenen Kolleginnen und Kollegen sind die größten Motivationsfaktoren. Wir agieren als Unternehmen nach dem Credo »persönlich und nah«. Da sind Markenbotschafter im Unternehmen unerlässlich.

Was bringt Ihr Engagement aus Ihrer Sicht dem Unternehmen?

JS: Ich hoffe, dass es Authentizität bringt. Meine Absicht ist es, unverfälscht und ehrlich rüberzukommen und damit auf das Image des Unternehmens einzuzahlen.

Wie gut fühlen Sie sich von Ihrem Arbeitgeber als Corporate Influencer unterstützt, wahrgenommen und wertgeschätzt?

JS: Sehr. Sowohl von der Geschäftsführung als auch von den Gremienvertretern unserer Eigentümer.

Wie reagiert Ihr persönliches Umfeld darauf?

JS: Mein persönliches Umfeld, welches in nicht unwesentlichen Teilen mein berufliches Umfeld ist, nimmt mein Auftreten und meine Präsenz sehr deutlich wahr. In der Regel erfahre ich hierfür auch deutliche Unterstützung.

Kann man heutzutage überhaupt in der Kommunikation eines Unternehmens arbeiten, ohne sich auch selbst als sichtbaren Markenbotschafter zu verstehen?

JS: Man kann dies sicherlich auch heute noch. Da gibt es Beispiele auch in meinem Umfeld. Aber dann ruft man sein Potenzial auch im Unternehmensinteresse nicht vollständig ab. Bei Neueinstellungen in der Unternehmenskommunikation würde ich die Bereitschaft, als Markenbotschafter in der Öffentlichkeit zu agieren, heutzutage als unerlässliche Voraussetzung ansehen.

Welche Social Media nutzen Sie in Ihrer persönlichen Kommunikation, und welche davon sind Ihre bevorzugten?

JS: Ganz eindeutig Facebook und Instagram. Mir bereitet dies Spaß und Freude. In den Kanälen »spiele« ich berufliche Dinge, aber auch Freizeitaktivitäten, Urlaube, Lebenssituationen und mein Fußballclub Borussia Mönchengladbach spielen da eine Rolle.

Was bringen Ihnen Ihre Aktivitäten in sozialen Netzwerken?

JS: Meine Aktivitäten bei Facebook und Co. helfen mir definitiv dabei, Kontakte in meinen Netzwerken zu pflegen und zu intensivieren. Gerade auch die Kontakte zu meinen früheren Kollegen aus dem Journalismus. Die Resonanz ist unterschiedlich. Aber gerade auch am Beispiel Sport oder speziell Fußball zeigt es sich, dass man hier wunderbar emotionalisieren und gemeinsam Spaß haben kann.

Nutzen Sie für Ihre persönliche Kommunikation bestimmte Tools?

JS: Die persönliche Social-Media-Kommunikation erfolgt klassisch über die entsprechenden Apps auf dem Smartphone. Im Unternehmen nutzen wir im dritten Jahr mit Socialhub ein professionelles Tool.

Haben Sie einen persönlichen Redaktionsplan oder andere Werkzeuge und Strukturen?

JS: Im Unternehmen ja; privat nicht.

Ein Corporate Influencer ist ja nicht allein auf Social Media beschränkt. Physische Begegnungen mit anderen Menschen sind mindestens genauso relevant: Welche Medien, Plattformen, Aktivitäten sind für Sie besonders wichtig, um sich mit anderen zu vernetzen?

JS: In Neuss und Düsseldorf gibt es regelmäßige Netzwerkveranstaltungen, die von Vertretern aus Wirtschaft, Verwaltung, Sport, Kultur oder Gesellschaft besucht werden. Hier bin ich seit Jahren fester Teil. Zudem tausche ich mich regelmäßig in Netzwerken aus, die ich teilweise mit initiiert habe. In Neuss ist das Schützenfest besonders wichtig. Die Bedeutung kann man aber einem Nicht-Neusser schwerlich vermitteln. Das muss man persönlich erleben. ☺

Gibt es über das Corporate Blog »Stadtwerke Magazin« hinaus außer Ihnen noch andere Mitarbeitende, die sich beispielsweise in sozialen Netzwerken als Unternehmensangehörige zeigen – auch solche, die nicht im Bereich der Unternehmenskommunikation tätig sind?

JS: Diese Mitarbeiter gibt es. Vielfach sind das Kollegen aus dem Bereich Nahverkehr. Busfahrer oder Leitstellenmitarbeiter. Diese posten und kommentieren über ihre privaten Profile und zumeist auf Facebook. Gelegentlich auch über Twitter. Das ist auch in Ordnung, solange sie nicht vorgeben, hier die Unternehmensmeinung wiederzugeben. Das aber hat es in den vergangenen Jahren fast nie gegeben.

Gibt es in Ihrem Unternehmen ein Markenbotschafterprogramm oder anderweitige Unterstützung für sichtbare Unternehmensangehörige?

JS: Ein solches Programm gibt es nicht.

Haben Sie im Unternehmen Social-Media-Guidelines? Wie sehen diese aus, und wie werden sie kommuniziert?

JS: Wir haben Guidelines. Diese wurden zum Start unserer Social-Media-Aktivitäten vor acht Jahren in Booklet-Form erstellt und an alle Mitarbeiterinnen und Mitarbeiter verteilt.

3.1.8 Die Leuchtturm-Strategie

Der CEO als oberster Markenbotschafter: Bill Marriot oder Richard Branson machten es vor, Elon Musk ist ein weiteres sehr bekanntes Beispiel. In Deutschland stellen CEOs, die sich in digitalen Medien engagieren, immer noch eher die Ausnahme dar. Zu groß ist wohl häufig die Angst, sich angreifbar zu machen. Sie scheint oft stärker zu sein als die angenommenen Vorteile. Einige Beispiele gibt es aber mittlerweile für oberste Markenbotschafter in Blogs und Social Media. Ob als CEO-Blogger, als Social CEO oder auf Veranstaltungen: Unternehmenschefs haben ohnehin schon eine hohe Sichtbarkeit. An ihren Äußerungen werden ganz andere Maßstäbe angelegt, als es bei »kleinen« Mitarbeitern der Fall ist. Deswegen brauchen sie intensive Begleitung und Unterstützung. Ausgearbeitete Kanalstrategien sind immer ein wesentlicher Bestandteil. Es muss übrigens nicht der Vorstand oder Geschäftsführer sein, der mit gutem

Beispiel vorangeht. Auch ein ganzes Führungsteam oder herausragende Protagonisten der Firma können sich auf diese Weise positionieren.

Anita Freitag-Meyer, Inhaberin und Geschäftsführerin der Verdener Keks- und Waffelfabrik Hans Freitag GmbH & Co. KG., sieht sich bereits seit vielen Jahren als oberste Markenbotschafterin ihres Unternehmens und macht sich persönlich beispielsweise auf Facebook und Instagram sehr sichtbar:

> Als Inhaberin in der dritten Generation unseres Unternehmens, die auch noch den Namen unserer Marke trägt, sehe ich mich als Identifikationsfigur und Ansprechpartnerin nicht nur nach innen, sondern auch nach außen gegenüber Handelskunden und Endverbrauchern. Ich stehe für Transparenz und Offenheit und halte dies in Zeiten von Vorbehalten gegenüber der Lebensmittelindustrie für äußerst wichtig. Und wer kann dies glaubwürdiger repräsentieren als die Inhaberin?
>
> Ich schätze die Vernetzung durch die sozialen Medien sehr und mixe in meinem persönlichen Profil sowohl berufliche News aus meinem Unternehmen, als auch meine privaten Interessen. Mit mehr als 900 persönlichen Kontakten und über 21.000 Fans auf unserer Facebook-Page sind hier im Laufe der Zeit sehr spannende und inspirierende Kontakte entstanden, die mich weiterbringen und mir immer wieder Anregungen liefern.
>
> Ich selbst verpasse keine Chance, über meine »Zuckerbude« zu sprechen und zu posten, wann immer ich hierzu befragt werde oder sich die Gelegenheit ergibt. Dies tue ich dann öffentlich, und wer weiß, wer sich das dann außer meinen Freunden auf Facebook noch alles ansieht und wofür es nützlich ist.
>
> Ich freue mich über jegliches Interesse und Feedback zu unseren Produkten, auch wenn dies einmal nicht hundert Prozent positiv ausfallen sollte. Ich lerne daraus und gebe die Informationen immer hausintern weiter.[63]

Dass eine solche exponierte Stellung den Betreffenden auch stärkerer kritischer Betrachtung aussetzt, musste der »Twitter-König« (Spiegel) und Siemens-Chef Joe Kaeser erfahren. Inwieweit er seinen persönlichen Auftritt allein gestaltet, ist zum Gegenstand einer Auseinandersetzung mit dem Konkurrenten ABB geworden, wie der Spiegel berichtet:

63 Zitat aus einem Interview aus dem Jahr 2016. Teile davon sind erstmals in »Lotsen in der Informationsflut« (Hoffmann 2017) erschienen.

> 30.000 Follower sind zwar keine Weltöffentlichkeit, aber Kaeser hat geschafft, was anderen Dax-Chefs bisher nicht gelungen ist: bei Twitter eine eigene Identität aufzubauen, jenseits des Konzerns. Hier spricht nicht nur der Siemens-Chef, hier will einer Mensch und Vordenker sein, ein eigener Kopf, ganz frei und ungelenkt. Nur: Hinter dem Twitter-Auftritt des Siemens-Chefs steckt womöglich mehr Konzernregie als gedacht – inklusive einer peinlichen Industrieposse. Denn Kaesers Social-Media-Initiative und andere Teile der siemensschen PR-Strategie sind auffällig nah an Ideen des schwedisch-schweizerischen Konkurrenten ABB.[64]

Eine Leuchtturm-Strategie schließt andere Formen der Markenbotschafterstrategien und -programme nicht aus. Im Gegenteil: Sichtbare Vorstände und CEOs übernehmen eine wichtige Vorbildfunktion für alle weiteren Markenbotschafter, wie wir zuvor bereits im Interview mit DATEV-Vorständin Julia Bangerth gesehen haben. Eine Leuchtturm-Strategie kann sich auf bestimmte Kanäle fokussieren, wie in Kapitel 3.1.6 zur Kanalstrategie am Beispiel von Tina Müller beschrieben wurde. Schwierig kann es umgekehrt werden, wenn die Unternehmensleitung sich zurück- oder ganz aus digitalen Medien heraushält, aber von Mitarbeitenden Sichtbarkeit erwartet wird. Daher profitiert jede Markenbotschafterstrategie von solchen Leuchttürmen, von gut sichtbaren aktiven Vorbildern.

Wie wir auch schon am Beispiel von Anita Freitag-Meyer gesehen haben, profitiert gerade im Mittelstand oft die gesamte Marke von einem sichtbaren Unternehmenschef. Hier verbinden sich Unternehmensmarketing und Personenmarkenstrategie oft besonders eng. Dies ist auch bei »Bäcker Süpke« der Fall, einem regelrechten Social-Media-Pionier. Sein Interview finden Sie im Anschluss an Kapitel 3.2.1 »Markenbotschafter in kleinen Betrieben und im Einzelhandel«.

Mit **Dr. Jörg Ehmer** habe ich den seit vielen Jahren deutlich sichtbaren Social CEO eines Konzerns interviewt.

3.1.9 »Wer nicht kommuniziert, sagt damit auch etwas über die Marke aus« – Interview mit Dr. Jörg Ehmer (Apollo Optik)

Dr. Jörg Ehmer ist CEO von Apollo Optik und als Vice President des Optical Retailers GrandVision verantwortlich für das Geschäft in Deutschland und Österreich.

64 Vgl. Deckstein, Dinah: »Kopiert Twitter-König Kaeser Ideen vom Konkurrenten?«, in Spiegel+, 29. November 2019.

Sie sind in sozialen Netzwerken sehr sichtbar und erreichbar. Als CEO nehmen Sie damit zugleich die Rolle als oberster Markenbotschafter des Unternehmens ein. Wie verstehen Sie Ihre Rolle als Corporate Influencer?

Dr. Jörg Ehmer (JE): Unverändert bin ich überzeugt davon, dass zu einer zeitgemäßen Unternehmensführung auch ein Verständnis für Social Media gehört. Und ein solches Verständnis kann man nicht haben, wenn man selber den sozialen Medien fernbleibt. Vermutlich geht es Ihnen wie mir: Die Social-Media-Kanäle haben sich in den vergangen Jahren massiv geändert – im Ton, im Inhalt und in der Funktion. Und damit meine ich nicht nur die unerträglichen Hass-Postings im politischen Umfeld.

Vor rund fünf Jahren habe ich Sie schon einmal interviewt. Schon damals waren Sie ein Vorreiter als Social CEO.[65] Damals sagten Sie: Wer heute ein Unternehmen führt, der muss verstehen, wie dramatisch die digitale Welt alles verändert. Und die Tür ist erst einen Spalt aufgestoßen.« Was konkret hat sich seither aus Ihrer Sicht verändert oder weiterentwickelt?

JE: Sehr viel – im Großen wie im Detail. Nehmen Sie das Beispiel LinkedIn: Vor drei Jahren war LinkedIn ein Business-Netzwerk, bei dem der Gedanke des Netzwerkes im Vordergrund stand und in dem nicht nur leichte Kost in kleinen Happen konsumiert wurde. Letzteres ist zwischenzeitlich immer mehr der Fall. Über immer weitere Strecken besteht der LinkedIn-Content aus kurzen Selbstbeweihräucherungs-Erfolgsmeldungen. Ich sehe das auch bei mir: Poste ich, dass wir als Unternehmen einen Preis gewonnen haben – und zum Glück habe ich häufiger Anlass dafür –, so erziele ich eine deutlich höhere Reichweite und erfahre deutlich mehr Feedback, als wenn ich einen inhaltlichen Beitrag mit etwas mehr Tiefgang poste.

Die zweite Veränderung bei LinkedIn ist, dass es immer mehr zur Kaltakquise-Plattform verkommt. Es vergeht kein Tag, an dem mich nicht irgendjemand undifferenziert kontaktiert, um unserem Unternehmen irgendetwas zu verkaufen. Angefangen von Handelsware über jede Form der Beratung, Dienstleistungen, Personalvermittlung, Interimsmanagement und, natürlich, ganz besonders extrem im digitalen Umfeld. Allzu oft ist es der 21-jährige CEO and Founder der Ein-Mann-Digitalagentur, der mir sinngemäß schreibt: »Hallo Jörg, ich habe mir mal Eure Webseite angesehen, das kann man besser machen, buch Dir doch einen Termin in meinem Online-Kalender und dann können wir darüber reden.« Viel zu wenige machen sich die Mühe, darüber nachzudenken, wen sie wie auf was ansprechen und welchen konkreten Mehrwert sie bieten können. Das mag sehr negativ klingen, aber es ist wirklich so. Salopp gesagt: »Das nervt« und entgegen

65 Jörg Ehmer: »Die Tür ist erst einen Spalt aufgestoßen!«, in: PR-Doktor, 27. Januar 2015, https://www.kerstin-hoffmann.de/pr-doktor/joerg-ehmer-ceo-blogger/

meiner langjährigen Praxis antworte ich auf so etwas immer seltener, es nimmt einfach Überhand. Dies ist eine negative Kehrseite der Präsenz in sozialen Medien. Natürlich kann man das teilweise durch eine restriktivere Kontaktannahme begrenzen, aber das wiederum nimmt auch Chancen – es ist eine Gratwanderung. Auch bei XING ist eine ähnliche Entwicklung festzustellen, wenngleich für mich persönlich der Mehrwert von XING generell eher begrenzt ist. Und eine letzte konkrete Veränderung: Die Anzahl der Nutzer ist gestiegen, viel mehr Top-Führungskräfte sind mittlerweile präsent. Das ist grundsätzlich gut. Leider ist der Auftritt nach meinem Empfinden zu oft allein durch die PR-Abteilung gesteuert, und zwar so, dass die dahinterstehende Persönlichkeit nicht durchscheint. Darunter leidet die Authentizität und Wirkung.

Aber es gibt auch viele positive Veränderungen: Heute kann man eine viel höhere Reichweite erzielen als noch vor wenigen Jahren. Und wenn man offen dafür ist, ist die gestiegene Dialogbereitschaft, die sich oft in persönlichen Nachrichten widerspiegelt, sehr hilfreich. Dass ich also trotz negativer Entwicklungen präsent und aktiv bleibe, liegt vor allem daran, dass diese Plattformen eine ausgezeichnete Möglichkeit zur Kommunikation sind.

Was bedeutet das genau? Wie nutzen Sie dann heute soziale Netzwerke – und wie schaffen Sie es, sich davon nicht zu sehr nerven zu lassen?

JE: Zunächst sind die sozialen Netzwerke eine gute Plattform, um »Häppchennachrichten« zu verbreiten, und ich staune immer wieder darüber, wie viele *Views* manche Nachrichten erhalten. Wenn das von mir geführte Unternehmen einen Preis gewinnt oder eine in meinen Augen gute Innovation für mehr Nachhaltigkeit umsetzt, wenn wir immer mehr Führungspositionen mit Frauen besetzen, dann sind das Nachrichten, die auf erfreulich großes Interesse stoßen und viele positive Reaktionen auslösen. Das begeistert mich und gilt in mehrere Richtungen: Im Unternehmen, aber auch bei Geschäftspartnern, Kunden, Lieferanten et cetera. Und genau da sind wir dann wieder bei »Ihrem Thema« Markenbotschafter …

Inwiefern?

JE: Diese Nachrichten wirken anders, wenn man sie als Unternehmens-Chef – oder generell als Mitarbeiter – verbreitet, als wenn die Presseabteilung dies in einer Pressemitteilung macht. Man kann beispielsweise als Person eher relativieren oder einen lockeren Halbsatz ergänzen, der mehr Nähe und Glaubwürdigkeit bringt, oder eine Einordnung in das persönliche Wertesystem (und die Unternehmenswerte) hinzufügen. Außerdem kann man es mit dem Dank an das eigene Team verbinden, was wiederum eine verdiente Anerkennung ist und zudem im Sinne des Employer Brandings hilfreich ist. Denn im Wettkampf um gute Mitarbeiter ist ein positives Außenbild mit einem erkennbaren Menschen dahinter wichtig.

All dies funktioniert aber nur, wenn die Botschaft ehrlich ist und wenn der Markenbotschafter sie auch glaubwürdig vertreten kann.

Als CEO und als VP eines weltweit operierenden Unternehmens: Bleibt denn da überhaupt noch Gelegenheit zum sehr persönlichen Netzwerken – nach innen wie auch nach außen?

JE: Eine Besonderheit in einer Flächenorganisation mit einigen Tausend Mitarbeitern ist, dass Facebook unverändert auch eine ausgezeichnete Plattform ist, um in einer ganz eigenen Art mit einem Teil der Mitarbeiter zu kommunizieren. Ich freue mich, dass ich in eine geschlossene Gruppe von Mitarbeitern eingeladen wurde. Und nur am Rande: Als ersten Post hatte ich sinngemäß geschrieben »Danke für die Einladung und das Hinzufügen zur Gruppe. Ich verlasse jetzt die Gruppe, damit Sie alle ungestört die Möglichkeit haben, darüber zu diskutieren, ob Sie mich wirklich dabei haben wollen – dem sollten alle zustimmen. Falls dies so ist, freue ich mich über eine neue Einladung, wenn nicht, bin ich gewiss auch nicht böse, sondern habe Verständnis.«

Ich wurde also erneut eingeladen und kann hier gelegentlich zu diskutierten Punkten Stellung beziehen, ich bin visibel und ansprechbar. Es ist nicht nur eine hierarchieübergreifende Informationsmöglichkeit, sondern auch eine Gelegenheit, Botschaften zu wiederholen oder zu verstärken, Missverständnisse aufzuklären oder Hintergründe zu erklären.

Viele CEOs sind in Business-Netzwerken vertreten, etliche twittern. Sie nutzen Facebook mit einem persönlichen Profil und diskutieren – wie Sie gerade beschrieben haben – selbst mit. Warum gerade Facebook? Und: Nutzen einige Menschen es nicht aus, dass sie Sie auf diese Weise direkt ansprechen können, unter Umgehung der offiziellen Kanäle?

JE: Mein persönlicher Facebook-Account wird hinsichtlich der Kommentarfunktion weitgehend als persönlich im Sinne von »auch privat« akzeptiert. Aber die Möglichkeit, via Facebook-Messenger in Kontakt zu treten, wird gelegentlich genutzt – bewusst als Alternative zur allseits bekannten Mailadresse. Aus meiner Sicht herrscht eine erfreuliche Feinfühligkeit der Mitarbeiter und zum Teil auch Kunden. Gleichzeitig sehe ich aber an den Likes und bekomme auch in Gesprächen die Rückmeldung, dass meine Facebook-Beiträge eine recht gute Verbreitung haben.

Glaubwürdigkeit und vor allem Authentizität sind wie beschrieben sehr wichtig – und das ist auch bei der Medienwahl der Fall. Ich bin einfach nicht die Snapchat-Generation und den Mega-Kanal der Generation meiner Kinder, »Insta«, nutze ich auch nur privat – wenngleich auch hier zahlreiche Mitarbeiter mit mir verbunden sind. Das sind einfach nicht »meine Kanäle«, hier müssen andere ran und das ist eine teilweise noch ungelöste Aufgabe. Auch bei Twitter bin ich eher konsumierender Nutzer – ich kann und möchte einfach nicht auf allen Kanälen senden. Die richtigen Kanäle hängen vom Sender, aber auch von der Zielgruppe ab – das muss jeder bewusst für sich selber entscheiden.

Haben Sie im Unternehmen Social-Media-Guidelines?

JE: Wir haben im Unternehmen Social-Media-Guidelines, aber die beschränken sich auf das absolut erforderliche Minimum. Wir ermutigen unsere Filialen, unter dem Markendach ihren Shop-eigenen Facebook-Auftritt zu gestalten, mit eigenen Postings – und viele Filialteams machen das wirklich sehr gut. Übrigens ist auch das für mich persönlich eine gute Möglichkeit zu sehen, welche Kreativität in der Organisation steckt, um Positives zu multiplizieren und unmittelbar an die Teams eine anerkennende Rückmeldung zu senden.

Halten Sie Präsenz und Aktivität in sozialen Netzwerken für CEOs für unerlässlich, oder könnte man auch darauf verzichten?

JE: Wer nicht selber in Social Media aktiv ist, verliert all diese Möglichkeiten. Als herausgehobene Führungskraft ist man immer Markenbotschafter, ob man es möchte oder nicht. Wer nicht kommuniziert, der sagt damit auch etwas über die Marke aus.

Ein Geschäftsführer hat ja noch anderes zu tun, als in sozialen Netzwerken zu posten. Lassen Sie sich unterstützen?

JE: In der Tat schreibe ich meine Postings selber. Im Bereich Listening habe ich Unterstützung, und selbstverständlich haben wir für die Firmen-Social-Media-Aktivitäten Mitarbeiter und Agenturunterstützung.

Verfolgen Sie eine bestimmte Personenmarkenstrategie?

JE: Wenn Sie nach einer zugrunde liegenden Kommunikationsstrategie fragen, dann bin ich unsicher, wie ich antworten soll. Nein, dem liegt kein explizites Strategiepapier zugrunde. Man könnte aber sicher eines schreiben, das Sinn ergibt und alles als stringent geplant aussehen ließe. ☺ Im Ergebnis ist es eher so, dass ich versuche, die zur Verfügung stehenden Kommunikationskanäle so zu nutzen, dass ich authentisch meine Botschaften verbreiten kann, visibel und auch ansprechbar bin. Das ist ein durchaus bewusster Prozess, angefangen bei einer bewussten Plattformauswahl, Contentsteuerung und kontinuierlichen Wirkungskontrolle bis hin zum Monitoring und zur ständigen kritischen Selbstreflexion.

Ein Corporate Influencer ist nicht allein auf Social Media beschränkt. Physische Begegnungen mit anderen Menschen sind mindestens genauso relevant: Welche Medien, Plattformen, Aktivitäten sind für Sie besonders wichtig, um sich mit anderen zu vernetzen?

JE: Natürlich haben Sie recht: Social Media ist nur ein Teil der Interaktionsmöglichkeiten. Wir haben in den vergangen zwei Jahren erheblich die persönliche Präsenz der Geschäftsleitung in der Fläche erhöht – und das schließt mich persönlich aus Überzeugung ein. Dabei ist es meine Erfahrung, dass es für alle Beteiligten oft das Beste ist, auf eine starre inhaltliche Agenda und auf Präsentationen zu verzichten. Denn oft verleiten solche Formate dazu, zu einer »Sende-Veranstaltung« zu verkommen – gewollt ist von den Mitarbeitern aber der Dialog auf Augenhöhe. Vermutlich ist dies auch eine Auswirkung von Social Media.

Wie sieht dieser Dialog konkret aus?

JE: Jedes (!) Geschäftsleitungsmitglied führt pro Jahr mehrere »Kaminabende« durch, in denen nach einer wirklich kurzen Einleitung den anwesenden zehn bis 15 Mitarbeitern der aktive Part zukommt: Was wollen Sie wissen, was sollen wir verbessern, was gefällt Ihnen nicht, was ärgert Sie und was freut Sie? Dies ist ein ausgezeichnetes Format, zu dem wir gerne kreuz und quer durch Deutschland reisen …

Mindestens einmal jährlich machen wir eine Roadshow, an der aus jeder Filiale mindestens ein Mitarbeiter teilnimmt. So treffen wir fast eintausend Menschen, und bei allen Terminen ist die Mehrzahl aller Mitglieder der Geschäftsleitung präsent. Sie stellen sich im Rotationsverfahren in Stundenworkshops den Fragen und Anforderungen der Mitarbeiter – ebenfalls nur mit einem kurzen »Sende-Teil«.

Wie ist die Resonanz darauf – intern und vielleicht auch extern?

JE: Das Echo der Mitarbeiter auf solche Formate ist überaus positiv, es wird auch als sehr wertschätzend empfunden. Zudem nehmen mein Team und ich immer viele Punkte auf, die wir in der gesamten Organisation im Nachgang verbessern. Natürlich lebt es auch von einer nachfolgenden Feedbackschleife über alle verfügbaren Kanäle, einschließlich einer Mitarbeiterzeitschrift. In dieser gebe ich auch regelmäßig ein wertebezogenes Statement ab, aber das ist ja nicht wirklich etwas Besonderes. Eine dieser Roadshows gab mir übrigens die traurige Gelegenheit, intern eine Aussage zum Thema Rassismus zu machen.[66] Die Kombination aus Aussage in einer Präsenzveranstaltung, Erklärung auf dem persönlichen Blog und Begleitung via Facebook – auch

66 https://www.ehmers-blog.de/2018/verantwortung-uebernehmen/

in der geschlossenen Gruppe – hat mir eine durchgehende Möglichkeit der Einflussnahme gegeben, die zum Glück sehr, sehr positiv aufgenommen wurde. Das hat nicht nur das Unternehmensverhalten geprägt, es wurde letztlich auch extern wahrgenommen. Schön, dass es diese Möglichkeiten zur vernetzten Kommunikation gibt.

3.1.10 Die Rockstar-Strategie

In der Rockstar-Strategie vereinen sich in gewisser Weise das Influencer-Marketing und die Corporate-Influencer-Strategie. Eine Rockstar-Strategie setzt auch auf einen gut sichtbaren Leuchtturm. Aber hier handelt es sich eigentlich um ein Testimonial, einen Influencer, ein Werbegesicht, das als fest angestellter Mitarbeiter in ein Unternehmen eintritt, um sich als Markenbotschafter zu engagieren. Der Aufgabenbereich kann dabei stark variieren, zwischen reinen Botschafter-Aufgaben bin hin zu Mitarbeit in einem Fachbereich. Ein »Rockstar« kann andererseits aber auch seine Personenmarke während der Tätigkeit im Unternehmen aufgebaut haben. Einige der Interviewpartner in diesem Buch, etwa Magdalena Rogl, könnte man ebenfalls so bezeichnen.

Mit einer Rockstar-Strategie kann es gelingen, neue Zielgruppen zu erschließen, ein Image aufzupolieren oder einer Marke überhaupt erst Sichtbarkeit zu verleihen. Dass und wie dies funktioniert, zeigte Microsoft bereits zu Beginn des 21. Jahrhunderts, als es den bekannten Blogger Robert Scoble engagierte:

> He has also succeeded where small armies of more conventional public-relations types have been failing abjectly for years: he has made Microsoft, with its history of monopolistic bullying, appear marginally but noticeably less evil to the outside world, and especially to the independent software developers that are his core audience.[67]

Nicht viel anders hat es vor wenigen Jahren Daimler gemacht, als es den in Deutschland ebenfalls sehr (branchen-)bekannten Blogger Sascha Pallenberg in der Unternehmenskommunikation einstellte und ihm den Titel *Head of Digital Transformation* verlieh.

Es lässt sich schon jetzt absehen, dass in bestimmten Bereichen neue Mitarbeitende besonders attraktiv für das Unternehmen sind, wenn sie bereits Sichtbarkeit und damit Einfluss als starke Personenmarke (nicht nur) in sozialen Netzwerken mitbringen, die sie aber in einem Unternehmen aufgebaut haben. Ein gutes Beispiel für einen

67 »Chief Humanising Officer«, in: The Economist, 10. Februar 2005, https://www.economist.com/business/2005/02/10/chief-humanising-officer

Markenbotschafter-Rockstar, der seine Position in dem Unternehmen aufgebaut hat, für das er nun auch sichtbar ist, ist **Magdalena Rogl** – und das, obgleich sie sich selbst nicht als »Influencerin« bezeichnen möchte.

3.1.11 »Es ist wichtig, zwischen persönlich und privat zu unterscheiden« – Interview mit Magdalena Rogl (Microsoft)

Magdalena Rogl ist Head of Digital Channels, Microsoft Deutschland GmbH.

Sie sind zum Thema Corporate Influencer in Deutschland sehr sichtbar, zum Beispiel auf Konferenzen. Wie hat sich das bei Ihnen entwickelt, wie ist es dazu gekommen?

Magdalena Rogl (MR): Für mich war es kein Ziel, »Corporate Influencerin« zu werden. Mein Job in der Unternehmenskommunikation verlangt ein fundiertes Verständnis von Social Media und aktuellen Kommunikationsmöglichkeiten. Personalisierung und Persönlichkeit sind hier in den letzten Jahren stark in den Vordergrund gerückt und ich selbst schreibe und erzähle gerne über das, was mich (beruflich) beschäftigt – so kam quasi eins zum anderen. Ich finde es spannend zu sehen, wie viele Unternehmen das Thema für sich entdecken und ihre Mitarbeiterinnen und Mitarbeiter dabei unterstützen zu kommunizieren. Besonders wichtig finde ich, dass das nicht zu programmatisch wird, sondern natürlich und authentisch bleibt.

Wie verstehen Sie Ihre Rolle als Corporate Influencer?

MR: Zu allererst würde ich mich selbst nie als Corporate Influencerin bezeichnen. ☺ Grundsätzlich finde ich es immer wichtig, sich selbst ausführlich Gedanken zu machen – »Wofür stehe ich? Wofür möchte ich stehen? Was sind meine Werte?« – und das dann auch nachhaltig, glaubwürdig und authentisch zu verfolgen. Wenn Menschen zu jedem Thema oder jedem Unternehmensprojekt kommunizieren, werden sie schnell als Werbeplattform wahrgenommen. Es ist also wichtig, sich hier auf die persönlichen Themen, Projekte und Werte zu fokussieren. Und ganz klar: Zuhören ist der wichtigste Teil der Kommunikation. Es gilt also nicht nur, selbst zu sprechen oder zu posten, sondern auch, anderen zuzuhören, zu antworten und ihnen eine Bühne zu geben.

Was motiviert Sie persönlich dazu, sich für Ihren Arbeitgeber sichtbar zu machen?

MR: Die Themen, für die sich Microsoft stark einsetzt, decken sich sehr mit meinen eigenen Werten: Diversität, Chancengleichheit, Inklusion. Darüber hinaus gibt es viele innovative Projekte, die mich begeistern, zum Beispiel digitale Bildung, Nachhaltigkeit und vieles mehr. Das Spannendste sind aber die vielen unterschiedlichen Menschen, mit denen ich arbeiten darf. Über diese Werte, Projekte und Menschen sprechen zu dürfen und somit vielleicht andere begeistern zu können, motiviert mich wahnsinnig.

Was bringt Ihr Engagement aus Ihrer Sicht dem Unternehmen?

MR: Inhalte von Menschen bekommen deutlich mehr Sichtbarkeit und Engagement als Content von Unternehmensaccounts. Ich glaube außerdem, dass ein Unternehmen immer an Sympathie gewinnt, wenn man sieht, wie sich Mitarbeiterinnen und Mitarbeiter für Themen und Projekte begeistern.

Wie gut fühlen Sie sich von Ihrem Arbeitgeber als Corporate Influencer unterstützt und wertgeschätzt?

MR: Für mich ist es wichtig, die Freiheit und den Raum zu haben, so zu sein, wie ich bin. Dafür braucht es von beiden Seiten Vertrauen. Das ist die Basis, auf der ich wachsen kann, und für mich eine große Wertschätzung. Am meisten freut es mich, wenn Kolleginnen und Kollegen auf mich zukommen und ich sie bei ihren Projekten und Veranstaltungen unterstützen kann.

Wie reagiert Ihr persönliches Umfeld darauf?

MR: Ich glaube, es ist wichtig, zwischen persönlich und privat zu unterscheiden. Natürlich zeige ich als Mitarbeiterin eines Unternehmens auch Persönlichkeit – das heißt aber nicht, dass ich immer über meinen Job spreche. Und umgekehrt heißt es auch nicht, dass ich alles Private auch auf Social Media teile.

Verfolgen Sie eine bestimmte Personenmarkenstrategie?

MR: Jein. Ich mache mir regelmäßig Gedanken darüber, was meine Werte sind, wie ich aktuell wahrgenommen werde und ob sich das für mich noch richtig anfühlt. Ich habe aber keine Markenstrategie, weil ich mich als Mensch sehe und für mich Emotionen mein wichtigster Antrieb sind – die folgen aber keiner Strategie.

Kann man heutzutage überhaupt in einem Tech-Unternehmen in leitender oder sichtbarer Position arbeiten, ohne sich als Markenbotschafter zu verstehen?

MR: Ich glaube, es gibt viele Menschen in solchen Positionen, die diese Chance noch nicht erkannt haben – aber das zeigt für mich, wie viel Potenzial noch darin steckt.

Wer nach Ihnen im Internet sucht, wird schnell in sozialen Netzwerken fündig, zum Beispiel auf Instagram, Twitter oder Facebook. Welche Social Media nutzen Sie, und welche davon sind Ihre bevorzugten?

MR: Im Moment nutze ich beruflich Twitter und LinkedIn am stärksten, bin aber auch auf Facebook und Instagram aktiv. Generell schaue ich mir regelmäßig die unterschiedlichen Plattformen und ihre Entwicklungen an, um für mich entscheiden zu können, welches Thema für welche Menschen, in welchem Format, auf welchem Kanal am besten funktioniert.

Was bringen Ihnen Ihre Aktivitäten in sozialen Netzwerken?

MR: Mit Instagram Stories kann ich zum Beispiel einen direkten und echten Einblick in meinen Alltag geben und so potenzielle Bewerberinnen und Bewerber begeistern. Twitter bietet tolle Möglichkeiten, um zu beobachten, wer mit wem gerade über was diskutiert. So kann man sich zum Beispiel direkt einbringen oder Events mitverfolgen. Längere Texte kann man auf LinkedIn veröffentlichen und so Themen bekannt machen. Mich freut es immer wieder sehr, wenn ich es so schaffe, Menschen für Themen zu interessieren, von denen sie vielleicht davor noch nichts wussten.

Woran messen Sie den Erfolg Ihrer Aktivitäten?

MR: Es gibt natürlich viele Möglichkeiten, die Reichweite oder das Engagement zu messen – für mich sind Zahlen aber nicht immer aussagekräftig. Am wichtigsten sind aus meiner Sicht die Beziehungen, die man so aufbauen kann. Oft entwickelt sich aus einem einzelnen Tweet erst Monate später etwas: eine Einladung zu einer Konferenz, eine Interviewanfrage … Ich messe meine Aktivitäten selten, sondern vertraue meistens auf mein Bauchgefühl.

Nutzen Sie bestimmte Tools?

MR: Für meine persönlichen Kanäle nutze ich kaum zusätzliche Tools. LinkedIn Elevate finde ich sehr spannend, um Inhalte zu teilen und für Kolleginnen und Kollegen sichtbar zu machen.

Haben Sie einen Redaktionsplan oder andere Werkzeuge und Strukturen?

MR: Nein. Manchmal wache ich morgens auf und habe eine Idee im Kopf oder es entwickelt sich ein aktuelles Thema. Da möchte ich mich an keinen Plan halten.

Ein Corporate Influencer ist ja nicht allein auf Social Media beschränkt. Physische Begegnungen mit anderen Menschen sind mindestens genauso relevant: Welche Medien, Plattformen, Aktivitäten sind für Sie besonders wichtig, um sich mit anderen zu vernetzen?

MR: Ich glaube nicht, dass sich das allgemein beantworten lässt, weil das aus meiner Sicht von Branche zu Branche ganz unterschiedlich ist. Ich selbst fand im letzten Jahr die *SXSW Conference* unglaublich inspirierend – thematisch, aber vor allem auch wegen der Menschen aus unterschiedlichsten Ländern. In Deutschland ist für die Digitalbranche die *re:publica* besonders spannend. Oft hat man auf sehr kleinen Events allerdings bessere Möglichkeiten für persönliche Gespräche.

Haben Sie im Unternehmen Social-Media-Guidelines?

MR: Unsere Social-Media-Guidelines werden gerade komplett überarbeitet. Aus meiner Sicht schrecken zu starre oder zu viele Regeln ab und sorgen dafür, dass Mitarbeiterinnen und Mitarbeiter lieber nichts posten, aus Angst etwas falsch zu machen. Vertrauen sollte hier immer die Basis sein.

Hat Ihre große Sichtbarkeit als Corporate Influencer aus Ihrer Sicht auch Nachteile?

MR: Manchmal werde ich mit dem Support verwechselt. ☺ Es gibt Menschen, die sich mit jeglichem Microsoft-Problem direkt an mich wenden – meistens habe ich dafür Verständnis und versuche zu helfen, aber manchmal kann das auch ein bisschen anstrengend werden.

3.1.12 »Großkonzerne brauchen Reibung« – Interview mit Sascha Pallenberg (Daimler)

Sascha Pallenberg ist Head of Digital Transformation in der Unternehmenskommunikation der Daimler AG.

Von der Marke Sascha Pallenberg zum Markenbotschafter bei Daimler: Dass eine (branchen-)bekannte Persönlichkeit in ein Unternehmen eintritt, haben prominente Influencer wie beispielsweise Robert Scoble und Microsoft in den USA vorgemacht. Warum hat Daimler Sie Ende 2016 engagiert, und was unterscheidet Sie von einem Corporate Influencer aus dem Unternehmen?

Sascha Pallenberg (SP): Ich würde mich niemals als Corporate Influencer beschreiben. Generell bin ich der Influencer-Szene, zumindest der sichtbaren, extrem kritisch gegenüber eingestellt. »Markenbotschafter«, wenn wir eine Holding beziehungsweise

Dachorganisation wie Daimler denn als Marke definieren wollen, trifft es da eher. Influencer bewerben für Geld Produkte, fernab davon, welche Marke diese denn herstellt.

Ich arbeite aber ausschließlich für Daimler, und auch wenn ich viele Produkte der Mitbewerber liebe und schätze, was ich auch immer wieder online kommuniziere, so hängt mein Herz nun einmal beim Daimler.

Was mich unterscheidet, ist vielleicht die Perspektive von außen. Ich kenne das Medien- und PR-Business über zwei Jahrzehnte und damit auch die Fallstricke, aber ebenso die Potenziale. Von daher glaube ich einfach zu wissen, wo, wann und wie ich mich online äußern kann. Ergo bin ich faktisch ein Unternehmensbotschafter, der sich auch an gesellschaftlichen Debatten beteiligt und sich positioniert.

Braucht eine große Marke wie Daimler überhaupt einen »Rockstar« für die eigene Außenwirkung? Was bringt Ihr Engagement aus Ihrer Sicht dem Unternehmen?

SP: Daimler ist für mich eine Rockstar-Company. Carl Benz und Gottlieb Daimler waren die Bill Gates und Steve Jobs des 19. Jahrhunderts – und wenn ich ansatzweise die Chance habe, so ein klein wenig von dieser Historie kommunizieren zu dürfen … – Für mich war die Entscheidung da sehr schnell klar. Marken, Firmen brauchen keine »Rockstars« in der Kommunikation, sondern leidenschaftliche Überzeugungstäter. Ich denke, dass ich sowohl die Überzeugung als auch die Leidenschaft mitbringe.

Und genau an diesem Punkt verändert man Schritt für Schritt in seiner persönlichen Kommunikationsblase die Sicht auf das Unternehmen. Es hilft nicht nur Konzernen, wenn sie nahbarer werden. Anonyme Firmenaccounts haben jedoch kein Gesicht und können Diskussionen, besonders in Krisenzeiten, schwerlich versachlichen. Wenn ordentlich Druck auf dem kommunikativen Kessel ist, dann benötigt man Gesichter, die diesen kontrolliert abbauen. Ich denke schon, dass Unternehmensbotschafter hier einen wichtigen Beitrag leisten können.

Was hat Sie persönlich zu dem Wechsel in die Unternehmenskommunikation einer großen Marke motiviert?

SP: Ich habe relativ wenige potenzielle Ziele gehabt, die es noch zu erreichen gab. Mehr Reichweite, mehr Umsatz, mehr Gewinn: Für mich waren das nie Messgrößen, die für mich wichtig waren. Deshalb habe ich nicht angefangen zu schreiben und deshalb kam ich nicht irgendwann auf die Idee, in die Öffentlichkeit zu gehen. Ich war fasziniert von neuen Technologien, der globalen Vernetzung und der Chance, ein Geek sein zu dürfen – anstatt einfach ein Außenseiter, der nur vor dem Rechner sitzt und nie das Tageslicht sieht.

Aber diese gesamte Klaviatur war nach fast 20 Jahren einfach durchgespielt, und es gab für mich in dieser Branche und zu diesem Thema nichts mehr zu erreichen. Daimler hat mir eine neue Aufgabe vorgeschlagen, ich habe lange darüber nachgedacht und final ja gesagt. Ja, das hatte für mich in der Tat etwas von einer Hochzeit. Daimler ist eine Liebe seit frühester Kindheit, und ich denke auch, dies hat mich entsprechend motiviert.

Was hat sich dadurch für Sie persönlich verändert? Wie hat sich der Wechsel auf die Personenmarke Sascha Pallenberg ausgewirkt?

SP: Die zweite Frage kann ich schwerlich beantworten. Ich rede eher weniger über mich in der dritten Person und versuche nicht, mich da öffentlich zu analysieren. Für mich persönlich haben sich meine Perspektive und Arbeitsweise durchaus verändert. Ich musste neue Strukturen kennenlernen, war zum ersten Mal nach zehn Jahren wieder vier Monate am Stück in Deutschland und musste kennenlernen, dass zwischen Idee und Ausführung auch durchaus mal mehr als zwei Sekunden liegen können.

Kommunikativ gab es auf Social Media eher einen Candystorm, und das hat mich ehrlich gesagt sehr bewegt. Als auf Twitter #CUGeeks trendete und sich langjährige Leserinnen und Leser bedankten und mir die besten Wünsche für die Zukunft mit auf den Weg gaben ... Das macht was mit dir, und für diese Momente bin ich auch wahnsinnig dankbar.

War es – oder ist es noch – ungewohnt oder schwierig, sich in eine Konzernkommunikation einzufügen, nachdem Sie zuvor so lange allein Ihre eigene Linie verfolgt haben und nur sich selbst Rechenschaft schuldig waren?

SP: Ja, jeden Tag! Und ich hoffe für mich und den Konzern, dass sich dies auch nie ändern wird. Sollte die Daimler AG mich komplett assimiliert haben, dann kann ich ihr nicht mehr helfen. Wir könnten uns nicht mehr aneinander reiben, uns kritisch gegenseitig beäugen und letztendlich dann auch nicht mehr ehrlich und reflektierend miteinander umgehen. Ich bin mir ziemlich sicher, dass Kolleginnen und Kollegen jeden Tag Kommunikationsschnipsel von mir mitbekommen, bei denen sie sich fragen: »Was zur Hölle will er uns damit sagen?« Wahrscheinlich denke ich dann im ersten Moment ähnlich, wenn sie mich dann drauf ansprechen und nachhaken. Großkonzerne brauchen Reibung, denn diese erzeugt Energie. Energie treibt und bringt uns voran.

Wie verstehen Sie Ihre Rolle als Markenbotschafter?

SP: Zuerst einmal kommuniziere ich. Täglich und sehr umfangreich. Ich glaube, im Jahr veröffentliche ich so um die 10.000 Tweets und mindestens so viele Kommentare auf YouTube, LinkedIn, in Foren und den diversen Kommentarspalten der Medien. All dies findet immer unter meinem Klarnamen statt, und sollte es die Situation erfordern und es thematisch passen, dann füge ich natürlich auch an, dass ich für Daimler arbeite. Ich beziehe also kontinuierlich Position, und diese entspricht erstmal meiner ganz persönlichen. Aus diesem Grund habe ich auch zuvor bereits erklärt, dass eine gewisse Überzeugung und Leidenschaft dazu gehören.

Aber, und das halte ich wirklich für extrem wichtig, meine persönliche Position muss nicht immer mit der des Konzerns übereinstimmen. Den Kollegen aus München, Ingolstadt oder Wolfsburg zu einem neuen Fahrzeug zu gratulieren, das ist keine Höflichkeitsfloskel, sondern die Wertschätzung und Anerkennung der Leistungen des Wettbewerbs. Und die stammt vom Herzen!

Das gilt übrigens auch für aktuelle Bewegungen und gesellschaftliche Veränderungen. Ich bin ein begeisterter Anhänger der »Fridays for Future«-Bewegung. Die Kids, die Eltern, die Wissenschaftler: Dieses ganze System inspiriert mich und das tagtäglich. Ich nehme es einer Greta Thunberg einfach ab, dass es ihr jeden Tag das Herz bricht, wenn sie sieht, wie wir mit diesem Planeten umgehen. Und aus diesem Grunde mache ich da aus meinem Herzen auch keine Mördergrube und kommuniziere meine Position engagiert.

Ich verkaufe keine Produkte, ich erzähle meine und die Konzerngeschichte und beide haben etwas Fundamentales gemeinsam: Wir verändern uns!

Daimler war ja eines der ersten Unternehmen in Deutschland, das bereits vor mehr als zehn Jahren auf sichtbare Mitarbeitende im Corporate Blog gesetzt hat. Auch im neuen Magazin sind ausgewählte Mitarbeiter-Autoren vertreten. Das Thema hat also bei Ihrem Arbeitgeber eine lange Tradition. Wie fügen Sie sich in diese Kommunikationsstrategie ein, beziehungsweise was tragen Sie dazu bei?

SP: Es hat tatsächlich 20 Jahre gedauert, bis ich endlich mal eine eigene Kolumne erhalten habe. ☺

Diese fülle ich nun wöchentlich im Daimler Magazin mit Leben und erstrecke mich dort thematisch wirklich über den kompletten Horizont. Auch hier lässt mich Daimler »einfach mal machen«, und dieses Vertrauen treibt mich in der Tat an. Mir werden keine Themen vorgegeben, sie hoffen einfach (und das sicherlich nicht vergeblich), dass ich an jedem Freitag sinnvolle Buchstabenkombinationen so arrangiere, dass sie auch gelesen werden. Genau dies ist mein Slot in der Kommunikationsstrategie des Daimler Mags, und mir macht es richtig viel Spaß!

Wie gut fühlen Sie sich von Ihrem Arbeitgeber als Corporate Influencer unterstützt, wahrgenommen und wertgeschätzt?

SP: Mir geht es nicht darum, dass jede Woche die Schulterklopfer kommen und sagen: »Klasse, Sascha. Haste gut gemacht.« Mir wäre das sehr, sehr unangenehm.

Was mir aber überhaupt nicht unangenehm ist und mich im Gegenteil sogar sehr berührt … wenn Kolleginnen und Kollegen mir Postkarten von ihren Standorten senden oder mir in E-Mails und Telefonaten mitteilen, dass sie die Art und Weise, wie ich schreibe, mögen beziehungsweise es ihnen gut tut, wie direkt ich Themen anspreche.

Das größte Lob ist immer das, welches deine Leserschaft dir entgegenbringen kann. Für die machst du es schließlich. Da kann ich mich, und ich möchte wahrlich nicht, dass dies arrogant klingt, beim Daimler nicht beschweren. Ich fühle mich als Teil einer Familie.

Wie reagiert Ihr persönliches Umfeld darauf?

SP: Es gab durch die Bank Unterstützung für meine Entscheidung. Ja, das war wichtig, aber nicht so wichtig, als würde mich das hier von meinem Weg abbringen können.

Verfolgen Sie eine bestimmte Personenmarkenstrategie?

SP: Ja. Ehrlich sein. Auch zu dir selbst. Wenn du Fehler machst, dann stehe dazu, analysiere sie und gelobe Besserung. Das kann verdammt schwer fallen … sehr sogar. Ich bin da häufig mit mir selbst in den Ring gestiegen und habe überlegt, wie ich mich positioniere. Sascha Pallenberg auf Social Media und in den Artikeln: Das ist keine Kunstfigur. Das bin ich, und das wird sich auch nicht ändern.

Wer nach Ihnen im Internet sucht, wird schnell in sozialen Netzwerken fündig, zum Beispiel auf LinkedIn und Twitter. Facebook haben Sie andererseits bereits vor einiger Zeit verlassen. Welche Social Media nutzen Sie, und welche davon sind Ihre bevorzugten?

SP: Ich liebe Twitter. Warum? Twitter, das ist wie die Kombination aus Schattenboxen und einer niemals endenden Empörung. Das Schöne daran ist, dass die Halbwertzeiten extrem niedrig sind. Wer auf Twitter eine positive Herangehensweise beibehalten möchte, der konzentriert sich auf gut gepflegte, monothematische Listen und lässt sich nicht von den »Wut-Twitterern« beeindrucken.

Wer dann den Sprung auf LinkedIn macht, fühlt sich wie im falschen Film! Menschen sind auf einmal nett und zuvorkommend. Es wird respektvoll miteinander kommuniziert, und die Inhalte bieten eine Qualität, die man in keinem anderen Netzwerk findet. Ich liebe beide. Yin und Yang sozusagen – oder vielleicht auch Dr. Jekyll und Mr Hyde. ☺

Was bringen Ihnen Ihre Aktivitäten in sozialen Netzwerken? Wie ist die Resonanz auf welche Inhalte?

SP: Ich freue mich, wenn ich der Firma helfen und Diskussionen sachlich und faktisch bereichern kann. Ab und zu muss man dann auch einfach mal sagen: »Jau, da haben wir einfach Bockmist gebaut.« Du kannst zwar um Entschuldigung bitten, aber erwarten darfst du sie nicht.

Woran messen Sie den Erfolg Ihrer Aktivitäten?

SP: Ich schaue mir einfach die Metriken der Plattformen an, richte meine Kommunikation aber nicht daran aus. Auf Twitter erreiche ich mehr als drei Millionen User jeden Monat. Auf LinkedIn dürfte das ähnlich liegen. Ich denke, das sind keine schlechten Werte, wobei dies natürlich nicht ansatzweise etwas über den Erfolg oder die Relevanz aussagt.

Nutzen Sie bestimmte Tools?

SP: Ja, ich nutze Buffer für meine Twitterplanung und Tweetdeck, um Twitter zu monitoren.

Haben Sie einen Redaktionsplan oder andere Werkzeuge und Strukturen?

SP: Wir nutzen Redaktionspläne für unsere Unternehmenskommunikation und durchaus auch andere Tools. Meine Inhalte werden dadurch nicht beeinflusst.

Ein Markenbotschafter ist ja nicht allein auf Social Media beschränkt. Physische Begegnungen mit anderen Menschen sind mindestens genauso relevant: Welche Medien, Plattformen, Aktivitäten, Veranstaltungen sind für Sie besonders wichtig, um sich mit anderen zu vernetzen?

SP: Oh, das wäre eine ganze Reihe. Zum einen jeden Januar die *Consumer Electronics Show (CES)* in Las Vegas, der *Mobile World Congress* in Barcelona, die *SXSW Conference* in Austin und sicherlich auch die *re:publica* in Berlin.

2019 habe ich mich aber stärker auf kleinere Events konzentriert. Barcamps in Leipzig, Regensburg, Böblingen zum Beispiel. Ich mag diesen Austausch und kann es nur allen

Leserinnen und Lesern empfehlen. Wer sonntags früh um sechs aufsteht, um zu einem Barcamp zu fahren, ist motiviert!

Parallel dazu werde ich natürlich auch mehrfach im Jahr für Keynotes angefragt. Die kann ich zwar nicht alle geben, aber dennoch erhalte ich dadurch Einblicke in andere Branchen und Szenen, was sich positiv auf mein Netzwerk auswirkt.

Hat Ihre große Sichtbarkeit als Corporate Influencer aus Ihrer Sicht auch Nachteile?

SP: Ja! Ich habe wirklich viele Dutzende Hater, Stalker et cetera, die sich täglich an mir abarbeiten. Damit kann ich aber, ehrlich gesagt, ganz gut leben und sehe es eher als Indikator dafür an, dass ich auch heute noch etwas in Menschen bewegen kann.

3.1.13 Das Markenbotschafter-Pilotprojekt

Die Anforderungen an die Minimalstrategie (vgl. Kapitel 3.1.1) sind erfüllt, eine grundsätzliche Aufgeschlossenheit im Unternehmen, vor allem in Unternehmensleitung und Unternehmenskommunikation, ist vorhanden. Darauf aufbauend soll nun die Corporate-Influencer-Strategie weiter ausgearbeitet und aktiver betrieben werden. Doch ist das Thema insgesamt im Unternehmen noch neu. Es sollen Erfahrungen gesammelt werden. Wahrscheinlich gibt es bei einzelnen Beteiligten – Unternehmensleitung ebenso wie Belegschaft – Bedenken und Ängste. Womöglich fehlen auch die Kapazitäten, um gleich für eine große Anzahl Mitarbeitender aus allen Unternehmensbereichen ein Onboarding-Programm aufzusetzen. Möglicherweise ist noch nicht abschließend geklärt, wie umfangreich das Projekt werden soll oder wie viele Ressourcen dafür zur Verfügung stehen werden. All dies sind Gründe, warum Unternehmen zunächst ein Pilotprojekt für Markenbotschafter starten. Oft ist es sinnvoll, diejenigen im Unternehmen dafür auszuwählen, die bereits in sozialen Netzwerken als Unternehmensangehörige sichtbar und aktiv sind. Sind solche Personen noch gar nicht vorhanden, dann wird entweder eine Auswahl getroffen, oder interessierte Mitarbeitende können sich dafür bewerben. In manchen Unternehmen umfasst eine solche Pilotstrategie auch einen bestimmten Unternehmensbereich, beispielsweise Wissensträger in Forschung oder Entwicklung oder die Vertriebsabteilung. Eine solche Pilotstrategie ist dem Markenbotschafterprogramm sehr ähnlich und beinhaltet meistens eine oder mehrere Kanalstrategien. Sie kann auf eine »Jeder ist ein Markenbotschafter«-Kultur zusteuern oder die Keimzelle für ein Programm mit bestimmten Rollen bilden. Entscheidendes Merkmal ist also: Mitarbeitende übernehmen eine Vorbildfunktion und erarbeiten etwas, das später ins ganze Unternehmen ausgerollt werden soll. Darüber hinaus sind Form und Ausprägung sehr unterschiedlich.

3.1.14 Mitarbeiter als Werbegesichter

Mitarbeiterinnen und Mitarbeiter als Gesichter in der klassischen Werbung: Dies ist ein recht traditionelles Genre, das mit dem heutigen Selbstverständnis einer Markenbotschafter-Rolle aller Unternehmensangehörigen nur bedingt etwas zu tun hat, weil es einen anderen Bereich der Unternehmenskommunikation betrifft. Es kann aber eng mit einer solchen Markenbotschafterstrategie verknüpft sein. Der Unternehmer Claus Hipp, der Seitenbacher-Chef Willi Pfannenschwarz[68] mit seiner Radiowerbung oder der (ehemalige) ERGO-Chef Peter Endres, der in TV-Spots auftrat, sind schon fast klassische Beispiele für Firmenchefs als Testimonials aus dem eigenen Haus. Auch die Stadtwerke Neuss[69] setzen zusätzlich zu den Mitarbeiter-Autoren im Corporate Blog in ihrer Plakatwerbung reale Mitarbeiterinnen und Mitarbeiter ein. Die BVG (Berliner Verkehrsbetriebe) hat mit ihrer groß angelegten Werbekampagne, in der ebenfalls Mitarbeitende in den verschiedensten Medien zu sehen sind, bereits einige Preise und viel Aufmerksamkeit gewonnen.[70] Bundeswehr und Polizei setzen auf Markengesichter in der Mitarbeiterwerbung[71] und gehen damit – trotz der »echten« Mitarbeitenden und des gleichen Kommunikationsziels – einen anderen Weg als etwa OTTO mit den Jobbotschaftern.

3.1.15 Fazit: Die Form allein entscheidet nicht über den Erfolg

Es gibt also nicht *die eine* Markenbotschafterstrategie, auf die sich ein Unternehmen fokussieren müsste. Verschiedene Formen können hervorragend nebeneinander stehen und einander ergänzen. Aber es hilft, die verschiedenen Ausprägungen zu kennen und sich zum Start für einen Schwerpunkt zu entscheiden. Diese Entscheidung sollte in der Unternehmensleitung fallen, doch alle weiteren Beteiligten sind frühzeitig einzubinden.

Die Voraussetzung für den Erfolg ist eine ganzheitliche Sicht. Die interne Kommunikation ist mindestens ebenso wichtig wie die externe. Dazu gehören zeitgemäße Instrumente des Monitorings, der Zusammenarbeit und der Dokumentation.

68 Vgl. https://www.faz.net/aktuell/wirtschaft/unternehmen/seitenbacher-die-stimme-fuer-das-muesli-12085247.html

69 Ein Beispiel für den Einsatz von Mitarbeitenden der Stadtwerke Neuss als Werbegesichter: https://www.stadtwerke-neuss.de/stadtwerke-magazin/hinter-den-kulissen/schwimmmeisterin-jacqueline-partenheimer

70 Vgl. https://www.absatzwirtschaft.de/marken-award-2019-die-finalisten-geschickt-gekontert-mit-der-bvg-156893/

71 Siehe Kapitel 3.2.1 »Behörde als Marke: Corporate Influencer im öffentlichen Dienst«.

Eine Markenbotschafterstrategie funktioniert nicht per Diktat von oben, sondern nur, wenn jeder daran Beteiligte seine eigenen Vorteile erkennt – und wenn klar ist, dass es in diesen Zeiten nicht nur für Unternehmen sinnvoll ist, sich Gedanken über Markenbotschafter zu machen, sondern auch für jeden Einzelnen. Wie das gelingen kann, wie man zur Entscheidung für eine bestimmte Herangehensweise kommt und wie dies dann umzusetzen ist, darum geht es in Kapitel 4.

3.2 Spezialfälle und weitere Beispiele

3.2.1 Behörde als Marke: Corporate Influencer im öffentlichen Dienst

Gerade im öffentlichen Dienst ist der Verständnis sowohl für digitale Medien als auch für die Bedeutung der Mitarbeitenden als Schnittstellen in die Öffentlichkeit sehr unterschiedlich ausgeprägt. Es hängt häufig sehr stark von den jeweils handelnden Personen ab, wie offen und aktiv mit dem Thema umgegangen wird. Auch sind Regelungen je nach Behörde sehr unterschiedlich. Naturgemäß hängt es, wie bei Beschäftigten in Unternehmen auch, von der Art der Tätigkeit ab, wie sehr die Betreffenden in der Öffentlichkeit stellvertretend für den Arbeitgeber wahrgenommen werden. In bestimmten Bereichen können die spezifischen Aufgaben der betreffenden Einrichtung dazu führen, dass die Mitarbeitenden an der Schnittstelle zur Bevölkerung – je nachdem, mit wem sie gerade konfrontiert sind – deutlich mehr aushalten müssen, als sie persönlich zu verantworten haben. Dies gilt beispielsweise im Bereich Sozialfürsorge oder auch bei der Polizei. Nicht zuletzt deswegen hat die Pflicht für Polizisten, im Dienst Namensschilder zu tragen, für einigen Widerstand gesorgt. Eine Klage dagegen wurde vom Bundesverwaltungsbericht abgewiesen, wie etwa tagesschau.de berichtet:

> In der Urteilsbegründung des OVG hieß es, die Polizisten müssten in ihrem Arbeitsalltag keine größere Gefährdung hinnehmen als andere Beamte des öffentlichen Dienstes, etwa Mitarbeiter von Sozial- oder Jugendämtern. Zudem müsse jedem Polizeibeamten »bereits in dem Moment, in welchem er den Beruf ergreift, bewusst sein, dass hiermit gewisse unvermeidbare Gefährdungen für sich und sein privates Umfeld verbunden sein können.[72]

Sind die Betreffenden also sozusagen Markenbotschafter wider Willen? Dazu müsste man zunächst fragen: Kann eine Behörde, eine Einrichtung des öffentlichen Dienstes eigentlich überhaupt als Marke bezeichnet werden? Darüber lässt sich sicherlich

72 »Namensschilder für Polizisten sind rechtens«, in: tagesschau.de, 26. September 2019, https://www.tagesschau.de/inland/polizei-kennzeichnungspflicht-101.html

streiten. Wenn man Marke jedoch sachlich einfach als unverwechselbare Einheit mit strategischen und Imagezielen, definierten Aufgaben beziehungsweise Leistungen sowie bestimmten Unterscheidungsmerkmalen betrachtet, dann trifft dies sicherlich zu. Dies gilt erst recht, wenn man »Markenbotschafter« und »Corporate Influencer« synonym verwendet, denn bei Letzterem entfällt der Markenbegriff. Der Unterschied zu den meisten Unternehmen: In der Regel gibt es bei Behörden keinen Wettbewerb, mithin auch keine konkurrierenden Einrichtungen, die sich als verschiedene Marken voneinander absetzen. Darin sind Behörden und NGOs ebenfalls ähnlich.

Deswegen sind solche Unterscheidungen gar nicht so wichtig für die strategische Erarbeitung, die ohnehin immer individuell geschehen muss. Auch Unternehmen haben ganz unterschiedliche Formen, verfolgen unterschiedliche Ziele und sind auch nicht immer einem Wettbewerb ausgesetzt. Man muss also nicht den Begriff »Marke« verwenden, um dennoch die Beschäftigten unter den gleichen Gesichtspunkten zu betrachten wie die Angestellten in Wirtschaftsunternehmen oder NGOs. Dies gilt erst recht dann, wenn man sich klarmacht, dass die exponierten Personen eine besondere Schulung brauchen. Auch haben öffentliche Einrichtungen nicht unbedingt Verkaufsziele, doch besonders ein Bereich unterscheidet sich bei ihnen gar nicht so wesentlich von dem der Unternehmen: das Employer Branding. So setzt die Bundeswehr bereits seit Jahren sehr umfangreich auf echte Gesichter aus dem Heer, um Auszubildende und Fachkräfte zu gewinnen. Zielgruppengerecht gibt es hier beispielsweise einen YouTube-Channel und Instagram-Profile. Aus dem Teaser zu einem dieser Formate:

> Wir präsentieren euch den Trailer zu unserer neuen Bundeswehr Exclusive Serie »DIE REKRUTINNEN – Folgt uns in die Grundausbildung.« Begleitet mit uns 12 Wochen lang 7 junge Frauen in ihrer Grundausbildung bei der Luftwaffe – Immer montags bis donnerstags um 17 Uhr auf YouTube. Abonniert uns auch auf Instagram und Facebook @Bundeswehrexclusive![73]

Hier handelt es sich allerdings um klassische Werbung mit echten »Marken«-Gesichtern. Da die Betreffenden auch im Alltag wiedererkennbar sind, ist der Übergang jedoch immer fließend. Noch mehr gilt dies für die Polizei, die in der Fachkräftegewinnung ebenfalls auf Botschafter setzt, wie beispielsweise die Kreispolizeibehörde Höxter:[74]

> Mit Juliana Naveke aus der Spurensicherung und dem Polizeikommissar Patrick Meier stellt die Kreispolizeibehörde Höxter zwei neue Gesichter für

73 https://www.youtube.com/channel/UCZPAni75bkLnjGO8yhuJpdw

74 https://www.gfwhoexter.de/presse/pressemitteilungen--newsletter/3600.Kreispolizeibehoerde-Hoexter-stellt-neue-Botschafter-fuer-Standortkampagne-Region-plus-X-Spurensicherung-aus-Rio-de-Janeiro-und-Polizisten-Gene-aus-Beverungen.html

> die Standortkampagne Region plus X. Die beiden Botschafter repräsentieren den hohen Sicherheitsfaktor für den Kreis Höxter und die vielfältigen Karrierechancen bei der Polizei. »Wir haben uns für zwei Botschafter entschieden, um zu zeigen, dass neben unseren Polizeibeamten auch Quereinsteiger und Spezialisten ohne eine polizeiliche Ausbildung berufliche Chancen bei uns haben«, beschreibt Kreisoberverwaltungsrätin Karin Hanewinkel-Hoppe den Grund für die Auswahl der Botschafter im Doppelpack. Für die Polizeibehörde Höxter sollen aus dem aktuellen Maßnahmenpaket des Landes bis zu 17 Stellen geschaffen werden, die zivilen Beschäftigten einen Einstieg in die Polizeibehörde ermöglichen.

Auch gibt es sogar einzelne Polizeistationen mit eigenen Facebook-Fanpages, die man als Vorreiter sehen kann, wenn es um die Kommunikation mit sichtbaren Personen geht. Ein Beispiel dafür ist die »Polizei NRW Viersen«.[75] Hier wird nicht nur per Facebook-Posting nach Zeugen gesucht oder aus dem Dienstalltag berichtet. Neue Mitarbeitende werden mit Bild und Kurzbiografie vorgestellt.

Doch es gibt noch weitere »Marken-« beziehungsweise Behörden-Botschafter. In Behörden, genauso wie in Unternehmen, findet man immer auch Menschen, die unabhängig von ihrer beruflichen Kerntätigkeit oder weit darüber hinaus als Influencer in digitalen Medien eine beachtliche Reichweite aufgebaut haben. Häufig geht es in ihren Accounts und Profilen sowohl um Privates als auch um Berufliches. Eine von diesen Personen ist die Polizeimeisterin **Michelle Uhrig**. Es gibt aber ebenso Führungspersonen in Ämtern, für die Sichtbarkeit und Ansprechbarkeit in sozialen Netzwerken selbstverständlich sind. Zu ihnen gehört **Jochen Müller**, stellvertretender Geschäftsleiter eines kommunalen IT-Dienstleisters. Beide kommen im Folgenden im Interview zu Wort.

3.2.2 »Ich bekomme fast täglich Anfragen, wie man sich bewerben soll« – Interview mit Michelle Uhrig (Bundespolizei)

Michelle Uhrig ist Eisschnellläuferin und Polizeimeisterin bei der Bundespolizei.

Erfolgreiche Sportler, die sich auch als Instagram- und Facebook-Influencer engagieren – inklusive Werbung für Marken und Produktempfehlungen – gibt es viele. Sie sind jedoch zugleich auch Polizeimeisterin bei der Bundespolizei. Sie zeigen sich im Bikini beim Trainingscamp, aber eben auch in Uniform und berichten

75 https://www.facebook.com/polizei.nrw.vie/

beispielsweise über Ihren erfolgreichen Ausbildungsabschluss. Wie verträgt sich das miteinander?

Michelle Uhrig (MU): Ich bin durch meinen Sport eine Person des öffentlichen Lebens, daher wird es für mich immer zwei Welten geben, die Polizeiwelt und die Sportlerwelt. Als Sportler steht man oft im Fokus. Wenn ich Bilder von mir poste, die ich aussuche, kann ich das etwas selbst steuern und entscheiden, was die Leute von mir zu sehen zu bekommen.

Man muss wissen: Im Eisschnelllauf trägt man einen hautengen Anzug, der wirklich alles zeigt. Mein Sport ist sehr körperbetont, das heißt wir haben sehr wenig an, wenn die TV-Kameras beim Wettkampf auf uns gerichtet sind. Daher zeige ich mich in den sozialen Medien eben auch so, im Eisschnelllaufanzug, mit Trainingskleidung oder eben auch mal im Bikini. Für mich selber habe ich die Regel: So wie ich mich in einem Schwimmbad oder in der Öffentlichkeit – am Strand oder im Sommer im Stadtpark – zeige, so kann ich mich auch auf Instagram zeigen. Wenn ich auf Instagram nur einen Bikini trage, dann mache ich das auch in der Öffentlichkeit und dort, wo das Foto entstanden ist, zum Beispiel im Trainingslager auf Lanzarote. Mir ist durchaus bewusst, dass es mit der Kombination, Polizistin zu sein, nochmal etwas schwieriger ist. Aber wie gesagt, ich stehe sowieso in der Öffentlichkeit.

Welche Rolle spielt das Berufliche in Ihren Social-Media-Aktivitäten?

MU: Diesen Sommer habe ich Ende August meine Ausbildung erfolgreich abgeschlossen. Die Ausbildung bei den Spitzensportlern in der Bundespolizei beträgt vier Jahre. Normalerweise dauert sie nur zweieinhalb Jahre. Doch damit wir uns im Winter voll und ganz auf den Sport konzentrieren können, absolvieren wir die Ausbildung nur im Sommer. In den ersten drei Jahren sind es jeweils vier Monate und im vierten Jahr sind es sechs Monate Ausbildung. Selbstverständlich müssen wir auch im Sommer daneben weiterhin trainieren. Wir sagen immer: »Der Eisschnellläufer wird im Sommer gemacht.« Es sind also sehr intensive Monate, es ist meist viel härteres Training als im Winter, weil man sich dort für die Wettkämpfe fit halten muss. Und neben diesem harten Training kommt dann die Ausbildung hinzu, in der wir auch noch das Polizeitraining haben: Selbstverteidigung, Umgang mit der Waffe und so weiter.

Der Tag begann meistens um sechs Uhr mit dem Frühstück, Punkt sieben Uhr war das Antreten. Dann hatten wir meistens bis cirka halb elf Polizeiunterricht, und dann ging es für zwei Stunden zum Training. Dann folgte meist ein schnelles Mittagessen, und es ging wieder ins Klassenzimmer. Um 16 Uhr war der Unterricht zu Ende, und es ging ins zweite Training. Um 19 Uhr gab es Abendessen, und dann folgten Hausaufgaben und Physiotherapie. Also ging ein Tag meist bis 22 Uhr oder auch länger, wenn am nächsten Tag ein Test oder eine Prüfung anstand. Ein 16-Stunden-Tag war also normal.

Diesen Alltag wollte ich halt auch gerne in Social Media teilen, um den Alltag bei der Bundespolizei als Spitzensportlerin zu zeigen.

Wie verstehen Sie Ihre Rolle als sichtbare Angehörige einer Behörde, und wie verträgt sich das beispielsweise mit Werbeeinnahmen als Sport-Influencerin?

MU: Ich werbe nicht im Dienst, aber was ich in meiner »Freizeit« mache, ist meine Entscheidung, und die Einnahmen fließen ja letztlich auch wieder in den Sport zur Finanzierung: zum Beispiel meines Rennrades oder der erheblichen Fahrtaufwendungen zu Trainingslagern. Mein Arbeitgeber wünscht es auch ausdrücklich, in Social Media als Unterstützer des Leistungssports erwähnt zu werden, damit deutlich wird, wie groß die Unterstützung für uns Sportler als Mitglied der Sportfördergruppe ist. Für viele Sportler ist auch nur dadurch die Ausübung des Sports auf diesem Niveau möglich.

Was motiviert Sie persönlich dazu, sich für Ihren Arbeitgeber sichtbar zu machen?

MU: Ich bin in der Sportfördergruppe der Bundespolizei. Dort ist es durchaus erwünscht, sich auf sozialen Kanälen zu präsentieren. Wir haben als aktive Sportler vor allem eine repräsentative Aufgabe. Also geschieht das in beiderseitigem Einvernehmen. Die Behörde will dadurch auch ihre Vielfältigkeit zeigen. Viele Sportler verbleiben nach ihrer aktiven Sportkarriere im regulären Polizeidienst.

Was bringt umgekehrt Ihr Engagement aus Ihrer Sicht der Behörde? Denken Sie, dass Sie mit Ihrem Vorbild junge Leute motivieren, sich für eine Ausbildung bei der Polizei zu entscheiden?

MU: Ja, auf jeden Fall. Ich bekomme fast täglich Anfragen, wie man sich am besten bewerben soll und wie ich das EVA (Auswahlverfahren) bestanden habe, ob ich Tipps habe. Viele sind auch sehr an der Kombination Sport und Polizei interessiert. Mich freut es, dass ich junge Leute dadurch motivieren kann, zur Polizei zu gehen.

Wie gut fühlen Sie sich von Ihrem Arbeitgeber als Corporate Influencer unterstützt, wahrgenommen und wertgeschätzt?

MU: Ich fühle mich gut von ihm unterstützt. Wir Sportler erfahren bei der Bundespolizei eine sehr hohe Wertschätzung, für die ich auch sehr dankbar bin.

Gibt es seitens Ihres Arbeitgebers Regeln für das Verhalten in sozialen Netzwerken?

MU: Sportler sollen sich selbst repräsentieren. Wenn etwas gar nicht geht, wird einem das auch in der Regel gesagt.

Welches Feedback bekommen Sie auf Ihre Postings, in denen Sie sich als Polizistin zeigen?

MU: Als ich mein erstes Polizei-Bild hochgeladen habe, war ich völlig überrascht, wie gut das angekommen ist und wie viel Zuspruch ich erhalten haben, auch in Form von Likes. Das hatte ich gar nicht erwartet. Viele meiner Kollegen verfolgen mittlerweile auch meine sportlichen Erfolge.

Was sagen die Kolleginnen und Kollegen bei der Polizei?

MU: Bisher war ich nur in der Ausbildung in Bad Endorf auf der Sportschule, und da sind die Meinungen geteilt wie in jeder Lebenslage. Manche finden es total gut, wie ich mich, meinen Sport und auch die Polizei präsentiere. Andere können es nicht verstehen, warum man so viel von sich und seinem Leben zeigt.

Meiner Meinung nach haben aber Sportarten, die nicht gerade Fußball und nicht ständig im TV präsent sind, kaum andere Möglichkeiten als die sozialen Medien, um auf sich aufmerksam zu machen – insbesondere bei der Gewinnung von Sponsoren.

Lassen Sie sich bei Ihrer Social-Media-Strategie professionell unterstützen?

MU: Nein, ich entscheide alles selbst. Ich frage höchstens Familie oder Freunde, ob mein Bild gut ist und ob der Text dazu auch geeignet ist.

Welche Social Media nutzen Sie, und welche davon sind Ihre bevorzugten?

MU: Instagram bevorzuge ich und Facebook, dann folgt Snapchat. Ich überlege, mir TikTok zuzulegen.

Was bringen Ihnen Ihre Aktivitäten in sozialen Netzwerken?

MU: Wie gesagt, mein Hauptziel ist es, den Leuten einen Einblick in meinen sportlichen und beruflichen Alltag zu geben. Und alles, was das Drumherum bedeutet: das Training, der Job, aber auch die Freizeit. Ich möchte Sponsoren gewinnen, und das ist mir auch schon teilweise gelungen.

Haben Sie einen Redaktionsplan?

MU: Nein. Ich hatte mal die Regel: einmal täglich einen Post um die Primetime herum, also in der Woche abends gegen acht und am Wochenende tagsüber und sonntagabends. Das lässt sich aber schwer in meinen sportlichen Alltag integrieren, besonders wenn wir in Ländern sind, die in einer anderen Zeitzone liegen.

Meine neue Regel lautet: Poste dann, wenn du Zeit dafür findest und es dir Spaß macht. Es darf das Training nicht beeinträchtigen. Der Sport ist ja schließlich immer noch bei mir die Nummer eins.

Ein Influencer ist ja nicht allein auf Social Media beschränkt. Persönliche Begegnungen mit anderen Menschen sind mindestens genauso relevant: Welche Medien, Plattformen, Aktivitäten sind für Sie besonders wichtig, um sich mit anderen zu vernetzen?

MU: Ich bin mehr Sportler als Influencer, bei Pressekonferenzen geht es natürlich hauptsächlich um den Sport. Ich besitze Autogrammkarten, manchmal fragen Leute danach, die mich erkennen oder wenn sich eben die Gelegenheit ergibt. Von Zeit zu Zeit gibt es auch Einladungen von Partnern, mit denen ich zusammenarbeite. Dort trifft man auch auf andere Influencer.

Sind Sie mit Kolleginnen und Kollegen vernetzt oder tauschen sich aus, die sich ebenfalls in Social Media zeigen?

MU: Ja, auf jeden Fall.

Haben Sie in der Behörde Social-Media-Guidelines?

MU: Ja, gibt es. Diese enthalten im Wesentlichen, dass ein angemessenes Auftreten erwünscht ist. Und, wie gesagt: Es ist durchaus gewollt, dass die Bundespolizei als Unterstützer der Sportler erwähnt wird.

Hat Ihre große Sichtbarkeit als Corporate Influencer aus Ihrer Sicht auch Nachteile?

MU: Man muss durchaus mit negativen, unpassenden und beleidigenden Kommentaren zurechtkommen.

3.2.3 »Ich bin einfach nur ich« – Interview mit Jochen Müller (Kommunales Rechenzentrum Niederrhein)

Jochen Müller ist stellvertretender Geschäftsleiter des KRZN, des »Kommunalen Rechenzentrums Niederrhein«, einer der größten kommunalen IT-Dienstleister Deutschlands.

Nicht nur in den Business-Netzwerken LinkedIn und XING geben Sie, wie es dort ja üblich ist, Position und Arbeitgeber an, sondern beispielsweise auch in Ihrem persönlichen Profil auf Facebook. Als Beamter in leitender Position sind Sie in Deutschland immer noch eher die Ausnahme, was Aktivitäten und Sichtbarkeit in sozialen Netzwerken angeht. Selbst in den oben genannten Business-Netzwerken sind viele

Ihrer Kolleginnen und Kollegen nicht vertreten. Verstehen Sie sich als Markenbotschafter für Ihren Arbeitgeber?

Jochen Müller (JM): In meinem Fall nicht »Arbeitgeber«, sondern »Dienstherr«. ☺ Und ja, ich verstehe mich als Markenbotschafter, auch wenn ich diesen Begriff nur selten in Bezug auf mich verwende.

Wie verstehen Sie Ihre Rolle als sichtbarer Unternehmensangehöriger?

JM: Auch wenn das KRZN eine Körperschaft des öffentlichen Rechts ist, also eine Behörde, verstehe ich mich nicht als »Verwalter«, sondern als »digitaler Lotse« in Richtung Verwaltungsmodernisierung. Dazu gehört Vertrauen. Und zum Vertrauen gehört Transparenz – also ein Gefühl dafür, was der Mensch mir gegenüber macht und denkt.

Was bringt Ihr Engagement aus Ihrer Sicht dem Unternehmen?

JM: Ich glaube, dass es IT-Dienstleister, deren Anwenderverwaltungen ihnen Vertrauen, leichter haben als andere, bei denen dieses Vertrauen vielleicht nicht so gegeben ist. Gerade bei der Einführung neuer Verwaltungsprozesse hängt viel von einem gegenseitigen Verständnis ab.

Wie gut fühlen Sie sich von Ihrem Arbeitgeber als Corporate Influencer unterstützt, wahrgenommen und wertgeschätzt?

JM: Mein Dienstvorgesetzter ist der Verbandsvorsteher, und von ihm fühle ich mich immer unterstützt, wahrgenommen und wertgeschätzt.

Wie reagiert Ihr persönliches Umfeld darauf?

JM: Ich glaube, mein Umfeld erwartet von mir dieses Engagement in sozialen Medien.

Verfolgen Sie eine bestimmte Personenmarkenstrategie?

JM: Nein, ich bin einfach nur ich.

Kann man heutzutage überhaupt ein Unternehmen leiten, auch in der öffentlichen Verwaltung, ohne sich als Markenbotschafter zu verstehen? Oder braucht der öffentliche Dienst das gar nicht unbedingt? Kann ein Unternehmen im öffentlichen Dienst aus Ihrer Sicht überhaupt eine Marke sein?

JM: Nach meinem Verständnis können Unternehmen keine Markenbotschafter sein; dies können nur die Menschen in diesen Unternehmen. Und wer für sein Unternehmen, für seine Marke, für seine Behörde kein Markenbotschafter sein möchte, sollte seine Rolle überdenken – gemäß dem alten Motto »love it, change it oder leave it«.

Halten Sie Präsenz und Aktivität in sozialen Netzwerken für Geschäftsführer im öffentlichen Dienst für unerlässlich, oder könnte man – je nach Unternehmen und Ausrichtung – auch darauf verzichten?

JM: Die meisten Geschäftsführer in öffentlich-rechtlichen Unternehmen sind nicht präsent oder aktiv in sozialen Netzwerken – es geht also offensichtlich. Es ist also eher eine Frage des persönlichen Wollens.

Welche Social Media nutzen Sie, und welche davon sind Ihre bevorzugten?

JM: Ich nutze Facebook, LinkedIn und XING, aber eher zurückhaltend.

Was bringen Ihnen Ihre Aktivitäten in sozialen Netzwerken?

JM: Ich achte nicht darauf, ob und was eine Aktivität mir »bringt«, daher achte ich auch nicht bewusst auf Resonanz und messe auch keine Erfolge.

Ein stellvertretender Geschäftsleiter hat ja noch anderes zu tun, als in sozialen Netzwerken zu posten. Wie viele Mitarbeiterinnen und Mitarbeiter unterstützen Sie dabei?

JM: Niemand, das ist alles handgemacht.

Nutzen Sie bestimmte Tools?

JM: Nein.

Haben Sie einen Redaktionsplan oder andere Werkzeuge und Strukturen?

JM: Nein (also ich nicht – unsere Pressestelle schon).

Ein Corporate Influencer ist ja nicht allein auf Social Media beschränkt. Physische Begegnungen mit anderen Menschen sind mindestens genauso relevant: Welche Medien, Plattformen, Aktivitäten sind für Sie besonders wichtig, um sich mit anderen zu vernetzen?

JM: Social Media ist der kleinste Teil der Aktivitäten. Der Hauptteil findet in der Tat bei »Face-to-Face«-Veranstaltungen statt. Die »kommunale Familie«, gerade deren IT-Dienstleister, die schon seit Jahrzehnten interkommunale Zusammenarbeit leben, sind eng vernetzt und stimmen sich regelmäßig in unterschiedlichen Zusammensetzungen ab; dies sind schon insgesamt mehrere Dutzend Treffen im Jahr.

Gibt es in Ihrem Unternehmen noch andere Mitarbeitende, die sich als Markenbotschafter aktiv engagieren?

JM: Oh ja, und das freut mich sehr. Da dies aber persönliche Engagements der Kolleginnen und Kollegen sind, steht es mir nicht zu, darüber hier zu berichten.

Gibt es in Ihrem Unternehmen ein Markenbotschafterprogramm oder anderweitige Unterstützung für sichtbare Unternehmensangehörige?

JM: Nein.

Haben Sie im Unternehmen Social-Media-Guidelines?

JM: Wir haben eine Pressestelle, die für unsere eigenen Auftritte im Internet und in sozialen Medien zuständig ist. Die arbeitet unabhängig vom Engagement einzelner Kolleginnen und Kollegen.

3.2.4 Markenbotschafter in kleinen Betrieben und im Einzelhandel

Ein weiterer Spezialfall soll hier noch ausdrücklich genannt werden, weil er in der gesamten Markenbotschafter-Diskussion und -Literatur häufig zu kurz kommt: Markenbotschafter in kleinen Betrieben, die häufig lokal direkt mit Kunden arbeiten. Dazu gehört das Handwerk ebenso wie der Einzelhandel, aber natürlich auch einzelne Gastronomiebetriebe – um nur einige Beispiele zu nennen. Auch Arztpraxen und andere medizinische Einrichtungen kann man im weiteren Sinne dazuzählen.

In der Regel kaufen Menschen bei anderen Menschen. Das gilt natürlich ganz besonders für den Einzelhandel. Auch die Bäckereifachverkäuferin, die jeden Morgen alle Kunden mit einem Lächeln begrüßt, statt nur einfach die Brötchen über die Theke zu reichen, ist eine Markenbotschafterin. Produkte im Einzelhandel ebenso wie Dienstleistungen im Handwerk sind einander zunächst einmal überall ähnlich. Über den Erfolg im Wettbewerb – und nicht zuletzt in Konkurrenz zu Internetangeboten und Onlinehändlern – entscheidet eine ganze Reihe von Faktoren: Sortiment, Beratungsqualität, fachliche Qualifikation, aber eben auch Bindung an die Personen im Unternehmen. Immer dann, wenn das Sortiment zum großen Teil austauschbar ist, entscheiden die menschlichen Beziehungen darüber, ob ein Kunde gewonnen oder man weiterempfohlen wird. Gerade Inhaber von kleinen, lokalen Unternehmen sollten sich diesen großen Beitrag zum Unternehmenserfolg also bewusst machen, der ja sehr stark mit der eigenen Persönlichkeit verknüpft ist. Dazu gehört auch, dass der Kunde versteht, welchen Wert er insgesamt erhält. Das findet zu großen Teilen im direkten Kontakt statt, aber natürlich kann und sollte man so etwas auch in die Kommunikation, etwa in digitalen Medien, einfließen lassen. Dazu gehört ebenfalls ein gemeinsames Werteverständnis, und im Grunde gelten alle Regeln, die auch für größere Unternehmen gelten. Doch sind die Budgets meistens kleiner, es gibt oft gar keine Marketingabteilung und erst recht keinen Pressesprecher, kein hauptberufliches Social-Media-Team. Daher hängt es viel mehr von den Einzelnen und von den handelnden Personen ab, inwieweit die Markengesichter gemeinsam auf die Marke einzahlen. Ein sehr gutes Beispiel dafür, wie so etwas in Mittelstand und Einzelhandel gelingt, stellt »**Bäcker Süpke**« im Interview vor.

3.2.5 »Meine Fans wollen mir helfen, das finde ich toll!« – Interview mit Wolfgang Süpke (Bäcker Süpke)

Wolfgang Süpke ist Geschäftsführer und Bäckermeister bei Bäcker Süpke OHG, verantwortlich für den backtechnischen Bereich und das Marketing.

Der Geschäftsführer als oberster Markenbotschafter des Unternehmens: Da waren Sie ja schon sehr früh sehr präsent – meiner Wahrnehmung nach bereits in den Anfängen von Social Media. Wie hat sich das bei Ihnen entwickelt, wie ist es dazu gekommen?

Wolfgang Süpke (WS): Um das Jahr 2006 herum trat ich dem neu gegründeten Verein »slow baking« bei. Ich änderte die Ausrichtung und Philosophie unserer Bäckerei entsprechend dessen Richtlinien: alles eigene Herstellung, keine fertigen Backwaren, keine Vormischungen oder Convenience-Produkte. Davon erzählte ich dann meinen Kunden. Im Laden, am Marktstand und in der lokalen Presse.

Ich merkte, dass die Kunden großes Interesse an diesen Themen hatten. Ich wollte noch mehrere meiner Kunden erreichen und dachte, das Internet ist ein guter Platz dafür. Ein Freund riet mir, einen Blog zu beginnen. Das habe ich dann gemacht und so fing alles an. Durch den Blog wurde ich bekannt in der Foodblogger-Szene. Später dann bei Facebook.

Obwohl ich den Blog nicht mehr aktiv betreibe, hilft er mir immer noch, da ich oft Anfragen von Journalisten bekomme, welche durch Google auf mich stoßen.

Wie verstehen Sie Ihre Rolle als Corporate Influencer?

WS: Im Zuge der Neuausrichtung der Bäckerei haben wir unseren Firmennamen von »Die Frische Bäcker« in »Bäcker Süpke« geändert. Also ganz auf meine Person ausgerichtet. Um es salopp zu sagen: »Dafür stehe ich mit meinem Namen.«

Nach über zehn Jahren stehe ich für die meisten Menschen hier für diesen Namen als Person und als Gesicht. Irgendwie kann ich es nicht ausreichend beantworten, da es für mich keine Rolle mehr ist, sondern ich bin das. Ich habe mich an die Öffentlichkeit gewagt und lebe das jetzt.

Was für mich nicht dazu gehört, ist politisches Engagement.

Verfolgen Sie eine bestimmte Personenmarkenstrategie?

WS: Eines meiner Vorbilder ist Bäckermeister Josef Hinkel aus Düsseldorf. Er steht hauptsächlich im Laden und »flirtet« mit der Kundschaft. Und hat damit einen Riesenerfolg! Er ist schon lange eine Personenmarke.

Ein weiteres Vorbild war und ist Michael Schuhmacher. Nicht als Rennfahrer, sondern weil er in Interviews immer sein Team als wesentlichen Teil des Erfolges ins Spiel gebracht hat.

Mir ist auch wichtig, ehrlich zu sein. Also keine Rolle zu spielen. Wenn mich Menschen kennen lernen, sollen sie nicht feststellen, dass Wolfgang Süpke ganz anders ist als Bäcker Süpke.

Ich möchte als Personenmarke jemand sein, der mit Leidenschaft Bäckermeister ist und seine Mitarbeiterinnen und Mitarbeiter wertschätzt. Und das bin ich auch in Wirklichkeit.

Kann man heutzutage überhaupt ein Unternehmen leiten, ohne sich als Markenbotschafter zu verstehen?

WS: Für einen Bäckermeister ist die Rolle als Markenbotschafter wie geschaffen. Manche nehmen das leider nicht wahr. Manche machen es nur unbewusst, aber trotzdem gut. Generell sollten Handwerker mehr »Gesicht« zeigen.

Mich würde es befremden, wenn der Daimler-Chef in einer Werbung auftritt und ich würde ihm auch nicht bei Facebook folgen. Elon Musk war ja auch bei Twitter aktiv, hat dann aber Fehler gemacht. Bei Tesla denke ich trotzdem immer an Elon Musk. Der Typ von 1&1 war zwar sehr sympathisch, kommt bei mir aber nur als Werbefigur an, nicht als Markenbotschafter. Bei Trigema sehe ich zwar einen Affen in der Werbung, ich denke aber immer sofort an Wolfgang Grupp, den Geschäftsführer. Er verkörpert für mich Trigema, vor allem wegen seiner Auftritte im Fernsehen.

Also: Ich denke nicht, dass es bei großen Konzernen Sinn macht, bei unternehmergeführten schon.

Wer nach Ihnen im Internet sucht, wird schnell in sozialen Netzwerken fündig, zum Beispiel auf Facebook. Welche Social Media nutzen Sie, und welche davon sind Ihre bevorzugten?

WS: Hauptsächlich Facebook, als Privatperson und als Fanpage. Auf Facebook bin ich gern unterwegs. Instagram »lerne« ich gerade. Außerdem selten Twitter.

Ein Geschäftsführer hat ja noch anderes zu tun, als in sozialen Netzwerken zu posten. Wie viele Mitarbeiterinnen und Mitarbeiter unterstützen Sie dabei?

WS: Mein Sohn Paul, jetzt Bäckergeselle, unterstützt mich bei der Instagram-Seite. Ich bin überhaupt nur bei Instagram, weil meine jugendlichen Kinder mich dazu gedrängt haben. Paul postet oft für mich Stories aus dem Bäckeralltag.

Was bringen Ihnen Ihre Aktivitäten in sozialen Netzwerken?

WS: Das kann man natürlich schlecht messen. Mein Ziel war und ist es, den Menschen das Gefühl zu geben, dass sie mich »kennen«. Das ist mein Anliegen bei Social Media. Wenn die Leute meine Beiträge interessant finden und ich in Ihrer Timeline auftauche, dann kann ich auch gezielt Inhalte platzieren – auch bezahlte –, welche mir wichtig sind, etwa die Auszeichnung bei der Brotprüfung.

So richtig »auszahlen« tut es sich, wenn ich eine Stellenanzeige bei Facebook poste und sie dann oft geteilt wird von den Fans meiner Seite. Sie wollen mir helfen, das finde ich toll!

Woran messen Sie den Erfolg Ihrer Aktivitäten?

WS: Natürlich an den Likes und Klicks und wie oft es geteilt wird. Am meisten gefällt es mir aber, wenn ich dann von Menschen, von Kunden darauf angesprochen werde, was sie bei Facebook gelesen und gesehen haben.

Nutzen Sie bestimmte Tools? Haben Sie einen Redaktionsplan oder andere Strukturen?

WS: Nein, beides nicht. Da ich sehr eingespannt bin, mache ich das aus dem Bauch heraus.

Ein Corporate Influencer ist ja nicht allein auf Social Media beschränkt. Physische Begegnungen mit anderen Menschen sind mindestens genauso relevant: Welche Medien, Plattformen, Aktivitäten sind für Sie besonders wichtig, um sich mit anderen zu vernetzen?

WS: Ganz wichtig sind Gespräche mit Kundinnen und Kunden im Laden. Das nutze ich leider aus Zeitgründen zu wenig. Es gibt aber zwei Weihnachtsmärkte hier, auf denen ich die ganze Zeit (vier bis fünf Stunden) vor dem Marktstand stehe und mich mit den Kunden unterhalte. Sie fragen mich zu meinen Produkten aus – und über alles, was sie so über die Bäckerei erfahren haben aus allen Kanälen, wo ich präsent bin. Das ist immer sehr intensiv und anstrengend. Aber da merke ich, was ich erreicht habe.

Außerdem habe ich ein gutes Verhältnis zur lokalen Presse, die sich immer über eine schöne Geschichte von mir freut. Manchmal drucken sie meine Texte unbearbeitet ab.

Ansonsten bin ich noch mit vielen Bäckern vernetzt durch den ERFA Kreis und Workshops, Seminare, Messen. In der Bäckerwelt bin ich auch bekannt.

Gibt es in Ihrem Unternehmen andere Mitarbeitende, die sich als Markenbotschafter aktiv engagieren?

WS: Wie schon beschrieben, mausert sich mein Sohn Paul immer mehr als Markenbotschafter.

Es gibt aber noch zwei Verkäuferinnen, welche gern mal was aus ihrem Laden posten, zum Beispiel wenn sie morgens den Laden fertig haben und dann die Kundinnen und Kunden einladen.

Gibt es in Ihrem Unternehmen ein Markenbotschafterprogramm oder anderweitige Unterstützung für sichtbare Unternehmensangehörige?

WS: Nein.

Haben Sie im Unternehmen Social-Media-Guidelines?

WS: Nein.

3.2.6 Graswurzelbewegung statt Top-down-Strategie

Oft wird wie selbstverständlich davon ausgegangen, dass Markenbotschafterstrategien von Entscheidern initiiert und von der Unternehmenskommunikation umgesetzt oder zumindest begleitet werden. Tatsächlich jedoch gibt es auch die Möglichkeit einer Initiative, die von der Basis ausgeht. Hierfür verwendet Philipp Schindera, Leiter Unternehmenskommunikation bei der Telekom, den Begriff »Graswurzelbewegung«: »Der Glückwunsch gebührt den Telekom-Botschaftern. Einer Graswurzel-Bewegung innerhalb der Telekom, die sich diesen tollen Erfolg ganz eigenständig erarbeitet hat.«[76] Dafür haben sie 2019 den BDP-Award, eine Auszeichnung des Bundesverbandes deutscher Pressesprecher erhalten als »Team des Jahres«.[77] Bei der Telekom erfahren die Markenbotschafter große Unterstützung seitens der Kommunikationsabteilung, aber nach wie vor sind sie vor allem sich selbst verpflichtet und agieren eigenständig, wie die Informatikerin Manuela Wild, eine der Telekom-Botschafterinnen, im Interview beschreibt.

Ein anderes Beispiel ist die Facebook-Community »#WIRsindAudi«[78], die ebenfalls von engagierten Mitarbeiterinnen und Mitarbeitern privat ins Leben gerufen wurde. Mit den Telekom-Botschaftern eint sie ersichtlich der Stolz darauf, bei einem bestimmten Unternehmen zu arbeiten. Es liegt in der Natur der Sache, dass eine solche Basisbewegung nicht »von oben« initiiert werden kann. Insofern kann dieses Buch auch keinen Leitfaden für eine solche Strategie liefern; sehr wohl aber kann der Strategieteil in Kapitel 4 dabei helfen, eine solche Initiative, wenn sie einmal entstanden ist, zu begleiten und zu unterstützen.

3.2.7 Markenbotschafter als Wertebotschafter

Nahezu unabhängig von der Position im Unternehmen beherbergen manche Firmen herausragende Persönlichkeiten in ihrer Belegschaft, die ich als »Wertebotschafter« bezeichne. Sie lassen sich der Typologie der Markenbotschafterstrategien In Kapitel 3.1 nicht genau zuordnen. Der CEO kann ein Wertebotschafter sein, so wie beispielsweise **Sina Trinkwalder**, Gründerin und geschäftsführende Gesellschafterin, manomama, die ich bereits vor einiger Zeit interviewt hatte:

> Weniger wichtig ist meine berufliche Tätigkeit als mein politisches Engagement. Deshalb teile ich ja auch nicht jeden Eintrag, den meine Firma auf Facebook

76 https://twitter.com/schindera/status/1172372329566887936
77 Darauf bezieht sich auch der zuvor zitierte Tweet von Philipp Schindera. Vgl. BdP-Award für Kommunikation 2019, https://www.bdp-net.de/themen/bdp-award
78 #WIRsindAudi, private Facebook-Gruppe, https://www.facebook.com/groups/1746821518926163/

postet, wohl aber Inhalte, die mein Engagement für eine aufgeklärtere Wirtschaftswelt betreffen.[79]

Ebenfalls ein sehr engagierter Wertebotschafter ist **Stefan Möller** von der GLS Bank. Im Beruf verbindet er fachliches Wissen und gesellschaftliches Engagement, pflegt dieses aber auch weit über seine eigene Tätigkeit hinaus.

3.2.8 »Ich will Dinge zum Positiven verändern« – Interview mit Stefan Möller (GLS Bank)

Stefan Möller ist Regionalleiter Firmenkunden Bochum bei der GLS Bank.

Die GLS Bank hat schon früh mit einem Corporate Blog begonnen, ist in sozialen Netzwerken sehr präsent und mit Mitarbeitenden sichtbar. Dazu werden seit einiger Zeit Schulungen und Unterstützung angeboten. Sie persönlich zeigen sich aber nicht nur in sozialen Netzwerken für Ihren Arbeitgeber, sondern auch mit Aktionen wie Ihrer Verpflegungsfahrt zu einem Solidaritätskonzert gegen Rassismus.[80] Wie sind Sie darauf gekommen, so etwas zu tun?

Stefan Möller (SM): Grundsätzlich habe ich ein großes Interesse daran, mich einzubringen. Ich will Einfluss nehmen, Dinge zum Positiven verändern. Deshalb habe ich mich sehr gezielt bei der GLS Bank beworben. Die Art, in der die Bank ihr Geschäft betreibt, nämlich den Sinn vor den Gewinn zu stellen und zu prüfen, in welcher Weise das Geld wirkt, zum Beispiel in Form von Krediten, begeistert mich noch immer.

Der Auslöser für meine Fahrt nach Chemnitz war ein sehr konkreter. Als ich das erste Mal von dem Konzert hörte, fand ich die Idee sofort gut. Da es bei dem Motto und dem Hashtag um Gemeinschaft geht und Gemeinschaft Teil des Namens der Bank ist, wurde mir schnell klar, wie ich mein persönliches Interesse und mein berufliches Engagement miteinander verbinden kann. Dafür hatte ich überlegt, dass ich auf der Fahrt nach Chemnitz bei Kundinnen und Kunden halte und diese mir etwas Verpflegung mitgeben, die ich dann auf dem Konzertgelände kostenlos an die Teilnehmenden verteile.

Mich hat an dieser Aktion besonders begeistert, wie viel Unterstützung ich erfahren habe. Alleine hätte ich das nicht geschafft. Aber dadurch, dass so viele aus dem Unternehmen meine Begeisterung für die Idee übernommen und mich unterstützt haben,

79 Vgl. Hoffmann, Kerstin: Lotsen in der Informationsflut, S. 9, a. a. O.

80 Zientz, Falk: »BS 2018 / 2 – Wir sind mehr!«, in: GLS Bank, Das Blog, 19. November 2018, https://blog.gls.de/bankspiegel/bs-2018-2-wir-sind-mehr-haltung/

und dadurch, dass alle Kundinnen und Kunden, die wir angesprochen haben, sofort bereit waren, sich in irgendeiner Form zu beteiligen, wurde der Plan in kürzester Zeit Realität.

Wir hatten alle viel Spaß an der Aktion. Die Menschen auf dem Konzertgelände haben sich alle darüber gefreut und waren überrascht über die kostenlose Stärkung. Ich bin davon überzeugt, dass auch die Menschen, die nicht vor Ort waren, die sich aber in unterschiedlicher Weise an der Aktion beteiligt oder darüber gelesen haben, ebenfalls das Gemeinschaftsgefühl von #wirsindmehr hatten. Mich hat das Gemeinschaftsgefühl jedenfalls einige Tage lang getragen.

Wie verstehen Sie Ihre Rolle als Corporate Influencer?

SM: Ich habe mir diese Frage nie wirklich gestellt, weil ich mich nicht als Corporate Influencer sehe. Ich denke, um Influencer zu sein, muss man doch deutlich mehr Follower in den einzelnen Social Media haben als ich. Was mich jedoch interessiert, was mir ein Anliegen ist und was mir Spaß macht: darüber zu berichten, was ich mache und was mich bewegt.

Ich bin vollkommen davon überzeugt, dass das, was ich beruflich mache, einen positiven Einfluss auf unsere Gesellschaft nimmt. Aber noch viel zu wenig Menschen kennen die Arbeitsweise der GLS Bank. Deshalb will ich so viel wie möglich darüber erzählen, um meine Begeisterung für meine Arbeit mit anderen zu teilen.

Für mich gehört Authentizität unbedingt dazu. Ich möchte über die Themen berichten, wann, wie und in welcher Form ich das selbst entscheide. Glaubwürdigkeit ist für mich zentraler Punkt. Deshalb habe ich auch kein Interesse daran, zum Beispiel Fotos minutenlang zu arrangieren oder in festgelegten Rhythmen aktiv zu sein, weil es am meisten Follower verspricht. Ich lasse mich viel mehr treiben und vom Momentum beeinflussen.

Was motiviert Sie persönlich dazu, sich für Ihren Arbeitgeber sichtbar zu machen?

SM: Da ich selbst total überzeugt bin, dass die Arbeit aller Kolleginnen und Kollegen der Bank wichtig ist und unsere Gesellschaft positiv beeinflusst, möchte ich mich auch neben meiner »normalen« täglichen Arbeit einbringen, um auf diese Weise mehr Menschen zu erreichen und unseren Impact zu verstärken. Geld ist in unserer Gesellschaft ein enorm großer und wichtiger Hebel. Deshalb ist es wichtig, das Geld dorthin zu bringen, wo es sinnstiftend wirken kann. In Unternehmen, die zukunftsweisende Ideen haben, in erneuerbare Energien, die aktiv Klimaschutz betreiben, in biologisch erzeugte Nahrungsmittel, die Biodiversität und die Fruchtbarkeit von Grund und

Boden gewährleisten, und in Einrichtungen, die das Leben und Lernen von jung bis alt respekt- und würdevoll sicherstellen.

Was bringt Ihr Engagement aus Ihrer Sicht dem Unternehmen?

SM: Ich hoffe, dass mein Engagement dazu führt, dass mehr Menschen von der Bank und unserer Arbeit erfahren. Dass das Profil der Bank schärfer wird. Letztlich erhoffe ich mir, dass mein Engagement dazu beiträgt, die Ziele der Bank, nämlich »die Lebenschancen heutiger und zukünftiger Generationen bewahren und ihre Weiterentwicklung zu fördern« (aus dem Leitbild) zu unterstützen.

Wie gut fühlen Sie sich von Ihrem Arbeitgeber als Corporate Influencer unterstützt, wahrgenommen und wertgeschätzt?

SM: Ich fühle mich gut unterstützt. Wir haben eigene Social-Media-Leitlinien, die für mich den Rahmen bilden, in dem ich mich bewege. Darüber hinaus kann ich jederzeit unseren Social-Media-Verantwortlichen um Rat fragen. Auch wenn ich unterwegs bin, kann ich einfach Fotos an meine Kollegen senden, die diese dann entsprechend kommentiert, verlinkt und so weiter auf den Kanälen der Bank veröffentlichen. Das erleichtert mir den Umgang damit sehr. Wertschätzung habe ich insbesondere nach der Chemnitz-Fahrt erfahren. Der Vorstand hat mir eine sehr nette E-Mail geschrieben, über die ich mich sehr gefreut habe, und auf einer der nächsten Mitarbeiterversammlungen habe ich über die Fahrt berichten dürfen. Darüber hinaus freue ich mich über das Feedback, das ich oft auch analog erhalte.

Wie reagiert Ihr persönliches Umfeld darauf?

SM: Meine Familie und meine Freunde reagieren durchweg positiv auf meine Aktivitäten. Ich erhalte auch im analogen Leben Likes und freundliches Feedback.

Gelegentlich sind einige Menschen auch überrascht darüber, dass ich während meiner Arbeitszeit zum Beispiel zu einem Konzert gegen rechte Gewalt fahre oder gegen den Klimawandel streike. In diesen Momenten ist der Austausch meist besonders wertvoll, da ich gerade dann gut erklären kann, warum ich mich engagiere und was das eigentlich mit »Bank« zu tun hat.

Verfolgen Sie eine bestimmte Personenmarkenstrategie?

SM: Nein, ich verfolge keine bestimmte Strategie. Ich habe mir lediglich vorgenommen, aufmerksam für Aktionen zu sein, die mich interessieren und begeistern. Gerade dann spüre ich nämlich eine besondere Energie, die mir hilft, mich zu engagieren, andere zu begeistern und etwas in die Umsetzung zu bringen. Dabei möchte ich offen für Neues sein, mir zutrauen Ungewohntes auszuprobieren und neue Erfahrungen zu machen (zum Beispiel dieses Interview oder ein Fernsehbeitrag).

Welche Social Media nutzen Sie in welcher Form und welche davon sind Ihre bevorzugten?

SM: Zuerst hatte ich mich nur auf Facebook registriert und dies auch ausschließlich genutzt. Mittlerweile bin ich ebenfalls bei Twitter und Instagram registriert und nutze diese Medien deutlich häufiger als Facebook.

Twitter ist für mich ein Nachrichtenkanal, über den ich mich schnell und direkt informiert fühle.

An Instagram schätze ich insbesondere die Möglichkeit, plakativ mit Bildern über ein Thema zu berichten.

Was bringen Ihnen Ihre Aktivitäten in sozialen Netzwerken?

SM: Zunächst einmal Reichweite. Insbesondere die Inhalte, die von den offiziellen Kanälen der Bank ausgehen, oder diejenigen, die von unseren offiziellen Kanälen geteilt werden, erreichen eine hohe Zahl an Menschen (Twitter 17.734, Instagram 6.922, Facebook 32.230). Ich erhoffe mir, dass durch meine Aktivitäten über die Dringlichkeit diverser Themen genauer informiert wird.

Häufig bekomme ich einen Like oder ein Lob in den Kommentaren, gelegentlich auch ein »Danke für Deinen Einsatz«, darüber freue ich mich natürlich sehr, zeigt es mir doch, dass unsere Bemühungen wahrgenommen und wertgeschätzt werden.

Manche Menschen setzen sich auch kritisch mit unseren Aktionen auseinander. Unter unserem Blog-Eintrag zur Chemnitzfahrt hat sich zum Beispiel jemand kritisch mit der Elektromobilität auseinandergesetzt. Derartige Kritik ist manchmal wertvoller als Lob. Der Fokus wird auf einen weiteren Sachverhalt gerichtet, der die Diskussion intern und extern noch einmal zu einem anderen Punkt führt, der zukünftig in die Betrachtung einbezogen wird.

Woran messen Sie den Erfolg Ihrer Aktivitäten?

SM: Grundsätzlich am Feedback: Was hat wie viele Menschen erreicht und dazu bewegt, eine Rückmeldung zu hinterlassen. Das kann klassischerweise ein Herzchen oder ein Kommentar in Social Media sein, aber auch die direkte Ansprache durch Kolleginnen und Kollegen, Freunde oder Nachbarn.

Nutzen Sie bestimmte Tools?

SM: Nein, ich nutze lediglich die verfügbaren Apps. Ein wichtiges »Tool« ist für mich jedoch die Möglichkeit, Fotos an das Social-Media-Team zu senden, die diese dann bearbeiten, Texte verfassen und dann veröffentlichen.

Haben Sie einen Redaktionsplan oder andere Strukturen?

SM: Nein, das habe ich nicht. Ich will lediglich wachsam für günstige Gelegenheiten, ansprechende Aktionen sein und mir dann den Freiraum nehmen, darauf in irgendeiner Weise zu reagieren.

Gibt es im Unternehmen Social-Media-Guidelines? Wie sehen diese aus, und wie werden sie kommuniziert?

SM: Wir haben einen Leitfaden für den Umgang mit Social Media, der in unserem internen Wissensmanagement veröffentlicht ist. Grundsätzlich gilt, dass Bank- und Betriebsgeheimnisse zu wahren sind und ein respektvoller Umgang gepflegt werden soll.

Darüber hinaus gibt es Empfehlungen, wie man seine Privatsphäre richtig schützt.

Schließlich besteht das Angebot, sich bei Fragen oder Unsicherheiten an unsere Expertinnen und Experten zu wenden, wovon ich auch schon einige Male Gebrauch gemacht habe.

Welche weiteren Aktivitäten – online oder offline – sind für Sie als Markenbotschafter wichtig?

SM: Ich versuche Möglichkeiten zu ergreifen, von denen ich erwarte, dass ich damit Menschen erreichen und über meine Arbeit berichten kann. Normalerweise sind dies: Messen, Podiumsdiskussionen, Workshops, Fachvorträge, Veranstaltungen zur Gewinnung von Neukunden, Veranstaltungen der regionalen Wirtschaftsförderung. Fernsehbeiträge, Podcasts, Radiointerviews oder die Fahrt nach Chemnitz sind bisher seltene Highlights gewesen, haben dafür aber umso mehr Spaß bereitet.

Die größte Reichweite hatte ich sicherlich mit der Dokumentation »Plan B – Mein Geld tut Gutes«, die im ZDF und auf Arte zu sehen war. Daraus resultierte unter anderem auch eine Anfrage für einen Podcast. Auch in einem Interview des Deutschlandfunks durfte ich schon einmal als Ansprechpartner agieren.

Sind Sie mit anderen Markenbotschaftern aus dem Unternehmen vernetzt, gibt es Treffen, nutzen Sie interne Austauschmöglichkeiten?

SM: Ja, es gibt einen monatlichen Austausch per Videokonferenz zwischen unserer Kommunikationsabteilung und Kolleginnen und Kollegen wie mich, die sich regional über Deutschland verteilt dem Thema Öffentlichkeitsarbeit widmen. Darüber hinaus nutze ich gerne die Möglichkeit, außerhalb der organisierten Treffen unsere Spezialisten um Rat zu fragen oder deren Meinung einzuholen.

3.2.9 Markenbotschafter als Themenbotschafter

Themenbotschafter sind oft weit über das Unternehmen, in dem sie angestellt sind, hinaus als Fachleute in ihrem Gebiet bekannt. Sie nehmen ihre Botschafter-Rolle mit, auch wenn sie den Arbeitgeber wechseln. Doch oft sind sie in sehr spezialisierten Branchen unterwegs, in denen wenige Fachleute oft bei wenigen Arbeitgebern jeweils schon einmal gearbeitet haben. Das bedeutet auch: Für einen Themenbotschafter, der womöglich eine neue Stelle bei einem anderen Unternehmen antritt, kommt mit hoher Wahrscheinlichkeit auch wieder ein ähnlich qualifizierter Experte. Wie an anderer Stelle bereits betont: Eine Markenbotschafterstrategie aufzubauen lohnt sich immer, auch wenn dadurch starke Personenmarken entstehen, die dem Unternehmen vielleicht nicht für immer erhalten bleiben. Je besser und nachhaltiger der Vorgänger oder die Vorgängerin das Fachgebiet vertreten hat, desto größer sind die Chancen des jeweiligen Arbeitgebers, auch neue Fachkräfte zu gewinnen.

3.2.10 »Ich sehe mich als Botschafter für Themen« – Interview mit Carsten Meißner (Siemens)

Carsten Meißner ist Senior Consultant, Siemens Smart Infrastructure, Deutschland.

Siemens unterstützt seit 2018 die Mitarbeiterinnen und Mitarbeiter aktiv, sich als Corporate Influencer für das Unternehmen zu zeigen und zu engagieren – beispielsweise im Corporate Blog, aber auch auf Plattformen wie LinkedIn. Dazu werden beispielsweise Schulungen angeboten. Wie sind Sie in diesem Zusammenhang eingebunden?

Carsten Meißner (CM): Da ich mich schon lange mit dem Thema »Social Media« beschäftige, unterstütze ich die Kolleginnen und Kollegen aus meiner Sicht als Best-Practice-Beispiel in unserer Siemens Deutschland SI Community. Auf der anderen Seite planen wir für die Messen, Veranstaltungen und so weiter, welche ich verantworte, gemeinsam Themen und Inhalte für die sozialen Medien.

Wie verstehen Sie Ihre Rolle als Corporate Influencer?

CM: Ich möchte einen anderen Begriff als Corporate Influencer benutzen. Ich sehe mich als Botschafter für verschiedene Themen, zum Beispiel Brandschutz: Da ich schon über 30 Jahre in dieser Branche unterwegs bin, kennt man mich als Experten auf diesem Gebiet. Als Botschafter »brenne« ich ebenso on- wie offline für dieses Thema. Deshalb finden Sie mich auch bei Vorträgen, Messen oder auch bei uns im Siemens-eigenen Showroom in Frankfurt.

Mit den sozialen Netzwerken habe ich mehr Möglichkeiten, das Thema einem breiten Publikum zu präsentieren. Das erweitert natürlich zum einen meine Zuhörerschaft, ermöglicht es mir aber auch, branchenrelevante Themen aus meiner Sicht zu präsentieren und mich so mit anderen Experten und Interessenten der Branchen auszutauschen.

Was motiviert Sie persönlich dazu, sich für Ihren Arbeitgeber sichtbar zu machen?

CM: In meinem Beispiel geht es nicht darum, mich für meinen Arbeitgeber sichtbar zu machen. Hier geht es vielmehr darum, gewissen Themen, mit denen ich mich beruflich täglich beschäftige, eine Stimme oder eine persönliche Note zu verleihen. Ich möchte den Menschen einen Einblick in meine Arbeitswelt geben. Das treibt mich an! Wo ich schließlich arbeite, sieht man in meinem Profil oder in den Kontaktdaten, und da mache ich auch kein Geheimnis draus.

Was bringt Ihr Engagement aus Ihrer Sicht dem Unternehmen?

CM: Dank dem Engagement der Mitarbeiter – auch über Social Media – kann natürlich auch das Unternehmen seine Messages und Themen an neue Zielgruppen und Netzwerke streuen. Das bringt mehr Sichtbarkeit, aber auch mehr Nahbarkeit zu den Personen hinter den Themen und kann so den Dialog zwischen Firma und Kunden fördern. Außerdem ist es natürlich positiv, nach außen zu zeigen, dass unsere Mitarbeiter hinter der Firma und hinter unseren Themen stehen. Auch aus Employer-Branding-Sicht ein spannendes Thema.

Aus meiner Sicht motiviere ich weitere Kollegen und Kolleginnen mitzumachen und ihr Thema nach außen zu transportieren. Ich glaube, dass es wichtig ist, den Mitarbeitern Raum und Freiheit für ihre Arbeitswelt zu geben und dieses mit vielen anderen teilen zu können.

Wie gut fühlen Sie sich von Ihrem Arbeitgeber als Corporate Influencer unterstützt, wahrgenommen und wertgeschätzt?

CM: Ich bekomme sehr viel Unterstützung, zum Beispiel wenn wir neue Lösungen und Produkte auf den Markt bringen oder auf einer Messe ausstellen. Vor allem bin ich im engen Austausch mit unserer Kommunikationsabteilung der SI und bleibe so durch die verschiedenen Meetings und Workshops immer *up to date*.

Wie reagiert Ihr persönliches Umfeld darauf?

CM: Es ist spannend zu sehen, wie unterschiedlich die Menschen darauf reagieren. Wenn ich auf Veranstaltungen oder Messen bin, werde ich manchmal angesprochen, dass mich die Leute kennen. In solchen Augenblicken, denke ich mir, ob es nun Zeit wird, mir eigene Autogrammkarten oder doch eine andere Identität zu besorgen. (*lacht*) Bis jetzt sind die Rückmeldungen immer positiv, und das freut mich sehr.

Kann man Ihrer Meinung nach heutzutage überhaupt in einem Tech-Unternehmen in leitender oder sichtbarer Position und erst recht, wie Sie, im Vertrieb arbeiten, ohne sich als Markenbotschafter zu verstehen?

CM: Nein, meiner Meinung nach repräsentieren Sie automatisch das Unternehmen, in dem Sie arbeiten. Dies ist völlig unabhängig davon, in welcher Position Sie arbeiten, also ob Sie im Vertrieb mit Kunden zu tun haben, im Management sind oder im Büro arbeiten. Wichtig ist, dass Sie authentisch sind und eine gewisse Art von Leidenschaft für Ihren Job haben.

Welche Social Media nutzen Sie, und welche davon sind Ihre bevorzugten?

CM: Ich selbst habe vor vielen, vielen Jahre mit den VZ-Netzwerken begonnen und dann bin ich, wie wahrscheinlich viele Menschen, zu Facebook abgewandert. Mein beruflicher Einstieg in die sozialen Netzwerke war bei XING. Mittlerweile nutze ich beruflich LinkedIn und Twitter. Das hat sich aus meinen internationalen Kontakten ergeben. Hier bekommen Sie einen Einblick in meinen Arbeitsalltag. Ebenso benutze ich diese Netzwerke, um über meine Branche auf dem Laufenden und mit meinen Kollegen und Freunden in Verbindung zu bleiben. Auch als Informationsmedium bietet Social Media viele Möglichkeiten. Privat finden Sie mich eher bei Facebook oder Instagram, und Sie wüssten dann, was mein Hund so macht (*lacht*) oder was es zu essen gibt!

Was bringen Ihnen Ihre Aktivitäten in sozialen Netzwerken?

CM: Generell gefällt es meinem Netzwerk, wenn ich von einem Event, einer Messe oder einem Vortrag berichte. So komme ich mit verschiedenen Menschen aus der Branche oder zu verschiedenen Themen in Kontakt. Als Beispiel: Ich habe von einer Live-Demonstration eines Brandversuchs auf LinkedIn gepostet. Daraufhin hatten mich mehrere Personen angesprochen, und so haben wir einen Besuchstermin bei uns im Showroom zur Vertiefung durchgeführt. Hier konnten einige Kollegen und ich unsere Lösungen rund um Sicherheit und Brandschutz in smarten Gebäuden vorstellen.

Woran messen Sie den Erfolg Ihrer Aktivitäten?

CM: Ich sehe mir genau die Reaktionen und Aktivitäten auf meine Posts an. Hier zählt für mich eher Qualität statt Quantität, das heißt die Anzahl der Likes ist nur bedingt eine Messgröße.

Nutzen Sie bestimmte Tools?

CM: Ja, wir nutzen für unsere Mitarbeiter unterschiedliche Tools, über die wir Corporate-Inhalte zur Verfügung stellen. Ich schreibe aber die meisten meiner Posts selbst, gerade von Messen und Events. Wichtig ist mir, dass ich auf mein Netzwerk authentisch und glaubhaft wirke – da bringe ich gerne meine eigene Persönlichkeit mit in die Posts. Zum Teil prüfe ich natürlich vorab die Hashtags oder Handles, die ich verwende, um meinen Posts möglichst relevante Verlinkungen hinzuzufügen.

Haben Sie einen Redaktionsplan oder andere Werkzeuge und Strukturen?

CM: Für die Corporate-Kanäle gibt es diese. Ich habe für mich einen groben Plan, was für Events oder andere interessante Formate anstehen und was davon für mein Netzwerk spannend sein kann. Natürlich gibt es auch viel Platz für spontane Themen, die ich über Social Media poste. So gibt es immer viel Neues bei mir zu entdecken.

Ein Corporate Influencer ist ja nicht allein auf Social Media beschränkt. Physische Begegnungen mit anderen Menschen sind mindestens genauso relevant: Welche Medien, Plattformen, Aktivitäten sind für Sie besonders wichtig, um sich mit anderen zu vernetzen?

CM: Wie schon anfangs erwähnt, finde ich mich auf verschiedenen Messen, Vorträgen oder Veranstaltungen wieder. Dort bieten sich natürlich viele Kontaktmöglichkeiten zu Besuchern und Interessenten. Mittlerweile vernetze ich mich dort mit den Menschen lieber über soziale Netzwerke, als eine Visitenkarte zu verteilen, die später irgendwo in der Schublade liegt. Das funktioniert ganz gut.

Haben Sie im Unternehmen Social-Media-Guidelines? Wie sehen diese aus, und wie werden sie kommuniziert?

CM: Ja, die haben wir. Diese sollen den Mitarbeitern als Hilfestellung dienen und Mut und Spaß auf Social Media machen. Es gibt gewisse Guidelines – gerade auch in Bezug auf Bildrechte, welche Firmeninhalte dürfen geteilt werden, wie verhält man sich am besten bei kritischen Kommentaren et cetera. Diese werden sowohl in unterschiedlichen Social-Media-Schulungen wie auch über unsere internen Kommunikationskanäle geteilt.

Wie sind Sie mit anderen Markenbotschaftern aus dem Unternehmen vernetzt?

CM: Mittlerweile bin ich mit anderen Markenbotschaftern sehr gut vernetzt und wir tauschen uns untereinander aus. Zum einen wollen wir unser Know-how und unsere Netzwerke teilen, zum anderen Beispiele, wie wir gemeinsame Lösungen in unsere Netzwerke kommunizieren können oder was es für Neuheiten auch im Zuge der Digitalisierung zum Beispiel bei Webinaren gibt.

Man trifft sich auch gerne auf verschiedenen Messen, um zu sehen, wie dort zum Beispiel Live-Interviews für Social Media gemacht werden und was gut ankommt. Somit haben wir eine Vernetzung on- wie offline.

3.2.11 Praxisbeispiel: OTTO-Jobbotschafter[81]

Wie bereits in der Typologie in Kapitel 3.1.5 vorgestellt, hat OTTO in dem Jobbotschafter-Programm verschiedene Rollen definiert. Mitarbeiterinnen und Mitarbeiter, die am Jobbotschafter-Programm teilnehmen, entscheiden sich für eines oder mehrere von sechs Profilen mit unterschiedlichen Schwerpunkten. Entsprechend werden sie auch unterschiedlich geschult und bilden eigene Communitys innerhalb des Markenbotschafter-Teams.

Die sechs verschiedenen Jobbotschafter-Profile von OTTO !

- **Multiplikatoren** unterstützen bei der Markenbildung in Social Media.
- **Socializer** vertreten ihren Arbeitgeber auf Recruiting-Veranstaltungen.
- **Fachexperten** halten auf Recruiting-Events und Kongressen Vorträge über ihr Fachgebiet.
- **Kontakter** stehen Bewerbern als Ansprechpartner für Fragen zur Verfügung und begleiten die Kandidaten im Bewerberprozess.
- **Co-Recruiter** führen Interviews mit Bewerbern.
- **Impulsgeber** helfen dabei, den Bewerbungsprozess und die Arbeitgebermarke weiterzuentwickeln.

81 Ausführliche Beschreibung der Jobbotschafter-Profile: »personal.magazin« 07/2018 (PDF, S. 44), https://www.haufe.de/download/personalmagazin-ausgabe-72018-personalmagazin-454966.pdf

! **Die Influencer-Typologie der Telekom**

Die Corporate-Influencer-Bewegung der Telekom, als Mitarbeiterinitiative gestartet, hat sich ebenfalls zu Rollen ausdifferenziert. Dabei legt Kommunikationschef Philipp Schindera großen Wert darauf, dass die Corporate Influencer nicht zu »Hilfs-Pressesprechern« instrumentalisiert werden und »sehr divers« seien. In einem Vortrag[82] hat er folgende Typologie vorgestellt, die zusammen mit der Uni Leipzig erarbeitet wurde:

- Fachexperte
- Magenta Lover
- Rockstar
- Fürsprecher
- Kundenhelfer
- Impulsgeber
- Vernetzer

Manuela Wild ist eine der Telekom-Botschafterinnen und berichtet im Interview von ihren Erfahrungen.

3.2.12 »Wir arbeiten eigenmotiviert, freiwillig und selbstorganisiert« – Interview mit Manuela Wild (Deutsche Telekom)

Manuela Wild ist Senior Experte Eskalationsmanagement bei der Deutschen Telekom Technik GmbH.

Seit wann sind Sie ein Teil der »Telekom-Botschafter«?

Manuela Wild (MW): Seit August 2018 gehöre ich zu den Telekom-Botschaftern. Ich bin im Intranet auf einen interessanten Beitrag gestoßen. Die Telekom-Botschafter suchten Verstärkung. Das klang spannend – und kurz danach war ich dabei.

Die Botschafter treffen sich regelmäßig zu virtuellen Meetings und darüber hinaus auf verschiedenen Veranstaltungen. Da ich Hobbyfotografin bin, habe ich spontan angeboten, auf einer dieser Veranstaltungen einen Fototermin auszurichten. Der Plan war, einheitliche Profilfotos im Telekom-Design zu machen. Beim Fotoshooting lernte ich dann innerhalb kürzester Zeit einen Großteil der bundesweit verstreuten Botschafter kennen. Und war schlagartig ein Teil von ihnen.

82 Mehr Details dazu im Vortrag: »Corporate Influencer: Segen, Schein, Sein oder heißer Scheiß«, Vortrag von Philipp Schindera, Leiter Unternehmenskommunikation der Deutschen Telekom auf dem Kommunikationskongress 2019 in Berlin, Aufzeichnung auf YouTube: https://www.youtube.com/watch?v=-r2sTlyF7Yw

Wie verstehen Sie Ihre Rolle als Corporate Influencer?

MW: Wir Telekom-Botschafter sind stolz auf unsere Arbeit, unseren Arbeitgeber und die Leistung der Kolleginnen und Kollegen im Konzern. Diesen Werkstolz zeigen wir nach innen und außen und geben der Telekom ein Gesicht. Wir sind präsent und ansprechbar und machen auf Themen aufmerksam, die uns wichtig sind. Für mich sind das vor allem technische Themen und News aus der Branche wie derzeit zum Beispiel 5G.

Wir sind aber keine ausgebildeten Kommunikatoren, die das hauptberuflich machen. Wir geben lediglich einen kleinen Einblick in unseren Arbeitsalltag und auch in unser Privatleben. Wir sind unabhängig von irgendeiner »Direktive« durch zum Beispiel die Kommunikationsabteilung. Wir arbeiten eigenmotiviert, freiwillig und selbstorganisiert.

Was motiviert Sie persönlich dazu, sich für Ihren Arbeitgeber sichtbar zu machen?

MW: Die Telekom ist einfach ein toller Arbeitgeber. Ich liebe meinen Job und unser Unternehmen und zeige das auch gerne. Vor Kurzem sprach ich darüber mit dem Patenkind einer Freundin. Sie macht bald ihr Abi und fragt sich, wie es danach für sie weiter geht. Müsste ich mich heute noch mal entscheiden, wäre der erste Schritt ein duales Studium in einem Konzern wie der Telekom. Durch die vielen verschiedenen Aufgabenbereiche bietet das so viele Entwicklungsmöglichkeiten. Solche Erfahrungen gebe ich gerne weiter. Besonders weil wir dadurch vielleicht junge Talente für unser Unternehmen gewinnen können.

Ein weiterer Punkt ist das öffentlich gezeichnete Bild von uns in den Medien. Es kommt mir stellenweise recht einseitig vor, und das schmerzt mich. Der Blick von außen gibt nicht immer alles korrekt wieder. Daher bringe ich gerne meinen Blickwinkel – den einer Mitarbeiterin – in die Diskussion mit ein.

Was bringt Ihr Engagement aus Ihrer Sicht dem Unternehmen?

MW: Die Telekom und ihr Image haben sich in den letzten Jahren stark gewandelt. Wir Botschafter machen auf die tolle Arbeit der Kolleginnen und Kollegen aufmerksam. Und darauf, dass wir durchaus stolz sein können. Das motiviert und hilft auch bei zukünftigen Aufgaben. Unser Zusammengehörigkeitsgefühl ist sehr ausgeprägt. Und das bei einem Netzwerk von mittlerweile 150 Mitarbeitern aus den unterschiedlichsten Bereichen des Unternehmens.

Entscheidend ist hier, dass zuerst die Menschen zusammengekommen sind. Danach haben wir gemeinsam unsere Strategie und folgende Mission entwickelt:

»Wir begeistern mit *magenta Werkstolz* unsere Kunden und Kollegen. Wir helfen, motivieren und geben der Telekom ein persönliches Gesicht.«

Das lässt sich gut mit unseren drei Hashtags zusammenfassen:
1. #LoveMagenta: Unternehmenswahrnehmung positiv beeinflussen
2. #WeilJederKundeZählt: Kunden helfen und gewinnen
3. #Werkstolz: Kollegen motivieren und gewinnen

Wir unterstützen uns gegenseitig und ermöglichen einander den Blick über den Tellerrand. Auch wenn jemand ein für ihn unlösbares Problem hat, findet sich in der Regel ein Botschafter aus dem passenden Fachbereich, der weiterhelfen kann. Der Einsatz als Botschafter ist übrigens absolut freiwillig. Wir werden dafür nicht bezahlt, wir werden nicht gesteuert und wir investieren sogar unsere Freizeit. Warum sich das lohnt? Unser Engagement bietet anderen Menschen einen Einblick in unsere Unternehmenskultur. Die authentische Begeisterung trägt in meinen Augen erheblich zur Wertsteigerung der Marke bei.

Wie gut fühlen Sie sich von Ihrem Arbeitgeber als Markenbotschafterin unterstützt, wahrgenommen und wertgeschätzt?

MW: Unser Arbeitgeber nimmt uns deutlich wahr, bis ins hohe Management. Vermutlich auch, weil wir schwer zu ignorieren sind. Was wir tun, stößt aber nicht immer auf Verständnis und Gegenliebe. Für einige sind wir zu grell. Andere wüssten mit ihrer Freizeit besseres anzufangen. Aber wir lieben es – und insgesamt bringt uns das Unternehmen eine enorme Wertschätzung entgegen. Bei unserem letzten Netzwerktreffen überraschte uns sogar der CEO mit einem Besuch. Es war wahnsinnig aufregend, sich mit unserem obersten Chef auszutauschen. Im Anschluss nahm er sich noch Zeit für ein Gruppenfoto und war auch danach sehr geduldig bei den unzähligen Selfie-Wünschen.

Wie reagieren Kolleginnen und Kollegen darauf, die nicht Teil des Programms sind?

MW: Die Reaktionen sind sehr unterschiedlich, was bei einem Unternehmen unserer Größe nicht verwunderlich ist. Es gibt durchaus Kolleginnen und Kollegen, für die es vielleicht so aussieht, als würden wir nur der hippen Farbe Magenta hinterherrennen.

Im Grunde ist aber jeder Mitarbeiter immer auch ein Botschafter. Das äußert sich nur sehr unterschiedlich. Es gibt wohl kaum einen Kollegen, der nicht schon mal im Bekanntenkreis bei einem Problem geholfen oder zu einem Produkt beraten hat. Auch das ist »Botschafter-Sein«.

Bei den meisten Telekom-Botschaftern geht es darüber hinaus. Wir sind sehr verbunden mit dem Netzwerk, dem Unternehmen und auch mit der Unternehmensfarbe Magenta. Das ist auch für Kollegen nicht immer nachvollziehbar. In letzter Zeit steigen aber zusehends das Interesse und der Zuspruch. Immer öfter werde ich auf die Aufkleber auf meinem Notebook angesprochen, vor allem das flammende magentafarbene Herz ist sehr begehrt. Immer mehr Kolleginnen und Kollegen wollen ihren Werkstolz im Alltag zeigen.

Wie reagiert Ihr persönliches Umfeld darauf?

MW: Mein Umfeld reagiert sehr positiv. Viele finden es toll, dass ich meinen Beruf mit so viel Leidenschaft ausüben kann. Und das sehe ich selbst ganz genauso. Wir verbringen nirgendwo so viel wache Zeit wie auf der Arbeit. Da sollten wir das, was wir machen, doch richtig gerne machen …

Augenscheinlich übertreibe ich es aber manchmal ein wenig mit der Leidenschaft. Ich besitze mittlerweile einen beachtlichen »Magenta-Fundus«. Dieser wächst stetig an, auch durch Geschenke von Freunden. Alle wissen, wie sehr ich mich für magentafarbene Gimmicks begeistere. Das könnte mit meiner in Magenta beleuchteten Küche oder den magentafarbenen Glitzer-Turnschuhen zusammenhängen, um nur zwei Beispiele zu nennen.

Meine Nachbarn wissen auch, wo ich arbeite. Da berate ich schon mal über den Gartenzaun zu einem neuen Produkt oder beantworte eine Frage.

Verfolgen Sie eine bestimmte Personenmarkenstrategie?

MW: Durch die Botschafter hatte ich die Gelegenheit, an einem Social-Media-Coaching teilzunehmen. Auch wenn das Programm ganz gut war, ist die Antwort auf die Frage »nein«. Ich verfolge keine Strategie. Mein Ziel ist es auch nicht, in möglichst kurzer Zeit eine große Followerschaft aufzubauen. Mir ist es wichtiger, authentisch zu sein. Das beinhaltet in meinem Fall auch, dass es Phasen gibt, in denen ich weniger aktiv bin. Tatsächlich stehe ich auch nicht so gern im Mittelpunkt. Da haben wir andere Charaktere, für die es ganz natürlich ist, auf dieser Bühne zu stehen. Die machen das toll! Diese Kollegen haben teilweise mehrere tausend Leute, die sich interessieren und das Geschehen verfolgen. Ich selbst bin eher irritiert, wenn mich jemand anspricht und sagt: »Hey, dich kenne ich von Twitter!«

Mein Beitrag zur Community konzentriert sich mehr auf den organisatorischen Teil. Dazu gehört alles von der Gestaltung der Strukturen des Netzwerkes bis zur Organisation der Netzwerktreffen oder KitchenTalks zu ausgewählten Themen.

Welche Social Media nutzen Sie, und welche davon sind Ihre bevorzugten?

MW: Mein bevorzugter Kanal ist Twitter. Hier gefällt mir, dass die Informationen als kleine Häppchen kommen. Auch wenn ich mal nur fünf Minuten Zeit habe, lohnt es sich reinzuschauen. Außerdem ist es hier sehr einfach, sich einen passenden Infostream zusammenzustellen.

Auch auf LinkedIn lese ich sehr aktiv, poste aber eher unregelmäßig. LinkedIn ist für mich eine Art erweitertes Adressbuch: eine tolle Gelegenheit, mit neuen Bekanntschaften in Kontakt zu bleiben. Wenn ich etwas mehr Zeit habe, finden sich hier immer interessante Artikel.

Wie sahen Ihre Social-Media-Aktivitäten aus, bevor Sie sich als Telekom-Botschafterin engagiert haben? Hat sich dadurch etwas verändert?

MW: Früher war ich auf Facebook recht aktiv. Den Account habe ich aber schon gelöscht, bevor ich zu den Botschaftern gestoßen bin. Damit hatte ich mich von meinen Social-Media-Aktivitäten verabschiedet (LinkedIn ausgenommen). Durch die Botschafter kam ich dann zu Twitter. Der Neuanfang war gut für mich. Auf Twitter finde ich viele interessante Inhalte, die ich in kleinen Häppchen zwischendurch verarbeiten kann. Mal mehr, mal weniger, je nachdem, wie es gerade passt.

Man kann also sagen, dass meine Social-Media-Aktivitäten durch die Botschafter überhaupt erst wiederaufkamen, und ich bin sehr froh darüber. Dadurch habe ich so viele interessante Menschen kennengelernt – innerhalb und außerhalb der Telekom.

Was bringen Ihnen Ihre Aktivitäten in sozialen Netzwerken?

MW: Mir persönlich bringen meine Aktivitäten sehr viel. Ich empfinde es als bereichernd, mich mit anderen auszutauschen. Über die sozialen Medien trifft man Menschen, die man sonst nie kennengelernt hätte. Dadurch kommen bisweilen auch völlig neue Sichtweisen ins Spiel. Es ist außerdem eine gute Gelegenheit, sich mit Menschen außerhalb des Unternehmens zu vernetzen. Sei es online oder durch Events, von denen man ohne Social Media gar nichts mitbekommen hätte.

Das gilt natürlich auch für die Auseinandersetzungen mit Kritikern. Eine neue Sichtweise kann hilfreich sein, um ein Thema anders zu betrachten. Ein offener Dialog ebenso. Das ist für beide Seiten gut.

Nutzen Sie bestimmte Tools?

MW: Nein, ich nutze keine Tools. Ich arbeite nicht hauptberuflich in der Kommunikation. Daher ist auch die Zeit begrenzt, die ich investieren kann. Meistens kommuniziere ich aus dem Bauch heraus. Ich sehe etwas Interessantes und teile oder kommentiere es. Das trifft mal auf mehr Resonanz, mal auf weniger.

Es gibt ja zahlreiche Tools, mit denen ich zum Beispiel Warteschlangen für Beiträge einrichten könnte, die dann kontinuierlich etwas posten. Davon halte ich persönlich nicht so viel. Unsere Branche ist sehr schnelllebig. Wenn ich etwas mit meiner Community teilen möchte, tue ich das sofort und plane nicht eine Woche im Voraus.

Haben Sie einen Redaktionsplan oder andere Strukturen?

MW: Wir haben bei den Botschaftern keinen Redaktionsplan. Wir tauschen uns jedoch wöchentlich in einem großen Call über Themen innerhalb und außerhalb unseres Konzerns aus, die für uns inspirierend sein können.

Natürlich haben wir innerhalb des Netzwerkes Strukturen. Ab einer gewissen Größe würde es sonst schwierig. In unserem Kernteam finden sich einige Kollegen zusammen, die verschiedene Rollen und Verantwortlichkeiten übernommen haben. Dazu gehört zum Beispiel unser Aufnahmeprozess, die Social-Intranet-Präsenz oder unser Newsletter. Es geht darum, Kontakt zu halten und alle Botschafter mit den Informationen und der Unterstützung zu versorgen, die sie brauchen. Generell setzt jeder Botschafter seinen eigenen Themenschwerpunkt und entscheidet auch selbst über den zeitlichen Einsatz. Wir sind auch alle mit unseren persönlichen Accounts unterwegs.

Wie bringen Sie die Aktivitäten in sozialen Netzwerken mit Ihrer eigentlichen Arbeit in Einklang? Sind Sie schon einmal in Zeitnot geraten? Gibt es seitens der Kolleginnen und Kollegen Bedenken, dass Sie zu viel Zeit damit verbringen?

MW: Nein, hier gibt es keine Probleme. Meine Priorität gilt meinem Hauptjob. Dafür bin ich eingestellt, und dafür werde ich bezahlt. Die Botschafter-Aktivitäten laufen zum Großteil in meiner Freizeit ab. Unsere gemeinsamen Telefonkonferenzen fallen zeitlich in meine Kernarbeitszeit, deshalb kann ich nur ab und zu daran teilnehmen. Die Regelarbeit geht aber natürlich vor, was ich auch enorm wichtig finde. Wenn wir unsere eigentlichen Aufgaben auch nur in Ansätzen vernachlässigten, wäre die Akzeptanz unter den Kollegen deutlich geringer.

Ein Corporate Influencer ist ja nicht allein auf Social Media beschränkt. Physische Begegnungen mit anderen Menschen sind mindestens genauso relevant: Welche Medien, Plattformen, Aktivitäten sind für Sie besonders wichtig?

MW: Persönliche Treffen sind enorm wertvoll, vor allem auch innerhalb des Netzwerkes. Unser Botschafter-Kernteam trifft sich regelmäßig zu Präsenzmeetings, um den organisatorischen Rahmen zu erarbeiten. Es ist mir wichtig, mein Team regelmäßig zu sehen. Das verbessert die Zusammenarbeit ungemein. Und das gilt auch für das Botschafter-Team.

Darüber hinaus sind wir regelmäßig auf Barcamps oder anderen Veranstaltungen vertreten. Wir haben auch viel Kontakt über die Arbeit hinaus. Wir treffen uns regelmäßig an verschiedenen Standorten. Das fängt beim gemeinsamen Mittagessen in der Kantine an und geht über gemeinsame Grillabende bis hin zur Weihnachtsfeier. Das schweißt zusammen und gibt jedes Mal einen kleinen Motivationsschub.

Hat Ihre Sichtbarkeit als Corporate Influencer aus Ihrer Sicht auch Nachteile?

MW: Natürlich gibt es im Netz immer mal wieder kritische Stimmen. Nicht alle Menschen teilen unser Gemeinschaftsgefühl. Manche begegnen dem mit einer gewissen Skepsis und bringen das auch zum Ausdruck. Ich selbst habe noch keine allzu negativen Erfahrungen gemacht. Aber klar kommt es vor, dass man sich mal einen ruppigen Kommentar einfängt.

Ich gehöre auch zu den Menschen, die für ihr Leben gern diskutieren. Meine Aussagen geben immer meine persönliche Meinung wieder und nicht zwingend die Sichtweise des Unternehmens. Ich versuche aber im Hinterkopf zu behalten, dass ich klar als Mitarbeiterin erkennbar bin. Dadurch besteht natürlich die Möglichkeit, dass ein Leser hier eine offizielle Meinung des Unternehmens hineininterpretiert.

4 Markenbotschafterstrategie: Leitfaden und Bausteine

Die Erarbeitung jeder Kommunikationsstrategie enthält typische Elemente. Sie bezieht sich auf die strategischen Ziele des Unternehmens, definiert Kommunikationsziele bezogen auf spezifische Zielgruppen, definiert das eigene Angebot und die Alleinstellung, formuliert den Kundennutzen, um dann Themen, Medien, Inhalte und die operative Umsetzung zu planen. Für die Erarbeitung von Markenbotschafterstrategien habe ich ein 5-Phasen-Modell entwickelt, das Sie durch die Erarbeitung führt. Darin sind Schnittstellen zu Unternehmens- und Kommunikationsstrategie berücksichtigt. Wie unterschiedlich solche Markenbotschafterprojekte und die daraus resultierenden Strategien und Programme ausfallen, haben Sie bereits im Best-Practice-Teil gesehen. In seinem Ablauf ist dieser Leitfaden so variabel gehalten, dass er sich auf ganz unterschiedliche Projekte in sehr unterschiedlichen Unternehmen unter sehr unterschiedlichen Voraussetzungen individuell anwenden lässt. Nutzen Sie den vorgegebenen Rahmen, um Ihr Projekt zu organisieren – und gehen Sie gegebenenfalls nochmals zu den Praxisbeispielen sowie den Best-Practice-Interviews zurück, um sich Anregungen zu holen.

4.1 Voraussetzungen schaffen: Erfolgsfaktoren für jede Markenbotschafterstrategie

Gibt es bestimmte Faktoren, die in so gut wie allen Projekten dafür sorgen, dass diese erfolgreich ablaufen? Welche Bedingungen können (und sollten) Sie schaffen, damit die Markenbotschafterstrategie in Ihrem Unternehmen erfolgreich umgesetzt wird? Denn nur so kann sie ihre Außenwirkung entfalten und im Sinne des Arbeitgebers ebenso wie zum Nutzen aller Beteiligten zu sichtbaren Erfolgen führen. Hier sind 16 entscheidende Erfolgsfaktoren.

1. Zuallererst: zufriedene Mitarbeiter

Markenbotschafterstrategien bauen darauf auf, dass die Mitarbeitenden sich für einen Arbeitgeber zeigen, auf den sie stolz sind oder bei dem sie sich zumindest wohlfühlen. #Werkstolz heißt beispielsweise der Hashtag zur Corporate-Influencer-Bewegung der Telekom (vgl. Kapitel 3.2.12).[83] Die Arbeit an einer Markenbotschafterstrategie ist immer auch Arbeit an der Unternehmenskultur, und idealerweise stärkt sie Identifikation und Zugehörigkeitsgefühl. Das gilt aber eben nur, wenn die Vorzeichen bereits

83 Vgl. Ebner, Winfried: »#Werkstolz: Das Telekom-Botschafter Programm«, in: winfriedebner.de, 15. März 2017.

stimmen. Stolz oder Mitarbeiterzufriedenheit kann man nicht einfordern, und wenn diese Voraussetzungen nicht erfüllt sind, dann gibt es zunächst andere Baustellen. Denn vergessen Sie bitte nicht: Auch unzufriedene Mitarbeitende sind Markenbotschafter. Sie sprechen häufig vor allem im privaten Kreis über ihren Arbeitgeber, und das hinterlässt bei den Zuhörern dann ein zwar authentisches, aber nicht immer günstiges Bild. Solchen Markenbotschaftern kann man jedoch keine besseren Botschaften in den Mund legen, indem man ein entsprechendes Programm aufsetzt. Im Gegenteil: Ist die Stimmung schon mies, dann kann der Versuch der Geschäftsleitung oder der Unternehmenskommunikation, die Mitarbeitenden zu PR-gesteuerten Positivmeldungen zu bewegen, die Situation sogar noch verschlimmern.

Daher lohnt es sich also, ganz zu Beginn der Arbeit an einer Markenbotschafterstrategie noch einmal gezielt auf die Unternehmenskultur zu schauen und die Mitarbeiterzufriedenheit zu untersuchen. Wenn es bereits deutliche Anzeichen für Unzufriedenheit im Unternehmen generell oder in einzelnen Bereichen gibt, dann ist dies in der Regel bereits bekannt – wobei die Bereitschaft von Entscheidern, das anzuerkennen, durchaus sehr unterschiedlich ausfallen kann. Auch wird man es nie allen Mitarbeitenden recht machen können. Einige Nörgler und Meckerer findet man in jedem Unternehmen, auch in solchen, in denen die meisten sehr zufrieden sind. Jedoch kann es sich als sinnvoll erweisen, eine Mitarbeiterbefragung durchzuführen. Oft erlebt man dabei einige Überraschungen, auch positive. Zuweilen zeigt sich aber Handlungsbedarf an Stellen, wo keiner der Entscheider ihn erwartet hätte. Alleine für solche Erkenntnisse lohnt es sich meistens, über eine Markenbotschafterstrategie nachzudenken. Denn, nochmals: Jede Verbesserung in der Mitarbeiterzufriedenheit ist bereits ein Schritt zu besseren Markenbotschaftern, explizite Strategie hin oder her.

2. Eindeutiges Bekenntnis und Engagement der Geschäftsleitung

Keine Markenbotschafterstrategie ohne oberste Markenbotschafter: Das gilt nicht nur in der Außenwirkung, sondern auch für die interne Unternehmenskommunikation. »Inhaber steht nicht hinter seinem Unternehmen = unglaubwürdig« bringt es ein Befragter[84] der Studie »Markenbotschafter – Corporate Influencer« auf den Punkt. Nicht selten sind auch Kommunikationsverantwortliche und deren Mitarbeitende frustriert darüber, dass sie ein Bewusstsein für die Bedeutung sichtbarer Personenmarken in das Unternehmen hineintragen sollen, während zugleich die Führungsetage in sozialen Netzwerken nahezu unsichtbar ist. Nur etwa ein Drittel der Studienteilnehmer, die fast alle ein Bewusstsein und eine grundsätzliche Offenheit für das Corporate-Influencer-Thema mitbringen, stimmte der Aussage zu: »Stichwort Social CEO:

84 Verantwortlicher Unternehmenskommunikation/Marketing/PR, KMU: Andere, Branche: Energie-Handel, 50-249 Beschäftigte, Mann, 38–47 J., in: »Markenbotschafter – Corporate Influencer, Zum Stand in den Unternehmen«. Auswertung der Umfrage der Markenbotschafterschmiede – ein Angebot von Dr. Kerstin Hoffmann, Dezember 2019, S. 35, www.markenbotschafterschmiede.de/studie/

Angehörige der Unternehmensleitung machen sich in sozialen Netzwerken sichtbar für das Unternehmen stark.«

Eigene persönliche Erfahrungen bestätigen dies: In den Kundenprojekten, in denen sich C-Level, Vorstand und die Angehörigen der weiteren Führungsebenen aktiv in das Projekt einbringen, ist die Bereitschaft der Mitarbeitenden deutlich höher, sich zu engagieren und für das Unternehmen zu zeigen. Bleibt ein solches Engagement der Führungsebene aus, stellt sich schneller Frustration auf allen Ebenen ein.

In den Interviews, die ich für dieses Buch geführt habe, finden Sie gleich mehrere gute Beispiele für oberste Markenbotschafter, denen es gelingt, weitere Beteiligte aus dem Unternehmen mitzuziehen. Damit allein ist es jedoch auch noch nicht getan. Ein gut sichtbarer, medienaffiner Social CEO allein macht noch nicht die übrige Belegschaft zu überzeugten guten Markenbotschaftern. Dazu gehören zum einen die bereits genannte Zufriedenheit und Identifikation mit dem Unternehmen. Zum anderen steht und fällt aber der Erfolg eines solchen unternehmensweiten Programms nicht nur mit der Vorbildfunktion der Vorgesetzten, sondern vor allem damit, wie gut sich die Mitarbeitenden von ihnen unterstützt und wertgeschätzt fühlen. Dazu aber brauchen die betreffenden Entscheider nicht selten ein gewisses Ausmaß an Coaching und Begleitung.

3. Strategische Basis

Bei der Erarbeitung von Kommunikations- und Contentstrategien zeigt sich erstaunlich oft – auch und gerade in größeren Unternehmen –, dass den Ausführenden gar keine ausgeschriebenen strategischen Zielvorgaben bekannt sind, sondern dass PR und Unternehmenskommunikation sehr taktisch betrieben werden. Das bedeutet: Alle Beteiligten arbeiten mit angenommenen Zielen, die sie sich selbst erschlossen haben, oder mit vagen Vorgaben, über die ein gewisses Einverständnis besteht: »mehr Umsatz«, »neue Kunden«, »weitere Marktanteile erschließen«. Dies sind insofern keine wirklichen Ziele, weil es gar keine KPI (Key Performance Indicators) gibt, also quantitative Messgrößen oder qualitative Indikatoren, die zeigen, ob das Ziel erreicht ist. Nicht selten arbeitet jede Abteilung mit anderen angenommenen Zielen, die kaum je untereinander abgeglichen werden.

Eine Markenbotschafterstrategie ist kein abgekoppeltes Projekt, sondern gehört zur Unternehmensstrategie und ist eng an die Kommunikationsstrategie angeschlossen. Je weniger hier ein Abgleich stattfindet, desto mehr zahlt das Handeln des Einzelnen auf dessen persönliche Ziele ein. Es kommt eben stets darauf an, was der oder die Einzelne für sich selbst am nützlichsten befindet. Dies kann man ihnen nicht zum Vorwurf machen. Denn es geschieht dann, wenn es keine klar kommunizierten strategischen Leitplanken gibt, die für alle verbindlich sind.

Wer als Markenbotschafter zum Unternehmenserfolg beitragen will, braucht Informationen darüber, wie dieser Erfolg aussehen und wie er erreicht werden soll. Daher ist die Erarbeitung strategischer Ziele und deren Aufbereitung für die Kommunikation in das Unternehmen hinein essenziell. In einer Unternehmenskultur, in der alle das Gefühl haben, gemeinsam zu etwas größerem Ganzen beizutragen, kann sich eine Markenbotschafterstrategie am besten entfalten und dann auch die beste Wirkung nach innen wie nach außen erzielen.

4. Leitbild und Werte

Allein um zu Gewinnzielen beizutragen, engagiert sich niemand aus der Belegschaft als Markenbotschafter. Ein Engagement als Corporate Influencer – und überhaupt die Identifikation mit dem Unternehmen – hat immer etwas mit dem Werteverständnis der Beteiligten zu tun. Sehr viele Unternehmen haben Leitbilder, doch wie gut diese sind, entscheidet sich nicht an deren grafischer Aufbereitung auf Plakaten für die Vorstandsetage. Es entscheidet sich an der gelebten Unternehmenskultur. Fehlen Strategie und Leitbild ganz, dann bleibt es wiederum den Einzelnen und dem Zufall überlassen, ob sich ein Gefühl der Gemeinsamkeit einstellt.

5. Flexible Strukturen

Wo viele Personenmarken zusammenwirken, braucht man verbindliche Vereinbarungen sowie eine gute Organisation der Zusammenarbeit, der Content-Erarbeitung und der Kommunikation nach außen. Bestimmte grundlegende Fragen müssen in jedem Unternehmen geklärt sein, angesichts der Tatsache, dass heute jeder einzelne Mitarbeiter und jede einzelne Mitarbeiterin eine Schnittstelle in die Öffentlichkeit darstellt. Die Bedingungen in der digitalen Welt wandeln sich so schnell, dass größere Organismen nur dann auf Dauer bestehen können, wenn ein konstruktiver Austausch besteht. In Firmen, in denen jeder besitzergreifend auf seinem eigenen Wissen sitzt, um den eigenen Arbeitsplatz zu sichern, ist die interne Evolution zu langsam, um mit den Entwicklungen insgesamt mithalten zu können.

Es ist mir bewusst, dass es für viele Unternehmen ein sehr weiter Weg sein wird, grundlegende Strukturen (nicht nur) in der Kommunikation zu verändern und aus einem internen Konkurrenzdenken in eine Kultur des gemeinsamen Wachstums zu wechseln. Doch die weltweiten Veränderungen werden sich noch in einem Ausmaß auswirken, das wir jetzt nicht annähernd absehen können. Eine Öffnung nach innen und nach außen muss und wird in vielerlei Hinsicht geschehen. Denn es wird immer mehr Energie kosten, Informationen unter Verschluss zu halten, so dass dies irgendwann mit vertretbaren Mitteln gar nicht mehr funktioniert, wenn die Organisation noch arbeitsfähig bleiben will. Zweifellos kann es in manchen Unternehmen noch eine ganze Weile dauern, bis sich die Kommunikationskultur, die sich gesamtgesellschaftlich rasant verändert, auf die Art und Weise auswirken wird, wie intern kommuniziert und gearbeitet wird. Dennoch gibt es auch in diesem Bereich Vorreiter, und alle anderen sollten sich dringend damit auseinandersetzen, ob sie für die Veränderungen der nächsten Jahre gerüstet sind oder ob ihre starren Hierarchien und die fehlende Offenheit untereinander sich immer mehr als Wettbewerbsnachteil auswirken werden.

6. Hilfreiche Leitlinien

Damit sich alle Beteiligten, in sozialen Netzwerken ebenso wie im direkten Kontakt, sicher fühlen und Orientierung haben, brauchen sie gemeinsame Leitlinien. Zu einer gemeinsamen Strategie, die für alle Beteiligten klar und nachvollziehbar ist, gehören auch Social-Media-Guidelines, die idealerweise eine gewachsene Best Practice spiegeln statt starrer Anordnungen. Viele Unternehmen verfügen bis heute nicht über solche Leitlinien. Wo sie vorhanden sind, umfassen sie in vielen Fällen nur die gleichen grundsätzlichen Empfehlungen, die in der Regel jedem einigermaßen medienkompetenten Menschen ohnehin längst klar sind. Vor den gängigen Fehlern bewahren sie meistens schon deswegen nicht, weil sie selten gelesen und noch seltener verinnerlicht werden.

Geheimhaltungsvereinbarungen im Arbeitsvertrag, Sprachregelungen, Verhaltenskodizes: All dies hat es in Unternehmen schon immer gegeben. Dennoch fällt es nicht jedem Menschen gleichermaßen leicht, solche verbindlichen Vereinbarungen auch in die digitale Welt zu übertragen. Da werden dann eben zum Beispiel in privaten WhatsApp-Gruppen Informationen ausgetauscht, die so niemals hätten weitergegeben werden dürfen. Es wird also in solchen Fällen nicht erkannt, dass beispielsweise gegen eine Geheimhaltungsvereinbarung verstoßen wird oder eine bestimmte Äußerung nicht mit dem Arbeitsvertrag vereinbar ist. Allerdings brauchen viele Mitarbeitende an manchen Stellen viel weniger Anleitung, als manchmal angenommen wird – an anderen dagegen gilt es, noch Bewusstsein zu schaffen und Hilfestellung zu leisten.

Konkrete Beispiele statt Allgemeinplätzen sind gefragt, damit die oder der Einzelne die persönliche Relevanz erkennt. Doch das Bewusstsein für einen sinnvollen gemeinsamen Erarbeitungsprozess im Umgang mit digitalen Medien erreicht man nicht in einem noch so gut formulierten Dokument, selbst wenn es multimedial unterstützt wird. Es bedarf eines Prozesses der Implementierung und gemeinsamen Erarbeitung. Denn es geht darum, Bewusstsein zu schaffen, Eigenverantwortung zu fördern und einen ganzheitlichen Struktur- und Kulturwandel in diesen sich schnell verändernden digitalen Zeiten zu begleiten. Insofern ist das Projekt immer auch innerhalb der gesamten Digitalisierungsstrategie zu betrachten.

7. Konstruktive Fehlerkultur

Auf allen Unternehmensebenen sollte das Bewusstsein verbreitet sein, dass in der schnellen digitalen Kommunikation Fehler nicht nur passieren können, sondern dass sie passieren werden. Eine vernünftige Kultur des Umgangs mit Fehlern ist daher integraler Bestandteil jeder guten Kommunikationsstrategie und daher auch der Markenbotschafterstrategie.

Gelingt es, eine gewandelte Kultur der Kollaboration zu etablieren, in der Mitarbeitende Fehler zugeben und alle daraus lernen können, verschafft dies dem betreffenden Unternehmen einen enormen Evolutionsvorsprung. Zudem ermächtigt es die einzelnen Mitarbeitenden, eigene Verantwortung zu übernehmen. Insgesamt lässt sich beobachten, dass die Angst im Unternehmen insgesamt sinkt, Unabgestimmtes oder Unangemessenes könnte nach außen dringen und der Firma schaden. Es leuchtet ein, dass die Ermächtigung des einzelnen Mitarbeitenden dazu führt, dass erheblich weniger Abstimmungsaufwand entsteht. Reaktionszeiten verkürzen sich. In Zeiten, in denen Unternehmen sowohl im Ganzen als auch in einzelnen Einheiten immer agiler und flexibler werden müssen, werden solche Vorteile unter Umständen nicht nur über den relativen Erfolg entscheiden, sondern buchstäblich über das wirtschaftliche Überleben von Firmen und Konzernen.

Es versteht sich jedoch zugleich, dass gerade eine solche Flexibilität und Agilität ganz klare Absprachen sowie ein gemeinsames Werteverständnis in der Firma erfordern. Dies stellt natürlich auch erhöhte Anforderungen an die Integration von neuen Mitarbeitenden. Zudem bedarf es klarer interner Kommunikation darüber, welche Inhalte für die Öffentlichkeit oder für Teilöffentlichkeiten gedacht sind beziehungsweise welche ein Betriebsgeheimnis bleiben müssen.

Wer ein solches Vertrauen genießt, sich auch nach außen hin, unabhängig von der Position im Unternehmen, für dieses zu äußern, muss es sich erst einmal verdienen. Auch dafür muss es Kriterien geben. Es muss gegenseitige Unterstützung stattfinden, etwa über ein internes Mentoring-Programm. Es muss das gemeinsame Verständnis bestehen, dass bei einer solchen Offenheit eben auch Fehler passieren werden; die Frage hierbei lautet nicht *ob*, sondern nur *wann*. Hierfür müssen im Vorhinein innerhalb des Konzepts für die Krisenkommunikation, welches ja ohnehin in jedem Unternehmen vorhanden sein muss, entsprechende Szenarien entwickelt werden. Zugleich darf man angesichts eines solchen Fehler- und Problembewusstseins jedoch nicht die Tatsache aus dem Blick verlieren, dass Flexibilität, Offenheit und flache Abstimmungshierarchien immer noch die möglichen Nachteile und Gefahren überwiegen.

8. Erkennbarer Nutzen für die Einzelnen

Wer den Wert einer aktiven Strategie mit Mitarbeiter-Markenbotschaftern bereits verinnerlicht hat, vergisst schon einmal, dass dies nicht für alle anderen potenziellen Beteiligten automatisch ebenfalls gilt. Doch es gelingt nur dann, alle mitzunehmen, wenn auch jeder den Nutzen einer solchen Vorgehensweise erkennt. Daher ist dieser Hinweis keineswegs banal. Vor der externen Kommunikation steht daher immer die interne, und vor dieser wiederum die Zielgruppenanalyse. Denn die Bedürfnisse der

Einzelnen sind oft ganz unterschiedlich, daher sollte auch die Nutzen-Argumentation unterschiedlich aussehen. Der Nutzen einer Markenbotschafterstrategie für das Unternehmen ist nicht zwangsläufig oder komplett identisch mit dem Nutzen für den Einzelnen – zumindest nicht unmittelbar. Die Erkenntnis, dass es für alle Betriebsangehörigen besser ist, wenn das Unternehmen im Markt gut da steht, liegt, je nach Position und Identifikationsgrad des Betreffenden mit den Arbeitgeberzielen, schon auf einer relativ hohen Abstraktionsebene. Zumindest ist sie nicht direkt erfahrbar. Damit jemand sich engagiert und im Zweifel mit der gesteigerten Sichtbarkeit auch – zumindest nach eigener Wahrnehmung – gewisse Risiken eingeht, muss er oder sie schon einen unmittelbareren persönlichen Nutzen erkennen. Das kann beispielsweise ein Bewusstsein für den gesteigerten eigenen Personenmarkenwert sein, persönliche Anerkennung, mehr Freiraum in der medialen Nutzung aber auch die Empfindung einer Zugehörigkeit. Viele Markenbotschafterprogramme sind deswegen so erfolgreich, weil die daran Teilnehmenden eine Community innerhalb des Unternehmens bilden, die ihnen ein Gefühl der Zugehörigkeit und auch der persönlichen Bedeutung vermittelt.

9. Zielgruppengerechte Kommunikation nach innen

Der Erfolg jeder Kommunikationsmaßnahme steht und fällt damit, wie gut die Zielgruppen erreicht werden. In der internen Kommunikation wird dies manchmal vergessen. Will man alle Beteiligten in der Markenbotschafterstrategie mitnehmen, braucht man die genaue Kenntnis ihrer Bedürfnisse, aber auch ihrer kommunikativen Vorlieben sowie ihres Zugangs zu Medien und Informationen. Eine Analyse der internen Zielgruppen ist also unverzichtbar. Regelmäßiger Austausch auf einer dafür geeigneten Plattform gehört zu einer zielgruppengerechten Kommunikation. Bis heute verfügen viele Unternehmen nur über etwas, das sie »Intranet« nennen, das im Wesentlichen aber aus einer nur intern verfügbaren Website besteht, über die die Unternehmensleitung Neuigkeiten verbreitet. Oft sind Kommentarfunktionen als eine minimale Möglichkeit für den Austausch unter solchen News vorhanden, werden aber meistens nur spärlich genutzt. Tatsächlich werden aber echte Kollaborationsplattformen gebraucht, auf denen jeder Inhalte veröffentlichen und bearbeiten kann. Content aus dem Unternehmen sollte gut auffindbar und leicht teilbar sein. Feedback-Mechanismen in das Unternehmen und in die Unternehmenskommunikation hinein müssen etabliert sein und möglichst wenig Aufwand bei denen erzeugen, die sie nutzen.

Allerdings stellt dieses Thema vor allem in Unternehmen, in denen die Belegschaft in ihren Aufgaben sehr heterogen ist, eine große Herausforderung dar. Nicht jeder hat Zugang zu einem Computerarbeitsplatz oder verfügt über ein Diensthandy. Hier müssen anhand der individuellen Gegebenheiten im Unternehmen auch individuelle Lösungen gefunden werden. Deswegen ist es wichtig, Fachleute für die interne Kommunikation mit einzubinden.

10. Quick Wins

Wer schon einmal an der Erarbeitung und Umsetzung eines größeren Strategie- und Changeprojekts mitgearbeitet hat, weiß, wie groß die Gefahr ist, dass den Beteiligten zwischendurch das Durchhaltevermögen und damit auch die Lust ausgehen. Es ist sehr schwierig, ein solches Projekt auf Dauer mit gleichbleibender Intensität durchzuziehen, wenn nicht der Nutzen zwischendurch auch immer wieder im Blick gehalten wird. Ansonsten kann es geschehen, dass die mittel- und langfristigen Ziele ihre Zugkraft verlieren. Der Alltag im Unternehmen und kurzfristige Anforderungen gewinnen die Oberhand. Daher ist es Aufgabe der internen Kommunikation, an alle Mitwirkenden Zwischenerfolge zu dokumentieren.

11. Einheitliches Verständnis von Kundenbedürfnissen und Customer Experience

Eines darf man bei aller Betonung der zwischenmenschlichen Aspekte nicht vergessen: Die Markenbotschafterstrategie ist dann erfolgreich, wenn sie zu den Unternehmenszielen beiträgt. Dazu gehören in der Regel Umsatz- und Gewinnziele. In dem Maße, in dem die Digitalisierung fortschreitet und Social Media ein selbstverständlicher Bestandteil der Kommunikation sind, entscheidet das (nicht nur digitale!) Kundenerlebnis darüber, ob es gelingt Interessenten zu gewinnen sowie Käufer zu binden. Community-Management ist dafür essenziell, wie **Peter Daisyme**, Co-Founder des Technologieunternehmens Hostt, betont:

> Employees like engineers and marketers may not interact directly with customers, but they need customer-service skills all the same. The reason is the rising importance of your UX. To deliver a better experience, everyone needs to know common customer pain points and solutions. Encourage people to think beyond their immediate role and subject area. Marketing software firm HubSpot trained its content team not just on marketing or writing, but also on how to represent the company online. Ensure everyone knows how to refer to your product and brand. Develop a »top 10« list explaining how to address common customer questions.[85]

Auch hier kommen also die Markenbotschafter aus allen Unternehmensbereichen ins Spiel. Sie können aber immer nur so gut sein wie das gemeinsame Verständnis im Unternehmen vermittelt und gelebt wird.

12. Hinreichende Ressourcen

Jede Erweiterung in der Kommunikationsstrategie stellt heutzutage ohnehin häufig einen Kraftakt dar: Jede Marke sollte kontinuierlich überwacht werden. Communitybuilding und Interaktion binden Zeit und Arbeitskraft. Es sind immer neue Medien zu

85 Daisyme, Peter: »5 Trends That Will Reshape Customer Service Over the Next 5 Years«, in: Entrepreneur Europe, 5. Dezember 2019, https://www.entrepreneur.com/article/343367

berücksichtigen und zu bespielen. Zugleich aber wachsen die finanziellen und personellen Ressourcen nicht automatisch mit. Das bedeutet, dass die bestehenden Ressourcen neu verteilt werden müssen. Eine Markenbotschafterstrategie allerdings erzeugt – je nach Umfang und Tragweite – zumindest zum Start erheblichen Aufwand und bindet auch dauerhaft Mittel. Daher ist die solide Kalkulation zu Beginn entscheidend. Sie setzt den Rahmen für das Projekt, und das Projekt kann nur so umfangreich werden, wie die Ressourcen es erlauben.

13. Mindestens einen (Haupt-)Verantwortlichen

Ein Markenbotschafterprojekt kann man nicht nebenbei organisieren und leiten. Es braucht mindestens einen hauptverantwortlichen Organisator und Ansprechpartner im Unternehmen. Das kann also auch kein Externer komplett übernehmen: Wird externe Beratung und Begleitung in Anspruch genommen, ist ein interner Ansprechpartner ebenso essenziell. Wer diese Verantwortung gegebenenfalls zusätzlich zu bisherigen Aufgaben übernimmt, sollte zumindest in der Anfangsphase einen Gutteil der Arbeitszeit für das Markenbotschafterprojekt zur Verfügung haben. Natürlich können sich auch mehrere Verantwortliche diese Aufgabe teilen. Ohnehin braucht es eine Vertretungsregel. Denn auch wenn der oder die Hauptverantwortliche einmal ausfällt oder Urlaub macht, muss jemand verfügbar sein, der das Projekt kennt und dessen Aufgaben übernimmt.

14. Engmaschige Unterstützung bei größtmöglicher Freiheit

Gerade zu Beginn einer umfangreicheren Strategie brauchen die Markenbotschafter entsprechend ihren persönlichen Bedürfnissen und Voraussetzungen individuelle Unterstützung sowie regelmäßige Informationen zum Fortgang des Projekts. Dabei gilt es zum einen, diejenigen zu schulen und zu begleiten, für die das Thema noch neu ist. Zum anderen sollen aber auch diejenigen eng mit dem Projekt verbunden bleiben, die bereits vor dem offiziellen Start des Markenbotschafterprojekts als Unternehmensangehörige etwa in sozialen Netzwerken aktiv gewesen sind. Sie können wertvolle Erfahrungen beitragen oder sogar Mentor-Aufgaben für weniger Erfahrene übernehmen. Dazu muss man die Gratwanderung schaffen, sie zwar engmaschig einzubinden, aber nicht zu sehr zu reglementieren. Deswegen ist es so wichtig, die gesamte Strategie und den jeweiligen Fortschritt für alle verfügbar zu dokumentieren. Sonst kann es passieren, dass sich die einen alleingelassen fühlen, während die anderen im Alleingang das realisieren, was sie für sich selbst als sinnvolle Strategie erachten.

15. Vertrauen, Vertrauen, Vertrauen

Mitarbeiter-Markenbotschafter als verlängerte Arme der PR- und Social-Media-Abteilungen zu verstehen, als willige Teiler von Unternehmensbotschaften in den eigenen Accounts und Profilen: So lässt sich wohl kaum jemand instrumentalisieren. Erst recht funktioniert es nicht vorzuschreiben, was und wie gesprochen wird. Markenbotschafterstrategien basieren auf der Vielstimmigkeit und den persönlichen Eigenschaften von Individuen. Es ist weder gewünscht noch überhaupt möglich, dass sie PR-konform mit einer Stimme sprechen. Kontrolle in der PR ist in Zeiten sozialer Netzwerke ohnehin eine Illusion. Mehr noch: Mangelndes Vertrauen demotiviert selbst die willigsten Mitarbeitenden.

Auf die Frage »Wenn Sie *nicht* als Markenbotschafter*in aktiv sind: Warum nicht?« antwortet eine der Befragten der Markenbotschafter-Studie:

> Ich gebe mich zwar als Unternehmensangehörige zu erkennen und teile auch gelegentlich Unternehmensnews. Aber ich mag dort nicht wirklich aktiv sein und meine eigene Meinung kundtun. Der Grund liegt in der Haltung meines Arbeitgebers, die nicht meine Überzeugung ist. Mein Arbeitgeber hat Angst, in seiner Kommunikation Kontrolle abzugeben. Somit setzt er kein großes Vertrauen in seine Mitarbeiter – leider auch die Kommunikationsexperten inbegriffen – und (theoretisch) steht vor jeder Veröffentlichung eines Post ein (für Social Media unrealistischer) Freigabeprozess, der potenziellen Influencern jede Lust am »Aktiv sein« nimmt.[86]

Nur wer den Mitarbeitenden zutraut, sich auf ihre ganz eigene Weise für die Firma stark und sichtbar zu machen, wird auf positive Resonanz und wirkliches Engagement stoßen.

16. Ein guter Plan
Mit der Konzeption und Planung steht und fällt der Erfolg. Eine ausgeschriebene Markenbotschafterstrategie und ein funktionierendes Konzept zu entwickeln: Dabei soll Ihnen der Strategieteil in diesem Kapitel helfen. In den einzelnen Schritten kommen Punkte aus dem zuvor Genannten erneut zur Sprache, um dann systematisch auf- und ausgebaut zu werden.

4.2 Markenbotschafterstrategie: Das 5-Phasen-Modell

4.2.1 »Projekt« oder grundlegende Veränderung?

In diesem Buch, und speziell hier im Strategieteil, geht es darum, eine Vorgehensweise für die Einführung und Umsetzung einer Markenbotschafterstrategie zu entwickeln.

86 Mitarbeiterin Unternehmenskommunikation/Marketing/PR, Konzern: Andere, Branche: Logistik, > 250 Beschäftigte, Frau, 38-47 J., in: »Markenbotschafter – Corporate Influencer, Zum Stand in den Unternehmen«. Auswertung der Umfrage der Markenbotschafterschmiede – ein Angebot von Dr. Kerstin Hoffmann, Dezember 2019, S. 35, www.markenbotschafterschmiede.de/studie/

Sie startet an einem bestimmten Punkt, in der Regel bei der ersten Entscheidung, und führt zu einem definierten Punkt, nach dem die Strategie so im Unternehmen verankert sein sollte, dass sie Teil der Unternehmenskultur ist. Idealerweise führt das Projekt zu einer grundlegenden Veränderung im Unternehmen oder im betreffenden Teilbereich, so dass die Markenbotschafter mehr und mehr als natürlicher Bestandteil der Unternehmenskultur begriffen werden. Dies widerspricht jedoch nicht einer kontinuierlichen Weiterentwicklung mit jeweils neuen Projekten und Programmen, um die Strategie weiter auszubauen, zu verändern sowie Gelerntes zu integrieren.

Im Folgenden sind die einzelnen Phasen jeweils in Schritte untergliedert, unter denen auch die jeweiligen Ergebnisse beschrieben sind. Dabei sagt die reine Anzahl der Schritte wenig über den tatsächlichen Umfang der betreffenden Phase aus, weil sie jeweils sehr unterschiedlichen Aufwand erfordern. Zum Abschluss jeder der fünf Phasen finden Sie eine kurze Checkliste. Sie hilft Ihnen zu prüfen, ob das Projekt und die daran Beteiligten für den Eintritt in die nächste Phase bereit sind.

4.2.2 Vor dem Start

Bevor das Markenbotschafterprojekt überhaupt startet, sollten einige Fragen geklärt sein. Wie dies genau aussieht, hängt stark davon ab, von wem die Initiative ausgeht und wie die Startvoraussetzungen im Unternehmen sind. Auch die digitale Reife sowie die bereits vorhandene digitale Kommunikationsstrategie spielen eine Rolle. Über die Bedeutung der Mitarbeiterzufriedenheit haben wir zuvor bereits gesprochen. Auch hier kann man ohne Kenntnis des Einzelfalls keine konkreten Empfehlungen liefern. Bevor das Projekt beginnt, ist zudem zu klären, ob und wie die Unterstützung durch externe Sparringspartner aussehen soll. Da zumindest zu Beginn in den meisten Unternehmen kein ausgewiesener Experte in Sachen Markenbotschafterstrategien vorhanden ist, kann eine solche Begleitung dabei helfen, den Prozess methodisch sauber aufzusetzen, zu planen, zu strukturieren und den fachlichen Input zu sichern.

Die folgenden Punkte sprechen daher verschiedene Themen eher allgemein an. Alle diese Themen lohnt es, näher zu beleuchten, um gute Startvoraussetzungen zu schaffen.

Themen, die Sie vor dem Start des Markenbotschafterprojekts bearbeiten und klären sollten !

- Einverständnis und Unterstützung der Unternehmensleitung
- Mitarbeiterzufriedenheit (gegebenenfalls auf Basis einer Mitarbeiterbefragung)
- bisherige Digitalstrategie und digitale Reife des Unternehmens
- Organisation der internen Kommunikation (Strukturen, Abläufe, Technik)
- digitale Kommunikationsstrategie und Social-Media-Strategie inklusive Listening und Monitoring
- bisheriger Umgang mit dem Thema »Mitarbeitende in Social Media«

- Social-Media-Guidelines
- Art und Umfang der externen Begleitung und Beratung (inklusive Entscheidung für einen Anbieter und Auftrag)

4.2.3 Phase 1: Kick-off

Zur Kick-off-Phase gehört eine ganze Reihe von Schritten, die nicht alle durchgehend hintereinander erledigt werden können. Wenn wir Unternehmen in der Markenbotschafterstrategie begleiten, besteht diese erste, erfolgsentscheidende Phase aus ausführlichen Briefings, mehreren Workshops und kompakten schriftlichen Ergebniszusammenfassungen.

Projektziel festlegen
Jedes Projekt braucht ein definiertes Ziel. In diesem Schritt legen die Initiatoren fest, wie das Ziel aussieht. Ob darin auch ein zeitlicher Horizont enthalten ist, ob bereits bestimmte Ausprägungen und Rahmenbedingungen festgelegt werden: Das hängt von vielen Parametern ab, nicht zuletzt von den Startbedingungen sowie den individuellen Vorkenntnissen. Zu einem Ziel gehören immer auch Key Performance Indicator: Woran erkennen Sie – qualitativ und quantitativ –, dass das gesetzte Ziel erreicht ist?

Projektverantwortliche und Projektteam berufen
Nicht immer sind die Initiatoren eines Markenbotschafterprojekts identisch mit denjenigen, die das Projekt verantwortlich führen und begleiten. Daher sollte gleich zu Beginn feststehen, wer der oder die Hauptverantwortliche ist und wer weiter im Projektteam mitarbeitet. Auch eine Art Beirat kann bestimmt werden, der das Projekt beobachtend begleitet und, da nicht operativ beteiligt, immer wieder eine Außensicht liefert, Verständnisfragen stellt und somit zur Qualitätssicherung beiträgt. Zum Projektteam gehören gegebenenfalls auch externe Berater und Begleiter.

Absichtserklärung der Initiatoren und Verantwortlichen
Zum Projektziel und zu den Verantwortlichen gehört auch ein eindeutiges Bekenntnis zum Projekt, eine Selbstverpflichtung, eine gemeinsame Ausrichtung von Geschäftsleitung, Initiatoren und Projektverantwortlichen. Sie sichern auf diese Weise zu, dass sie hinter der Erarbeitung stehen, die erforderlichen Ressourcen bereitstellen und allen Beteiligten Rückendeckung geben – auch und gerade dann, wenn es einmal nicht so rund läuft oder Probleme auftauchen.

Beteiligte Unternehmensbereiche definieren
Wenn sich dies nicht bereits aus den vorherigen Schritten sowie mittels der Auswahl des Projektteams von selbst versteht, sollte an dieser Stelle nochmals genau definiert werden, welche Unternehmensbereiche beteiligt beziehungsweise zum Start

eingebunden sind. Hieraus ergibt sich dann auch der Umfang des Projekts, zumindest in der ersten Phase. Es kann aber auch einen abgestuften Plan geben, je nachdem wie das Projekt angelegt ist. Beispiel: Es startet als Pilotprojekt, soll aber zügig ins gesamte Unternehmen ausgerollt werden. Anderes Beispiel: Nach Planung einer Minimalstrategie sollen sich zumindest vorerst nur Mitarbeitende aus einem bestimmten Unternehmensbereich oder Fachgebiet für ein detaillierteres Programm bewerben können.

Weitere Beteiligte benennen

Neben dem Projektteam und den (gegebenenfalls ausgewählten) Corporate Influencern gibt es in jedem Unternehmen weitere Beteiligte, die unbedingt in dem Markenbotschafterprojekt zu berücksichtigen sind. Einige Beispiele: So braucht etwa ein Jobbotschafter-Programm immer auch Unterstützung aus Unternehmenskommunikation, PR und Social-Media-Team. Der Betriebsrat muss für bestimmte Entscheidungen hinzugezogen werden und ist daher sinnvollerweise von Anfang an eingebunden. Auch die Rechtsabteilung muss beteiligt werden.

Rechtliche Begleitung klären

Kommunikationsprojekte und erst recht Markenbotschafterprojekte, in denen es häufig um Persönlichkeitsrechte, Datenschutz sowie betriebliche Vereinbarungen geht, berühren immer auch juristische Aspekte. Fast immer haben die Markenbotschafter selbst auch viele rechtliche Fragen. Deswegen ist ein erfahrener spezialisierter Jurist in einem solchen Projekt unverzichtbar. Gibt es niemanden im Unternehmen, der sich damit auskennt oder bereit ist, sich darin weiterzubilden, ist frühzeitig externe Beratung und Begleitung zu sichern.

Auf jeden Fall sollten Sie sich zu Beginn Ihrer Erarbeitung mit Kapitel 6 dieses Buchs befassen, in dem Rechtsanwalt Dr. Thomas Schwenke die wichtigsten Rechtsfragen umfassend beantwortet.

Tipp: Keine Angst vor Rechtsfragen !

Sollten Sie das Thema der notwendigen juristischen Begleitung zu einem frühen Zeitpunkt ansprechen, wenn im Unternehmen überhaupt erst über eine Markenbotschafterstrategie nachgedacht wird, könnten grundlegende Bedenken gegen die gesamte Erarbeitung einer Markenbotschafterstrategie auftauchen. Dies ginge aber genau in die falsche Richtung. Denn, wie bereits mehrfach betont: Jedes Unternehmen hat bereits Markenbotschafter. Rechtlicher Klärungsbedarf zeigt sich oft erst in der strategischen Erarbeitung. Dies bedeutet aber keinesfalls, dass er ansonsten nicht vorhanden wäre. Im Gegenteil: Jede Markenbotschafterstrategie zeigt solchen meist ohnehin bestehenden Klärungsbedarf auf, der sonst vielleicht gar nicht thematisiert worden wäre. Somit stellt Ihr Markenbotschafterprojekt eine aktive Maßnahme zur Krisenprävention dar.

Kick-off-Workshop mit dem erweiterten Projektteam

Sobald die grundlegenden Rahmenbedingungen geschaffen sind, braucht das erweiterte Projektteam einen starken Auftakt. In einem Workshop wird die gemeinsame Ausrichtung aller Beteiligten hergestellt. Das erweiterte Projektteam entscheidet über die Form und Ausprägung des Markenbotschafterprojekts, das in der Folge erarbeitet wird. Die Form des Workshops, die Art der Moderation und die dabei eingesetzten Techniken sind abhängig von der Zahl der Beteiligten sowie den bis hierher erarbeiteten Voraussetzungen. Wird das Projekt extern begleitet, so empfiehlt es sich, gerade auch in diesem Workshop einen unabhängigen Moderator hinzuziehen. Gegebenenfalls fällt hier bereits die Entscheidung für eine bestimmte Form der Markenbotschafterstrategie oder sogar schon für eine abgestufte Erarbeitung in mehreren Projektabschnitten.

Markenbotschafter-Verständnis und Mission Statement formulieren

Im Kick-off-Workshop stellen alle daran Beteiligten ein gemeinsames Verständnis des Projekts und der weiteren Vorgehensweise her. Idealerweise formulieren sie zum Abschluss ein Mission Statement, dem alle zustimmen und zu dem sie sich verpflichten.

Ressourcen definieren – intern und extern

Mit diesem Schritt steht und fällt der Erfolg des Projekts. Er definiert aber auch den Umfang und hat Einfluss auf die Zeitplanung. Hier kann man fast keine allgemeinen Anhaltspunkte liefern, weil der Aufwand sehr stark vom Unternehmen und der Art des Projekts abhängt. Dennoch ist es wichtig festzulegen, welche finanziellen und personellen Ressourcen zur Verfügung stehen. Beispiele:

- Wie viele Wochenstunden kann der oder die Hauptverantwortliche für das Projekt verwenden?
- In welchem zeitlichen Umfang stehen die weiteren Angehörigen des Projektteams zur Verfügung?
- Wie viel Budget gibt es für externe Beratung und Begleitung?
- Welches Zeitkontingent stellt die Rechtsabteilung bereit?
- Wie viele Kapazitäten aus der Unternehmenskommunikation können in Anspruch genommen werden?
- Welches Budget steht für Sachkosten, Materialien, Incentives und dergleichen zur Verfügung?

Nicht immer kann eine differenzierte Ressourcenplanung bereits an diesem Punkt erfolgen. Dann sollten aber zumindest erste Entscheidungskriterien, Wünsche sowie Parameter für die weitere Erarbeitung vorliegen. Zumindest für die Auditphase sollte feststehen, in welchem Umfang und von wem – intern und gegebenenfalls extern – sie stattfinden kann.

Erstkonzept und Roadmap

Das Erstkonzept umfasst die Ergebnisse des Briefings sowie alles bisher Erarbeitete, einschließlich der Rollen in Projektteam und gegebenenfalls Beirat. Es enthält das Mission Statement und beschreibt die weitere Erarbeitung. Sind bereits Ressourcen definiert, gehören sie ebenfalls hier hinein. In diesem Erstkonzept ist auch eine erste Roadmap enthalten, idealerweise bereits mit einem (vorläufigen) Zeitplan inklusive Meilensteinen. Auch enthält das Erstkonzept einen ersten Plan für die interne Kommunikation an die Belegschaft.

Erste Info in das Unternehmen

Jedes Markenbotschafterprojekt ist ein Change-Projekt. Wird es hinter verschlossenen Türen zunächst geheim erarbeitet, so erzeugt dies Gerüchte. Daher sollte von Anfang an zumindest eine Basiskommunikation in die gesamte Belegschaft hinein erfolgen. Transparenz und Offenheit schaffen Sicherheit. Sie beugen Flurfunk und Ängsten vor.

Nicht an der offiziellen Kommunikation vorbeireden! !

In jedem Markenbotschafterprojekt gibt es einen inneren Kreis, der über mehr Informationen als die anderen Unternehmensangehörigen verfügt. Es ist ganz wichtig, aus diesem Kreis heraus gemeinsam zu kommunizieren. Ansonsten führt dies aller Erfahrung nach dazu, dass Beteiligte von ihnen besonders nahestehenden Kolleginnen und Kollegen ausgefragt werden und auf diese Weise unterschiedliche Wissensstände entstehen beziehungsweise sich Herrschaftswissen herausbildet. So etwas wäre dem Prozess extrem abträglich.

Checkliste: Die Kick-off-Phase	
Sind alle Voraussetzungen geklärt, damit das Projekt offiziell starten kann?	
Hat die/der Hauptverantwortliche einen eindeutigen Arbeitsauftrag erhalten?	
Steht das Projektteam fest und hat ein eindeutiges Mandat erhalten?	
Wenn es externe Beratung und Begleitung gibt: Sind das Mandat definiert und der Auftrag erteilt?	
Ist das Erstkonzept für alle bis jetzt Beteiligten zugänglich?	
Herrscht im erweiterten Projektteam Einigkeit über die Vorgehensweise?	
Gibt es noch offene Fragen oder Klärungsbedarf?	
Gibt es Feedback-Mechanismen und eine Plattform, auf der sich die Beteiligten schnell und unkompliziert austauschen können?	
Wer dokumentiert und protokolliert Fragen (und Antworten), Anregungen, gemeinsame Weiterentwicklungen außerhalb des Workshops?	
Sind die Ressourcen für die nächsten Projektschritte definiert und freigeben?	
Wissen alle Beteiligten, was als Nächstes für sie zu tun ist?	

4.2.4 Phase 2: Audit

Jede solide strategische Erarbeitung beginnt mit einer Analysephase. In der Contentstrategie beispielsweise ist ein Content-Audit erforderlich. In der Audit-Phase der Markenbotschafterstrategie werden alle erforderlichen Grundlagen und Daten erfasst, die in der weiteren Umsetzung erfolgsentscheidend sind. Häufig zeigt sich auf diese Weise zugleich Nachhol- beziehungsweise weiterer Erarbeitungsbedarf in der Unternehmens- und Kommunikationsstrategie sowie an weiteren Schnittstellen. Der Umfang ebenso wie die Ausprägung des Audits können sehr unterschiedlich ausfallen, je nach Art des Unternehmens, nach Ressourcen und nach Vorkenntnissen der Ausführenden. Allein für die genaue Anleitung zu einem solchen Audit könnte man ein komplettes Buch schreiben. Daher werden im Folgenden einige Eckpfeiler beschrieben, die es Ihnen erleichtern sollen, das Audit in Ihrem Unternehmen zu planen.

Strategische Grundlagen betrachten
Jede Kommunikationsstrategie ist nur so gut wie die ihr zugrunde liegende Unternehmensstrategie. Dies gilt ebenso für eine Markenbotschafterstrategie. Botschafter für eine Marke kann man nur dann sein, wenn man sich darüber im Klaren ist, was auf Ziele und Image der Marke einzahlt. Oft zeigt sich erst in der Erarbeitung einer Markenbotschafterstrategie, dass bei den Beteiligten gar keine Klarheit über die strategischen Unternehmensziele herrscht. Annahmen sind aber keine gute Basis für die weiteren Schritte. Daher sollte in dieser Phase die Unternehmensstrategie explizit für alle Beteiligten formuliert und festgehalten werden.

Kommunikationsstrategie aufbereiten
Die Kommunikations- und Contentstrategie sollte, genauso wie die Unternehmensstrategie, für alle Beteiligten zugänglich sein. Die für die Markenbotschafterstrategie erforderlichen Grundzüge der Kommunikationsstrategie gehören in das Konzept. Eventuell ist auch hier Überarbeitungs- oder weiterer Erarbeitungsbedarf festzuhalten. Auch dies sollte positiv gesehen werden: Hier zeigen sich Verbesserungsmöglichkeiten, die dem Unternehmen wirklich nützen.

Social-Media-Guidelines überprüfen
Wenn noch nicht geschehen, ist spätestens jetzt der Zeitpunkt gekommen, an dem Sie die Social-Media-Guidelines noch einmal überprüfen. Definieren Sie gegebenenfalls Überarbeitungsbedarf. Es gibt noch gar keine? Dann nehmen Sie den *Erarbeitungs*bedarf für den weiteren Projektplan auf.

Bestehende Mitarbeiter-Markenbotschafter finden
Dieser Punkt ist vielleicht einer der brisantesten in dem gesamten Prozess: Häufig liest man, dass die Verantwortlichen einer Markenbotschafterstrategie zunächst einmal

damit beginnen sollten, sich einen Überblick über bereits aktive Corporate Influencer aus der Belegschaft zu verschaffen. Dies kann jedoch unmittelbar in eine juristische Falle leiten (siehe Hinweis im Kasten). Es gibt aber noch andere Möglichkeiten, zumindest einige besonders aktive Corporate Influencer zu identifizieren. Freiwilligkeit lautet hier das wichtigste Stichwort. Mit der richtigen Formulierung kann auch ein Aufruf an die Mitarbeitenden in Ordnung sein – allerdings sollte man sich gut überlegen, ob dieser schon in der Auditphase erfolgen soll oder besser zu einem späteren Zeitpunkt.

Vorsicht bei der Analyse und Auflistung von Mitarbeiter-Profilen! !

In der Audit-Phase einer Corporate-Influencer-Strategie kann es als sehr sinnvoll erscheinen, alle Accounts und Profile von Mitarbeitenden zu erfassen, die sich bereits in Social Media als Unternehmensangehörige engagieren. Ihr Engagement kann zum Beispiel darin bestehen, dass sie in der Kurzbio ihren Arbeitgeber nennen oder sich aktiv mit Postings über ihre beruflichen Themen äußern oder ihren Arbeitgeber vorstellen – beispielsweise auch, indem sie dessen Postings teilen.
Doch hier drohen rechtliche Fallstricke. Der Rechtsanwalt Dr. Thomas Schwenke meint dazu unter anderem: »Ein Arbeitgeber darf weder gezielt nach Informationen zu Social-Media-Accounts oder Aktivitäten von Mitarbeitern suchen noch sie zu einem Social-Media-Profil der Mitarbeiter zusammenfügen oder gar analysieren.« Unter bestimmten Umstände, so führt er weiter aus, kann ein Einverständnis eingeholt werden. Seine ausführliche Einschätzung finden Sie in Kapitel 6 dieses Buchs. Lassen Sie sich gegebenenfalls darüber hinaus rechtlich beraten, bevor Sie irgendwelche derartigen Verzeichnisse anlegen!

Was Sie auf jeden Fall tun könnten: Die Social-Media-Guidelines nach der Überarbeitung noch einmal in das Unternehmen hinein kommunizieren. Es ist ebenfalls sinnvoll, einen kleinen Leitfaden für diejenigen zu versenden, die sich beispielsweise auf XING oder LinkedIn als Unternehmensangehörige eingetragen haben. In diesem Falle generieren die Plattformen selbst Listen der Mitarbeitenden einer Firma. Dies funktioniert aber nur, wenn die Schreibweise bei allen übereinstimmt. Kommunizieren Sie, beispielsweise im Intranet oder im internen Newsletter, die richtige Schreibweise: Empfehlen Sie also, ohne aber selbst zu kontrollieren oder gar zu protokollieren. Bieten Sie Unterstützung und Coaching für diejenigen, die sich im Bereich Social Media helfen lassen wollen. Das können Sie auch schon im Vorgriff auf die Markenbotschafterstrategie tun, allerdings muss es dann auch bereits zuständige Ansprechpartner geben. In vielen Unternehmen sind diese aber ohnehin bereits vorhanden, es startet ja kaum jemand bei null. Dies ist auch kein Bestandteil der Analyse. Womöglich möchten Sie an dieser Stelle lediglich Erarbeitungsbedarf für einen späteren Zeitpunkt definieren.

Zielgruppen und Stakeholder beschreiben

Sicherlich (oder: hoffentlich!) gibt es in Ihrem Kommunikationskonzept bereits eine Zielgruppenanalyse und womöglich auch idealtypisch beschriebene Zielgruppen-Personas? Wenn Sie die Kommunikation mittels Corporate Influencern gezielt unterstützen wollen, dann brauchen Sie auch diese Informationen für Ihre Konzeption. Insbesondere wenn Sie in der Markenbotschafterstrategie mit Rollen oder Gruppen im Unternehmen arbeiten wollen, muss klar sein, über wen Sie welche Stakeholder am besten erreichen.

Auch eine interne Zielgruppenanalyse gehört in das Audit, denn sonst können Sie kein Konzept für die Kommunikation der Markenbotschafterstrategie in das Unternehmen hinein entwerfen. An dieser Stelle kann es auch sehr sinnvoll sein, mögliche Gruppen von Gegnern und Befürwortern zu identifizieren. Allerdings könnte dies sich insofern schwierig gestalten, weil es ebenfalls nicht personenbezogen geschehen sollte. Vermeiden Sie also besser alles, was eine Zuordnung zu realen Personen im Unternehmen nahelegt.

Markt und Umfeld analysieren

Auch die Analyse von Markt und Umfeld aus der Kommunikationsstrategie liefert wichtige Anhaltspunkte für die Markenbotschafterstrategie. Prüfen Sie, ob aktuelle Informationen vorliegen, und beschreiben Sie gegebenenfalls Erarbeitungsbedarf. Die Umfeldanalyse kann auch für den folgenden Schritt, die Risikobewertung, wichtige Informationen liefern.

Risiko bewerten

Eine Risikobewertung kann gerade in kritischen Bereichen durchaus sinnvoll erscheinen. Dies gilt insbesondere in Branchen und Unternehmen, in denen die Gefahr von Kommunikationskrisen groß ist, in potenziellen Störfallbetrieben sowie überall dort, wo Unternehmensangehörige besonders exponiert sind. Die Risikobewertung zeigt auf, wo präventiv besonders sorgfältig gearbeitet werden muss. Sie erweist, wo Mitarbeitende besonders intensive Unterstützung brauchen – sowohl konzeptionell als auch operativ. Die Erarbeitung erfolgt aber immer individuell, je nach Unternehmen und Umfeld. Gibt es im Unternehmen bereits ein Konzept für die Krisen-PR, dann kann es hier einfließen. Gibt es keines, ist das sowieso bedenklich, und Sie sollten diese Baustelle dringend angehen.

Social-Media-Präsenzen und Content-Plattformen des Unternehmens auflisten

Markenbotschafter sind nicht allein dazu da, Unternehmenspostings und Botschaften weiterzuverbreiten. Aber eine Anbindung an die Social-Media-Accounts des Unternehmens ebenso wie beispielsweise an das Corporate Blog ist unverzichtbar. Hier erhalten sie zumindest Anregungen für teilbare Inhalte ebenso wie für Gespräche und Themen. Auch wenn die Markenbotschafter aktiv in die Social-Media- und Contentstrategie eingebunden werden sollen, muss es eine aktuelle Übersicht über die dazugehörigen Plattformen inklusive deren Beschreibung und Kanalversprechen geben (zum Begriff »Kanalversprechen« siehe Kapitel 4.4.4, Abschnitt »Was ist ein Kanalversprechen, und wie lässt es sich erarbeiten?«).

Leider – oder zum Glück? – offenbart sich hier oftmals ebenfalls weitergehender Erarbeitungsbedarf. Auch hier bieten sich also Chancen zur Verbesserung der Gesamtkommunikation. Manchmal erscheint ein komplettes Social-Media- und Content-Audit erforderlich. Dies gilt erst recht dann, wenn die Contentstrategie mit Corporate Influencern ganz neu konzipiert werden soll.

Weiterbildungsbedarf feststellen

Wahrscheinlich zeigt sich bereits hier, dass einzelne Mitarbeitende oder das gesamte Projektteam in bestimmten Bereichen weitere Informationen und Weiterbildung brauchen, um das Projekt gut führen zu können. Beispielsweise möchten vielleicht alle bis jetzt schon Beteiligten ihre Social-Media-Accounts auf den neuesten Stand bringen oder bereits damit beginnen, vorbildhaft für alle Markenbotschafter ihre persönliche Kommunikationsstrategie zu erarbeiten. Kenntnisse in den grundlegenden Funktionsweisen von sozialen Netzwerken sind für diejenigen, die an der Erarbeitung beteiligt sind, erforderlich – wie natürlich überhaupt für jeden heutzutage, der beruflich in der Kommunikation tätig ist. Ein Gutteil des notwendigen Wissens sollte bei der begleitenden Agentur oder dem Berater vorhanden sein. Dann kann es auch direkt während der Arbeit im Projekt vermittelt werden. Das hat die Vorteile, dass beim Training bereits Ergebnisse entstehen und nicht so viel Arbeitszeit zusätzlich nur in den Wissenserwerb investiert werden muss. Zugleich kann die Anwendung dann gleich auch geübt werden. Arbeiten Sie mit Hausjuristen zusammen und sind diese nicht bereits auf den Bereich spezialisiert, wird ziemlich sicher auch hier ein Fortbildungsbedarf entstehen.

Idealerweise gibt es ein eigenes dynamisches Dokument, in dem Weiterbildungsbedarf festgehalten wird. Auch wenn sich zum Umfang an dieser Stelle keine allgemeingültigen Aussagen treffen lassen: Achten Sie darauf, hierfür genügend Ressourcen einzuplanen.

Handlungsbedarf auflisten

In den einzelnen Feldern haben Sie bereits jeweils Handlungsbedarf erkannt und notiert. Wahrscheinlich hat sich über die genannten Punkte hinaus Weiteres gezeigt. Listen Sie alle To-dos auf, und verteilen Sie die Aufgaben auf die Projektbeteiligten.

Checkliste: Die Audit-Phase	
Sind die Ergebnisse der Analyse für alle bis jetzt Beteiligten zugänglich?	
Herrscht im erweiterten Projektteam Einigkeit über die weitere Vorgehensweise?	
Gibt es noch offene Fragen oder Klärungsbedarf?	
Sind die Ressourcen mindestens für den nächsten Projektschritt definiert und freigeben?	
Gibt es eine Liste mit allen To-dos sowie einen Aktions- und Zeitplan?	
Wissen alle Beteiligten, was als Nächstes für sie zu tun ist?	

4.2.5 Phase 3: Konzeption

Ihr Markenbotschafterprojekt braucht eine Konzeption, ein eigenes Kommunikationskonzept, in dem alle Details festgehalten sind. Einige der hierfür benötigten Informationen haben Sie bereits in den vorigen Schritten erarbeitet. Auch haben Sie anhand der Praxisbeispiele gesehen, welche Formen eine solche Strategie oder ein Programm annehmen kann. Die folgenden Punkte sollten in Ihrem Konzept berücksichtigt sein. Wenn Sie sich extern begleiten und das Konzept von einer Beratung entwickeln lassen, könnten Sie ebenfalls prüfen, ob die Bestandteile enthalten sind. Wie Sie das Konzept erarbeiten, welche Formen der gemeinsamen Entwicklung Sie wählen und wer die Ergebnisse festhält: Das haben Sie bereits in der Kick-off-Phase entschieden.

Form und Ausprägung

Für welche Art der Markenbotschafterstrategie haben Sie sich entschieden? Wie soll diese realisiert werden – beispielsweise sukzessive oder in mehreren Projektstufen? Gibt es Rollen? Ist sie auf einen bestimmten Bereich beschränkt? Verschiedene Möglichkeiten haben Sie bereits in der Typologie (Kapitel 3.1) kennengelernt. Die Praxisberichte in den Interviews haben Ihnen zusätzliches Wissen vermittelt.

Ihre Konzeption ist ein dynamisches Dokument, das sich weiterentwickelt und mit dem Fortschreiten des Projekts auch fortgeschrieben wird. Nicht alle hier genannten Punkte werden Sie gleich zu Projektbeginn vollständig benennen wollen und können! Auch mit der Festlegung auf die Form Ihres Markenbotschafterprojekts entscheiden Sie sich nicht für die Ewigkeit. Aber Sie richten sich aus. Kursänderungen und Weiterentwicklungen sind natürlich immer möglich. Verabschieden Sie sich bitte auch von dem Gedanken, dass Sie keine Fehler machen werden. Nicht jeder Plan innerhalb Ihrer Markenbotschafterstrategie wird aufgehen. Nicht jede Kanalstrategie wird dauerhaft erfolgreich umgesetzt werden. Verbuchen Sie dies als Erfahrungen, dokumentieren Sie gründlich und nutzen Sie die Erfahrungen zur Weiterentwicklung.

Strategische Ziele

Unternehmensziele, Vertriebsziele, Kommunikationsziele und nicht zuletzt das Projektziel gehören in das ausführliche Konzept – zusammen mit den dazugehörigen KPI. Im Erstkonzept haben Sie die Grundlagen dafür bereits geschaffen.

Einordnung in die Gesamtkommunikation, Markenverständnis und Leitbild

Im ausführlichen Konzept ordnen Sie die Markenbotschafterstrategie noch einmal in den größeren Kontext der Kommunikationsstrategie ein. Hier machen Sie auch Markenverständnis und Leitbild des Unternehmens für alle Beteiligten verfügbar. Da nicht alle Corporate Influencer das gesamte Konzept lesen werden, ist es sinnvoll, entscheidende Teile in einem kompakten Handbuch oder Thesenpapier zusammenzufassen – idealerweise mit dem Markenbotschafter-Leitbild und den Guidelines zusammen.

Markenbotschafter-Leitbild

Ein erstes Leitbild haben Sie im Kick-off-Workshop erarbeitet. In manchen Projekten kann es sehr sinnvoll sein, mit einer größeren Community ein gemeinsames Leitbild zu erarbeiten. In diesem Fall wird es später hier nachgetragen.

Richtlinien und Guidelines

Die Richtlinien und Guidelines sind eng mit dem Markenbotschafter-Leitbild verknüpft und können ebenfalls als gemeinsame Selbstverpflichtung und Richtschnur auch gemeinsam erarbeitet werden. Die Social-Media-Guidelines können hier aufgenommen oder für die Markenbotschafter nochmals modifiziert werden. Es kann auch einfach auf sie verwiesen werden.

Rechtliche Leitplanken

Wir haben es oben bereits mehrfach angesprochen: Rechtsfragen – Datenschutz, Urheberrecht, Persönlichkeitsrechte, Wettbewerbsrecht (etwa wenn es darum geht, Schleichwerbung zu verhindern) – gehören zum Markenbotschafterprojekt dazu. Einige sind vor allem für den Arbeitgeber sowie für die Projektleitung wichtig. Soweit die einzelnen Markenbotschafter Rechtssicherheit brauchen, gehören solche Leitplanken ebenfalls in das Handbuch mit den Guidelines – kompakt, verständlich und mit dem Hinweis, bei wem es bei Bedarf Hilfe sowie weitere Informationen gibt.

Besondere Vereinbarungen

Zu den rechtlichen Rahmenbedingungen gehören aber auch etwaige Betriebsvereinbarungen, vertragliche Vereinbarungen mit Corporate Influencern – soweit vorgesehen – sowie gegebenenfalls Arbeitszeitregelungen für spezifische Markenbotschafter-Aufgaben.

Medien und Plattformen

Welche intern verfügbaren (Kollaborations-)Plattformen, welche extern zugänglichen Medien gehören unmittelbar zu Ihrer Markenbotschafterstrategie oder dem Programm? Wo werden Inhalte bereitgestellt, wo Fragen beantwortet? Welche Plattformen sind gegebenenfalls Teil einer Kanalstrategie? Je nach Ausprägung kann diese Darstellung des Medienmixes sehr unterschiedlich ausfallen. Ein Projekt-Newsletter ist immer sinnvoll.

Onboarding-Prozesse und Zugangsbedingungen

Wenn es ein Markenbotschafterprogramm gibt oder zunächst nur eine ausgewählte Pilotgruppe – über die immer erforderliche Minimalstrategie hinaus – teilnimmt, dann gibt es in der Regel ein Auswahlverfahren oder zumindest ein Onboarding-Programm. Auch dieses gehört in das Konzept, und es entwickelt sich wahrscheinlich ebenfalls im Projektverlauf weiter.

Personenmarkenstrategien

Dies ist noch einmal ein eigener Punkt: Wie werden die beteiligten Markenbotschafter darin unterstützt, ihre Personenmarken zu entwickeln? Wie wird begleitet und gecoacht? Gibt es Intervision, Community-Treffen, Seminare …? Wenn es beispielsweise ein Programm mit unterschiedlichen Rollen gibt, dann ist dies hier detailliert auszuführen.

Rahmenplan

Ein modularer Plan steckt den Projektrahmen ab und zeigt alle Bestandteile auf, die später erst mit Inhalten gefüllt beziehungsweise weiter ausgearbeitet werden. Dieser Rahmenplan kann zeitlich über den detaillierten Projektplan hinausgehen.

Detaillierter Projektplan mit Zeitplan und Meilensteinen

Der detaillierte Projektplan sollte bis zu einem definierten Punkt X feststehen. Dazu gehört auch ein Zeitplan, und es gehören wichtige Meilensteine mit Zeitangabe dazu. Zeithorizonte müssen nicht auf den Tag genau geplant werden, geben aber eine Ausrichtung. Auch für die Budgetverteilung sind sie häufig erforderlich.

Formen der internen Erarbeitung und Vermittlung

Wie sollen das Projekt entwickelt werden? Welche internen Abläufe gibt es? In welchen Formen – etwa Workshops, Webinare oder Community-Treffen – findet die gemeinsame Weiterbildung und Entwicklung statt? Wie und über welche Wege wird Wissen vermittelt? All dies gehört ebenfalls in das Konzept und ist gleichfalls fortzuschreiben.

Listening, Monitoring und Erfolgsmessung

Listening, Monitoring und Erfolgsmessung können in der Regel an die Gesamtkommunikation angeschlossen werden, in der solche Strukturen und die dazugehörigen Tools in der Regel schon vorhanden sind (oder vorhanden sein sollten). Womöglich sind hier ergänzende Abläufe für die Personenmarken zu etablieren, aber bitte achten Sie auch hier auf Datenschutz. Was persönliche Accounts und Profile angeht, ist es in der Regel sicherer, den Betreffenden selbst das Handwerkszeug zu geben. Geschäftsleitung und führende Protagonisten tun allerdings meistens gut daran, ihr Einverständnis zu geben, dass ihre Personenmarken innerhalb der offiziellen Unternehmenskommunikation mit überwacht werden.

Internes Kommunikationskonzept

Wie soll das Markenbotschafterprojekt ins Unternehmen hinein kommuniziert werden, transparent und von Anfang an? Dazu braucht man ein internes Kommunikationskonzept, in dem auch die Medien und Formate der Vermittlung ebenso wie die Möglichkeiten, intern zu diskutieren, genannt sind.

Begleitende externe Kommunikation

Das öffentliche Interesse an Corporate-Influencer-Projekten ist groß. Wo viele Menschen beteiligt sind, dringt eher früher als später etwas nach außen. Das ist ja auch durchaus wünschenswert. Deswegen braucht Ihr Markenbotschafterprojekt ein PR-Konzept, vielleicht eine Pressemappe sowie einen Zuständigen in der PR-Abteilung oder bei der betreuenden PR-Agentur, der oder die immer auf dem Laufenden ist. Dies dient auch der Krisenprävention für den sehr unwahrscheinlichen Fall, dass doch einmal etwas schiefläuft und daher Krisenkommunikation angesagt ist. – Nicht vergessen: Schief laufen kann es auch ohne Markenbotschafter-Konzept, nur dann wären Sie gänzlich unvorbereitet. Sie minimieren also auf diese Weise nur ein Risiko, das ohnehin immer vorhanden ist.

Checkliste: Die Konzeptionsphase	
Ist die Konzeption so angelegt, dass sie dynamisch fortgeschrieben werden kann?	
Ist das Konzept in seiner jeweils letzten Fassung für alle Beteiligten verfügbar?	
Haben Sie sichergestellt, dass keine älteren Versionen des Konzepts kursieren können?	
Ist das kompakte Projekthandbuch für alle (potenziellen) Markenbotschafter verfügbar?	
Haben Sie getestet, ob es für alle Zielgruppen im Unternehmen verständlich und geeignet ist?	
Herrscht im erweiterten Projektteam Einigkeit über die weitere Vorgehensweise?	
Gibt es noch offene Fragen oder Klärungsbedarf?	
Gibt es Feedbackmechanismen, und weiß jeder im Unternehmen, wer der Ansprechpartner für das Projekt ist?	
Sind die Ressourcen mindestens für den nächsten Projektschritt definiert und freigeben?	
Gibt es eine Liste mit allen To-dos und sowie einen Aktions- und Zeitplan?	
Wissen alle Beteiligten, was als Nächstes für sie zu tun ist?	

4.2.6 Phase 4: Pilotphase

Ehe Sie die Markenbotschafterstrategie in das ganze Unternehmen oder den gesamten Bereich ausrollen, gehen Sie mit einer Pilotphase sicher, dass alles funktioniert. Auch ein Pilotprojekt (siehe Kapitel 3.1.13) kann nochmals eine Pilotphase haben. Es ist sozusagen die Betaphase: Die Testgruppe durchläuft den Prozess des Onboarding sowie den Start des geplanten Programms komplett bis zu einem zuvor definierten Punkt.

Auswahl der Pilotgruppe

Wie diese Pilotgruppe zusammengestellt ist, kann je nach Unternehmen und Projekt wiederum sehr unterschiedlich aussehen. Sie könnte beispielsweise aus einer repräsentativen Auswahl von Unternehmensangehörigen bestehen. Oder hier sind solche Personen vertreten, die ohnehin bereits als Markenbotschafter aktiv sind und sich mit sozialen Netzwerken auskennen. Umgekehrt könnte man aber auch genau solche Personen auswählen, die im Gegenteil bisher nicht sehr medienaffin sind, um intensiv zu testen, welche Probleme und Widerstände entstehen.

Gruppengröße

Die Größe einer solchen Gruppe kann variieren. Meiner Erfahrung nach sollten es aber nicht weniger als fünf Teilnehmende sein, und 20 ist eine gute Obergrenze. Schließlich muss das ganze Feedback auch dokumentiert und verarbeitet werden.

Begleitung und Feedback

Die Pilotgruppe wird besonders intensiv geschult und begleitet. Dafür liefert sie auch besonders detailliertes Feedback. Dies fordert den Beteiligten natürlich im Zweifelsfall einen größeren Zeitaufwand ab, als es nachher für die anderen Markenbotschafter durchschnittlich der Fall sein wird. Projektleitung und Projektteam sind vielleicht anfangs etwas stärker gefordert als im laufenden Betrieb – vielleicht aber auch nicht, weil die Zahl der zu betreuenden Personen geringer ist.

Startzeitpunkt der Pilotphase

Oft ist es empfehlenswert, die Pilotphase zu einem frühen Zeitpunkt der Erarbeitung zu starten und nicht erst, wenn die zuvor genannten Schritte vollzogen sind. Dann geht es mit dem Projekt schneller voran, und es entstehen keine Wartezeiten. Vor allem aber können die praktischen Erfahrungen, die in jedem Unternehmen und in jeder Organisation einzigartig und damit nur bedingt vorhersehbar sind, bereits in die Konzeption einfließen.

Checkliste: Die Pilotphase	
Stehen die Kriterien fest, nach denen die Testgruppe ausgewählt wird?	
Ist die Pilotgruppe zusammengestellt, und hat sie sich gemeinsam ausgerichtet?	
Ist die Pilotphase in das Unternehmen hinein so kommuniziert, dass alle Bescheid wissen und keine Geheimnisse oder Flurfunk entstehen?	
Herrscht im erweiterten Projektteam Einigkeit über die weitere Vorgehensweise?	
Gibt es noch offene Fragen oder Klärungsbedarf?	
Wie lange soll die Pilotphase dauern? Wie lange darf sie dauern, damit die übrigen Beteiligten und die potenziellen weiteren Markenbotschafter nicht ungeduldig werden?	
Wie sehen die Feedback-Mechanismen und die Strukturen für die Dokumentation aus?	
Wie, in welcher Form fließen die Erfahrungen in die Planung des Rollout ein?	
Sind die Ressourcen mindestens für den nächsten Projektschritt definiert und freigeben?	
Gibt es eine Liste mit allen To-dos sowie einen Aktions- und Zeitplan?	
Wissen alle Beteiligten, was als Nächstes für sie zu tun ist?	

4.2.7 Phase 5: Rollout

Der große Rollout des Markenbotschafterprojekts in das Unternehmen oder den dazu bestimmten Bereich steht bevor. Die nächsten Schritte stellen entscheidende Weichen für den weiteren Erfolg.

Großes Kick-off
Ein starker gemeinsamer Auftakt fördert erfahrungsgemäß Annahme und damit Erfolg des gesamten weiteren Projekts. Die große Kick-off-Veranstaltung, an der mindestens alle beteiligten (oder die hierfür ausgewählten) Markenbotschafter teilnehmen sollten, ist für das gesamte weitere Projekt sehr förderlich. In einer Markenbotschafter-Kultur, in der jeder Mitarbeitende als Markenbotschafter wertgeschätzt wird und ein Programm nur als zusätzliche intensive Ausprägung begriffen wird, kann ein noch größerer Auftakt sinnvoll sein. Dies kann beispielsweise bei einer Gesamtbetriebsversammlung oder einem Betriebsfest geschehen. Denkbar ist aber beispielsweise auch eine Auftaktveranstaltung, zu der jede Abteilung oder jeder Bereich eigene Vertreter schickt.

Onboarding und laufender Betrieb
Jetzt startet der Echtbetrieb für alle Mitarbeitenden – oder für alle ausgewählten Markenbotschafter. Ist ein sukzessives Onboarding geplant, so beginnt dieses nun.

Begleitung und Coaching in der Umsetzung für die Personenmarken
Gerade zu Beginn brauchen Corporate Influencer häufig noch relativ engmaschige Unterstützung. Das gilt übrigens auch für diejenigen, die zuvor schon aktiv und medienkompetent waren, sich aber jetzt in das Projekt einfügen.

Begleitende Kommunikation
Sowohl intern als auch extern soll nun alles laufen, was in den dazugehörigen Kommunikationskonzepten zuvor festgelegt wurde – inklusive Monitoring und Feedback-Mechanismen. Stellen Sie auch sicher, dass die ab jetzt eingebundenen Markenbotschafter Rückmeldungen aus der Community ins Projekt zurückspielen. Etablieren Sie Unterstützung. Stellen Sie sicher, dass immer ein Ansprechpartner verfügbar ist.

Listening, Monitoring und Erfolgsmessung
Ab jetzt sollte das bereits getestete Konzept zur Überwachung von Themen, Personenmarken und Reaktionen vollständig greifen. Sorgen Sie dafür, dass die Ergebnisse für alle Beteiligten verfügbar sind. Geben Sie regelmäßig Reportings heraus und vermelden Sie Erfolge im Projekt-Newsletter.

Projektdokumentation
Für die Weiterentwicklung sowie die Fortschreibung des Projekthandbuchs dokumentieren Sie das Projekt von Anfang an detailliert. Ab jetzt beginnt mit dem Echtbetrieb zugleich die Weiterentwicklung.

Reviews
In Ihrem Projektplan sind regelmäßige Reviews vorgesehen. Hier trifft sich das Projektteam und zieht jeweils Zwischenbilanz. Ein Ergebnis der Reviews kann auch darin bestehen, das Projektteam sowie den erweiterten Kreis neu zu organisieren.

Weitere Umsetzung und Ausbau des Markenbotschafterprojekts
Mit dem großen Kick-off beginnt zugleich die Ausbauphase. Während die Markenbotschafterstrategie oder das Programm weiter ausgerollt wird, entwickelt sich das Markenbotschafterprojekt weiter. Dies geschieht ganz automatisch, indem Erfahrungen gesammelt, Fehler korrigiert und Kursänderungen vorgenommen werden, wo dies nötig ist. Deswegen ist eine gute, sinnvoll gegliederte Dokumentation mit regelmäßigen Reviews so wichtig. Die Qualität der Begleitung und des Coachings sowie das transparente Reporting in das Unternehmen hinein entscheiden über den Erfolg des Projekts.

Je nach Konzeption kann nach einem gesetzten Zeitpunkt ein neues (Ausbau-)Projekt beginnen. Dazu könnte bereits von Anfang an im Projektplan ein großer Review vorgesehen sein, in dem unter Umständen entschieden wird, einen Ausbau oder ein weiteres neues Programm in größerem Umfang zu realisieren. Ein guter Zeitraum bis zu einem großen Review umfasst erfahrungsgemäß ein Jahr.

Checkliste: Das Rollout	
Steht der Zeitplan des Kick-off-Events?	
Gibt es eine Liste mit allen To-dos sowie einen Aktions- und Zeitplan?	
Wissen alle Beteiligten, was als Nächstes für sie zu tun ist?	
Sind alle unterstützenden internen Medien getestet und funktionieren sie?	
Wissen alle Beteiligten, an wen sie sich bei Fragen, Problemen und Krisen wenden können?	
Funktioniert die Projektdokumentation?	
Wann steht der nächste Review an?	
Gibt es Regelungen, die anzupassen oder zu erweitern sind?	
Sind die Projekt-Newsletter geplant?	
Sind Änderungen im Projektteam vorzunehmen?	
Funktioniert das Feedback der Corporate Influencer an das Projektteam?	
Wenn kein oder zu wenig Feedback erfolgt: Wie regeln Sie nach?	

Tipp: Erwarten Sie das Unerwartete! !

Ein Markenbotschafterprojekt kann noch so detailliert geplant sein – was tatsächlich geschieht, können Sie nicht komplett planen. Das gilt auch dann, wenn Sie einem bereits etablierten Beispielprojekt eines anderen Unternehmens folgen. Jedes Unternehmen, jede Organisation, jeder einzelne Corporate Influencer ist einzigartig.

4.3 Methoden, Werkzeuge und Formen der Erarbeitung

So unterschiedlich wie die einzelnen Strategien und Programme sind auch die Methoden und Werkzeuge zur Erarbeitung einer Markenbotschafterstrategie, die in den unterschiedlichen Phasen zum Einsatz kommen. Die Art der Vorgehensweise richtet sich nach der Größe des Unternehmens, nach Art und Vielfalt der Belegschaft, nach der Zahl der Standorte oder nach dem Medienzugang der einzelnen Beteiligten. Sie ist von den Budgets abhängig, von den bereits vorhandenen Strukturen sowie von den Vorerfahrungen derjenigen, die mit der Entwicklung und Projektleitung betraut sind.

Wenn ich Markenbotschafterprojekte begleite, so gehen dem normalerweise Gespräche, eine Evaluation mit Fragenkatalogen sowie eine zielgerichtete Recherche voraus. Auch hier hängt vieles davon ab, wer im Unternehmen das Projekt initiiert hat, wer es führt und wie die internen Strukturen aussehen. Doch davon unabhängig haben sich in der gemeinsamen Erarbeitung mit möglichst vielen Beteiligten aus allen Unternehmensebenen einige Formate besonders bewährt, die ich regelmäßig einsetze. Im Folgenden stelle ich sie kurz vor.

Impulsvortrag

Ob als Präsentation vor dem Vorstand, als Keynote in der Mitarbeiterversammlung oder als Einstieg in einen Workshop oder ein anderes Format: Der Impulsvortrag ist zum Start einer Markenbotschafterstrategie unverzichtbar. Er ordnet ein, liefert einen kompletten Aufriss zum Thema sowie die wichtigsten Fakten. Problembewusstsein, Relevanz und Dringlichkeit vermittelt er ebenso wie ganz konkrete Ansätze, die Mut zum und Lust auf das Projekt machen. In diesem Vortrag wird idealerweise auch mit typischen Irrtümern aufgeräumt. Wichtig ist es, die Inhalte ebenso wie die Art der Präsentation auf die jeweiligen Zuhörer-Zielgruppen und deren spezifische Bedürfnisse auszurichten. Idealerweise schließt sich eine Frage-Antwort-Runde an. Daher sollte diesen Vortrag jemand halten, der oder die mit Corporate-Influencer-Projekten Erfahrungen gesammelt hat und mit typischen Ängsten und Bedenken, die in der Fragerunde aufkommen können, wertschätzend und konstruktiv umgeht.

In weiteren Projektphasen kann es natürlich weitere Impulsvorträge geben, die den jeweiligen Projektstand referieren und auf die nächsten Schritte einstimmen oder neue Zielgruppen im Unternehmen einbinden helfen.

Projektworkshop

Ganz gleich, wie die Analyse- und Evaluationsphase aussieht: Ein gemeinsamer Workshop des Projektteams hilft diesem dabei, sich gemeinsam im Projekt zu finden und darauf auszurichten. Im einführenden Projektworkshop sind alle Punkte abzuhandeln, die auch im Impulsvortrag vorkommen. Hier fließen die Ergebnisse aus erstem Briefing, Evaluation und Recherche ein. Gemeinsam entwickelt das Projektteam einen Plan für die weitere Vorgehensweise, der dann weiter ausgearbeitet und gemeinsam im Projekttool weiterentwickelt wird. Je nach Umfang und Größe des Projekts schließen sich in dessen Verlauf weitere Workshops an. Techniken beziehungsweise Methoden, die hier zum Einsatz kommen, sind beispielsweise der Impulsvortrag, Diskussionsrunden, Kleingruppenarbeit, Einzelarbeit, Frage- und Antwortrunden. Auch Themenstationen können zum Einsatz kommen, wenn die Gruppengröße es hergibt. Siehe dazu auch den folgenden Abschnitt.

Themenstationen

Sobald eine Gruppe oder ein Team mindestens zwölf Personen umfasst, bietet es sich an, zum Brainstorming, zur Ideensammlung und zur Ausarbeitung von Ideen mit Themenstationen-Workshops zu arbeiten. Die Teilnehmenden gehen in Kleingruppen von Station zu Station und arbeiten dort 20 Minuten an einer bestimmten Fragestellung. Jede Station besteht aus einem Tisch mit einem Flipchart oder reichlich Packpapier, auf das geschrieben und gemalt wird. An jedem Tisch sitzt ein Spielführer, der die Frage stellt, die Diskussion leitet und mitschreibt, soweit die Gruppen dies nicht selbst erledigen. Nachdem alle Kleingruppen an jeder Station waren, werden die Ergebnisse gemeinsam vorgestellt und zusammengefasst. Diese Methodik ist dem sogenannten *World Café* sehr ähnlich, weicht aber teilweise von dieser Vorgehensweise etwas ab. Beispielsweise erscheint es mir besser, wenn jede Gruppe ihre eigenen Ergebnisse neu und frisch erarbeitet und die Spielführer (im World Café heißen sie Gastgeber) nicht für jede Gruppe zunächst die Ergebnisse der vorigen zusammenfasst. Auch empfiehlt es sich, die Gruppe nicht nach jeder Runde neu zu mischen. Für wichtig halte ich es aber gerade innerhalb von Unternehmen, die Kleingruppen auszulosen. So verhindert man, dass sich dieselben zusammenfinden, die auch so schon immer zusammenarbeiten und miteinander vertraut sind. Eher ungewohnte Konstellationen setzen meistens mehr Potenzial frei.

Mit dieser Vorgehensweise, die sich mit Pausen je nach Gruppenzahl über einen halben oder ganzen Tag erstrecken kann, erlangt man in relativ kurzer Zeit sehr, sehr kreative und zugleich verwertbare Ergebnisse. Es erfordert aber einige Erfahrung in der Moderation und viel Aufmerksamkeit des Moderators oder der Moderatorin. Es gilt zum Beispiel zu schauen, ob die Spielführer sich mit ihrer Aufgabe wohlfühlen oder zwischendurch Unterstützung brauchen. Auch hilft es manchmal, unaufdringlich von Gruppe zu Gruppe zu gehen und gegebenenfalls die Diskussion etwas anzustoßen. Die Teilnehmenden dürfen sich aber andererseits nicht kontrolliert fühlen. Auch solche Themenstationen-Workshops profitieren von einer kurzen, prägnanten thematischen Einführung. In diesem Fall sollte der Impulsvortrag aber nicht alle Fragen beantworten und nicht zu viele Problemlösungen anbieten, sondern im Gegenteil zur Diskussion und zum Hinterfragen einladen. Je nach Vorgeschichte und Ziel des Workshops lasse ich zu Fragestellungen arbeiten, die ich zuvor mit der Projektleitung abgesprochen habe, oder ich lasse zu Beginn Themen und Fragen am Metaplan sammeln, clustere sie und entwickle so mit den Teilnehmenden die Fragestellungen für die Themenstationen.

Open Space

Open Space ist die Bezeichnung für ein unternehmensinternes Barcamp: Die Teilnehmenden schlagen Themen vor und bieten selbst Sessions an, in denen sie Fragestellungen diskutieren, Ideen präsentieren oder gemeinsam etwas erarbeiten. Jeder kann eine Session vorschlagen, und per Abstimmung finden sich dafür Teilnehmer.

Am Schluss der Veranstaltung werden kurz die Ergebnisse vorgestellt. Ein solches internes Barcamp ist wie der Workshop mit Themenstationen hervorragend dazu geeignet, Hierarchien und festgefahrene Strukturen aufzubrechen. Allerdings erfordert es eine gewisse Offenheit der Teilnehmenden. Doch selbst in bisher hierarchisch geführten Unternehmen mit vermeintlich sehr festgefahrenen Strukturen kann man große Überraschungen erleben bezüglich des kreativen Potenzials, das die Mitarbeitenden entwickeln. Für eine Open-Space-Veranstaltung ist aus meiner Sicht eine Teilnehmerzahl von etwa 30 die Untergrenze, mehr Teilnehmende sind besser. Auch braucht man eine Location mit mehreren Räumen, die mit Präsentationstechnik ausgestattet sind und in die sich die Gruppen zurückziehen können. Der Moderator oder die Moderatorin sollte die Vorgehensweise gut erklären sowie Start- und Abschlussrunde souverän moderieren können. Auch hier kann am Anfang ein einführender thematischer Vortrag stehen.

!

Tipp: Hierarchien zeitweise außen vor lassen

Je nach Vorgeschichte lohnt es sich, für alle offenen, hierarchiefreien Formen darüber nachzudenken, inwieweit teilnehmende Mitglieder aus der Geschäftsleitung oder andere Führungskräfte eingebunden werden. *Dass* sie an solchen Veranstaltungen teilnehmen, ist meiner Erfahrung nach ein wichtiges Signal ihres Engagements. Allerdings sollte dann ihre Rolle im Vorfeld geklärt und in der Veranstaltung kurz thematisiert werden. Das Setup sollte für alle erkennbar ein gleichberechtigtes sein, in einem Rahmen, in dem – unter Maßgabe bestimmter Kommunikationsregeln – jeder alles sagen kann und Hierarchien außen vor bleiben. Im Zweifel begrüßt dann zu Beginn der Veranstaltung auch nur der Moderator, und das Führungsteam nimmt bereits den Platz in der Gesamtbelegschaft ein. Manche Führungspersönlichkeiten brauchen dann im Verlauf etwas Selbstdisziplin, um nicht anzufangen zu führen. Das kann und sollte man mit ihnen vorab offen ansprechen.

Jours fixes

Damit die Markenbotschafterstrategie nicht nur ambitioniert startet, sondern auch nachhaltig begleitet wird, braucht man – auch bei fortlaufender Zusammenarbeit etwa in einem Projekttool – regelmäßige kurze Abstimmungen. Dies gilt auch und gerade dann, wenn externe Beratung und Begleitung mit im Spiel ist. Diese können als Telefonkonferenzen, physische Meetings und Videokonferenzen stattfinden. Am besten funktioniert es, wenn vorher Themen und Fragen gesammelt werden, die man dann gemeinsam zügig abhandelt. Man kann kurz prüfen, ob alle noch im Projektplan sind, ob es Klärungsbedarf oder Probleme gibt. Neue Ideen können gemeinsam betrachtet werden. Meetings sind bekanntlich häufig als Produktivitätskiller verpönt. Deswegen muss man sich gut überlegen, wie oft ein solcher Jour fixe sinnvollerweise stattfindet, und diesen straff durchmoderieren – aber mit genügend Raum für Diskussion und Klärung.

Kollaborationstool und Unternehmenschat

Kein Markenbotschafterprojekt ohne Projekttool, in dem für alle an der Erarbeitung Beteiligten zugänglich die erarbeiteten Materialien hinterlegt, Fragen diskutiert, Informationen gesammelt und Gespräche geführt werden können. Idealerweise ist dieses Tool mit einer Chatfunktion versehen, oder es gibt zusätzlich einen Unternehmenschat. Im Idealfall sind solche Möglichkeiten des Austausches und der Informationsvermittlung in das gesamte Unternehmen ausgerollt. Allerdings sind hier auch wieder unterschiedliche Medienzugänge zu berücksichtigen. Es muss unbedingt sichergestellt sein, dass es keine verschiedenen Klassen innerhalb des Unternehmens gibt, also nicht bestimmte Personengruppen aufgrund ihres (fehlenden) Medienzugangs benachteiligt werden.

Seminare und Webinare

In so gut wie jeder Markenbotschafterstrategie entsteht Weiterbildungsbedarf auf ganz unterschiedlichen Themenfeldern. Hier sind zum Beispiel Social-Media-Themen zu nennen oder Methoden zur Erarbeitung persönlicher Kommunikationsstrategien. Auf keinen Fall vergessen darf man auch die Schulung bezüglich der neu eingeführten Projekt- und Kollaborationstools. Wenn der individuelle Weiterbildungsbedarf geklärt ist, braucht man ein Konzept für die Kurse, abgestimmt auf die verschiedenen Zielgruppen im Unternehmen. Hier müssen Zeitpläne, örtliche Gegebenheiten – besonders bei Unternehmen mit mehreren Standorten – sowie unterschiedliche Medienzugänge berücksichtigt werden.

Online-Kurse

Online-Kurse, die speziell auf das Unternehmen und die erarbeitete Markenbotschafterstrategie abgestimmt sind, erlauben es den Einzelnen, sich Inhalte in ihrer eigenen Zeit zu erschließen. Sie sind unabhängig von Seminar- und Webinarterminen. Allerdings erfordert dies eine hohe Eigenmotivation der Beteiligten. Ich habe aber sehr gute Erfahrungen mit Selbstlernkursen etwa zum Thema persönliche Kommunikationsstrategie gemacht. So etwas funktioniert allerdings nur, wenn der entsprechende Medienzugang gewährleistet ist.

Interne Contentformate

Ein internes Projektblog, Podcasts, Videos, Storys: Es gibt sehr viele Contentformate, die sich dafür eignen, ein Projekt intern zu dokumentieren, um die Beteiligten zu motivieren und bei der Stange zu halten. Auch dies erfordert ein eigenes Konzept. Und auch hier muss der Medienzugang sowie die unterschiedlichen Möglichkeiten, während der Arbeitszeit auf solche Inhalte zuzugreifen, gewährleistet sein.

Community-Treffen
Selbst initiierte Markenbotschafter-Stammtische, Incentives oder andere Treffen tragen dazu bei, dass sich die Beteiligten untereinander austauschen, gegenseitig motivieren, Erfahrungen teilen und einander Rückhalt geben. Gemeint sind hier also nicht so sehr Arbeitstreffen wie etwa Jours fixes, sondern informelle Zusammenkünfte. Gerade hier kann die Unternehmensleitung den Beteiligten möglichst freie Hand geben, aber gegebenenfalls organisatorische Unterstützung anbieten.

Virtuelle Community und Social-Media-Community
Ob nun explizit ein Bewusstsein für die Markenbotschafter-Rolle vorhanden ist oder nicht: In sehr vielen Unternehmen gibt es Facebook-, LinkedIn- oder XING-Gruppen, in denen sich Unternehmensangehörige auf Eigeninitiative organisieren und austauschen. Auch WhatsApp-Gruppen gehören dazu. Ob diese Organisationsformen immer mit der Compliance, mit Betriebsvereinbarungen und mit der Geheimhaltungspflicht in Einklang stehen, das steht auf einem anderen Blatt. Seitens der Unternehmensleitung und der Unternehmenskommunikation sollte man solche Bewegungen, die meist oft aus Begeisterung und Identifikation mit dem Unternehmen entstehen, nicht vorschnell zu unterbinden versuchen. Umgekehrt sollten die Initiatoren aber auch darauf achten, ob sie sich im rechtlich sicheren Raum bewegen. Viele Arbeitgeber tolerieren oder fördern sogar solche Gruppen, solange deren privater Charakter eindeutig belegt ist und keine Interna auf externe Plattformen ausgelagert werden. Alternativen wären Angebote unternehmensinterner sozialer Netzwerke, für die es mittlerweile viele verschiedene Möglichkeiten gibt. Ob diese im Einzelfall so gut angenommen werden wie die informellen Gruppen, sei einmal dahingestellt.

4.4 Spezifische Typen und Formen: Tipps zum Start

Das Fünf-Phasen-Modell ist auf nahezu jedes Markenbotschafterprojekt anwendbar. Die spezifische Ausprägung sieht aber in jedem Unternehmen anders aus. Im Folgenden finden Sie Vorschläge für die ersten Schritte eines Markenbotschafterprojekts. Diese Anleitung orientiert sich – den verschiedenen Strategieformen gemäß – an der Typologie in Kapitel 3.1. Da wohl keine dieser Strategietypen in Reinform umgesetzt wird und sie teilweise aufeinander aufbauen, lassen sie sich natürlich kombinieren. Für die Umsetzung folgen Sie dann wiederum den fünf Phasen aus Kapitel 4.2.

4.4.1 So starten Sie eine Minimalstrategie

Wenn es in Ihrem Unternehmen noch keinerlei Verständnis für die Markenbotschafter-Thematik gibt, dann ist jetzt genau der richtige Zeitpunkt, damit zu starten. Denn jedes Unternehmen muss sich heute damit befassen. Sie erkennen damit an, dass Sie bereits Markenbotschafter haben, und integrieren dieses Verständnis in die Gesamtkommunikation des Unternehmens. Im Sinne einer aktiven Krisenprävention überwachen Sie vor allem das Bild der eigenen Marke in der Öffentlichkeit. Sie sorgen für Strukturen, die im Falle von Kommunikationskrisen schnell greifen – es muss sich dabei nicht immer gleich um einen großen Shitstorm handeln.

Eine solche Minimalstrategie bildet zudem die Basis jedes Markenbotschafterprojekts, und die Grundzüge sind für alle Unternehmen recht ähnlich. Das unterscheidet sie von den sehr individuellen Ausprägungen der weitergehenden Typen. Das Folgende könnten Sie tun, um jetzt zu starten:

Status erheben
Wo stehen wir? Wie ist der Informationsstand der Mitarbeiterinnen und Mitarbeiter? Wie sieht das gemeinsame Markenverständnis aus, und wie ist dessen Wahrnehmung im Unternehmen? Gibt es Social-Media-Guidelines und werden diese beachtet?

> **Tipp: Vorsicht beim Profiling!**
> Bitte denken Sie daran: Bei der systematischen Auflistung und Analyse von Mitarbeiter-Accounts und Profilen kann es zu rechtlichen Problemen kommen. Mehr dazu erfahren Sie im abschließenden Rechtsteil in Kapitel 6.

!

Monitoring etablieren
Wenn viele Stimmen weitgehend sich selbst überlassen in digitalen Medien sprechen, dann ist es erst recht wichtig, das Bild der eigenen Marke zu überwachen. So erfährt man frühzeitig davon, wenn etwas schiefläuft. Wichtig ist es auch, Kontakte in die relevanten Communitys hinein zu pflegen, denn nicht in alle geschlossenen Foren und Mikronetzwerke kommt das Monitoring hinein. Hier kommt den Corporate Influencern eine wichtige Rolle zu. Stellen Sie sicher, dass Sie über Abläufe und Strukturen verfügen, die das Feedback der Mitarbeitenden zur Unternehmenskommunikation fördern.

Verbindliche Regeln kommunizieren
Auch wenn es keine ausgeschriebene Markenbotschafterstrategie gibt: Einiges ist dennoch verbindlich zu regeln. So muss beispielsweise klar sein, dass nicht jeder Mitarbeitende sich in der Öffentlichkeit oder in sozialen Netzwerken als Unternehmenssprecher betätigen darf. Zu den Basisregeln gehören die Antworten auf folgende Fragen:

- Wer darf worüber öffentlich und offiziell sprechen?
- Was definieren wir überhaupt als »öffentlich«?
- Wer ist in Krisen- und Konfliktsituationen sowie in Zweifelsfällen zu benachrichtigen beziehungsweise hilft weiter – etwa wenn ein Mitarbeitender auf bestimmte Unternehmensfragen angesprochen wird?

Außerdem ist es sehr sinnvoll für das gemeinsame Auftreten in der Öffentlichkeit, alle Mitarbeitenden auf die offizielle einheitliche Schreibweise des Unternehmensnamens hinzuweisen. So vermeiden Sie zugleich, dass viele inoffizielle Unternehmensseiten, die automatisch aus verschiedenen Schreibweisen generiert wurden, durch die sozialen Netzwerke geistern.

Guidelines erarbeiten und kommunizieren

Über diese Grundregeln hinausgehend: Gibt es in Ihrem Unternehmen aktuelle Social-Media-Guidelines? Sollten noch keine solchen Leitlinien vorhanden sein, ist es höchste Zeit, sie zu überarbeiten. Gibt es bereits welche, dann prüfen Sie bitte, ob diese wirklich allen Mitarbeitenden bekannt und zugänglich sind. Dies sollte auf jeden Fall geschehen, bevor Sie eine weitergehende Markenbotschafterstrategie planen. Anhaltspunkte für die Erarbeitung finden Sie in Kapitel 4.7 »Wie man Markenbotschafter in die Social-Media-Strategie einbindet«.

4.4.2 So starten Sie in eine »Jeder ist ein Markenbotschafter«-Kultur

Eine solche Kultur der Transparenz nach innen und nach außen entsteht nicht über Nacht, sondern setzt in vielen Unternehmen erst einmal einen fundamentalen Wandel voraus. In streng hierarchisch organisierten Organisationen ist sie schwerer zu etablieren als in flachen, agilen Hierarchien. Letztlich stellt die Frage, ob ein solcher Kulturwandel möglich wäre, oft auch einen Prüfstein für die Zukunftsfähigkeit von Unternehmen in sich immer schneller verändernden Märkten dar. Abhängig vom aktuellen Status, den Sie bereits für die Minimalstrategie erhoben haben, fallen die ersten Schritte sehr unterschiedlich aus. Der Weg beginnt immer bei der Unternehmensstrategie und legt den Fokus erst anschließend auf die Kommunikationsstrategie. Womöglich erscheint es sinnvoll, das bestehende Leitbild zu überprüfen oder sogar unter Beteiligung aller Unternehmensbereiche noch einmal neu zu erarbeiten. Meistens geschieht eine gemeinsame Erarbeitung der Außendarstellung (auch) in sozialen Netzwerken, Aktivitäten werden koordiniert und intern kommuniziert. Darüber hinaus lassen sich dazu nur wenige allgemeine Regeln formulieren. Auch hier helfen die fünf Phasen der Erarbeitung einer Markenbotschafterstrategie aus Kapitel 4.2.

> Eine solche Markenbotschafter-Kultur schließt die Fokussierung auf eine der folgenden Strategien nicht aus. Im Gegenteil: Sie bildet hierfür überhaupt erst die Basis.

4.4.3 So starten Sie ein Markenbotschafterprogramm

Ein Markenbotschafterprogramm erfordert eine ausführliche Strategie- und Konzeptionsphase, in der zunächst einmal die Ziele festgelegt werden – und zwar ebenfalls wieder mit Bezug auf die Unternehmens- und die Kommunikationsstrategie. Es muss entschieden werden, auf welchen Unternehmensbereich sich das Programm bezieht, wer verantwortlich zeichnet und wer daran beteiligt wird. Medien und Maßnahmen sind auszuwählen ebenso wie die Anbindung an bestehende Medien und gegebenenfalls Kampagnen. Einzelne Kanalstrategien sind hiermit meistens eng verknüpft.

Ehe über das Projektteam hinaus ein Bewerbungs- und Onboarding-Prozess beginnt, mit dem Unternehmensangehörige eingebunden werden, sollten der genaue Rahmen und die Spielregeln feststehen. Erst dann kann mit der Umsetzung des Programms sowie der begleitenden internen und externen Kommunikation begonnen werden. Zudem ist es sinnvoll, für die interne Kommunikation die Vorteile des Programms für die einzelnen Teilnehmenden herauszuarbeiten und ihnen zugleich Ängste zu nehmen. Ansonsten braucht man in der Regel gar nicht darauf zu hoffen, dass sich Markenbotschafter als Programmteilnehmer in großer Zahl von selbst melden.

Wie unterschiedlich solche Markenbotschafterprogramme aussehen können, haben Sie bereits der Typologie in Kapitel 3.1 entnommen. Daher unterscheiden sich die Formen der Erarbeitung in den individuellen Fällen stark.

4.4.4 So starten Sie eine Kanalstrategie

Auch hier gilt: Zuerst Strategie, dann Kommunikation, dann Teilstrategie. Es gibt jedoch zwei mögliche Herangehensweisen. Zum einen kann man von der jeweiligen Person oder den Personen einzeln ausgehen, etwa dem CEO, und für diese dann den geeigneten Kanal oder die Kanäle auswählen. Oder man bestimmt zuerst den Kanal – beispielsweise Corporate Blog, LinkedIn, Instagram oder Twitter – und stellt dann die Mitwirkenden zusammen. Dies ist immer im Zusammenhang mit der gesamten Markenbotschafterstrategie zu entscheiden. Startet diese zunächst mit einem Hauptkanal, sind dennoch alle Punkte der gesamten strategischen Erarbeitung zu berücksichtigen. Mehrere Kanalstrategien können nebeneinander beziehungsweise vernetzt aufgebaut werden, auch innerhalb einer größeren Strategie oder eines Programms.

Was ist ein Kanalversprechen, und wie lässt es sich erarbeiten?
Das Kanalversprechen[87] beantwortet die Fragen »Was erwartet den spezifischen Nutzer hier?« »Welchen Nutzen hat er davon, zu hören, zu lesen oder zu sehen, was hier ausgesendet wird?«

87 Den Begriff »Kanalversprechen« habe ich, soweit ich weiß, erstmals verwendet und definiert.

Voraussetzung ist, dass Ihr Unternehmen bereits über eine Kommunikationsstrategie verfügt. Sie kennen Ihre eigenen übergeordneten Kommunikationsziele. Sie wissen, wer Ihre Bezugsgruppen sind und welche Bedürfnisse sie haben. Sie wissen für die Kommunikation im Corporate Blog und in sozialen Netzwerken, welchen Nutzen Sie mit den entsprechenden Inhalten erzeugen wollen.

Jetzt wollen Sie für jeden Kanal, entsprechend dessen Gesetzmäßigkeiten und der spezifischen Empfängergruppe, die Voraussetzungen für das Kanalversprechen erarbeiten. Das tun Sie zunächst für sich selbst. Diese Version ist noch nicht zur Veröffentlichung gedacht. Sie umfasst mehrere Aspekte, inklusive dem eigenen Kommunikationsziel. Letzteres ist immer nur implizit Teil des Kanalversprechens und wird niemals in diesem formuliert. Es muss aber klar sein, damit der Kanal die Empfänger auf die richtige Weise anspricht.

Konkret werden folgende Informationen gebraucht:

- Plattform/Medium
- Kanal-Bezeichnung
- Bezug zur Gesamtkommunikation
- Empfänger/Bezugsgruppe
- eigenes Kommunikationsziel
- Thema/Inhalte
- Form
- angestrebter Empfängernutzen
- Kurzbeschreibung in einem Satz (entsprechend dem vorgegebenen Format auf der jeweiligen Plattform)

Fragen, die hilfreich sind, um das eigene Kanalversprechen zu erarbeiten:

- Welche unserer Bezugsgruppen sind für uns besonders wichtig, welche weniger? (Priorisierung)
- Was brauchen diese Bezugsgruppen?
- Was suchen sie speziell über diesen Kanal?
- Welches sind die besonderen Gesetzmäßigkeiten/spezifischen Merkmale dieses Kanals?
- Welchen Nutzen bietet ihnen dieser Kanal (bezogen jeweils auf die Empfängergruppe)?
- Welche verschiedenen Aspekte hat dieser Empfängernutzen?
- Inwieweit trägt das, was wir hier kommunizieren, zu unseren eigenen Unternehmens- und Kommunikationszielen bei?
- Warum würde jeweils ein typischer Empfänger diesen Kanal weiterempfehlen? Was bringt ihn dazu, ihn dauerhaft zu abonnieren/ihm zu folgen?
- Wenn uns jemand nach dem Nutzen dieses Kanals fragt: Wie fassen wir das Versprechen kurz zusammen?

4.4.5 So starten Sie eine Leuchtturm- oder eine Rockstar-Strategie

Ein oberster Markenbotschafter, der sich sichtbar und nahbar macht, liefert ein hervorragendes Vorbild für alle anderen Unternehmensangehörigen. Hält sich die Führungsebene bedeckt, sehen andere oft auch keinen Grund, sich zu exponieren. Die Herangehensweise an eine Leuchtturm-Strategie ähnelt in den meisten Aspekten den bereits zuvor genannten Formen, insbesondere dem Markenbotschafterprogramm. Allerdings sind die Kanäle besonders sorgfältig auszuwählen. Mitunter muss ein ganzes Team dabei helfen, den Kommunikations- und Kontaktaufwand zu bewältigen, und es braucht ein gutes Monitoring. Die Herausforderung, wenn Mitwirkende beteiligt sind, besteht darin, authentisch und persönlich zu bleiben und nicht persönliche Profile als Verlautbarungskanäle zu nutzen. Die Sache funktioniert nur dann, wenn der oder die Betreffende sich wirklich auch selbst engagiert.

Im Wesentlichen gilt dies alles auch für die Rockstar-Strategie. Jedoch wird ein »Rockstar« meistens ja als bereits sichtbare Personenmarke mit medialer Reichweite eingestellt und fügt sich dann in die Markenbotschafterstrategie ein. Seine oder ihre bestehende Strategie kann umgekehrt wertvolle Impulse für Erarbeitung und Ausbau liefern.

4.4.6 So starten Sie eine Markenbotschafterstrategie in kleinen Betrieben

Einbindung verschiedener Unternehmensbereiche, Beteiligung der Kommunikationsabteilungen, hauptberuflicher Projektverantwortlicher: All dies beschreibt Parameter, die vor allem für mittlere und größere Betriebe mit den entsprechenden Strukturen zutreffen. Kleine Betriebe, und dazu gehören auch kleine Einzelhandelsbetriebe, einzelne Gastronomiebetriebe – also keine Ketten – oder unabhängige Fachhändler, verfügen gar nicht über solche Strukturen. Häufig haben sie nicht einmal einen Mitarbeitenden, der nur für die Kommunikation oder sogar nur für Social Media zuständig ist. Marketing und PR werden von Chefin und Chef mit verantwortet. Doch wie in Kapitel 3.2.4 bereits ausgeführt, liegt gerade die Stärke solcher Unternehmen in den gut lokal und regional vernetzten Personen(-marken). Die Vorgehensweise wird, wenn bewusst mit Markenbotschaftern gearbeitet werden soll, anders aussehen als in größeren Unternehmen. Hier sind einige Anregungen dazu.

Gemeinsames Markenverständnis entwickeln

Wenn ein Einzelhändler, ein Gastronom oder auch ein Handwerker an Marken denkt, denkt er wahrscheinlich zunächst an Produkte, an Werkzeuge oder an die Marken der Lieferanten. Aber er oder sie sollte verstehen, dass jedes Unternehmen – möge es noch so klein sein, möge es in Sortiment oder Angebot scheinbar sehr vielen anderen

Betrieben ähneln – ein eigenes Markenverständnis braucht. Die folgenden Fragen können dabei helfen, dass sich das Team gemeinsam ausrichtet:

- Was macht uns aus?
- Welche Werte tragen uns?
- Was ist die Gesamtheit unserer Leistungen?
- Wer sind unsere spezifischen Zielgruppen?
- Was ist bezogen auf diese Zielgruppen der Nutzen, den wir bieten?
- Wie transportieren wir dieses Markenversprechen?
- Was ist das größere Ganze, zu dem jeder von uns beiträgt?

Medien und Kanäle erschließen

Eine Website braucht heute jeder. Viele Einzelhändler und kleine Betriebe haben auch längst eine Facebook-Fanpage. Aber hier findet häufig vor allem Werbung statt. Interessanter wird es für die Community, wenn dort nützliche Inhalte zu finden sind (siehe Kapitel 4.8 zur Contentstrategie). Was oft auch übersehen wird: Selbst wenn jemand keine eigene Facebook-Fanpage anlegt, kann es sein, dass jemand anders das Unternehmen als Ort dort eingetragen hat. Ebenfalls häufig vernachlässigt: Google-Maps-Einträge. Diese werden bei der Suche nach kleinen Unternehmen häufig als Erstes angezeigt. Jeder lokale Betrieb sollte mit Google My Business den in den allermeisten Fällen bereits vorhandenen Eintrag zum eigenen Unternehmen übernehmen und pflegen. Dazu gehört auch das aktive Fördern von Kundenbewertungen sowie ihre Beantwortung. Die einzelnen Personen könnten darüber hinaus bereits bestehende persönliche Vernetzungen in die digitalen Medien ausweiten und damit verstärken.

Personenmarken aktivieren

Wenn ein Unternehmer, der am Ort bekannt und gut vernetzt ist, seine Kunden bei Facebook als »Freund« annimmt, fühlen sich diese oft regelrecht ausgezeichnet. Er nimmt sie ein Stück weit in sein Leben hinein und vertieft damit die Beziehung. Wenn er oder sie zudem gelegentlich ein Bild aus dem persönlichen Leben oder dem Hobby teilt, kann er dafür sorgen, dass sich seine Kunden immer wieder an ihn erinnern. Aber man muss sich natürlich gut überlegen, wie privat oder wie öffentlich man sich zeigen will. Eine Personenmarkenstrategie bedarf hier genauerer Überlegung und Erarbeitung.

Da heutzutage fast jeder in sozialen Netzwerken aktiv ist, hat jeder Einzelhändler, aber auch jede einzelne Verkäuferin Zugang zu einer Community: dem persönlichen Netzwerk, das oft in Messengern besonders gepflegt wird. Ob und wie der oder die Betreffende sich dort als Markenbotschafter zeigt, sollte bewusst erarbeitet werden. Zwingen kann man niemanden dazu, aber wenn die Bereitschaft da ist, kann man die Mitarbeitenden unterstützen. Diese können sich auch austauschen und gegenseitig unterstützen.

Persönliche Stärken statt großer Budgets einsetzen

Kleine lokale Unternehmen verfügen oft über vergleichsweise geringe Ressourcen und über kein nennenswertes Budget für Social-Media-Aktivitäten. Gerade deswegen lohnt es sich, über Möglichkeiten nachzudenken, die auf schon Bestehendem aufbauen: etwa auf persönlichen Beziehungen oder auf den eigenen Erfahrungen aus der direkten Kundenkommunikation. Man kann zum Beispiel ganz pragmatisch überlegen: Wie können wir das, was wir schon gut beherrschen, noch stärker unter dem Oberbegriff »Markenbotschafter und persönliche Beziehungen« begreifen und weiterentwickeln? Das gilt auch für die eigentliche Arbeit: Es gibt etwa Mitarbeitende, die haben sehr viel Erfahrung und vielleicht auch Geduld mit speziellen Zielgruppen. Daher kann man sich auch für die Unternehmenskommunikation und die sozialen Medien überlegen: Was kann jeder Einzelne im Team besonders gut? Wie kann sie oder er dies im Sinne der gemeinsamen Marke einbringen? Selbstbild und Fremdbild weichen allerdings oft ab. Deshalb braucht jeder, der in Verkauf oder Beratung tätig ist, wenigstens gelegentlich eine Fortbildung oder ein Coaching, um sich der eigenen Wirkung bewusst zu werden. Jede Form der persönlichen oder auch medialen Kommunikation von Menschen klappt umso besser, je mehr derjenige eine Vorstellung der eigenen Wirkung hat, die dem Fremdbild nahekommt.

Markenbotschafterstrategien im öffentlichen Dienst !

Vielleicht ist Ihnen aufgefallen, dass es – im Gegensatz zu den Abschnitten für die anderen Formen – keinen Abschnitt für den Start von Markenbotschafterstrategien im öffentlichen Dienst gibt. Dies hat den einfachen Grund, dass sich die Erarbeitung in ihren Grundzügen nicht von der Vorgehensweise in anderen Unternehmen unterscheidet. Spezifische Abstimmungswege, Besonderheiten in betriebsinternen Vereinbarungen, spezielle Regeln für die Außendarstellung: All dies gilt für den öffentlichen Dienst genauso wie für andere Unternehmen. Gerade Konzerne weisen häufig Strukturen auf, die denen in einer öffentlichen Verwaltung sehr nahekommen. Es sind immer die individuellen Gegebenheiten zu berücksichtigen.

4.4.7 So unterstützen Sie Graswurzelbewegungen

Mitarbeitende haben eine Facebook-Community gegründet, von der die Unternehmensleitung erst spät erfährt? Einzelne Mitarbeitende organisieren sich auf Twitter und machen sich für den Arbeitgeber stark? Unternehmensangehörige betreiben eine LinkedIn-Gruppe für Kolleginnen und Kollegen? Da schrillt in vielen Führungsetagen und Kommunikationsabteilungen die Alarmglocke: So etwas muss doch zunächst genehmigt und abgestimmt werden. Der erste Impuls lautet dann nicht selten: verbieten beziehungsweise unterbinden. Da sie den offiziellen Kommunikationsregeln widersprechen, werden die Aktivitäten der Gruppe umgehend untersagt. Die Twitter-Botschafter ohne Mandat erhalten eine eindeutige Ansage, sprich: Absage. Dies ist aber so ziemlich die schlechteste Vorgehensweise, wie man mit Mitarbeitenden verfahren kann, die auf ihren Arbeitgeber stolz sind und sich aus Eigeninitiative für ihn engagieren.

Damit verschenkt man nicht nur ein erhebliches Potenzial, sondern – viel schlimmer – man stößt die begeisterten Markenbotschafter vor den Kopf und bringt sie womöglich sogar gegen das Unternehmen auf. Daher gilt es in solchen Fällen, mit großer Diplomatie und eben Wertschätzung für die Initiative vorzugehen. Ebenso kontraproduktiv wäre es, eine solche Bewegung seitens der Unternehmensleitung und der Kommunikation zu vereinnahmen. Die Telekom hat gut vorgemacht, wie es gelingen kann, Unterstützung, Begleitung und Anerkennung zu geben, ohne eng zu führen (vgl. Kapitel 3.2.12). Wie weit die Unternehmensleitung und die Unternehmenskommunikation überhaupt eingreifen, sollte gut überlegt sein. Einige Eckpunkte lassen sich dennoch sinnvoll festlegen. Diese unterscheiden sich gar nicht grundlegend von der Vorgehensweise in anderen Strategien.

Beteiligte wertschätzen und einbinden

Soll im Unternehmen das Thema Markenbotschafterstrategie auf eine breitere Basis gestellt werden, so ist es sinnvoll, die »Markenbotschafter aus Eigeninitiative« einzubinden. Zum einen kann hier die Bereitschaft, sich für den Arbeitgeber sichtbar zu machen, vorausgesetzt werden. Zum anderen ist bereits kommunikative und mediale Expertise vorhanden, und es gibt bereits Erfahrungen. Auch verfügen die Initiatoren einer solchen Bewegung über den direkten Zugang zu einer oft beachtlich großen Community. Mit Abstand am wichtigsten ist es, seitens der Unternehmensleitung Wertschätzung für das Engagement zu kommunizieren. Die Betreffenden dürfen sich nicht von der offiziellen Kommunikation vereinnahmt oder sogar instrumentalisiert fühlen.

Bereitschaft klären

Wer sich bisher aus Eigeninitiative engagiert hat und dabei eigenen Regeln gefolgt ist, hat womöglich gar keine große Lust, sich jetzt einer offiziellen Markenbotschafterstrategie unterzuordnen. Dies gilt erst recht, wenn diese sich in ihren Grundzügen stark von der bisherigen selbstbestimmten Vorgehensweise unterscheidet. Zwingen kann man niemanden dazu. Denjenigen, die sich weigern, einfach ihre eigene bisherige Markenbotschafter-Arbeit zu verbieten, wäre – wie schon gesagt – noch weniger klug. Daher sollte zunächst die Bereitschaft der bereits Aktiven geklärt werden. Womöglich sind sie gerne bereit, an einer weitergehenden Erarbeitung mitzuwirken, wenn sie mitbestimmen dürfen.

Unterstützung zusichern

Auch wenn es keine weitergehende Erarbeitung einer Markenbotschafterstrategie geben soll oder die betreffende Community neben einem offiziellen Programm weiterbesteht, ist es sehr sinnvoll, Unterstützung anzubieten. Dazu gehören interne

Ansprechpartner, wenn Fragen oder Probleme auftauchen. Darüber hinaus sind natürlich keine Grenzen gesetzt, was die weitergehende Förderung angeht – beispielsweise in Form von Incentives, Merchandising, Veranstaltungen. Auch hier liefert das Telekom-Beispiel in Kapitel 3.2.12 wertvolle Anregungen.

Rechtssicherheit schaffen
Nicht selten bewegen sich privat organisierte Markenbotschafter-Bewegungen in rechtlichen Grauzonen, und das ganz ohne böse Absicht. So werden beispielsweise Unternehmenslogos verwendet, die einen offiziellen Anschein erwecken, es gibt aber kein Impressum auf entsprechenden Seiten – um nur ein Beispiel zu nennen. Auch der Sachverhalt der Schleichwerbung könnte in bestimmten Fällen erfüllt sein. Hier geht es ebenfalls nicht darum, zu reglementieren oder gar zu verbieten, sondern die Beteiligten vor unangenehmen Folgen zu schützen. In der Kommunikation auch solcher Unterstützung ist viel Fingerspitzengefühl und Abwägung im Einzelfall gefragt. In der Sache sollte sie aber auch im eigenen Interesse der betreffenden Mitarbeitenden konsequent erfolgen.

4.5 Markenbotschafter im Unternehmen entdecken und unterstützen

Wenn wir darüber sprechen, Köpfe aus dem Unternehmen als Markenbotschafter aufzubauen, dann nennt der Begriff selbst schon die beiden wesentlichen Aspekte, um die es geht: Marke und Botschaft. Im Fokus der Unternehmenskommunikation steht die Marke mit ihren strategischen Zielen. Daraus leiten sich die Kommunikationsziele ab, aus denen sich die Botschaften ergeben. Für Personenmarken kommt der Aspekt der persönlichen Ziele und Botschaften hinzu. Das bedeutet zugleich: Der Weg führt von der übergeordneten Kommunikations- und Contentstrategie zur einzelnen Kommunikationsstrategie der Person. Es muss also ein Erarbeitungsprozess vorausgehen, in dem Rollen, Abstimmungswege, unterstützende Ressourcen, Monitoring und Erfolgsmessung berücksichtigt werden. Daher ist es so wichtig, die beschriebenen einzelnen Projektphasen für eine solide Erarbeitung zu nutzen. Doch im Prozess gilt es dann auch, auf die bereits im einführenden Kapitel 2.4 »Persönlichkeiten und Personenmarken in der Markenbotschafterstrategie« im Unternehmen zu identifizieren und entsprechend ihren individuellen Voraussetzungen als Markenbotschafter zu fördern. Im Folgenden finden Sie daher beispielhaft, nach Funktionen im Unternehmen geordnet, einige Herangehensweisen, um Markenbotschafter gezielt zu unterstützen.

4.5.1 Social CEO: Wie man die »Chief Influencer« unterstützt

In der Markenbotschafterstrategie übernehmen der CEO und weitere Mitglieder der Unternehmensleitung eine wichtige Rolle. Wenn Ängste aus Vorstand und C-Level das Verhalten in digitalen Medien bestimmen, werden sich auch die meisten Mitarbeitenden nicht gerne exponieren (vgl. dazu Kapitel 4.10.3 über die typischen Ängste von Mitarbeitenden). Viele der folgenden Überlegungen gelten auch für Aufbau beziehungsweise Unterstützung weiterer Markenbotschafter aus dem Unternehmen, doch haben sie beim obersten Markenbotschafter besonderes Gewicht. Denn mit der Sichtbarkeit steigen auch die Risiken, die sich aus unbedachten Äußerungen entwickeln können. Häufig wird der CEO nicht die alleinige oder herausragende Protagonistenrolle in allen Medien übernehmen, aber er ist schon aufgrund seiner Funktion exponiert. Was er oder sie äußert, besitzt häufig ein größeres Gewicht als das anderer Firmenangehöriger. Dies ist ein weiterer Grund dafür, sich die Strategie für die öffentliche Darstellung gut zu überlegen und nicht unbedacht irgendwelche Äußerungen zu tätigen. Das war übrigens auch in vordigitalen Zeiten nicht anders, als sich verbale Fehltritte über die Massen- und Leitmedien verbreiteten. Man denke nur an die schon klassische »Peanuts«-Äußerung von Hilmar Kopper im Jahr 2004, die nur einen der Patzer darstellte, mit denen Banker speziell der Deutschen Bank das Image ihres Berufsstandes für die Zukunft prägten.[88] Man muss sich aber verdeutlichen, dass es in diesen Zeiten, in denen sich Botschaften in Windeseile via Social Media verbreiten, ohnehin keines eigenen Twitter-Accounts bedarf, um den eigenen Ruf oder den Ruf des Unternehmens zu schädigen. Es reicht aus, dass irgendjemand eine unbedachte Äußerung mithört und aufschreibt oder gar mitschneidet, um sie dann über die sozialen Netzwerke zu verbreiten. Man kann es nicht oft genug sagen: Der absichtsvolle Aufbau einer eigenen Social-Media-Präsenz eines Protagonisten erhöht das Gefahrenpotenzial nicht, wenn die Kommunikation bewusst und verantwortungsvoll geschieht.

Chief Influencer brauchen besondere Unterstützung

Auch ohne eigene Social-Media-Accounts sind die Personen aus der Führungsebene bereits auf die eine oder andere Weise in digitalen Medien präsent: nämlich zumindest in dem, was andere über sie erzählen und verbreiten. Doch wenn der Firmenchef sich nun die digitale Kommunikation auch persönlich mit Profilen und eigener Publikationstätigkeit erschließt, so setzt das nicht nur wichtige Signale nach außen. Es signalisiert auch in das Unternehmen hinein, dass die Führungsspitze die Bedeutung dieser Kommunikationsformen erkannt, verstanden hat und aktiv nutzt.

88 »Die peinlichen Patzer der Deutsche-Bank-Chefs«, in: Die Welt, 18.12.2012, http://www.welt.de/wirtschaft/article112105675/Die-peinlichen-Patzer-der-Deutsche-Bank-Chefs.html

Gerade wenn der Vorstand oder Geschäftsführer mit seiner ohnehin schon vorhandenen Reichweite und mit dem relativ großen Gewicht, das jeder seiner Äußerungen zugemessen wird, sich als Person in soziale Netzwerke begibt, dann sollte dies mit der Gesamtkommunikation abgestimmt sein. Die Chefin oder der Chef, für den das Twittern oder Bloggen noch neu ist, braucht zumindest zum Einstieg eine qualifizierte Begleitung, entweder aus dem eigenen Stab heraus oder durch einen fähigen Berater. Auch etwaige operative Unterstützung für die Pflege derjenigen Kanäle, die eng mit den Unternehmensaufgaben sowie der Reputationsbildung verknüpft sind, muss geplant werden. Das Monitoring sollte zentral mit den anderen Firmenkanälen organisiert sein.

Wie jede Markenbotschafterstrategie konzentriert sich auch die Strategie für den oder die obersten Markenbotschafter auf den Nutzen, den sie generieren. Vorstand oder CEO stellen mit ihrer Personenmarken ebenfalls nicht einfach verlängerte Arme der offiziellen PR dar – außer natürlich, sie sprechen offiziell mit Medien oder geben Interviews. Das unterscheidet sie dann auch von den meisten anderen Markenbotschaftern: Sie sprechen nicht nur mit eigener Stimme, sondern eben auch offiziell für das Unternehmen. Daher ist es umso wichtiger, in jedem Einzelfall transparent zu machen, ob hier die Person für sich spricht oder ob sie als Sprecher des Unternehmens agiert. Ganz trennen lässt sich das aber nicht. Auch in persönlichen Äußerungen sollte sich die Unternehmensleitung immer ihrer exponierten Rolle und der entsprechenden öffentlichen Wahrnehmung bewusst sein.

Wie unterschiedlich dabei die Personenmarkenstrategien oberster Markenbotschafter aussehen können, haben Sie in den Interviews im Best-Practice-Teil (Kapitel 3) gesehen. Wichtig ist es also vor allem, dass eine strategische Erarbeitung stattfindet, dass Medienkompetenz vorhanden ist oder geübt wird und dass es Strukturen der Markenüberwachung gibt.

Muss jeder CEO bloggen oder twittern?

Menschen erwarten heute, anders als noch vor wenigen Jahren, direkte Sichtbarkeit und Ansprechbarkeit von Entscheidern, gleich ob in der Politik oder in Unternehmen. Es leuchtet wohl ein, dass ein CEO nicht zum Bloggen oder Twittern gezwungen werden kann. Doch persönliche Vorbehalte der Führungsriege gegen digitale Medien und soziale Netzwerke kann sich in diesen Zeiten kein Unternehmen mehr leisten. Die Auswahl der Plattformen, auf denen Unternehmensvertreter präsent sein müssen, obliegt nicht allein deren privater Beurteilung. Sie sollte sich vielmehr danach richten, wo die Stakeholder präsent sind und sich austauschen beziehungsweise wo sie nach Informationen suchen. Präsenz und eine gewisse Vorreiterrolle der Chefs in eigenen Medien und auf fremden Plattformen sind für Firmen, die sich im digitalen Wandel behaupten wollen, unerlässlich.

Es braucht also nicht jeder CEO selbst zu twittern oder zu bloggen. Es lohnt sich vielmehr, innerhalb eines Konzeptes für das Personal Branding von den Stärken und Vorlieben derjenigen Person auszugehen und zu überlegen, wie sich dies in Medien und auf Plattformen umsetzen lässt. Gleiches gilt im Übrigen für jedes andere Markengesicht. Denn nur so kann die Personenmarke authentisch ihre Wirkung im Netzwerk entfalten – im Gegensatz zu einem rein PR-getriebenen Handeln, das auf Dauer weder durchzuhalten ist noch sinnvoll ausgebaut werden könnte. Ausgehend vom Optimum aus professioneller Sicht wird man dann gezielt eine Strategie erarbeiten, welche die herausgearbeiteten Stärken und Vorlieben nutzt. Die Fachleute in der Kommunikationsabteilung unterstützen dann gezielt bei der Umsetzung, wo dies gewünscht ist.

Ist beispielsweise der CEO ein guter Netzwerker, der viel in der Öffentlichkeit auftritt, so lässt sich diese persönliche Präsenz gut digital abbilden, auch ohne dass der oder die Betreffende selbst täglich postet. Hat der Geschäftsführer, etwa im Rahmen des Content-Marketings, viel Fachliches beizutragen, dann muss er oder sie nicht unbedingt selbst regelmäßig fertige Artikel schreiben. Innerhalb eines professionellen Themen- und Redaktionsplans kann er den Content auch auf die Art und Weise liefern, die ihm und seinen Arbeitsabläufen am besten entspricht. Nur eine sinnvolle Einbindung in den Arbeitsalltag gewährleistet nämlich, dass die einmal eingeschlagene Strategie auf Dauer funktioniert.

Das Zeitproblem, das (fast) alle Markenbotschafter haben

Ganz gleich, ob Konzernchef, Sachbearbeiter oder Einzelhändler: Es ist im Berufsalltag neben der eigentlichen Arbeit nie genügend Zeit für Aktivitäten in sozialen Netzwerken vorhanden. Selbst die bestens geplante Personenmarkenstrategie droht früher oder später in der Flut der vielen anderen Anforderungen unterzugehen. Auswärtstermine, Dienstreisen und die diversen unvorhergesehenen Herausforderungen führen dazu, dass der sorgfältig im Kalender eingetragene Termin zum Bloggen oder die tägliche Facebook-Routine unter den Tisch fällt. Um dennoch Kontinuität sicherzustellen, gibt es keine Patentlösungen. Gute Planung und die geschickte Ausnutzung von weniger beanspruchenden Zeiten können helfen. Im Konzern ist es die Aufgabe des Kommunikationsteams, die obersten Markenbotschafter auch hier zu unterstützen. Aus diesem Grund empfiehlt es sich zudem, die Markenbotschafter-Präsenz schrittweise zu starten und aufzubauen. Eine gewisse Schwankung in der Aktivität ist zudem ebenso menschlich wie professionell verständlich. Je glaubhafter und sorgfältiger die Personenmarkenstrategie aufgebaut ist, desto besser verträgt sie auch Pausen und begründete Auszeiten. Umgekehrt könnte es sogar Befremden erwecken, wenn ein Manager oder Vorstandschef immer online ist: Zu viel Publikationstätigkeit mag gar den Eindruck erwecken, er oder sie wäre mit den regulären Aufgaben nicht ausgelastet. Dabei gibt es, wie die Best-Practice-Interviews in Kapitel 3 zeigen, sehr unterschiedliche Bewältigungsstrategien und Unterstützungsszenarien.

Stolperfallen und Risiken für exponierte Personenmarken

Im Rahmen der Gesamtkommunikation können Mitarbeitende den Führungspersonen einiges abnehmen; sogar bis hin zum zumindest gelegentlichen Bespielen der persönlichen Accounts. Gerade dies erfordert jedoch besondere Sorgfalt. Unter anderem gilt es, eine durchgehende Tonalität aufrechtzuerhalten, die nicht mit den verschiedenen Schreibern wechselt. Ganz schwer schiefgehen kann der Versuch, scheinbar persönlich gepflegte Personenmarken-Accounts aufzubauen, ohne dass derjenige tatsächlich eingebunden ist. Wird so getan, als würde hier der Chef höchstpersönlich twittern oder bloggen, aber in Wirklichkeit weiß er nicht einmal, wie er sich in den Account einloggt oder mit wem er auf Facebook befreundet ist: Das fällt früher oder später bestimmt auf. Peinlich kann es beispielsweise werden, wenn der Chef oder die Chefin auf einem Kongress auf ihre Twitter-Nachrichten angesprochen wird, die in Wirklichkeit komplett von einem Mitarbeitenden geschrieben sind. Oder es könnte jemand mit ihr über ihren letzten Blogbeitrag diskutieren wollen, den der Ghostwriter aber nur mit der Leitung der PR-Abteilung abgestimmt hat. Daher sollte die Person, die als Markenbotschafter agiert und um deren Personenmarke es geht, immer eng eingebunden sein und auch den operativen Prozess selbst mit in der Hand haben. Ansonsten handelt es sich nicht um eine Markenbotschafterstrategie im Sinne einer persönlichen Präsenz, sondern um eine PR-getriebene Pseudo-Personenmarkenstrategie.

Das bedeutet zugleich, dass seitens der Führungsebene ein klares Verständnis dessen vorhanden sein muss, was eine solche Personenmarkenstrategie wirklich bedeutet und was mit ihr einhergeht. Der vermeintliche Idealfall einer rein positiven PR-konformen Kommunikation tritt so gut wie nie ein. Wer sich exponiert, polarisiert zumeist auch. Je sichtbarer jemand ist, desto weitreichender die Folgen von Kommunikationsfehlern oder unbedachten Äußerungen. Gibt es eine Firmen- oder Branchenkrise, ist naturgemäß ein sehr sichtbarer Unternehmenschef auch die erste Anlaufstelle für Nachfragen und eben auch für Angriffe. Daher gehört, wie zu jeder professionellen Kommunikation, ein Konzept für mögliche Probleme und Krisenfälle dazu.

Dass die Führungsebene schon per Definition exponiert ist, bedeutet, dass die Betreffenden auch in den sozialen Netzwerken üben sollten, mit persönlichen Angriffen umzugehen sowie sich nicht verletzen zu lassen, aber dennoch für Kritik offenzubleiben. Im Grunde erfordert dies nur eine Ausweitung (hoffentlich) bereits vorhandener Soft Skills ins Digitale. Dennoch lässt sich beobachten, dass dieser Transfer nur dann wirklich gut gelingt, wenn die Medien mit ihren Mechanismen verstanden sind. Ansonsten kann eine unbedachte Reaktion schnell zu wirklich unerwünschten Reaktionen eskalieren. Auch der Umgang mit mehr Reichweite und der viel schnelleren Verbreitung von Inhalten in den unterschiedlichsten Formaten will geübt sein. Es hilft hier also, sich vorher klarzumachen, was auf den Markenbotschafter zukommen kann und wie dies einzuordnen ist. Kommunikationsprofis aus den eigenen Reihen des Unternehmens oder ein externer Coach mit entsprechenden Kompetenzen sollten hier bei Bedarf als Sparringspartner zur Verfügung stehen.

Erste Schritte für oberste Markenbotschafter

Auf dem Weg zur erfolgreichen Präsenz des CEO oder der Vorständin als Gesicht der Marke gibt es eine Reihe von Aufgaben zu erfüllen. Wo die Strategie ansetzt, hängt sehr stark von der Ausgangslage ab. Immer aber muss eine strategische Analyse vorausgehen. Sinnvoll ist es daher, für Social CEOs zu Beginn der Strategieplanung eine eigene Auditphase einzulegen. Zu klären ist beispielsweise, in welchem Umfang bereits eine eigene Präsenz vorhanden ist und wie es mit der öffentlichen Sichtbarkeit durch die Berichterstattung Dritter aussieht. Stets sollte die Einzelstrategie in den größeren Zusammenhang der Gesamtkommunikation und der gesamten Unternehmensstrategie eingeordnet werden. Eine Stärken-Schwächen-Analyse in Bezug auf das persönliche Profil sowie eine Bestandsaufnahme des bisherigen öffentlichen Auftretens inklusive der Resonanz darauf gehören unbedingt dazu. Erst wenn alle strategischen Fragen geklärt sind, fallen die Entscheidungen über die Auswahl der Medien. Hier spielen persönliche Stärken vor allem in der Startphase eine Rolle, wie oben bereits beschrieben.

Wie etwa in der Kundenkommunikation geht dabei das erkenntnisleitende Interesse nicht von den Sender-Bedürfnissen aus, sondern von denen der Gesprächspartner: Wer soll erreicht werden? Mit welchen Botschaften? Mit welchem Nutzen? Inwieweit kann dies mit dem Chef als Markenbotschafter gelingen? Inwiefern wird er oder sie zum Lotsen für die gewünschten Stakeholder? Ganz entscheidend für den Erfolg ist es hier, dass der oder die Betreffende im Kontakt mit den Gesprächspartnern bleibt. Denn in der Exponiertheit drohen auch Gefahren, die Bodenhaftung zu verlieren. Die Unternehmensberaterin **Dorothea Assig** rät daher:

> Gerade erfolgreiche Gründer und Manager müssen im Lernen bleiben, trotz ihres Erfolges. Die Idee, die eigenen Erfahrungen könnten die Welt verändern, ist gefährlich. Es kann nicht darum gehen, nur den eigenen Ruhm zu verwalten. Sie müssen sich von der Person lösen und inhaltlicher werden. Das kann beispielsweise über eine Stiftung geschehen, wie das ja auch Richard Branson tut. Das ist die richtige Richtung. Doch die Währung muss Reputation sein, nicht Aufmerksamkeit.[89]

89 Dorothea Assig, zitiert nach: Werle, Klaus: »Weltendeuter im Weisheits-Wahn«, in: manager magazin, 27.05.2016, http://www.manager-magazin.de/unternehmen/artikel/richard-branson-virgin-chef-gibt-auf-twitter-den-weltendeuter-a-1094245.html

Wie gewinnt man einen skeptischen CEO als Markenbotschafter?
Wie kann es gelingen, die Führungsebene von ihrer Bedeutung als Markenbotschafter in den eigenen Medien und in der Social-Media-Strategie zu überzeugen? Allgemeine Antworten und Tipps helfen für den Einzelfall nur bedingt. Tatsächlich muss man in jeder einzelnen Firma den gegenwärtigen Status betrachten und auch genau hinschauen, wo mögliche Blockaden, Widerstände und wahrscheinlich auch Ängste der einzelnen Beteiligten liegen. Um den oder die Betreffenden zu verstehen, sollte man versuchen, den jeweiligen Standpunkt desjenigen einzunehmen, den man überzeugen will.

Da sind eben Behauptungen wie »Das müssen wir unbedingt machen, weil ...« nicht zugkräftig, solange das Gegenüber die eigene, persönliche Relevanz nicht erkennt. Auch Begrifflichkeiten aus Kommunikation und PR oder Kennzahlen unterstützen eine Argumentation nur dann, wenn der oder die Betreffende sich damit auskennt und auch befassen will. Es muss also gelingen, die Erläuterung auf seine Ziele, Bedürfnisse, Befürchtungen und Wünsche auszurichten. Dazu muss man aber eben diese erst einmal kennen. Erstaunlicherweise nutzen selbst Kommunikationsfachleute für die Kommunikation mit internen Stakeholdern in vielen Fällen nicht die Werkzeuge, die sie in der Kundenkommunikation bestens beherrschen.

Sinnvollerweise sollten Sie sich zunächst die Bedürfnisse sowie die strategischen und persönlichen Ziele des Betreffenden verdeutlichen und sich auch dessen Wissensstand selbst vor Augen halten. In dieser Vorgehensweise geht es darum, die relevanten Informationen so zusammenzustellen und zu präsentieren, dass sie für denjenigen einleuchtend sind. Beispiele und typische Kennzahlen helfen bei der Argumentation. Auch Ängste kann und soll man adressieren, und dafür braucht man einen eigenen Plan: Wie kann es beispielsweise gelingen, die Strategie mit vertretbaren Ressourcen umzusetzen? Warum und inwiefern drohen mehr Gefahren, wenn man sich heraushält, als wenn man einsteigt? Welche unterstützenden Maßnahmen stellen sicher, dass der Chef als Markengesicht auf der sicheren Seite ist und sich nicht blamiert? Wie hat sich die Unternehmenskommunikation in den letzten Jahren gewandelt, und was bedeutet das für die strategischen Ziele im Unternehmen? – In diesem Buch finden Sie dazu mehr als genug Argumentationshilfen.

4.5.2 Wie man einen »Rockstar« als Markenbotschafter unterstützt

Aus naheliegenden Gründen ist der Abschnitt über den »Rockstar« an dieser Stelle nur kurz. Dieser ist natürlich in der Gesamtstrategie zu berücksichtigen. Doch er oder sie wird ja meistens als Markenbotschafter eingestellt – oder hat eigenständig im Unternehmen bereits Sichtbarkeit aufgebaut – und bringt in der Regel bereits eine Personenmarkenstrategie sowie Medienpräsenzen mit. Überzeugungsarbeit ist hier also nicht mehr zu leisten. Der oder die Betreffende braucht Rückendeckung und Anbindung an die Gesamtstrategie. Ob Fortbildungsmaßnahmen erforderlich sind, muss man im Einzelfall sehen. Meistens wird der oder die Betreffende eher dazu beitragen können, andere zu unterstützen. Eine enge Anbindung an die Gesamtstrategie erweist sich meistens als sehr sinnvoll. Transparente Kommunikation über die Rolle des »Rockstars« in das Unternehmen hinein ist aber wichtig, damit sich niemand anders zurückgesetzt oder als Markenbotschafter zweiter Klasse fühlt.

4.5.3 Wie man Kommunikationsprofis als Markenbotschafter-Vorreiter unterstützt

Die Mitarbeitenden in allen Bereichen der Unternehmenskommunikation spielen in der Markenbotschafterstrategie eine besondere Rolle. Mehr als in früheren Zeiten gilt das nicht nur für einige exponierte Positionen, beispielsweise den Pressesprecher, sondern für alle Beteiligten. Diese Tatsache erfordert ein Umdenken nicht nur im Unternehmen, sondern auch bei den Betreffenden selbst. In sehr vielen Unternehmen stellt es nach wie vor eine gelebte Praxis dar, dass selbst diejenigen, die die Social-Media-Kanäle betreuen und dort oft auch im Kundendienst eingesetzt werden, sich hinter dem Markennamen verstecken. Manche, die sich dennoch zeigen sollen, legen sich extra für diesen Zweck einen Zweitaccount an und agieren privat ganz abgetrennt davon. Oft wird dann mit dem Schutz der Privatsphäre argumentiert. Privatsphäre und Persönlichkeitsrechte sind zweifellos sehr wichtig. Auch kann man niemanden zu Aktivitäten in sozialen Netzwerken zwingen. Man kann allerdings bei Neueinstellungen sehr wohl darauf achten, wie die Betreffenden persönlich mit dem Thema umgehen.

Wer persönliche Kommunikation scheut und sich vor Social Media fürchtet, ist meiner Meinung nach heutzutage beruflich in der digitalen Kommunikation nicht richtig eingesetzt. Es gilt allerdings auch hier zu ermitteln, ob die Strukturen beim Arbeitgeber sowie der entsprechende Rückhalt und eine angemessene Fehlerkultur vorhanden sind. Andernfalls kann man selbstverständlich auch von dieser Mitarbeitergruppe keinen persönlichen Einsatz verlangen.

4.5.4 Wie man Kundenberater als Markenbotschafter unterstützt

Kundenberater, Vertriebsmitarbeiter und Verkäufer stellen für viele Stakeholder die Gesichter eines Unternehmens dar, vor allem natürlich für die Kunden. In vielen Unternehmen gelingt die Kundenbindung ganz wesentlich über persönliche Ansprechpartner, die im direkten Kontakt mit den Käufern, Interessenten, Beratenen stehen. Der Erfolg ebenso wie die Reputation der Marke sind also, bezogen auf Interessenten und

Kunden, eng mit der fachlichen Leistung dieser Markenvertreter verbunden sowie mit deren Fähigkeit, langfristige Verbindungen aufzubauen. Menschliche Faktoren und die persönliche Beziehung zwischen Berater und Kunden spielen eine Rolle. Zudem sind diese Berufsgruppen bereits daran gewöhnt, als Repräsentanten der Marke angesprochen zu werden. Was liegt also näher, als diese ohnehin bereits existierenden Markengesichter auch im Digitalen zu unterstützen? So können sie ihre Botschafter-Rolle ausbauen und verstärken und auch hier auf ihre ganz persönliche Art zu Kunden, Interessenten und Multiplikatoren sprechen.

Doch wie ist dies zu realisieren, und wie gelingt es zudem, Bedenken gegen eine solche Vorgehensweise im eigenen Unternehmen abzubauen? Prinzipiell funktioniert der Aufbau von Kundenberatern als Markenbotschafter nicht anders als für den CEO. Nur die individuelle Ausprägung unterscheidet sich natürlich, auch abhängig von der Rolle im Unternehmen. Es sollte eine übergeordnete gemeinsame Strategie mit gemeinsamer Ausrichtung und Zielsetzung geben, bevor die Einzelstrategien erarbeitet werden. Entscheidend für den Erfolg ist es hier, zugleich einen in sich stimmigen Gesamtauftritt zu realisieren, innerhalb dessen sich gleichwohl jeder nach den eigenen Gegebenheiten und individuellen Vorlieben verwirklicht. Denn genau das ist es schließlich, was Kunden jeweils an ihrem Berater schätzen. Gerade Kundenberater und Vertriebsmitarbeiter sollten im Digitalen sowohl die eigene fachliche Kompetenz zeigen als auch ihre bisherige Beziehungspflege abbilden und ausbauen. Sie liefern als Lotsen in ihrem Thema und mit den Fähigkeiten, die sie als Berater auszeichnen, Orientierung. Eine »Ausdehnung« der Person in den digitalen Raum macht es leichter, mit vielen Menschen in Kontakt zu bleiben, sich sichtbar zu machen und auch die Ausstrahlung in weitere Kreise auszudehnen. Stellt jemand ohnehin schon im realen Geschäftsleben das Gesicht zu einem bestimmten Kunden oder sogar zu allen Kunden dar, dann fällt es leichter, dies auch digital abzubilden, als wenn jemand bisher noch keine Vorkenntnisse als Repräsentant der Marke besitzt. Ein solches Potenzial sollte kein Unternehmen verschenken. Allerdings sind auch die Personen dieser Mitarbeitergruppe individuell so unterschiedlich wie alle anderen Mitarbeitenden. Nicht jeder Vertriebsmitarbeiter ist Social-Media-affin oder versteht sich auf das Bloggen. Daher muss sich auch hier die Erarbeitung nach ihren persönlichen Voraussetzungen und Vorlieben richten. Eine gemeinsame Linie und ein vereintes starkes Auftreten in Business-Netzwerken könnten aber beispielsweise gemeinsam geplant werden – natürlich auch hier auf der Basis von Freiwilligkeit.

4.5.5 Wie man HR-Fachleute als Markenbotschafter unterstützt

Verantwortliche und alle Mitarbeitenden der Personalabteilung/Human Resources stellen für Bewerber und Mitarbeitende, also nach außen und nach innen, sehr sichtbare Markengesichter dar. Sie können über Business-Netzwerke, aber auch informell über andere soziale Netzwerke aktiv zur Fachkräftegewinnung beitragen. Sinnvollerweise verfügen sie über Profile in LinkedIn und XING. Dazu brauchen sie, je nach Einzelfall, beispielsweise Social-Media-Schulung. Im wertschätzenden Umgang mit anderen Menschen sind sie allein von Berufs wegen meistens erfahren und geschult. Doch kann es helfen, ihnen ihre Markenbotschafter-Rolle noch stärker ins Bewusstsein zu rufen. So sollte ihnen beispielsweise klar sein, dass jedes einzelne persönliche Gespräch mit einem Bewerber über die Gesamtnote beispielsweise auf kununu mit entscheidet. In einem Markenbotschafterprogramm mit verschiedenen Rollen könnten sie eigene spezifische Fähigkeiten und Kenntnisse weiter ausbauen, beispielsweise als Vortragsredner. Zugleich stehen zumindest einige von ihnen, wenn ein Markenbotschafterprogramm im Employer Branding angesiedelt ist, für die anderen Markenbotschafter als Ansprechpartner zur Verfügung. Für diese Aufgabe brauchen sie individuelle Unterstützung in Form von Wissen, Methodik und gegebenenfalls Coaching. Auch im Corporate Blog oder Magazin können sie als Wissensträger wertvollen Input liefern.

4.5.6 Wie man Wissensträger als Markenbotschafter unterstützt

Jedes Unternehmen verfügt über spezielle Wissensträger. Fachleute in Unternehmen verfügen über immense Wissensschätze, und da heute nahezu jede Firma eine Contentstrategie braucht, würde man dieses Kapital ebenfalls verschwenden, wenn man es nicht nutzt. Je nach Branche können diese Wissensträger zugleich zur Berufsgruppe der Berater gehören, wie etwa die Autoren des IT-Trend-Blogs von Capgemini. Hier teilen die Wissensträger des Unternehmens öffentlich wertvolle Inhalte, erteilen Rat und liefern Einblicke in die Beratungspraxis.[90] Doch die eigentliche Herausforderung stellt sich vor allem in denjenigen Unternehmen, in denen die Wissensträger mit der (Kunden-)Kommunikation wenig bis nichts zu tun haben. In den meisten Unternehmen muss man sich ihrer sowie über den Wissensschatz, den sie besitzen, also zunächst einmal klar werden. Oft herrscht jedoch nicht annähernd ein Bewusstsein dafür, wie viel wertvoller Content in den Köpfen der Mitarbeitenden vorhanden ist: Die Wissensbasis für Inhalte, die in einer Content-Marketing-Strategie ungleich überzeugender und für die gewünschten Gesprächspartner ungleich nützlicher sind als jeder selbstreferenzielle PR-Inhalt.

Dann beginnt die zuweilen – nicht immer! – mühevolle Arbeit, die darin besteht, diese Wissensträger dazu zu bewegen, in die Contentstrategie einzuzahlen und sich idealerweise auch noch persönlich als Markenbotschafter zu zeigen. Nach meiner Erfahrung ist die Bereitschaft dazu individuell sehr unterschiedlich ausgeprägt. Oft findet sich

90 Capgemini, IT-Trends-Blog, https://www.de.capgemini.com/blog/it-trends-blog

in ein und derselben Abteilung, beispielsweise Forschung und Entwicklung, ein Wissensträger, der liebend gern Inhalte liefert, die auch noch gut strukturiert sind. Sein direkter Kollege in ähnlicher Funktion dagegen möchte sich am liebsten komplett heraushalten und steht allen digitalen Medien, vom Blog bis zu sozialen Netzwerken, ablehnend gegenüber. Hier zeigt sich dann, wie entscheidend es ist, neben der überarbeiteten Kommunikationsstrategie und der neu entwickelten Contentstrategie eine Vorgehensweise zu entwickeln, die intern in allen Unternehmensbereichen die erforderliche persönliche Relevanz erzeugt.

Darüber hinaus gelten alle Empfehlungen aus Kapitel 4.8 zur Einbindung von Mitarbeitern in Contentstrategie und Corporate Blog. Auch das Konzentrische Lotsenmodell eignet sich gerade für diese Gruppe besonders zur Bewusstseinsbildung (vgl. Kapitel 5.4.2).

4.5.7 Wie man alle weiteren Mitarbeiter als Markenbotschafter unterstützt

In einer Unternehmenskultur, die jeden Mitarbeitenden als Corporate Influencer anerkennt und wertschätzt, sollte auch die Entwicklung der Markenbotschafterstrategie offen und transparent an alle kommuniziert werden. Je nachdem, welche Ausprägung gewählt wurde, gibt es für die einzelnen Mitarbeitenden zusätzliche Unterstützung und spezielle Programme. Natürlich liegt es nahe, etwa zum Teilen unternehmenseigener Inhalte in sozialen Netzwerken aufzurufen. Ganz gleich, an welcher Position und in welcher Funktion die Mitarbeitenden eingebunden werden: Die gemeinsame Arbeit an einer gemeinsamen Außendarstellung, die auf Markenbotschafter baut, gelingt nur, wenn bestimmte Bedingungen erfüllt sind. Die Best-Practice-Beispiele in Kapitel 3 liefern Ihnen dazu Anregungen.

4.6 Rollen in Markenbotschafterprogrammen entwickeln

Die Definition von Rollen innerhalb einer Markenbotschafterstrategie ist nicht unbedingt erforderlich, hilft aber häufig bei der Erarbeitung, dem internen Verständnis und der Identifikation sowie bei der Darstellung nach außen. Wie wir bereits an Beispielen gesehen haben, können solche spezifischen Rollen in Markenbotschafterprogrammen alternativ oder zusätzlich zu den Positionen und Gruppen im Unternehmen vorkommen. Definiert man interne Zielgruppen nach Position und Funktion im Unternehmen beruht das Programm darauf, sie entsprechend ihrer Position im Unternehmen in Kombination mit ihren persönlichen kommunikativen Schwerpunkten zu unterstützen.

Markenbotschafter-Rollen nach Mediennutzung und kommunikativen Vorlieben
Hier geht es um Kanalstrategien, um Medien und um Formen der Markenbotschafter-Präsenz. Dazu können auch Veranstaltungsbesuche, Vorträge und dergleichen gehören. Entsprechend werden auch die Rollen bezeichnet, zum Beispiel »Vortragsredner« oder »Socializer«.

Markenbotschafter-Rollen nach Zielen und Zielgruppen
Wenn mehrere Bereiche im Unternehmen beteiligt sind, also das Programm beispielsweise nicht nur das Employer Branding betrifft, können sich Markenbotschafter-Rollen jeweils auf bestimmte Zielgruppen und hier auf spezifische Kommunikationsziele beziehen. Das kann, muss aber nicht mit Unternehmensbereichen übereinstimmen, und es kann auch zusätzlich Kanalstrategien berücksichtigen. Die einen pflegen dann beispielsweise die B2B-Kontakte in LinkedIn und positionieren sich für diese als Experten. Die anderen treten in Facebook-Communitys mit Endkunden in Kontakt. Wieder andere betreiben beispielsweise einen Instagram-Kanal der Auszubildenden. Nochmals andere unterstützen intern im Onboarding neue Mitarbeitende als Mentoren.

Weitere Formen
Es gibt natürlich weitere Kriterien, anhand derer man Rollen definieren kann. Die individuelle, ausführliche Ausgestaltung richtet sich sehr stark nach Art des Unternehmens, nach der Branche, der bereits bestehenden Kommunikationsstrategie sowie nach den beteiligten Personen.

In den meistens Fällen sind die Personen zudem nicht ausschließlich auf eine bestimmte Rolle festgelegt. Ein Vortragsredner beispielsweise ist auch in sozialen Netzwerken aktiv.

Praxisbeispiele für Rollen oder Influencer-Typologien finden Sie im Best-Practice-Kapitel 3.

4.6.1 Rollen entwickeln mit internen Communitys

Setzt man ein Markenbotschafterprogramm mit Rollen auf, so stellt man meistens schon sehr früh fest, dass sich diese auf logische Weise aus Funktionen, Zielgruppen sowie Medienverhalten ergeben. Die zu Beginn gesetzten Projektziele spielen hier ebenfalls eine entscheidende Rolle. Betrachtet man verschiedene Markenbotschafterprogramme, so sieht man, dass bestimmte Rollen in fast jedem Unternehmen vorkommen, auch wenn sie nicht immer gleich bezeichnet sind. Dazu gehören beispielsweise diejenigen, die ihren Schwerpunkt im Bereich Social-Media-Kommunikation haben.

Ein solches Markenbotschafterprogramm mit Rollen kann man seitens der Projektleitung beziehungsweise der mit der Beratung betrauten Agentur entwickeln. Anhand der Gegebenheiten im Unternehmen werden die verschiedenen Rollen definiert. Es gibt ein komplett entwickeltes Onboarding-Programm und ein Konzept für Schulung und Begleitung sowie natürlich den internen Austausch. Auf diese Weise entsteht intern zu jeder Rolle eine Community.

Die Arbeit mit Markenbotschafter-Rollen funktioniert meiner Erfahrung nach jedoch häufig besonders gut, wenn diese nicht am Reißbrett entstehen, sondern von den Beteiligten mit entwickelt werden.

Kernteam bilden

Dazu kann man beispielsweise eine Kern- oder Pilotgruppe bilden, die die einzelnen Rollen mit ausarbeitet, benennt und beschreibt. Die Zusammensetzung eines solchen Kernteams will gut überlegt sein. Es sollten Mitarbeitende aus allen Unternehmensbereichen und für alle bereits ins Auge gefassten Rollen vertreten sein. Diese für einen Tag an einen gemeinsamen Tisch zu holen, stellt in manchen Unternehmen keine kleine Herausforderung dar, besonders wenn nicht alle an einem Standort arbeiten. Der Aufwand lohnt sich jedoch in den meisten Fällen wirklich. Etwas einfacher wird es meistens, wenn das Markenbotschafterprojekt ohnehin als Pilotstrategie gestartet ist. Dann kann man oft in dieser Gruppe auch die Rollen erarbeiten und den Grundstein für die dazugehörigen Communitys legen.

Mentoren wählen und Communitys starten

Aus der Pilotgruppe finden sich dann zu jeder definierten Rolle zwei oder drei Verantwortliche oder Mentoren für eine interne Community, die die betreffende Rolle gemeinsam weiterentwickeln. Wie die Beteiligten zu finden sind, wie der Onboarding-Prozess aussieht, ob sich jeder anmelden kann oder die einzelnen Gruppen zunächst teilnehmerbeschränkt sind: Dies alles gilt es gemeinsam zu starten, ehe ein Aufruf in das Unternehmen hinein erfolgt. Die einzelnen Communitys arbeiten, nachdem sie sich gefunden haben, so weit wie möglich autonom. Aber ein bestimmter Rahmen ist natürlich zu setzen.

Begleiten und koordinieren

Organisatorische Unterstützung und Begleitung bedeuten nicht unbedingt eine Steuerung von oben. Gleichwohl gehören natürlich die Rollen und ihre Beschreibungen in das Konzept und in die Gesamtstrategie. Es wird ein Onboarding- und Schulungskonzept benötigt. Es sind Formate festzulegen, etwa Webinare, Videokonferenzen, Workshops und Community-Treffen. Auch der Aufwand und gegebenenfalls Freistellungen während der Arbeitszeit können nicht demokratisch ermittelt werden, sondern gehören zu den zu setzenden Rahmenbedingungen. Dies alles kann und sollte man also übergeordnet organisieren und in eine sinnvolle Struktur bringen. Doch mit Leben füllen sich die einzelnen Rollen durch den Austausch mit der Community.

Entscheidungskonflikte im Vorfeld vermeiden

Gerade zum Start stellt sich durchaus die eine oder andere Herausforderung. So entsteht häufig bereits bei den Mitgliedern der Pilotgruppe ein innerer Konflikt, weil sie sich nicht zweifelsfrei einer einzigen bevorzugten Rolle zuordnen können. So verfügen sie vielleicht in einem Gebiet bereits über viel Erfahrung, etwa für eine Rolle als Social-Media-Botschafter, würden sich aber gerne in einer anderen Rolle weiterentwickeln, vielleicht beispielsweise als Vortragsredner. Auch die weiteren potenziellen Mitglieder einer Community können vor einem ähnlichen Interessenkonflikt stehen.

Hier ist es wichtig zu betonen, dass eine solche Entscheidung nicht auf ewig getroffen wird, dass man sich auch verschiedenen Rollen zugehörig fühlen kann, es aber sinnvoll ist, zum Start einen Schwerpunkt zu setzen. Für die Initiatoren oder Mentoren der Communitys – oder wie immer man sie intern bezeichnen möchte – erweist es sich allerdings erfahrungsgemäß als sinnvoll, wenn sie sich in dem betreffenden Bereich bereits auskennen.

Es spricht jedoch nichts dagegen, sich in einer Community besonders zu engagieren, aber zugleich eine andere Rolle ebenfalls zu verwirklichen. Dies gilt erst recht, weil – wie bereits weiter oben beschrieben – oft verschiedene Rollen ineinandergreifen, sich etwa Social-Media-Aktivitäten mit Veranstaltungsbesuchen gut verbinden lassen.

!

Tipp: Offener Austausch statt geschlossener Communitys!

Es ist wichtig zu vermitteln, dass die einzelnen Communitys keine geschlossenen Universen bilden oder einer Grüppchenbildung im Unternehmen Vorschub leisten. Im Gegenteil: Sie sind die Vorreiter für diesen bestimmten Bereich. Daher ist es sehr wünschenswert, immer wieder den Austausch untereinander zu fördern. Dazu gehört auch eine Dokumentation des Erarbeiteten, die allen Markenbotschaftern zugänglich ist. Nur dann können alle Beteiligten von den Erfahrungen der jeweils anderen profitieren. So könnte beispielsweise die Community der Botschafter in Social Media mit ihren Kenntnissen und Erfahrungen anderen Botschaftern helfen, sich diesen Bereich ebenfalls zu erschließen.

Weiterentwickeln

Gerade wenn man den einzelnen Communitys innerhalb eines bestimmten Rahmens weitgehend freie Hand für die Ausgestaltung der Rollen gibt, schafft man den Raum für Kreativität und Unerwartetes. Zugleich lässt sich dann aber auch nicht genau planen, was wann geschieht und wie sich alles weiterentwickelt. Dies kann sich in den verschiedenen Communitys auch sehr unterschiedlich gestalten, abhängig von der Art der Rolle, von den Beteiligten sowie von vielen weiteren Faktoren.

Bei alldem darf der Blick auf die Ressourcen, insbesondere die zur Verfügung stehende Zeit des Einzelnen nicht vergessen werden, wie der folgende Abschnitt zeigt.

4.7 Wie man Markenbotschafter in die Social-Media-Strategie einbindet

Markenbotschafter verwirklichen sich nicht ausschließlich in sozialen Netzwerken. Doch in einer zunehmend digitalen Welt spielt die Kommunikation in Social Media, in Messengern und insgesamt in digitalen Medien eine sehr große Rolle. Die mediale Wahrnehmung eines Unternehmens findet zu großen Teilen mittels Inhalten von und über die Marke in sozialen Netzwerken statt. Kommunikationskrisen äußern und verbreiten sich in digitalen Medien und Mechanismen. Ohne eine Social-Media-Strategie innerhalb der digitalen Kommunikationsstrategie inklusive Listening und Monitoring kann Unternehmenskommunikation heute nicht funktionieren. Deswegen bildet die Social-Media-Strategie eine der Grundvoraussetzungen für eine Markenbotschafterstrategie. Dies haben wir an verschiedenen Stellen bereits beleuchtet, und es ist auch in der Typologie in Kapitel 3.1 deutlich geworden.

Wie kann es im Einzelnen gelingen, die Corporate Influencer in diese Strategie einzubinden; sowohl diejenigen, die bereits aus eigener Initiative aktiv sind, als auch diejenigen, die Aktivitäten erst aufbauen wollen? In Kapitel 4.4 »Spezifische Typen und Formen: Tipps zum Start«. Hier geht es nun konkreter um die Umsetzung, um Guidelines und um die Auswahl der Plattformen.

4.7.1 Was Social-Media-Guidelines leisten sollten

Eine wichtige Voraussetzung für eine funktionierende Social-Media-Strategie, in der auch Mitarbeitende berücksichtigt sind, bilden Social-Media-Guidelines. Diese Leitlinien geben den Akteuren Sicherheit. Sie schaffen Bewusstsein für das Agieren in digitalen Medien, in denen die Person als Unternehmensangehörige identifizierbar ist. Sie helfen dabei, betriebliche Vereinbarungen und Vertragsbestandteile in digitale Medien zu übertragen. Sie machen den Beteiligten deutlich, welche Rolle sie in der öffentlichen Wahrnehmung der Marke spielen. Doch dafür müssen sie wirkliche Leitlinien sein, die auch als solche wahrgenommen werden. Sie müssen im Unternehmen implementiert sein. Mit der Überprüfung und gegebenenfalls der Überarbeitung beziehungsweise überhaupt erst Erarbeitung der Social-Media-Guidelines sollte jede Markenbotschafterstrategie beginnen, selbst und gerade wenn es zunächst nur eine Minimalstrategie, wie in Kapitel 3.1.1 dargestellt, ist.

Solche Leitlinien funktionieren am besten, wenn sie nicht nur allgemeiner Natur sind, sondern sich auf das betreffende Unternehmen beziehen, für das sie erarbeitet werden. Sie sollten die Branche, die Bedürfnisse und den Medienzugang der Belegschaft berücksichtigen. Daher ist es immer sinnvoll, sie *individuell* zu erarbeiten. Bestimmte grundlegende Erfolgsfaktoren lassen sich gleichwohl festhalten. Auch lohnt sich der Blick auf Vorbilder. Die meines Wissens beste und umfassendste Übersicht über online zugängliche Social-Media-Guidelines deutscher Unternehmen finden Sie im Blog von Christian Buggisch.[91] Lassen Sie sich von solchen Beispielen inspirieren, aber vergessen sie dabei nicht die individuellen Anforderungen in Ihrem Unternehmen, dies es bei der Erarbeitung zu berücksichtigen gilt. Die folgenden Merkmale guter Social-Media-Guidelines können Ihnen dabei helfen.

! **Gute Social-Media-Guidelines ...**

- **passen in den Struktur- und Kulturwandel im Unternehmen:** Was bedeutet der digitale Wandel für unser Unternehmen, und was ergibt sich daraus für die Social-Media-Aktivitäten?
- **nennen die Themenfelder:** Worum geht es in diesen Guidelines und was ist das Ziel?
- **definieren Nutzen:** Was bringt es dem einzelnen Mitarbeitenden, sich damit auseinanderzusetzen?
- **liefern Orientierung:** Wie ist das Thema Social Media generell zu sehen, wie wird es im Unternehmen gehandhabt, und was ist für die einzelnen Personen zu beachten?
- **schaffen Bewusstsein:** Warum bin ich als erkennbarer Angehöriger des Unternehmens auch in meiner digitalen Präsenz wichtig?
- **stellen Bezüge her:** Was hat das Verhalten in sozialen Netzwerken mit dem Arbeitsleben sowie mit bereits etablierten Regeln – etwa in Arbeitsverträgen, Geheimhaltungsvereinbarungen – zu tun?
- **liefern Handlungsvorschläge anhand von Beispielen:** Wo bin ich als Unternehmensangehöriger erkennbar? Wie sieht ein guter Auftritt aus?
- **geben konkrete Anhaltspunkte für bestimmte Plattformen:** Wo muss ich beispielsweise klarmachen, dass es sich hier um meine private Meinungsäußerung handelt? Was ist sonst noch zu beachten (Impressumspflicht, Vermeidung von Schleichwerbung usw.)?
- **klären Zuständigkeiten:** Wer ist im Unternehmen wofür verantwortlich? Wer darf in welchen Firmenfragen sprechen?
- **beschreiben Abläufe:** Was ist wie abzustimmen? Wie sehen Freigabeprozesse aus? Wen kann oder muss ich in welchen Fragen zurate ziehen?
- **liefern Empfehlungen und Vorschläge für Formulierungen:** Wie kennzeichne ich mein privates Blog? Wie ist die korrekte Schreibweise meines Unternehmens beispielsweise auf XING oder LinkedIn?

91 Buggisch, Christian: »Deutsche Social Media Guidelines«, in: Christian Buggischs Blog, 12. Oktober 2011, zuletzt aktualisiert im Januar 2020.

- **berücksichtigen unterschiedliche Kommunikationsbedürfnisse:** Besonders in Unternehmen mit heterogener Mitarbeiterstruktur muss man den medialen und kommunikativen Voraussetzungen verschiedener Mitarbeitergruppen gerecht werden.
- **etablieren Gespräche:** Lebendiger Austausch und aktive (gegenseitige) Unterstützung stehen im Mittelpunkt (und nicht ein statisches Regelwerk).
- **bieten Dialog an:** Alle Unternehmensangehörigen sollten wissen, wo sie Fragen stellen und an wen sie sich im Zweifelsfall wenden können.[92]

4.7.2 Markenbotschafter in Social Media: Drei häufige Fehlannahmen

Welche Social-Media-Plattformen eignen sich besonders für Markenbotschafter-Präsenzen? Diese Frage lässt sich nicht so einfach beantworten. Um eine solche Antwort zu versuchen, gilt es zunächst einmal darum, sich von einigen Vorstellungen über Social-Media-Strategien mit Markenbotschaftern zu verabschieden. Wir haben sie bereits angesprochen. Hier nochmals die drei häufigsten Fehlannahmen:

Fehlannahme 1: Mitarbeiterprofile sind Werbekanäle für das Unternehmen
Immer noch gibt es beim Stichwort »Corporate Influencer« die Vorstellung, dass die Accounts und Profile der Mitarbeitenden vor allem oder gar ausschließlich dazu genutzt werden sollten, um Unternehmensbotschaften zu teilen und weiterzuverbreiten. Darauf wird sich kaum ein Mitarbeitender einlassen. Denn solche Inhalte kommen bei der Community schlecht an. Dies wiederum schadet dem Image der betreffenden Accountinhaber. Mitarbeiter-Markenbotschafter sind – zumindest in den allermeisten Fällen und so wie wir sie hier beschreiben – keine für Werbung bezahlten Testimonials. Dies bedeutet nicht, dass in einem gesunden Mix aus persönlichen und beruflichen Nachrichten nicht auch einmal ein Posting von der Facebookseite des Unternehmens oder ein LinkedIn-Posting des Arbeitgebers geteilt werden könnte, ganz im Gegenteil. Besonders dann, wenn die Unternehmensinhalte eine persönliche Relevanz für den Betreffenden besitzen und damit auch für sein Netzwerk interessant sind, sind sie erwünscht. Doch kann und darf der Arbeitgeber dies weder erwarten noch vorschreiben, noch sollte irgendwie der Eindruck entstehen, hier würden Unternehmensangehörige für die Werbung eingespannt. Hinzu kommt, dass in einer transparenten Kommunikation auch immer an die rechtlichen Aspekte gedacht werden muss, sobald es um Markeninhalte geht – nicht zuletzt an die Vorgaben bezüglich Schleichwerbung (vgl. Kapitel 6).

92 Diese Übersicht ist erstmals im PR-Doktor erschienen. In diesem Beitrag finden Sie weitere hilfreiche Ausführungen zum Thema Social-Media-Guidelines: »Wie man Social-Media-Guidelines erarbeitet, die tatsächlich funktionieren«, in: PR-Doktor, 4. Oktober 2017, letzte Aktualisierung 3. Januar 2020. https://www.kerstin-hoffmann.de/pr-doktor/social-media-guidelines-unternehmen/

Fehlannahme 2: Die Unternehmenskommunikation kann Mitarbeiteraktivitäten kontrollieren
Diese Fehlannahme hängt unmittelbar mit der vorigen zusammen. Mitarbeiter-Markenbotschafter sind nicht primär der Kommunikationsdisziplin des Unternehmens unterworfen. Vielmehr stellen sie eigenständige, authentische Personen dar, die mit anderen Menschen interagieren. Nicht selten sind die Social-Media-Kompetenz und die Dialogfähigkeit der Einzelnen sogar der Unternehmenskommunikation weit voraus. Unterstützung und ein gemeinsames Bewusstsein sind wünschenswert. Vorschriften funktionieren nicht. Erlaubt ist eine umfassende und individuelle Kontrolle seitens des Arbeitgebers sowieso nicht, wie Rechtsanwalt Dr. Thomas Schwenke im Kapitel 6 dieses Buchs erläutert: Laufen die Social-Media-Aktivitäten einer Person nicht dem geltenden Recht zuwider oder verstoßen gegen eindeutige Vereinbarungen mit dem Arbeitgeber, darf dieser gar nicht eingreifen. Der Versuch einer solchen Kontrolle würde aber ohnehin vor allem dazu führen, dass das eigentliche Potenzial der Markenbotschafter verkannt wird oder sogar verlorengeht.

Fehlannahme 3: Der Arbeitgeber wählt die Plattformen aus
Ein Arbeitgeber kann den Zugriff auf soziale Netzwerke über dienstliche Internetzugänge unterbinden oder die Nutzung von WhatsApp und anderen Messengern auf dem Diensthandy untersagen. Doch er kann – ausgenommen die wenigen Fälle, in denen sich jemand explizit als Corporate Influencer per Vertrag zu bestimmten Aktivitäten verpflichtet – nicht auswählen, wo und wie die Mitarbeitenden präsent sind. Noch einmal: Markenbotschafter werden in der Regel zunächst als solche wahrgenommen, weil ihre Unternehmenszugehörigkeit dort sichtbar ist, wo sie sich ohnehin bewegen und austauschen. Das kann ebenso das Nachbarschaftstreffen sein wie die geschlossene Facebook-Gruppe, um nur zwei Beispiele zu nennen. So etwas lässt sich weder einfordern noch unterbinden – und beides wäre auch nicht wünschenswert. Doch natürlich geht eine bewusst aufgebaute gemeinsame Markenbotschafterstrategie viel weiter. Sie setzt auf vorhandenen Aktivitäten auf, aber natürlich kann sie den Ausbau solcher Aktivitäten fördern.

4.7.3 Markenbotschafter in Social Media erfolgreich einbinden

Wenn die Unternehmenskultur stimmt, wenn Mitarbeitende sich wertgeschätzt fühlen und ein konstruktiver Umgang mit Social Media etabliert ist, dann teilen Unternehmensangehörige gern die Inhalte der Marke – freiwillig und so, wie es in ihre eigene Kommunikationsstrategie passt. Unternehmen können (und sollten!) dies erleichtern, indem sie die entsprechenden technischen und medialen Voraussetzungen schaffen. Man kann dies mit vorhandenen Möglichkeiten lösen. Beispielsweise kann es im Intranet, im Kollaborationstool oder in anderen internen Medien Linksammlungen zu Unternehmenspostings und -publikationen geben. Auch interne Newsletter eignen sich dafür.

Für Kanalstrategien auf einzelnen Plattformen lohnt es sich, die Links dort direkt zur Verfügung zu stellen – wie dies geschieht, ist natürlich von den spezifischen Funktionen abhängig. LinkedIn beispielsweise bietet für Unternehmensseiten mit »Elevate« eine solche kostenpflichtige Plattform für die sogenannte »employee advocacy« – so die englische Bezeichnung für das Weiterverbreiten von Content durch Mitarbeitende – an. In diesem Bereich gibt es aber auch plattformübergreifend mittlerweile zahlreiche Anbieter.

So fördern Arbeitgeber die Social-Media-Aktivitäten der Markenbotschafter !

- Zeigen Sie Plattformen und Möglichkeiten auf, die zur Social-Media-Strategie des Unternehmens passen.
- Ermutigen Sie die Mitarbeitenden dazu, bestimmte Medienpräsenzen auf- und auszubauen.
- Schlagen Sie den Mitarbeitenden die Anbindung an eine Kanalstrategie vor.
- Stellen Sie die Social-Media-Inhalte der Marke leicht teilbar zur Verfügung.
- Bieten Sie Unterstützung in der strategischen Erarbeitung von Kanalstrategien an.
- Fördern Sie gemeinsame Bewusstseinsbildung im Dialog.
- Unterstützen Sie gezielt Austausch und Vernetzung im Sinne einer gemeinsamen Markenbotschafterstrategie.
- Bieten Sie Schulung und Unterstützung bei der Erstellung von Inhalten an.
- Machen Sie die Mitarbeitenden in unternehmenseigenen Medien sowie in den Social-Media-Accounts des Unternehmens sichtbar.

Best Practice: fme AG

Hier beschreibt **Tina Lenitzki**, Director Marketing bei fme AG[93], wie das Unternehmen seinen Mitarbeiterinnen und Mitarbeitern das Teilen von Inhalten erleichtert:

> Um unsere Unternehmensinhalte über unsere Unternehmensprofile hinaus in den sozialen Netzwerken zu verbreiten und unsere Reichweite zu erhöhen, nutzen wir seit einigen Jahren intern eine cloudbasierte Social-Media-Sharing-Plattform eines finnischen Anbieters. Auf dieser stellen wir im Marketing den Corporate Content, unterteilt in verschiedene Kategorien und Sprachen, den derzeit rund 70 teilnehmenden Mitarbeitern zur Verfügung. Mit einem einfachen Klick können sie so unsere Pressemitteilungen, Videos, neuen Fallstudien, Whitepaper, Eventankündigungen oder Stellenangebote bei der fme auf ihren privaten Social-Media-Kanälen wie Twitter, LinkedIn, XING, Facebook oder Instagram teilen.
>
> Optimal wäre es, wenn die Mitarbeiter die geteilten Inhalte für ihre jeweiligen Follower in einen individuellen Kontext brächten, indem sie pro Post eine kurze

93 Dies ist ein exklusives Statement, das eigens für dieses Buch geschrieben wurde.

individuelle Mitteilung verfassten. Diese Personalisierung würde einerseits die Klickrate erhöhen und andererseits die Kollegen dabei unterstützen, sich noch besser als Experten in ihren Fachgebieten darzustellen. Oft kommt dies jedoch im Tagesgeschäft zu kurz. Damit die Posts nicht kommentarlos geteilt werden, stellt das Marketing bereits für alle Posts kurze ergänzende Texte, die die unterschiedlichen Eigenheiten der Kanäle berücksichtigen, bereit. Beispielsweise sind die Textvorschläge für Twitter schon mit den relevanten Hashtags versehen. Dies wird sehr gut angenommen und die Kollegen teilen unseren Content sehr fleißig, so dass wir unsere Reichweite durch die Nutzung dieser Plattform mit wenig zusätzlichem Aufwand vervielfachen konnten.

Zusätzlich haben die Kollegen die Möglichkeit, eigene Posts vorzuschlagen. Dies sind oft Fachartikel zu Branchen- oder Technologienews die einen Bezug zu ihrer Tätigkeit und unserem Dienstleistungsangebot haben. Auch hiermit kommunizieren sie Kompetenz in ihren Fachgebieten, vergrößern im besten Fall ihr eigenes Netzwerk und erhöhen die Sichtbarkeit sowohl intern als auch extern. Also eine Win-win-Situation für alle.

4.7.4 Social-Media-Plattformen für Markenbotschafter: Beispiele

Die beste Plattform ist immer diejenige, auf der die Zielgruppen und das eigene Netzwerk aktiv sind und die Betreffenden selbst sich besonders wohlfühlen. Wie schon gesagt: Es gibt nicht *die eine* oder *die bestimmten* sozialen Netzwerke, in denen Markenbotschafter sich am besten entfalten können. Dennoch lassen sich branchen- und zielgruppenunabhängig einige Plattformen nennen, die jedes Unternehmen in der Markenbotschafterstrategie zumindest in Betracht ziehen sollte. Wie und in welchem Umfang hier das Unternehmen selbst mit Unternehmensprofilen, -seiten oder -gruppen aktiv ist, hängt sehr von der gesamten Kommunikationsstrategie ab, die jedoch nicht Thema dieses Buchs ist. Im Folgenden geht es um allgemeine Gesetzmäßigkeiten und nicht um Funktionen im Detail. Diese können sich schnell ändern. Die übergeordneten Prinzipien jedoch gelten weiter. So sind beispielsweise die Empfehlungen für die Arbeitgeberbewertungsplattform kununu auch übertragbar auf andere Bewertungsplattformen – und würden wahrscheinlich größtenteils auch in dem eher unwahrscheinlichen Fall gelten, wenn kununu abgeschaltet würde und ein anderes Angebot dessen Bedeutung einnähme. In allen genannten Fällen kommt es nicht nur auf das »Wo« an, sondern insbesondere auch auf das »Was« und das »Wie« – und das ist wiederum sehr stark eine Frage sowohl der persönlichen Kommunikationsstrategie als auch der Anbindung an die Markenbotschafterstrategie des Unternehmens.

Der Markenbotschafter als eigenständige Personenmarke verwirklicht und vernetzt sich über die Content-Plattform des Unternehmens hinaus auch auf anderen Plattformen. Dazu kann ein eigenes fachliches Themenblog gehören, ebenso wie ein Blog, das sich mit anderen Interessen befasst. Hier kann sich der Corporate Influencer als Meinungsbildner und Themenführer freier als im Kontext der Organisation verwirklichen. Indem er sich auf diese Weise sichtbar macht, stärkt er die persönliche Bindung zu seinen Kontakten, weil sie oder er weitere Aspekte der eigenen Persönlichkeit preisgibt. Gleichzeitig wird auf diese Weise die Personenmarke, unabhängig vom derzeitigen Arbeitgeber beziehungsweise eigenen Unternehmen, gestärkt.

Die Interviews in Kapitel 3 bieten zahlreiche gute und teilweise ausführlich begründete Beispiele für Social-Media-Aktivitäten von Markenbotschaftern – als eigenständige Personenmarken sowie in Anbindung an die Markenstrategie.

Messenger

An der Messenger-Kommunikation führt heute kaum ein Weg vorbei, und hier ist – Compliance, Datenschutz und professionelle Kommunikation hin oder her – WhatsApp derzeit als führend anzusehen. Selbst viele Menschen, die überhaupt nicht Social-Media-affin sind, nutzen diesen Messenger. Aber auch hier gilt: Der geeignete Messenger ist derjenige, in dem die eigene Community vertreten ist. Dies können auch andere Messenger wie Telegram oder Threema sein. Dabei muss es eben gerade nicht der offizielle Kundendienst sein, der auf solchem Weg erreichbar ist. Sondern vielfach nutzen Menschen den direkten Kontakt zu Freunden oder Bekannten via Messenger, wenn sie eine Frage oder ein akutes Problem aus dessen Fachgebiet haben. Oft basiert eine solche private Anfrage auf dem Wissen, was der oder die Betreffende beruflich macht und in welchem Unternehmen sie oder er tätig ist. Ärzte und Rechtsanwältinnen, Computerfachleute und Mitarbeitende von Telekommunikationsanbietern können davon ein Lied singen. Aber auch **Magdalena Rogl**, die bei Microsoft für Kommunikation und nicht in erster Linie für Produkte zuständig ist, berichtet davon, wie wir bereits im Interview gesehen haben:

> Manchmal werde ich mit dem Support verwechselt. ☺ Es gibt Menschen, die sich mit jeglichem Microsoft-Problem direkt an mich wenden – meistens habe ich dafür Verständnis und versuche zu helfen, aber manchmal kann das auch ein bisschen anstrengend werden.

Ist also eine solche Fach- und Unternehmenszugehörigkeit bekannt, wählt das Gegenüber den Weg, der ihm am einfachsten erscheint und den eigenen Vorlieben entspricht. Das kann dann auch beispielsweise eine Messenger- oder Privatnachrichtenfunktion in einem sozialen Netzwerk sein. Häufig sind es gerade solche Plattformen, auf denen der Markenbotschafter als sehr aktiv und präsent wahrgenommen wird, und das muss gar keine berufliche, sondern kann ebenso gut eine eher von privaten Inhalten geprägte Präsenz sein. Entscheidend ist vielmehr die Annahme der schnellen Erreichbarkeit.

Beispiele: LinkedIn und XING

Als Business-Netzwerke sind LinkedIn und XING in Deutschland an erster Stelle zu nennen. Gerade LinkedIn hat in den vergangenen Jahren sehr stark an Bedeutung gewonnen. Viele neue und erweiterte Funktionen – von der Möglichkeit, ausführlich zu bloggen, über den direkten Video-Upload sowie Live-Videos bis zu den wachsenden Möglichkeiten für Gruppen – machen den Austausch dort sehr komfortabel und für viele Menschen sehr attraktiv. In einigen Branchen kann man eine regelrechte Abwanderung von Facebook zu LinkedIn beobachten. Dies hat natürlich auch Nebenwirkungen. So bedauert Dr. Jörg Ehmer im Interview (Kapitel 3.1.9), dass es »immer mehr zur Kaltakquise-Plattform verkommt«. Diesen Vorwurf musste sich XING lange mehr oder weniger allein gefallen lassen. XING hat ebenfalls eine große Bedeutung vor allem im deutschen Unternehmenskontext. Dies hat es nicht zuletzt der Verknüpfung mit der Arbeitgeberplattform kununu zu verdanken. Kununu wird von vielen Unternehmen unterschätzt oder ist noch gar nicht bekannt. Dies führt dazu, dass hier oft sehr wenige und häufig gar nicht repräsentative Bewertungen ein viel schlechteres Bild eines Arbeitgebers zeichnen, als das tatsächliche Meinungsbild der Belegschaft ergeben würde. Ebenfalls kein allzu professionelles Bild ergibt sich, wenn ein Unternehmen auf LinkedIn oder XING vertreten ist oder sogar Content produziert, in der Liste der Mitarbeitenden aber nur ein oder zwei Personen zu sehen sind. Insofern lohnt es sich, Mitarbeitenden die Möglichkeit ins Bewusstsein zu rufen, dass sie sich hier zeigen, Inhalte abliefern, Gespräche führen und – im Falle von kununu – auch Bewertungen abgeben können.

Business-Netzwerke stellen zudem oft eine gute Einstiegsbasis für bisher Social-Media-Unerfahrene dar. Gerade beispielsweise auf LinkedIn lässt sich der Aufwand – angefangen mit einer einmal eingerichteten und nur gelegentlich aktualisierten Visitenkarte bis hin zur sehr aktiven Präsenz mit eigenem Content sowie viel direkter Interaktion – sehr weit skalieren.

Nicht in allen Branchen sind die Business-Netzwerke auch diejenigen, über die bestimmte (Kunden-)Zielgruppen besonders gut ansprechbar wären. Für den Austausch unter Fachleuten sowie in der Fachkräftegewinnung spielen sie aber in fast allen Branchen eine Rolle – was nicht bedeutet, dass auch diese beiden Aspekte nicht ebenfalls über andere Social Media abgedeckt würden.

In den Business-Netzwerken verbindet sich die Personenmarkenstrategie mit der Markenstrategie des Arbeitgebers. Sie bieten Persönlichkeiten ohne eigene redaktionelle Plattform, ohne Blog oder Magazin schnelle und komfortable Wege, Inhalte zu veröffentlichen – sei es als Blog direkt auf der Plattform, als eingebundenes oder, wie im Beispiel von LinkedIn, natives Video, gegebenenfalls sogar live. Beziehungen pflegen, eigenes Expertenwissen präsentieren, Informationen erlangen, Listening und Monitoring, in Diskussionen einsteigen, Communitys erstellen oder sich an den

Communitys anderer beteiligen, sich einem Unternehmen lediglich zuordnen oder zusätzlich aktiv dessen Inhalte teilen: Die Möglichkeiten für Markenbotschafter auf diesen Plattformen sind vielfältig und können sich sehr eng an die Markenkommunikation anschließen.

Beispiel: Facebook
Facebook bietet mit seinem Universum von verschiedenen Plattformen[94] sowie den zahlreichen Funktionen und Angeboten auf den Plattformen – etwa Gruppen oder Chatfunktionen – auch für den professionellen Bereich, den Austausch unter Fachleuten sowie die Suche neuer Mitarbeitender eine große Rolle. Zugleich sind hier viele Konsumentenzielgruppen zu erreichen. Auch im Marketing und in der Anzeigenwerbung spielt Facebook im deutschsprachigen Raum eine große Rolle. Entsprechend groß ist das Potenzial für Markenbotschafter, hier innerhalb eines Mixes aus persönlichen Inhalten und beruflichen Geschichten auf ganz unterschiedliche Weise den Austausch mit anderen zu pflegen. Eine Anbindung an die Social-Media-Strategie des Unternehmens ist hier etwas anderen Gesetzmäßigkeiten unterworfen als etwa bei LinkedIn, funktioniert aber ebenfalls sehr gut. Thematische oder nach bestimmten Problemen ausgerichtete Communitys sind über persönliche Profile besonders gut zugänglich. Facebook-Fanpages von Marken sind oft besonders erfolgreich, wenn für die Bezugsgruppen erkennbar ist, wer daran mitarbeitet.

Facebook ist sicherlich eines der sozialen Netzwerke, in denen sich private und berufliche Vernetzung am stärksten mischen können – aber nicht müssen. Mittels Listen kann man Inhalte nur an bestimmte Facebook-Freunde ausspielen. Zudem gibt es zu fast jedem Thema Communitys innerhalb des Netzwerks. Facebook-Mitglieder nutzen den Austausch in Gruppen ebenso zu Hobbythemen wie um sich mit Kollegen aus dem Unternehmen oder in anderen professionellen Zusammenhängen zu vernetzen – sowohl als Gruppengründer als auch als Mitglieder. Als Personenmarke können sie private Aspekte mit beruflicher Expertise verknüpfen. Sie können Diskussion initiieren und sich an den Diskussionen anderer beteiligen. Auf der Pinnwand und in den Stories können sie ihre persönliche Geschichte erzählen oder aus dem beruflichen Alltag berichten. Sie können Agenda-Setting im eigenen Themenbereich oder für die Marke betreiben – und Letzteres natürlich nicht nur im eigenen Profil, sondern auch als sichtbare Personen auf der Fanpage des Unternehmens. Sie können Wissen teilen, aber auch Wissen gewinnen – sowohl nativ auf der Plattform als auch via Content Curation, also mithilfe von dort geteilten Links zu externen Inhalten. Daher bietet es sich an, interessante Inhalte des Arbeitgebers, die in die eigene Personenmarkenstrategie passen, auf der persönlichen Pinnwand weiterzuteilen. Als Augen und Ohren der Marke spielen sie eine entscheidende Rolle im Listening und Monitoring bezüglich

94 So gehören beispielsweise auch Instagram und WhatsApp zu Facebook.

Themen, Branche und Marke. Dies gilt nicht nur, aber vor allem dort, wo technisches Monitoring nicht hingelangt, beispielsweise in geschlossenen Gruppen – erst recht solche, die keine von Unternehmen administrierten Fanpages als Mitglieder zulassen.

Beispiel: Instagram

Instagram gehört zum Facebook-Universum und hat sich von der Foto-Sharing-Plattform zu einem sozialen Netzwerk mit vielen Funktionen weiterentwickelt. Die als Format zuerst von Snapchat entwickelten Stories bilden nun einen großen Teil der Instagram-Inhalte und werden längst auch von Marken sowie natürlich von vielen Influencern genutzt. In den Interviews in diesem Buch haben Sie einige Corporate Influencer kennengelernt, die Instagram sehr aktiv nutzen – viele von ihnen eher als einen sehr persönlichen Kanal, im Gegensatz zur professionellen Kommunikation etwa auf LinkedIn. Gerade mit solchen Inhalten, die durch ihre Funktionen zudem zur direkten Interaktion auffordern, werden Beziehungen aufgebaut und vor allem gefestigt. Sie gewähren in Bild und Bewegtbild direkte Einblicke in den Alltag sowie die Interessen der Markenbotschafter. Mit Hashtags und Erwähnungen des Benutzernamens fällt die Anbindung an die Social-Media-Strategie des Unternehmens sehr leicht. Wie Sie gelesen haben, nutzen einige der Corporate Influencer, die hier in den Interviews zu Wort kommen, vorwiegend für das Teilen eher persönlicher Inhalte. So entsteht über mehrere soziale Netzwerke hinweg ein sehr facettenreiches Bild einer Persönlichkeit, das dafür sorgt, dass deren Kontakte einen emotionalen Bezug zum Markenbotschafter aufbauen, der sich dann idealerweise auf die Marke überträgt. Für die Leistungssportlerin und Influencerin Michelle Uhrig stellt Instagram dagegen nicht so sehr einen privaten, sondern einen wichtigen, wenn nicht den wichtigsten beruflichen Kanal dar (vgl. Kapitel 3.2.2). Auf diese Weise erreicht sie zugleich eine junge Zielgruppe, die für ihren Arbeitgeber, die Bundespolizei, sehr interessant und gerade über nicht primär markenspezifische Inhalte besonders gut ansprechbar ist.

Beispiel: Twitter

Twitter ist neben Facebook und YouTube – welches wie Google zum Alphabet-Universum gehört – eines der größten sozialen Netzwerke überhaupt. In Deutschland stellt es kein so großes Publikumsphänomen dar wie beispielsweise in den USA, spielt aber natürlich in den Social-Media-Strategien sehr vieler Unternehmen und auch im B2B-Bereich sowie in bestimmten Communitys eine große Rolle. Twitter ist ein starkes Medium für das Agenda-Setting sowie die öffentliche Meinungsbildung. Gerade in der politischen und gesellschaftspolitischen Meinungsbildung nimmt Twitter längst eine führende Rolle ein und stellt nicht zuletzt auch eine Quelle für Zitate in den Leitmedien dar. Twitter eignet sich hervorragend für die Content Curation. Informationsgewinnung, schneller Meinungsaustausch sowie die Vernetzung mit Gleichgesinnten sind für Personenmarken wie für Marken gleichermaßen interessant. Kein Unternehmen kann es sich leisten, Twitter im Listening und Monitoring zu Themen, Branchen und

Marken zu vernachlässigen oder es im eigenen Konzept für die Krisenprävention nicht zu berücksichtigen.

Beispiel: YouTube
Auch hier können sich natürlich videoaffine Personenmarken eigenständig darstellen. Agenda-Setting, Personenmarkenstrategie, Listening, Monitoring von Hashtags: Das meiste, was über die vorigen Beispiele gesagt werden kann, gilt auch für YouTube, obgleich es sich hier primär um eine Content-Sharing-Plattform handelt und nicht so sehr um ein soziales Netzwerk. Doch gerade hier bietet es sich vor allem an, innerhalb der Contentstrategie in den Videos in Markenkanälen mit sichtbaren Markengesichtern zu arbeiten, die dann in anderen sozialen Netzwerken wiederzufinden sind. YouTube ist sowohl als eigenständige Suchmaschine wie auch mit der Integration in Google für viele Menschen die erste Adresse, wenn sie Informationen, Anleitungen und Unterhaltung suchen.

Beispiel: Content Curation und Social Bookmarking
Oft unterschätzt, aber gerade für Markenbotschafter sehr wichtig, die für ihre Community eine Lotsenfunktion einnehmen, sind Plattformen für Content Curation und Social Bookmarking.[95] Hier lassen sich fachliche Inhalte sammeln, aber natürlich sehr gut auch Inhalte des Arbeitgebers teilen. Als Plattformen ist hier beispielsweise Flipboard zu nennen. Aber natürlich kann man auch in sozialen Netzwerken – LinkedIn, Facebook oder Twitter – zu anderen Inhalten verlinken. Insofern bezieht sich dies sowohl auf spezifische Angebote als auch auf die spezifische Nutzung breiter angelegter sozialer Netzwerke.

Weitere Beispiele
Unnötig zu sagen, dass es unzählige weitere große und kleine Plattformen gibt, in denen sich Menschen austauschen und Inhalte produzieren. TikTok lohnt beispielsweise auf jeden Fall einer Betrachtung. Auch wenn sich hier noch nicht viele deutsche Unternehmen profiliert haben, so sind international bereits viele Marken erfolgreich vertreten. Wie alle visuellen Formen lebt auch der Kurzvideodienst von Gesichtern.

Snapchat, dem Instagram mit den Stories einen Teil des Rangs abgelaufen hat, nimmt in der persönlichen Kommunikation vor allem jüngerer Menschen eine wichtige Rolle ein.

Auch Foren spielen in bestimmten Fachbereichen nach wie vor eine große Rolle, haben sie doch mittlerweile häufig Funktionen von sozialen Netzwerken integriert. Als Beispiel seien hier im beruflichen Bereich Lehrerforen genannt, über die eine sehr

95 Zur näheren Erläuterung siehe Kapitel 5.4.2 zum Konzentrischen Lotsenmodell.

große Berufsgruppe erreicht werden kann, die in Business-Netzwerken nur selten vertreten ist.

Wie gesagt: Letztlich hängt es immer von den drei Faktoren ab: Zielgruppen-Vorlieben, Marken-(Kommunikations-)Strategie und Personenmarkenstrategie des einzelnen Markenbotschafters.

4.7.5 Markenbotschafter und Contentstrategie in der analogen Welt

Selbst heute noch unterscheiden sogar manche Kommunikationsprofis zwischen digitalen Medien beziehungsweise sozialen Netzwerken und dem von ihnen so genannten »richtigen Leben«. Eine solche Trennung ist ebenso willkürlich wie sinnlos, denn der schnelle und direkte Austausch auf digitalem Wege gehört genauso zum Leben und zum Geschäftsleben wie Telefonate, Schriftverkehr und eben auch physische, sozusagen analoge Begegnungen. Gleichwohl liegt es in der menschlichen Natur, dass physischer Kontakt für Bindungen und Beziehungen fast unerlässlich ist. Zwar funktionieren auch rein virtuelle Geschäftsbeziehungen – und dies funktioniert umso besser, je erfahrener wir alle im Austausch mittels digitaler Medien werden. Auch Augmented Reality und Virtual Reality stehen gerade erst am Anfang und werden in naher Zukunft noch ganz andere und neue Möglichkeiten eröffnen. Doch Veranstaltungen oder Messen, Besuche von Geschäftspartnern, Stammtische, Businessmeetings und viele weitere Anlässe, einander sozusagen anzufassen oder von Angesicht zu Angesicht zu sehen, spielen nach wie vor eine große Rolle.

In vielen Markenbotschafterstrategien werden für bestimmte Anlässe bestimmte Corporate-Influencer-Rollen definiert. Beispiele dafür haben Sie bei der Telekom und OTTO gesehen. Manche Unternehmen führen beispielsweise Listen eigener Vortragsredner, oder es gibt unternehmensinterne Listen von Ansprechpartnern, etwa zu Themen oder im Mentoring.

Auch physische Begegnungen und Beziehungen lassen sich in den sozialen Medien und durch den digitalen Austausch erweitern, pflegen und festigen. Zudem eignen sich beispielsweise Veranstaltungen dazu, sie medial zu begleiten. Auch in physischen Kontexten entsteht Content, und aus diesen heraus lassen sich wiederum Inhalte für die Contentstrategie generieren.

Hier ist eine Liste mit Beispielen typischer Anlässe für den Einsatz von Markenbotschaftern in physischen Begegnungen und auf Veranstaltungen:

Beispiele für den Einsatz von Markenbotschaftern in der analogen Welt !

- Branchentreffen
- Messen
- Hausmessen
- Bewerbungsgespräche
- Tage der offenen Tür
- Vortragsveranstaltungen (Teilnehmer, Referenten)
- Roadshows
- Workshops (extern und intern)
- klassische Konferenzen und Kongresse
- Barcamps
- lokale Feste und Feiern
- Informationsveranstaltungen
- Charity-Events
- Aktionstage

4.8 Wie man Markenbotschafter in der Contentstrategie beteiligt

Nach den sozialen Netzwerken – also den Plattformen anderer Anbieter – soll sich hier nun der Blick auf die unternehmenseigenen Medien richten. Zuvor haben wir bereits über die Rollen der verschiedenen Firmenangehörigen entsprechend ihrer Position gesprochen sowie über mögliche Rollen, die von der Position unabhängig sind. Markenbotschafter können auf sehr vielen Wegen kommunizieren, in sozialen Netzwerken, in physischen Begegnungen, aber auch in unternehmenseigenen Medien. Contentstrategien und speziell Corporate Blogs und Online-Magazine gewinnen oft enorm an Wert für User und Leser, wenn sich hier sichtbare Personen aus dem Unternehmen beteiligen. Beispiele dafür haben Sie bereits in der Typologie gesehen, etwa an den Beispielen Salesforce Deutschland Blog (Kapitel 3.1.6) oder Stadtwerke Neuss (Kapitel 3.1.7). Wie kann es gelingen, die Mitarbeitenden als Markenbotschafter in die Contentstrategie im Rahmen der Markenkommunikation einzubinden? Welche unterschiedlichen Gegebenheiten sind dabei zu berücksichtigen? Dabei liegt der Fokus auf dem Thema Corporate Blog, auch wenn die Contentstrategie natürlich weitere Medien umfasst. Die Empfehlungen gelten ebenso für Mitarbeiterbeiträge für Unternehmenspräsenzen in sozialen Netzwerken (Beispiele: Instagram-Accounts von Unternehmen, Facebook-Fanpages und Gruppen oder Communitys auf LinkedIn). Sie führen also mit Fokus auf der Contenterstellung zugleich die Empfehlungen aus dem vorigen Abschnitt weiter aus.

4.8.1 Markenbotschafter in Corporate Blog und Corporate Magazin

Das Corporate Blog, das Online-Unternehmensmagazin, der Newsbereich, der Content Hub: Bezeichnungen für die redaktionelle Plattform eines Unternehmens gibt es viele. Die Möglichkeiten, hier Markenbotschafter einzubinden, sind ebenfalls vielfältig. In welcher Form dies geschieht, hängt auch davon ab, welche Form gewählt wurde. So wie wir heute meistens Contentstrategien verstehen, stellt das Unternehmensblog oder das Corporate Magazin also die Contentzentrale oder den Content Hub dar: die zentrale redaktionelle Plattform mit allen Unternehmensinhalten, die zugleich Schnittstellen zu externen Seiten und Accounts, etwa in sozialen Netzwerken, enthält. Nicht jedes Corporate Blog muss also ein Mitarbeiter-Blog sein oder sichtbare Personen zeigen – doch die meisten Unternehmensblogs gewinnen an Wert für die Community, wenn Köpfe aus dem Unternehmen daran sichtbar beteiligt sind. Das Corporate Blog oder Corporate Magazin stellt häufig den Dreh- und Angelpunkt dar, von dem aus die unternehmenseigenen Inhalte in die digitale Welt hinausgehen. Dort aber findet Kommunikation in einem großen Ausmaß personengebunden statt. Inhalte werden von den handelnden und erzählenden Personen geprägt, damit sie bei den Gesprächspartnern Relevanz und Markenbindung erzeugen.

! **Begriffsklärung: Corporate Blog, Corporate Magazin, Content Hub …**

Für den Begriff Corporate Blog gibt es ungefähr so viele Definitionen wie es Publikationen dazu gibt. Einige Autoren unterscheiden beispielsweise zwischen der eher persönlichen Form des Corporate Blogs und der eher journalistischen Aufmachung eines Corporate Magazins.[96] Nach meiner Erfahrung wird der Begriff »Blog« von verschiedenen Menschen auch heute noch ganz unterschiedlich verstanden. Selbst bei Kommunikationsfachleuten ist die Bezeichnung oft als eher »nerdig« besetzt, oder es wird immer noch als eine Art Tagebuch eines oder mehrerer Autoren verstanden.

Oft empfiehlt es sich bei den ersten Schritten zu einer Contentstrategie, zunächst einmal neutral von einem redaktionellen Bereich oder einem Online-Magazin zu sprechen. Erst dann wird herausgearbeitet, in welcher Form und mit wem das umgesetzt wird, ob Mitarbeiter-Autoren beteiligt sind, wer die Redaktion übernimmt, ob man es nach dem Newsroom-Prinzip organisiert und so weiter. So können in einem Online-Magazin sehr gut auch persönliche Mitarbeiter-»Blogbeiträge« auftauchen. Man kann aber auch in einer sehr journalistisch anmutenden Publikation mit sichtbaren Mitarbeitenden arbeiten. Letztlich halte ich die Bezeichnung, ob nun Blog oder Magazin, für nicht so wichtig wie die redaktionelle Strategie. Entscheidend ist nach innen das einheitliche Verständnis im Team. Nach außen ist für den Erfolg des Blogs oder Magazins entscheidend, wie gut es auf die Zielgruppe ausgerichtet ist.

96 Vgl. hierzu: Tißler, Jan: »Was ist ein Content Hub? Wozu brauchst du ihn?«, in: wp unboxed, 24. Januar 2020, https://raidboxes.io/blog/online-marketing/content-hub/

4.8.2 Was Mitarbeitende für die Mitwirkung brauchen

Dauerhaft und regelmäßig Mitarbeiterbeiträge für das Unternehmensblog oder das Corporate Magazin zu erhalten, stellt in vielen Unternehmen eine große Herausforderung dar. Ein beträchtlicher Teil aller ambitioniert gestarteten Contentstrategien und Content-Marketing-Projekte in Unternehmen scheitert oder wird nicht umgesetzt wie geplant, weil die wichtigsten Beteiligten nicht auf Dauer durchhalten: die Wissensträger, Inhaltslieferanten und Autoren in der Firma. Wir haben bereits in den vorigen Kapiteln darüber gesprochen, was sich in der Unternehmenskultur ändern muss, damit die Mitarbeitenden sich gerne als Markenbotschafter verstehen. Das Projekt eines Corporate Blogs beziehungsweise eines Unternehmensmagazins mit Mitarbeiter-Autoren stellt meiner Erfahrung nach einen guten Prüfstein dafür dar, ob die Strukturen eines Unternehmens insgesamt in digitalen Zeiten Bestand haben können. Denn ruft man einfach nur zur Mitarbeit auf, wird die Resonanz in den meisten Fällen verhalten ausfallen. Das kann daran liegen, dass das Projekt beschlossen und konzipiert wurde, ohne diejenigen, die nun daran mitwirken sollen, an Entscheidungsfindung und Konzeption zu beteiligen. Zudem gilt auch hier: Menschen wirken nur dann an etwas mit, wenn sie einen eigenen Nutzen darin erkennen.

Corporate Blogs mit Markenbotschaftern: Typen !

- **Mitarbeiter-Blog:** redaktionelle Online-Publikation, die vornehmlich aus Mitarbeiterbeiträgen besteht, und zwar von Mitarbeitenden aus allen Bereichen.
- **Wissensträger-Blog:** Fachleute aus dem Unternehmen publizieren über ihr Themengebiet und berichten beispielsweise aus der Praxis.
- **Service- und Themenblogs:** Hier steht der Nutzen des Lesers zu einem bestimmten Thema, das meist an das Angebot der Firma angelehnt ist, im Vordergrund.
- **Persönliches Blog:** Im Grunde handelt es sich hier meistens um ein Wissensträger-Blog, oft als Plattform eines einzelnen Unternehmers oder Freiberuflers. Es kann sich aber auch um das persönliche Blog eines Markenbotschafters handeln, der oder die in einem Unternehmen angestellt ist. Es kann, aber muss sich nicht auf die beruflichen Schwerpunkte dieser Person beziehen. Manche persönlichen Blogs von einzelnen Protagonisten sind als eigenständige Publikationen in Unternehmenspräsenzen integriert – ähnlich wie beispielsweise ein CEO-Blog.
- **CEO-Blog:** Spezialform eines persönlichen Blogs. Hier publiziert der Firmenchef in seinem persönlichen Online-Magazin. Das kann ein Geschäftsführer, ein Vorstand oder ein anderes Mitglied der Geschäftsleitung sein.
- **Mischformen:** Eigentlich selbstverständlich, aber hier noch einmal ausdrücklich erwähnt: Viele Unternehmensblogs stellen Mischformen der genannten Formen dar oder integrieren noch weitere, hier nicht genannte.

Auf den folgenden Seiten finden Sie einige Antworten auf die Frage: Was brauchen Mitarbeitende, damit sie auf Dauer motiviert in der Contentstrategie mitarbeiten?

1. Persönlicher Nutzen für den Einzelnen

Wenn sich der Mitarbeitende nur als Helfer einer Unternehmenskommunikation erlebt, zu der ansonsten wenig Bezug besteht, dann wird auch die Motivation schnell schwinden – wenn sie überhaupt je vorhanden war. Es fehlt die Relevanz für die eigenen Ziele. Warum sollte jemand, der mit der eigenen Arbeit schon mehr als ausgelastet ist, noch zusätzlich Beiträge zum Unternehmensblog liefern? Zudem verstehen meiner Erfahrung nach Fachleute aus anderen Bereichen, die nicht entsprechend mitgenommen werden, einen Blog oft als eher ein optionales und nicht als essenzielles Instrument, das für den Unternehmenserfolg mitentscheidend ist.

Gemeinsame Arbeit an der Contentstrategie kann nur gelingen, wenn im Unternehmen ein gemeinsames Verständnis über strategische Ziele und Kommunikationsziele vorhanden ist. Hierzu muss wiederum für den Einzelnen die Verbindung zu den eigenen Zielen vorhanden sein. Persönliche Ziele können beispielsweise die fachliche Anerkennung im Unternehmen oder die Steigerung des eigenen Personenmarkenwerts sein. Dass jemand die eigene Stelle sichert, indem er zum Erfolg des Arbeitgebers beiträgt, wirkt nur dann als Argument, wenn es nicht zu abstrakt erscheint. Dafür müssen die Kommunikationsverantwortlichen ihre Argumentation konkreter gestalten und möglichst auch mit Fakten belegen.

2. Einbindung der Beteiligten von Anfang an

Wenn in Unternehmen an Kommunikation und Markenbindung gedacht wird, dann richtet sich der Blick meistens sogleich nach außen auf Kunden und Meinungsbildner. Viel entscheidender für den Erfolg einer Contentstrategie und einer einheitlich überzeugenden Markenkommunikation ist aber zunächst der Blick nach innen: Wie sehen die Strukturen aus? Werden Mitarbeitende ermutigt, ihr Potenzial zu entfalten und eigene Ideen einzubringen?

Dazu gehört auch die strukturelle sowie technische Organisation der Kommunikation nach innen, wie wir in den vorigen Kapiteln bereits gesehen haben: Bestehen – nicht nur bezogen auf die Kommunikation! – Übereinkünfte, gemeinsam am größeren Ganzen zu arbeiten? Oder hat die Geschäftsleitung zusammen mit der Unternehmenskommunikation eine Contentstrategie erarbeitet, und nun werden einfach die Mitwirkungsmöglichkeiten *top down* verkündet, so wie es auch mit allen anderen Neuerungen geschieht? Im letzteren Fall kann man in der umgekehrten Richtung nicht viel Eigeninitiative erwarten.

3. Funktionierende Strukturen und Werkzeuge

Gemeinsame Arbeit an der Contentstrategie setzt auf funktionierenden Strukturen im Unternehmen selbst auf. Ohne eine entsprechende Kultur der Zusammenarbeit nützt die beste technische Lösung nichts. Darüber hinaus aber braucht man funktionierende Methoden, Werkzeuge und Plattformen, um intern an Inhalten ebenso wie an anderen Prozessen zu arbeiten. Dazu gehören Kollaborationsplattformen, um gemeinsam Inhalte zu sammeln und zu erarbeiten. Abstimmungsprozesse müssen klar sein. Es sollte Tools geben, die bei Themenfindung und Inhaltserstellung helfen. Es kann dem Einzelnen nicht selbst überlassen werden, ob und wie er sich in diese Plattformen und Tools einarbeitet, sondern es sollte dazu Schulungen geben. Dazu gehören auch verständliche Pläne und klare Absprachen: Themenpläne, Redaktionspläne, eindeutige Termine, Zuständigkeiten und standardisierte, aber schlanke Freigabeprozesse. All dies muss so aufgebaut sein, dass es für die verschiedenen Beteiligten nachvollziehbar ist und zu ihrem Arbeitsalltag passt.

4. Unterstützung in der Contenterstellung

Ganz gleich, ob jemand Ideen für ein Video liefert oder eigene Ratgeberbeiträge verfasst: Wer nicht täglich mit Kommunikation befasst ist, muss oft erhebliche Anfangshürden überwinden. Ich erlebe es häufig, dass Mitarbeitende, die eigentlich Wertvolles beizutragen haben, regelrechte Versagensängste hegen. Hier ist es an den Fachleuten in der Unternehmenskommunikation, Unterstützung und Fortbildung anzubieten. Oft ist das mit internen Kräften allein nicht zu schaffen, sondern es muss gegebenenfalls auch Training und Coaching extern eingekauft werden; etwa für Schreibschulungen oder Themenfindung. Zusätzlich hilft ein Themenfragebogen dabei, Inhalte zu identifizieren und zu bewerten.

5. Zeitnahes Feedback und Lob

Reicht jemand einen Beitrag ein und hört danach wochenlang nichts von der Redaktion, dann demotiviert das selbst den engagiertesten Markenbotschafter. Wenn die Zeit knapp ist, darf dies nicht zulasten der internen Kommunikation gehen. Gerade in der Anfangsphase benötigen Ideen- und Inhaltslieferanten detailliertes Feedback, müssen gefördert und geführt werden. Dazu gehört auch die Information über Erfolge, Zugriffszahlen sowie qualitative Rückmeldungen aus den verschiedenen Quellen. Am besten sind diese übersichtlich auf der Kollaborationsplattform für alle Beteiligten zugänglich. Sehen sich die Verantwortlichen zeitlich zu einer solchen Dokumentation nicht in der Lage, dann ist in der Ressourcenplanung gleich zu Beginn der Contentstrategie offenbar etwas schiefgelaufen.

6. Zeit zum Schreiben

Bloggen in der Arbeitszeit, wenn das Aufgabengebiet nicht in der Kommunikation liegt: Hierin steckt erhebliches Konfliktpotenzial, wenn es nicht von Anfang an klare Regelungen dazu gibt. Vorgesetzte können oder wollen die Mitarbeitenden nicht dafür freistellen; oder die Aufgaben selbst erlauben nicht ohne Weiteres Auszeiten für das Schreiben. Oft hegen die Mitarbeitenden aber auch unrealistische Vorstellungen davon, wie lange sie für eine Ideenskizze oder einen Beitrag verwenden dürfen. Manchmal vermuten neidische Kolleginnen oder Kollegen, dass sich jemand um Aufgaben drücken will, indem er seiner Berufung als neuer Corporate Blogger nachgeht. Außerdem besteht nicht an jedem Arbeitsplatz die Möglichkeit, sich einfach an einen Computer zu setzen. Hier gibt es keine einfachen oder pauschalen Lösungen, sondern man muss es in jedem Unternehmen individuell erarbeiten. Tatsächlich liegen meistens bereits Erfahrungen etwa aus der Pressearbeit vor, wenn es um Fachinhalte aus den Abteilungen geht. Jedoch ist hier für die Planung und Abstimmung in besonderer Weise die Unternehmensleitung gefragt: Ein Paradigmenwechsel in der Kommunikation erfordert Anfangsinvestitionen. Zudem müssen auf Dauer bestimmte Budgets umgeschichtet werden. Das gilt finanziell ebenso wie zeitlich. Zweifellos keine einfache Aufgabe, aber eine erfolgsentscheidende. Es hat keinen Sinn, etwa die Publikationsfrequenz und den sonstigen Aufwand für das Blog in der Konzeptionsphase umfangreicher zu planen, als die Ressourcen hergeben. Dann lieber etwas kleiner starten und sukzessive aufbauen. Ganz ohne hauptberufliche Mitarbeitende, die speziell hierfür zuständig sind, ist es kaum möglich, eine Contentstrategie aufzubauen und auf Dauer durchzuhalten.

4.8.3 Nicht jeder ist ein Autor: Mitarbeiterrollen in der Contentstrategie

Contentstrategien verwirklichen sich heute multimedial, sie beziehen sich also nicht nur auf das Schreiben. Video-, Audio- und Storyformate gehören dazu. Zudem wandeln sich Technik, Tools und Plattformen schnell. Das stellt die Beteiligten vor Herausforderungen. Andererseits ermöglicht es Menschen, die ihre eigenen Stärken nicht im Verfassen schriftlicher Beiträge sehen, ebenfalls Inhalte beizutragen. Zugleich sind diejenigen, die Inhalte für redaktionelle Plattformen erstellen, auf Anregungen aus dem Unternehmen angewiesen, um interessante Themen zu finden. Daher gibt es für Markenbotschafter abgestufte Möglichkeiten, sich zu beteiligen, die auch den Aufwand für die Einzelnen skalierbar machen.

Lieferant von Hintergrundwissen

Hier steht der betreffende Mitarbeitende mit seinen Fachkenntnissen zur Verfügung. Er muss sich also zunächst einmal selbst keine Themen ausdenken und auch nicht initiativ werden. Die Autoren der Inhalte wissen, dass er als Experte zur Verfügung steht, wenn es Fragen gibt. In dieser Rolle ist er als Markenbotschafter nicht zwangsläufig sichtbar. Dies funktioniert genauso wie schon in vielen Unternehmen in der Pressearbeit etabliert: Wenn die Kommunikationsprofis fachlichen Input brauchen, wenden sie sich an die entsprechenden Fachleute im Unternehmen. Sinnvoll ist es, dass diese einen Einblick in die Contentstrategie haben, damit sie verstehen, zu welchem Ziel sie ihren Beitrag leisten und was mit ihrem Input geschieht.

Ideengeber

Hier ist der Mitarbeitende gefragt, sich aus seiner Arbeitspraxis und seinen fachlichen Kenntnissen heraus Themen zu überlegen und diese aktiv vorzuschlagen. Ob der Ideengeber nun im Hintergrund bleibt oder in den Medien sichtbar wird, ist eine Frage der redaktionellen Strategie. Wer das Potenzial aller Markenbotschafter nutzen will, braucht jedoch Wege, um sie zur Mitarbeit zu überzeugen und zu aktivieren (vgl. Kapitel 4.8.2).

Inhaltslieferant

Dieser Begriff erweitert die Rolle des Ideengebers um inhaltlichen Input. Ob die Betreffenden nun mit ihrem Gesicht für die Veröffentlichung stehen oder nur die Inhalte liefern: Sie sind operativ in die Contentstrategie eingebunden. Allerdings steht zwischen dem Ideengeber und der Publikation immer noch ein Redakteur, der die Inhalte aufbereitet und umsetzt. Die Details, etwa in welchem Umfang eine Bearbeitung notwendig ist, hängen von individuellen Gegebenheiten ab. Es gibt nur wenige Gründe, warum der Inhaltslieferant nicht auch mit seinem Gesicht als Markenbotschafter auftreten sollte. Aber in manchen Unternehmen gibt es bei den Mitarbeitenden aus Fachabteilungen gerade zu Beginn noch Vorbehalte bezüglich ihrer Sichtbarkeit in den Unternehmensmedien. Haben sie eine Weile aktiv an der Contentstrategie mitgearbeitet, schwinden solche Bedenken häufig, und die Bereitschaft nimmt zu, sich auch zu zeigen.

Fragebögen können bei der Themenfindung helfen !

Sowohl für die Rolle des Ideengebers als auch des Inhaltslieferanten haben sich in vielen Unternehmen Fragebögen bewährt, die es den Mitarbeitenden erleichtern, ihre Vorschläge zu beschreiben und einzureichen. Hier wird zum Beispiel das Themengebiet abgefragt, das konkrete Thema, die Zielgruppe, an die sich der Beitrag richten soll, sowie weitere inhaltliche und formale Details. Der Ideengeber bekommt auf diese Weise Hilfestellung dabei, seine Idee kurz zu beschreiben und zu strukturieren. Der Redakteur hat es leichter, den Vorschlag zu verstehen und einzuordnen. Das spart Zeit bei allen Beteiligten. Allerdings muss man solche Fragebögen nicht nur passend zur Contentstrategie entwickeln, sondern auch bei allen Beteiligten einführen und gemeinsam einüben. Es reicht nicht, sie einfach im Intranet zu veröffentlichen und darauf zu hoffen, dass die Mitarbeitenden damit selbst zurechtkommen.

Interviewpartner

Das klassische Interview – ob in Schriftform oder als Video – hat in allen redaktionellen Formaten seinen festen Platz. Hier ist der Interviewpartner nicht selbst der Autor, kann aber zusätzlich zuvor der Ideengeber gewesen sein. Interviews mit Markenbotschaftern bieten sich auch dort besonders an, wo Protagonisten nur bedingt Zeit haben, sich selbst als Autoren einzubringen, oder sich mit der Texterstellung schwertun. Allerdings muss man dabei bedenken, dass das Interview auch immer so etwas wie eine journalistische Distanz erzeugt: Der Interviewpartner wird nicht als direkter Mitarbeitender an der betreffenden Publikation wahrgenommen. Der CEO etwa, der sich lediglich für das Corporate Blog interviewen lässt, behält damit eine Sonderstellung. In einem persönlichen CEO-Blog hat daher ein Interview mit dem Autor, von einigen Sonderformen abgesehen, eher nichts zu suchen. Aber natürlich kann der Autor – als CEO unterstützt vom Redaktionsteam – wiederum selbst andere Menschen interviewen.

Autor (multimedial)

Mitarbeitende aus allen Unternehmensbereichen als Markengesichter, die aktiv mit Inhalten zum Corporate Magazin beitragen: Dies stellt den Idealfall einer eigenen Contentplattform mit sichtbaren Markenbotschaftern dar. Dazu sollte man die potenziellen Markengesichter bereits bei der Erarbeitung der Contentstrategie beteiligen (vgl. Kapitel 4.8).

!

Formen und Formate in der Contentstrategie

Es ist hilfreich, sich immer wieder daran zu erinnern, dass im eigenen Blog oder Magazin des Unternehmens ebenso wie auf externen Plattformen viele unterschiedliche Formate zur Contentstrategie gehören. Dies sind beispielsweise:

- Textbeiträge
- Video
- Audio
- Fotos
- Infografiken
- Podcast/Audio
- Liveformate
- Storyformate
- Multimediale Bild/Text-Kombinationen

In diesen Formen lassen sich wiederum sehr viele unterschiedliche Formate abbilden – jeweils in einer medialen Form oder multimedial aufbereitet. Dazu gehören beispielsweise:

- Reportage
- Ratgeber
- Listicle
- Tutorial/Anleitung
- Interview
- Bericht
- Meinung
- Essay
- Diskussion
- Meldung

- Produktvorstellung
- Blitzlicht
- Livebericht
- Liveticker
- Leitsätze/Sprüche

4.9 Markenbotschafter-Aktivitäten und Arbeitszeit

Eines der sensiblen Themen bei der Schulung und Einbindung aktiver Markenbotschafter in die Kommunikationsstrategie bezieht sich auf die Frage: Handelt es sich hier um Arbeitszeit, oder können Corporate Influencer innerhalb einer Markenbotschafterstrategie auch ihre Freizeit für die betreffenden Aktivitäten einsetzen? Wird das Thema rechtzeitig angesprochen, führt es jedoch meiner Erfahrung nach eher selten zu Konflikten. Wichtig ist es, von Anfang an alle Interessengruppen im Unternehmen einzubinden, die diesbezüglich mitzureden haben. Dazu gehören beispielsweise, je nach Art der Strategie und den Auswirkungen auf die beruflichen Aufgaben, der Betriebsrat und die Personalabteilung.

In den Best-Practice-Beispielen in Kapitel 3 haben Sie bereits ganz unterschiedliche Herangehensweisen kennengelernt. Auch in Kapitel 4.8 zum Content-Marketing mit Markenbotschaftern haben wir das Thema schon beleuchtet. Rechtsanwalt Dr. Thomas Schwenke weist in Kapitel 6 dieses Buchs darauf hin, »dass eine sinnvolle Corporate-Influencer-Strategie einen zeitlichen Mehraufwand für die Beteiligten mit sich bringt. Das heißt Mitarbeiter sollten einen zeitlichen oder finanziellen Ausgleich unter Berücksichtigung der übrigen Regelungen, zum Beispiel zu Überstunden, erhalten«. Sofern jemand explizit als Markengesicht eingestellt ist oder dies zu seinen Hauptaufgaben gehört, entsteht meistens gar nicht erst ein Zweifelsfall. Doch explizite Influencer-Vereinbarungen mit den Mitarbeitenden im Sinne von Veränderungen im Arbeitsvertrag stellen in den meisten Markenbotschafterstrategien eher die Ausnahme dar. Zudem bezieht sich ja ein Gutteil der Erarbeitung und Bewusstseinsbildung auf bereits bestehende Aktivitäten. Natürlich kann ich hier keine rechtlichen Empfehlungen geben oder konkrete Vorschläge für vertragliche beziehungsweise betriebliche Regelungen liefern. Im Folgenden möchte ich aber aus der Erfahrung heraus einige weitere Überlegungen zu verschiedenen möglichen Szenarien anstellen. Alle darin enthaltenen Empfehlungen sind selbstverständlich aus kommunikationsfachlicher und nicht aus juristischer Sicht zu verstehen.

Social Media während der Arbeitszeit wie bisher

Sofern sich die Erarbeitung darauf bezieht, den Mitarbeitenden ihre Außenwirkung in bereits bestehenden Social-Media-Aktivitäten stärker zu verdeutlichen, gibt es meistens bereits Regelungen. Oft gibt es auch eine Art nicht formell geregeltes

Gewohnheitsrecht, das natürlich stark von der Art der Arbeit und vom Medienzugang abhängt. So können diejenigen, die beruflich mit der Kommunikation befasst sind, in der Regel auch am Arbeitsplatz auf ihre eigenen Profile zugreifen – oder müssen es sogar. Wer in Arbeitspausen auf dem Smartphone per Messenger mit anderen kommuniziert oder in die sozialen Netzwerke schaut, wird das auch weiterhin so handhaben, nur eben mit einem anderen Bewusstsein.

Markenbotschafter-Aktivitäten aus eigenem Antrieb

Engagieren sich Mitarbeitende aus eigenem Antrieb als sichtbare Corporate Influencer oder Markenfans, so wie es etwa bei den Telekom-Botschaftern der Fall ist, so wird oft ausdrücklich betont, dass es sich hier um privates Engagement handelt. Dies gibt den Handelnden die Freiheit, ihre Aktivitäten so zu gestalten, wie sie es sich wünschen. Dies gilt für digitale Aktivitäten ebenso wie für Veranstaltungen, Community-Treffen oder gemeinsame Weiterbildungen, etwa in Webinaren. Der Arbeitgeber wiederum kann bestimmte Freistellungen gewähren oder es tolerieren, wenn bestimmte Aktivitäten einmal die Arbeitszeit betreffen. Zudem ist durch das Label »privat« natürlich die Fürsorgepflicht des Arbeitgebers nicht ausgehebelt, und alle rechtlichen Aspekte wie etwa Kennzeichnungspflichten greifen ebenfalls. Es ist wohl unnötig zu betonen, dass etwa die Unterstützung dieser Bewegung durch die hauptberuflichen Mitarbeitenden der Unternehmenskommunikation wiederum in deren eigentliches Aufgabengebiet fallen. Hier bedarf es für die Markenbotschafterstrategie als eines von vielen Kommunikationsthemen keiner eigenständigen Regelung.[97]

Freistellung für bestimmte Tätigkeiten

Wenn die Markenbotschafter-Tätigkeit innerhalb eines Programms nahe an den eigenen Aufgaben liegt, aber mit zeitlichem Zusatzaufwand verbunden ist, dann muss der oder die Betreffende schon einmal von den täglichen Aufgaben freigestellt werden. Aber auch dies ist ja im normalen Berufsalltag nicht erst mit der Entwicklung von Markenbotschafterstrategien aufgekommen. So besuchen auch in anderen Zusammenhängen Mitarbeitende etwa Kongresse, vertreten ihren Arbeitgeber auf Netzwerktreffen oder stehen für eine Presseberichterstattung als Fachleute zur Verfügung. Viel erfolgsentscheidender als nur eine vertragliche oder disziplinarische Regelung ist, dass im Unternehmen ein Verständnis für die Bedeutung dieser Aktivitäten herrscht. Es darf sich niemand anders stärker belastet fühlen, weil ein ausgewiesener Markenbotschafter vorübergehend den damit verbundenen Aufgaben nachgeht. Ob es vertraglich geregelt werden muss (und was) beziehungsweise wie die internen Absprachen aussehen, sollte im Zweifel mit juristischer Unterstützung geklärt werden. Auch der Betriebsrat hat hier in der Regel mitzureden.

97 Auch dies ist keine juristische Aussage, sondern stellt eine Einschätzung aus kommunikationsfachlicher Sicht dar.

Gemeinsame Weiterentwicklung und Schulung
Bietet der Arbeitgeber gemeinsame Workshops an, veranstaltet Webinare, führt Schulungen durch oder organisiert Community-Treffen, dann sollte es sich meiner Ansicht nach in fast allen Fällen eigentlich von selbst verstehen, dass diese Veranstaltungen keine Freizeitveranstaltungen darstellen. Bei der Erarbeitung von Markenbotschafterstrategien liefern gerade auch diejenigen wertvollen Input, die eben in ganz anderen Bereichen als in der Unternehmenskommunikation tätig sind. Oft brauchen sie zusätzliche Schulung. Dafür gehören sie auch zu den besonders glaubwürdigen Markengesichtern. Sitzen nun Kommunikationsverantwortliche mit anderen Mitarbeitenden zusammen, ergibt sich zwangsläufig die Situation, dass es für die einen zu den Kernaufgaben gehört, während die anderen sich in dieser Zeit aus ihrer eigentlichen Arbeit herausnehmen. Hier gelten die gleichen Überlegungen wie im vorigen Absatz: Gibt es hier bereits formelle oder informelle Regelungen im Unternehmen, von denen solche Fälle abgedeckt sind? Oder ist hier zunächst etwas zu regeln? Gibt es auch hier darüber hinaus eventuell zusätzlichen internen Kommunikationsbedarf, der einem Empfinden von Ungerechtigkeit vorbeugt?

4.10 Jedes Markenbotschafterprojekt ist ein Change-Projekt!

Ein Wandel in der Kommunikation bedeutet zugleich einen Kulturwandel. Jeder aktiv herbeigeführte Kulturwandel im Unternehmen ist ein Change-Projekt. Change aber setzt bei Menschen immer Ängste und Widerstände frei, und das gilt auch für die Beteiligten in Markenbotschafterprojekten. Deswegen gehört die Auseinandersetzung mit dem Thema Angst in diesen Zusammenhang. **Winfried Berner** bezeichnet die Angst als wichtigste Emotion (nicht nur) in Veränderungsprozessen:[98]

> Es hilft nichts, sich darüber zu ärgern, dass Mitarbeiter bei Veränderungen kaum je auf die Chancen und die positiven Aspekte schauen, sondern immer erst einmal defensiv und abwehrend reagieren: So ist nun einmal die menschliche Natur. Jede noch so geringe Veränderung wird von allen Menschen – und keineswegs bloß von uns risikoscheuen Deutschen – erst einmal auf ihre Bedrohlichkeit überprüft. [...] Erst wenn wir sicher sind, dass eine Veränderung nicht bedrohlich ist (und nur dann!), wenden wir unsere Aufmerksamkeit anderen Aspekten zu – zum Beispiel ihren Vorteilen und Chancen, ihrer Nutzbarkeit für unsere eigenen Interessen, ihrem Unterhaltungswert oder was auch immer. [...] Wirklich gefährlich ist die Lage nur, wenn uns angesichts einer Bedrohung keine geeignete Abwehrstrategie einfällt. Wenn wir erken-

98 Berner, Manfred: »Angst: Die wichtigste Emotion (nicht nur) in Veränderungsprozessen«, in: Die Umsetzungsberatung, https://www.umsetzungsberatung.de/psychologie/angst.php

> nen, dass wir der Bedrohung nicht gewachsen sind, entsteht sofort Angst bis hin zur Panik. Ein Beispiel sind jene aufgeregten Diskussionen, die nach der Ankündigung einschneidender Veränderungen alle Flure und Treppenhäuser durchziehen und jede produktive Arbeit zum Erliegen bringen: Hier suchen die Menschen Halt bei anderen Menschen, die ebenfalls Halt suchen, und schaukeln sich dabei oft gegenseitig hoch.

Wer die Tatsache ignoriert, dass ein Markenbotschafterprojekt Ängste freisetzen kann oder wer sogar Angst vor dem Freisetzen solcher Ängste hat, kann damit nicht erfolgreich sein. Nur ein offener Umgang damit sowie eine offene Kommunikation sorgen dafür, dass die Ängste – die oft in anderem Gewand daherkommen, weswegen man sie dann nicht sofort erkennt – konstruktiv genutzt werden.

4.10.1 Typische Ängste erkennen und damit umgehen

Im Folgenden habe ich einige typische Ängste zusammengestellt, die ich speziell in Markenbotschafterprojekten beobachtet habe, und liefere Einschätzungen dazu.

Ängste und Befürchtungen ernstnehmen

Nun reicht es häufig nicht aus, auch das weiß man aus Change-Projekten hinreichend, auf Ängste mit Gegenargumenten zu reagieren. Dies kann sogar dazu führen, dass das Gegenüber sich nicht ernstgenommen fühlt und erst recht eine Abwehrhaltung einnimmt. Ängste und Befürchtungen sollten unbedingt ernstgenommen und als wertvolle Bestandteile des Change-Prozesses wertgeschätzt werden. Dazu sollte man sich für den Bereich der Markenbotschafterstrategie klarmachen, dass sich der Sinn einer gesteigerten digitalen Präsenz demjenigen, der damit bisher wenige bis keine praktischen Erfahrungen gesammelt hat, gar nicht wirklich erschließen kann. Oft werden dann klischeehafte Vorbehalte wiederholt, etwa Aussagen wie: »Das Netz vergisst nichts!« Bedenken in puncto Privatsphäre spielen ebenso eine Rolle wie die Furcht vor dem schon fast sprichwörtlichen »Shitstorm«. Es wird immer wieder befürchtet, dass eigene Aktivitäten im Web irgendwelche unkontrollierbaren Kettenreaktionen auslösen würden, die dann nicht mehr in den Griff zu bekommen seien. Tatsächlich sind nicht alle Befürchtungen unbegründet, sondern können durchaus vorhandene Gefahren aufzeigen. Ein Zögern, sich in der Kommunikation bedenkenlos neue Räume zu erobern, ist nicht nur prinzipiell verständlich, sondern zunächst sogar gesund. Gefährlich wäre es nämlich, in Aktionismus zu verfallen oder Einzelmaßnahmen zu starten, solange keine vernünftige Strategie dahintersteht.

Manche befürchteten Gefahren sind also wirklich vorhanden, jedoch nicht genau dort, wo sie befürchtet werden. Ein Beispiel habe ich bereits genannt: Die Gefahr, dass Mitarbeitende dem Unternehmen durch unbedachte Äußerungen schaden, ist real. Aber man wendet diese Gefahr ab, indem man Markenbotschafter gezielt unterstützt und nicht, indem man eine solche Unterstützung vermeidet. Daher hilft es bei allen Ängsten, sich selbst den Hintergrund klarzumachen: Welche sind zu erwarten? Wo kommen sie her? Wie begründet sind sie? Wie kann man ihnen begegnen?

Erstens kann man auf diese Weise vorhersehen, welche Befürchtungen aufkommen und sich womöglich auch in anderer Form – etwa in unerklärlichen Verzögerungen – manifestieren werden. Zweitens führt die Unterstützung der Markenbotschafter dazu, eine offene Kommunikation zu etablieren, in der Ängste ausgesprochen werden dürfen. Auch können mit diesem Wissen positive Gegenerfahrungen geschaffen werden, möglichst sogar präventiv. Dazu biete ich Ideen für Lösungsansätze an, die oft auch darin bestehen können, einfach den Blickwinkel zu verändern. Klar sein muss jedoch, dass es eine Patentlösung für alle Unternehmen und Teams nicht geben kann, sondern es letztlich immer eine Sache der konkreten Erarbeitung innerhalb der ganz spezifischen Gegebenheiten im Unternehmen, im Team sowie bezogen auf die einzelnen Persönlichkeiten ist.

4.10.2 Typische Ängste von Unternehmensleitung und Kommunikationsverantwortlichen

Angst vor Shitstorms und Kommunikationskrisen

Wenn die Unternehmensleitung zögert, eine Markenbotschafterstrategie zu befürworten, dann liegt dem meistens zuerst einmal die Fehlannahme zugrunde, dass man Gefahren abwenden könnte, indem man das Thema ignoriert. Das Gegenteil ist, wie bereits ausgeführt, der Fall. Dies könnten alle diejenigen bestätigen, deren Unternehmen schon einmal einen Shitstorm erlebt haben, ohne dass es eine Markenbotschafterstrategie gab – oder vielmehr gerade weil eine solche nicht existierte und daher kein Bewusstsein für die Gefahren unbedachter Äußerungen vorhanden war. Oft ist es aber nicht die Angst vor der ganz großen Krise, die die Unternehmensleitung davon abhält, ihre Mitarbeitenden als Markenbotschafter zu unterstützen. Häufig überwiegen einfach die angenommenen Nachteile den versprochenen Nutzen. Allein der Gedanke, die Vielzahl der kursierenden Markenbilder, die über zahlreiche Schnittstellen das Unternehmen verlassen, nicht mehr kontrollieren zu können, erzeugt Unbehagen bei Entscheidern und Kommunikationsverantwortlichen. Doch auch diese Annahme, man könnte durch Vermeidung kontrollieren, ist irrig, wie wir bereits gesehen haben.

Angst vor Äußerungen, die nicht zum Image passen

Diese Angst knüpft an die zuvor zitierte an, jedoch geht es hier eher um ein einheitliches, PR-konformes Bild in der Öffentlichkeit, das unter allen Umständen aufrechterhalten werden soll. Tatsächlich sollte es bei aller Pluralität der Stimmen bestimmte Übereinkünfte und Richtlinien geben, die aber eher eine Unterstützung als eine

Reglementierung darstellen sollten. Was wir aber vor allem viel mehr als bisher verstehen müssen, ist die Tatsache, dass vereinheitlichte PR-nahe, durchgehend positive Kommunikation eher unglaubwürdig und unauthentisch wirkt. Niemand wird glauben, dass es in einem Unternehmen nur harmonisch wie aus dem Hochglanzmagazin zugeht. Mehr und mehr setzt sich das Bewusstsein durch, dass es sich als kontraproduktiv erweist, wenn jegliche kritischen Stimmen möglichst unterdrückt und unsichtbar gemacht werden. Stärke beweisen vor allem diejenigen Unternehmen, welche kontroverse Diskussionen zulassen und mit Kritik konstruktiv umgehen. Dies erfordert den bereits beschriebenen notwendigen Wandel in der Fehlerkultur.

Nun wird man Mitarbeiterinnen und Mitarbeiter selbstverständlich nicht dazu ermutigen, sich öffentlich kritisch über ihren Arbeitgeber zu äußern. Aber es ergibt Sinn, ihnen – solange es sich nicht wirklich rufschädigend auswirkt – selbst die Verantwortung dafür zu überlassen, auf welche Weise und mit welchen Formulierungen sie sich äußern. Ganz sicher wäre es äußerst schädlich, ihnen PR-konforme Sprachregelungen mitzugeben oder ihnen die Verteilung werblicher Inhalte explizit nahezulegen. Abgesehen davon, dass dies keine echte Motivation erzeugt, sich persönlich als Markenbotschafter zu engagieren, könnte es auch schädliche Auswirkungen haben, wenn es an die Öffentlichkeit dringt. Andererseits verbreiten sich schlechte oder bedrohliche Botschaften besonders schnell auch unter Mitarbeitenden. Die Zeitspanne zwischen dem Auslöser und dem Moment, an dem etwas an die breite Öffentlichkeit gelangt, schwindet zusehends. Deswegen müssen Unternehmen heute insgesamt transparenter kommunizieren, und es fällt schwer, überhaupt noch irgendetwas zu verbergen. Dies gilt trotz aller Geheimhaltungsvereinbarungen, die jeder normale Arbeitsvertrag enthält und die natürlich auch für Äußerungen in sozialen Netzwerken gelten.

Bietet man Mitarbeitenden die Möglichkeit, sich intern, in geschlossenen Gruppen auszutauschen, und ist die Unternehmensleitung offen für Kritik über interne Kanäle, so senkt das die Wahrscheinlichkeit immens, dass sich Kritik und Unmut unkanalisiert womöglich öffentlich entladen.

Angst vor Jobverlust

Diese Angst betrifft vor allem Kommunikationsverantwortliche: Wenn die PR und das Marketing nicht mehr die Informationshoheit für das Unternehmen ausüben und jeder sich in den Medien äußert, werden sie dann entbehrlich? Kontrolle aufzugeben ist für fast jeden Menschen schmerzlich, aber diese Angst ist völlig unbegründet. Erstens soll ja nun nicht jeder Mitarbeitende zum Pressesprecher werden. Sie werden in Zukunft sogar eher mehr als weniger gefordert sein: mit dem Monitoring, mit Coaching und Sparring, mit integrierten Strategien, die sehr viel mehr Personen einbeziehen. Die im nächsten Punkt beschriebene Angst ist da schon als deutlich realistischer zu bewerten.

Angst vor nicht zu bewältigendem Aufwand

Diese Angst ist durchaus berechtigt: Jede neue Kommunikationsmaßnahme erzeugt Aufwand und kann nicht mit bestehenden Ressourcen zusätzlich erledigt werden. Können keine zusätzlichen Budgets geschaffen und keine weiteren Fachkräfte dafür eingestellt werden, dann müssen vorhandene Aufgaben neu bewertet und gegebenenfalls umverteilt werden. Dies allerdings sollte in dynamischen Kommunikationsstrategien in digitalen Zeiten, in denen sich Medien, Kommunikationswege und Zielgruppenverhalten ständig verändern, ohnehin regelmäßig geschehen. Ein bewusster Umgang mit Markenbotschaftern im Sinne einer Minimalstrategie ist ohnehin unverzichtbar, um den Unternehmenserfolg auf Dauer sicherzustellen. Alles Weitere ist eine Frage der Planung und Kalkulation, und selbstverständlich sind Investitionen immer nur sinnvoll, wenn sie mindestens dafür sorgen, einen Zustand zu halten, oder aber einen Zustand verbessern.

Auch die Verantwortlichen in der Kommunikation sowie deren Mitarbeitende befürchten häufig, dass sie den Zusatzaufwand nicht bewältigen können, den eine Markenbotschafterstrategie mit sich bringt. Auch sie brauchen daher Planungssicherheit sowie die Zusicherung, dass die erforderlichen Ressourcen geschaffen oder umgeschichtet werden.

Darüber hinaus kann die Angst vor einem nicht zu bewältigenden Aufwand sich auch auf den persönlichen Aufwand eines Entscheiders beziehen, der sich plötzlich der Forderung ausgesetzt sieht, sich in sozialen Netzwerken sowie Unternehmensmedien aktiv zu engagieren. Auch dies lässt sich nicht pauschal von der Hand weisen. Wir alle sind mit den Anforderungen der digitalen Kommunikation und der schieren Masse an Informationen sehr gefordert, häufig auch überfordert. Doch lässt sich das Rad nicht einfach zurückdrehen. Ein CEO oder ein Kommunikationsverantwortlicher, der sich nicht aktiv mit digitalen Medien befasst, wird schon in naher Zukunft ein Auslaufmodell sein. Insofern sind solche Aktivitäten nicht optional. Man kann aber Strukturen der Unterstützung schaffen und ein System, mit dem sich der Aufwand skalieren und bewältigen lässt.

Angst vor Bloßstellung und vor Verlust von Ansehen

Diese Angst wird selten offen geäußert, und es braucht viel Fingerspitzengefühl, falls man sie einem Entscheider gegenüber ansprechen will. Für viele Menschen, auch in verantwortlicher Position, sind soziale Netzwerke nach wie vor eher unverständlich. Sollen sie sich hier präsentieren, haben sie Angst, dass herauskommt, wie wenig sie davon verstehen. Oder sie befürchten, sich selbst durch Anfängerfehler bloßzustellen. Dem kann man sehr einfach entgegenwirken, indem ein System der Unterstützung und eines besonders engmaschigen Coachings für die Führungspersönlichkeiten bereits standardmäßig in der Konzeption angelegt ist. Wer dies nicht oder nur wenig braucht, kann es immer noch aktiv ablehnen. Allerdings dient es ja nicht nur der Schulung, sondern auch der operativen Entlastung.

Was die Kommunikationsverantwortlichen angeht, so sind sie womöglich ebenfalls mit Medien und Mechanismen konfrontiert, die zusätzliche Kenntnisse erfordern. Diese spielten in ihrer Ausbildung sowie in der bisherigen Tätigkeit unter Umständen noch keine Rolle. Auch hier sollte das Konzept so angelegt sein, einen derartigen Gesichtsverlust von vornherein zu verhindern, indem Schulung und eben auch externe Begleitung von Anfang an berücksichtigt werden. Zugleich kann man aber auch beruhigend sagen, dass der zeitliche Aufwand, sich in neue Medien und Kommunikationswege einzuarbeiten, oft überschätzt wird. Viel wichtiger sind Kenntnisse in zielgruppengerechter Kommunikation, Führungsstärke sowie die Fähigkeit zu delegieren. Alles andere kann erlernt oder extern hinzugebucht werden. Neugierde und der Wille zur Weiterentwicklung sind allerdings förderlich. Wer stur in alten Paradigmen verharrt, macht sich tatsächlich mittelfristig zum Auslaufmodell – und das gilt übrigens für die Mitarbeitenden auf allen Ebenen.

Verlustangst, wenn ein Markengesicht die Firma verlässt
Ein häufig geäußerter Einwand gegen die aktive Förderung von Markenbotschaftern lautet: Wenn man einen Angestellten als Markengesicht aufbaut und dieser in der Folge das Unternehmen verlässt, seien die aufgebauten Werte mehr oder weniger hinfällig. Das stimmt nur sehr bedingt, denn dabei sollte man bedenken, dass dies keineswegs eine neue Entwicklung im digitalen Zeitalter ist. Je besser und intensiver die Beziehungen sind, die jemand zu den Stakeholdern seines Arbeitgebers aufbaut, desto größer ist der Verlust, wenn er geht. Natürlich entsteht über die Werte, die für das Unternehmen generiert werden, notwendigerweise für jede Personenmarke ein eigenständiger Wert. Natürlich lässt es sich nicht abstreiten, dass ein öffentlich sichtbarer Markenbotschafter eben auch für andere potenzielle Arbeitgeber sichtbarer wird. Allerdings muss man gerade für die Führungsebenen konstatieren, dass seit jeher Headhunter in der Lage waren, die wirklich fähigen Köpfe in Firmen zu identifizieren. Ebenfalls schon immer wurden Stellen für Wechselwillige unter der Hand in geschlossenen Zirkeln kommuniziert.

Zudem sollte man den Aspekt der Mitarbeiterbindung nicht unterschätzen. Ein aktiv gefördertes Markengesicht fühlt sich womöglich mit der Zeit auch selbst immer enger an das Unternehmen gebunden. Doch will er oder sie gehen, lässt sich das nicht vermeiden. Die einzige Alternative bestünde darin, erst gar keine Werte, keine Bindungen und keine Sichtbarkeit aufzubauen. Was man nicht hat, kann man nicht verlieren. Allerdings wird man mit einer solchen Vermeidungsstrategie ebenfalls nicht alle Mitarbeitende halten können, und zugleich verzichtet man dann eben auch auf die

Vorteile. Dieser Verzicht wiegt ungleich schwerer. Assets[99] gerade in der Kommunikation bleiben ohnehin selten für die Ewigkeit bestehen. Das gilt ja beispielsweise auch für zeitliche und finanzielle Investitionen in Präsenzen in sozialen Netzwerken.

Zugleich gilt: Je mehr Unternehmensangehörige in Social Media sichtbar sind, umso mehr wird der Wert eines neu einzustellenden Mitarbeitenden auch über den Wert seiner bereits bestehenden Personenmarke definiert. Für einen sichtbaren Markenbotschafter, der geht, kommt dagegen im Idealfall ein neuer hinzu. Das bedeutet zugleich: Wer unsichtbar bleibt, mindert die eigenen Karrierechancen.

Einen speziellen Fall innerhalb der Mitarbeiterschaft bildet der Chef als (digitale) Personenmarke. Gerade auf Konzernebene stellen Wechsel eher den Normalfall als die Ausnahme dar. In die Personenmarkenstrategie eines Mitglieds der Unternehmensleitung fließen womöglich besonders viele Ressourcen. Daher gilt es zuvor zu bedenken, welche Folgen es hätte, wenn der CEO mit der ganzen Unterstützung der Kommunikationsabteilung als Markenbotschafter aufgebaut wurde und dann das Unternehmen verlässt: Nimmt er alle (Personenmarken-)Werte mit? Tatsächlich stellt es auch wieder kein neues Phänomen dar, das erst im Digitalen entstanden wäre, dass Führungspersonen einen eigenen Personenmarkenwert besitzen, der dem jeweiligen Unternehmen zugutekommt. Seit jeher haben PR-Leute und Imageberater firmenfinanziert an der Außenwirkung exponierter Führungspersonen mitgewirkt. Im besten Falle strahlt der Chef als Markenbotschafter so auf das Unternehmen ab, dass hier Markenwerte geschaffen werden, die auch beim Weggang bleiben. Idealerweise bringt ein neuer Chef wiederum einen Personenmarkenwert mit.

Doch zugleich schaffen solche Überlegungen ein Bewusstsein dafür, dass es wenig sinnvoll ist, Markenbotschafterstrategien singulär auf eine Person auszurichten. Vielmehr sollte die Strategie rund um eine Führungspersönlichkeit im Unternehmen so aufgebaut werden, dass Konzeption, Vorgehensweise und interne Strukturen reproduzierbar und auf andere übertragbar sind. So können nach und nach weitere Markenbotschafter im Unternehmen aufgebaut werden, ohne dass man jedes Mal alles neu konzipieren muss.

4.10.3 Typische Ängste von Mitarbeiterinnen und Mitarbeitern

Angst vor Fehlern und deren Folgen

Warum sollte sich jemand für den eigenen Arbeitgeber aus dem Fenster lehnen, wenn er oder sie Gefahr läuft, sich damit selbst zu schaden? Paradoxerweise setzt oft erst

99 Deutsch: Werte, Wertanlagen.

der bewusste Umgang mit dem Markenbotschafter-Thema bei Mitarbeitenden Ängste frei, obgleich sie sich zuvor unbeschwert als Unternehmensangehörige gezeigt und auch aktiv an Diskussionen beteiligt haben. Womöglich fühlen sie sich erst jetzt darin beobachtet oder machen sich erstmals umfangreichere Gedanken dazu.

Dabei ist es oft nicht der Fehler selbst, den sie befürchten, sondern es ist die Angst, dass dieser auffliegt. Alleine die Vorstellung, seitens eines Vorgesetzten für ein wirkliches oder angenommenes Fehlverhalten kritisiert zu werden, setzt schon Ängste frei und führt zu Verweigerung oder sogar zu Gegenangriffen, wie **Winfried Berner** beschreibt:[100]

> Beispielsweise empfinden viele Menschen Kritik von ihren Vorgesetzten als bedrohlich – aber sie wissen aus langjähriger Erfahrung, die sie möglicherweise schon in der Schule oder zuhause eingeübt haben, wie sie diese Bedrohung bewältigen können: Zum Beispiel indem sie ausführlich erklären, weshalb sie gar nicht anders handeln konnten, indem sie Ausreden erfinden oder kurzerhand zum Gegenangriff übergehen.

Daher ist der bereits mehrfach als elementar hervorgehobene Kulturwandel mit einer aktiv praktizierten und deutlich kommunizierten Fehlerkultur so entscheidend. Ebenso wichtig ist die bereits mehrfach thematisierte Nutzenargumentation. Denn jemand wird sich nur auf etwas einlassen, wenn der erhoffte Nutzen die befürchteten Gefahren überwiegt.

Angst vor Jobverlust

Fehler können zu einem Jobverlust führen. Der oder die einzelne Mitarbeitende kann aber auch befürchten, in der Markenbotschafterstrategie digital und medial nicht mithalten zu können und damit die Anforderungen nicht mehr zu erfüllen. Auch hier hilft ein System der Unterstützung. Eine differenzierte Markenbotschafterstrategie, die verschiedene Rollen vorsieht, beugt irrigen Annahmen vor, jeder müsste sich nun zum Social-Media-Influencer entwickeln.

Angst vor Gesichtsverlust

Die Angst vor Gesichtsverlust betrifft bei den Mitarbeitenden nicht allein die mögliche Offenlegung kommunikativer oder medialer Schwächen. Viele befürchten auch, dass es im Familien- oder Freundeskreis auf sie zurückfällt, wenn beim Arbeitgeber etwas schiefläuft. Auch diese Angst ist nicht unbegründet. Deswegen ist es so entscheidend, dass ein Konzept für die Krisenkommunikation vorliegt, in dem auch die Rolle von

100 Berner, Manfred: Angst: »Die wichtigste Emotion (nicht nur) in Veränderungsprozessen«, in: Die Umsetzungsberatung, https://www.umsetzungsberatung.de/psychologie/angst.php

Mitarbeitenden berücksichtigt wird, welche im Krisenfall persönlich konfrontiert werden könnten.

Angst vor Überlastung

Mitarbeitende aller Unternehmensebenen sind ebenso einer digitalen Dauerbeschallung ausgesetzt wie die Unternehmensleitung. Sollen sie nun zusätzlich noch Markenbotschafter-Aufgaben übernehmen, setzt dies oft Ängste frei, dass alles zu viel werden könnte. Deswegen sind skalierte Modelle für Aktivitäten sehr wichtig, eine engmaschige Unterstützung sowie die Betonung der Freiwilligkeit. Bei besonders aktiven Markenbotschaftern kann über eine stundenweise Freistellung nachgedacht werden. Dies muss dann aber auch vertraglich festgehalten werden.

4.10.4 Mit Widerständen und Hindernissen rechnen und umgehen

Ängste kommen also in vielerlei Verkleidungen daher und können die unterschiedlichsten Widerstände hervorrufen. Doch es sind nicht immer nur Ängste, die dafür sorgen, dass ein Change-Projekt und erst recht ein grundlegender Kulturwandel nicht durchgehend rund läuft. Wer erwartet, dass das Markenbotschafterprojekt in Idealform abläuft, gefährdet dessen Erfolg. In Ihrem Projekt können – und werden! – Hindernisse und Widerstände auftauchen. Dies liegt allein schon an der großen Zahl der beteiligten Personen, von denen viele sich neue Domänen überhaupt erst erobern müssen.

Das Thema »soziale Netzwerke« ist an sich schon dazu angetan zu polarisieren. Den einen geht die Social Media Strategie nicht weit genug. Die anderen lehnen Social Media pauschal ab oder haben Widerstände gegen einzelne Plattformen. Den einen geht der Prozess zu schnell, und sie fühlen sich gedrängt oder entwickeln ein schlechtes Gewissen, weil sie mit der eigenen Erarbeitung nicht hinterherkommen. Die anderen sind ungeduldig, finden die ersten Schritte zu wenig konkret und schreiten der Strategieentwicklung mit eigenen Ideen voraus, die womöglich gar nicht abgestimmt sind. Alle diese Beteiligten sollte man in ihren Bedürfnissen wertschätzen und einbinden. Aber man sollte sich als Projektleitung auch klarmachen, dass man mit dem Ablauf des Projekts es nie allen recht machen kann. Daher sollte man dies erst gar nicht versuchen.

Zudem werden sich alte oder schwelende Konflikte zwischen Personen oder Personengruppen neu zeigen. Nicht alles muss – und kann! – man auflösen. Doch häufig zeigt sich hier weitergehender Klärungs- und Erarbeitungsbedarf in anderen Bereichen, etwa Leadership, Hierarchien, Abstimmungsprozesse und so weiter. Insofern sind solche auftretenden Widerstände oder Konflikte, wie die Ängste auch, wertvolle Bestandteile des Prozesses. Allgemeingültige Empfehlungen zum Umgang damit sind kaum möglich, weil so viele individuelle Faktoren eine Rolle spielen. Unter Umständen empfiehlt es sich, wenn kein erfahrener externer Berater oder Moderator an der Strategieentwicklung beteiligt ist, einen Coach hinzuzunehmen. Dieser unterstützt das Projektteam dabei, Konflikte zu erkennen und einzuordnen. Er stärkt die Beteiligten, wenn sie frustriert von Hindernissen sind. Er oder sie hilft dabei, intern zu vermitteln und Wege zur konstruktiven Konfliktlösung zu entwickeln. Allerdings muss es keineswegs immer zu größeren Konflikten kommen, die das Projekt beeinträchtigen. Oft reicht es, gelegentliche Unmutsäußerungen und geäußerte Unzufriedenheiten als Teil des Prozesses zu begreifen, wertzuschätzen und zu akzeptieren.

5 Personenmarkenstrategien für Markenbotschafter

Bisher haben wir das Thema Markenbotschafter vor allem aus Sicht der Unternehmen behandelt. In diesem Kapitel erfolgt ein Perspektivenwechsel zur Sicht des einzelnen Markenbotschafters: Was kann er oder sie tun, um die eigene Personenmarke zu entwickeln? Zugleich finden auch diejenigen, die ihrerseits Markenbotschafter unterstützen und begleiten, hier einen Leitfaden, Wissen und Werkzeuge.

5.1 Markenbotschafter können nicht *keine* Personenmarke haben

Wer sich als Markenbotschafter sichtbar macht, hat – das haben wir bereits ausführlich gesehen – automatisch eine Personenmarke. Nicht nur im Digitalen, sondern überall dort, wo wir mit anderen interagieren, werden wir wahrgenommen, haben ein Image, eine Reputation, Reichweite, Sichtbarkeit ... – Je erfolgreicher jemand sich für das Unternehmen engagiert und sichtbar macht, desto sichtbarer wird auch die oder der Betreffende selbst. Die Expertenrolle eines Markenbotschafters nützt dem Arbeitgeber. Umgekehrt stützt die Wahrnehmung als Experte mit einer Marke im Rücken auch die fachliche Wahrnehmung der Person. Wenn wir davon ausgehen, dass eine Marke mit bewusster Markenführung am erfolgreichsten ist, dann gilt das natürlich auch für Personenmarken. Dabei sind für Personen natürlich einige andere Besonderheiten zu berücksichtigen als für Unternehmen. Ein Mensch kann sich, wenn er authentische, persönliche Kontakte pflegen will, nicht komplett wie eine Marke inszenieren. Aber man kann aus der Markenführung sehr viel für die eigene Kommunikationsstrategie lernen.

Im Grunde hat also jeder eine Personenmarke. Man kann also nicht *nicht* an der eigenen Reputation arbeiten. Die meisten von uns arbeiten selbst im privaten Bereich aktiv an ihrer Personenmarke, auch wenn man es vielleicht nicht so nennen würde. Denn wir wollen dazugehören, von anderen Menschen akzeptiert sein. Dafür müssen wir nicht unbedingt eine Rolle spielen. Personenmarken sind meistens dann am erfolgreichsten, wenn Selbstbild und Fremdbild weitestgehend übereinstimmen. Ob wir nun von »Personenmarke« oder gar von »Personenmarketing« sprechen: Ein negativer Beigeschmack, der zuweilen dem Anschein von Selbstvermarktung anhaftet, ist meiner Ansicht nach unbegründet. Denn es geht hier eben um professionelle (Unternehmens-)Kommunikation, also um den Markenbotschafter-Aspekt.

Betrachten wir das Thema kurz einmal aus ganz persönlicher Sicht: Was würden Ihre Freunde als Erstes sagen, wenn sie Sie charakterisieren müssten? Wie denkt Ihre

Familie über Sie? Welches Bild haben Ihre Arbeitskollegen, Ihre Mitarbeitenden, Ihre Geschäftspartner von Ihnen – als Mensch sowie in Bezug auf Ihre beruflichen Fähigkeiten? Jeder, der in irgendeiner Weise mit anderen Menschen in Aktion tritt, hat eine Reputation. Andere machen sich ein Bild von ihr oder ihm; und nicht immer ist dieses Bild komplett deckungsgleich mit der Selbstwahrnehmung beziehungsweise mit der persönlichen Realität. In sozialen Netzwerken, aber auch in beruflichen Zusammenhängen zeigen die meisten Menschen nur einen Teil ihrer Person, ihres Lebens. Algorithmen beziehungsweise die Art und Häufigkeit der Begegnungen bestimmen zudem wiederum, welcher Ausschnitt davon von anderen Menschen jeweils wahrgenommen wird. Deren persönliche Erfahrungen wiederum bestimmen, wie sie diese Wahrnehmung bewerten.

Eine Personenmarke ist nicht das, was ich selbst aufbaue, sondern das, was andere über mich wahrnehmen. Ich kann also bewusstes Personal Branding betreiben. Kontrollieren kann ich es aber nur bedingt. Denn die Personenmarke, und das gilt eben auch für Markenbotschafter, entsteht erst im Auge, im Ohr, im Kopf meiner Empfänger und Gesprächspartner.

Es gibt heute nur noch sehr wenige Menschen, die noch überhaupt keine Spuren im Internet hinterlassen haben. Zunächst einmal erzeugen wir allein schon durch die Nutzung von Websites, durch Such-, Bestell- oder Buchungsvorgänge solche Spuren. Die eigene E-Mail-Adresse steht auf der Website des Arbeitgebers. Eine Tageszeitung hat einen Bericht über ein sportliches Ereignis oder eine schulische Auszeichnung auf ihrer Website veröffentlicht. Die Gemeinde lädt ein (von Suchmaschinen durchsuchbares) PDF ihrer Mitteilungen hoch, in dem beispielsweise ein Familienereignis oder ein Jubiläum verzeichnet ist. Auf den Kundendienst-Seiten eines Telefonanbieters steht ein namentlich gekennzeichneter Kommentar mit einer Frage oder Beschwerde. Wenn ich Workshop-Teilnehmer bitte, ihren eigenen Namen zu googeln, ist das Erstaunen oft groß, wie viel im Internet über sie zu finden ist. Manche allerdings wundern sich zugleich, dass eher zufällige persönliche Angaben weit oben in den Suchergebnissen liegen. Je weniger jemand selbst absichtsvoll mit Blick auf die eigene Reputation veröffentlicht, desto mehr ist es dem Zufall überlassen, welches Bild dieser Person sich beispielsweise aufgrund einer Google-Suche ergibt. Der Betreffende überlässt also anderen die Informationshoheit über die eigene Person und den eigenen Namen.

Doch selbst dann, wenn eigene Publikationen vorliegen, landen diese oft weit abgeschlagen auf hinteren Suchseiten. Denn Tageszeitungen, Verzeichnisse oder die Website eines großen Dienstleisters werden meistens von Suchmaschinen als relevanter eingeordnet als etwa ein kleines privates Blog. Es bedarf also schon einigen Aufwands, um gegen die Suchmaschinenrelevanz großer Seiten anzukommen, zumindest dann, wenn man es mit einer eigenen Website schaffen will. Aber es bieten sich ja auf dem Weg dorthin durchaus weitere, zudem gar nicht so aufwendige Möglichkeiten, das eigene Reputationsmanagement in die richtige Richtung anzustoßen.

Business-Netzwerke wie XING oder LinkedIn sind ebenfalls hoch gerankt, und wer hier vertreten ist, wird damit mühelos einen vorderen Platz auf der Suchergebnisseite erzielen. Ein Engagement als Markenbotschafter bedeutet immer aktives Arbeiten an der eigenen Personenmarke und an der eigenen Online-Reputation.

Was bedeutet »Online-Reputation«?

Mit dem Begriff *Online-Reputation* lässt sich zusammenfassend das Bild oder der Ruf bezeichnen, welcher sich aus allen Einträgen über eine Person in Online-Medien ergibt. Dabei ist der Begriff Reputation selbst neutral. Positiv oder negativ ist die Art und Weise, wie sie sich ausprägt. Im Rahmen eines Personal Branding, also der aktiven Arbeit an der persönlichen Markenbildung, strebt man natürlich an, diese Reputation möglichst positiv zu gestalten. Das Personal Branding umfasst nicht nur den Online-Bereich, sondern sämtliche Bereiche, in denen sich eine bestimmte Person bewegt, darstellt, wahrgenommen wird sowie in Interaktion mit anderen tritt.

5.2 Personenmarken und Authentizität

Kaum ein anderes Modewort hat in den letzten Jahren im Bereich der digitalen Kommunikation so stark an Bedeutung gewonnen wie die »Authentizität«. Ob Unternehmen, Einzelpersonen oder Produkte: Alles muss »authentisch« sein. Dabei wird der Begriff meistens automatisch als Summe positiver Eigenschaften verstanden. Doch zunächst einmal ist er einfach neutral. Wer authentisch kommuniziert, der zeigt sich so, wie er wirklich ist. Man kann eben auch unsympathisch, inkompetent oder intolerant wirken und dabei ganz und gar authentisch sein. Tatsächlich ist es für Menschen sogar sehr schwierig, sich in persönlichen Kontakten auf Dauer zu verstellen. Ebenso ist es in persönlichen Kontakten mittels sozialer Netzwerke auf Dauer fast unmöglich oder zumindest mit sehr großem Aufwand verbunden, ein allzu geschöntes Bild einer Person (oder auch eines Unternehmens) zu vermitteln. Das liegt vor allem daran, dass man selbst nur einen geringen Teil dessen kontrollieren kann, was über die eigene Marke im Internet steht. Bewertungsportale sind ein Beispiel dafür, dass Selbstaussagen von Unternehmen über ihre eigenen Leistungen nur dann funktionieren, wenn sie dem Fremdbild der Kunden und der anderen Stakeholder entsprechen. Doch für Personenmarken hat es noch eine andere Dimension, denn anders als bei Unternehmen ist nicht ständig ein ganzes Team damit beschäftigt, mittels PR, Marketing und professioneller Kommunikation die Marke zu inszenieren. Ausnahmen bilden natürlich beispielsweise prominente Künstler und Schauspieler, Politiker oder anderweitig sehr exponierte Personen. Doch selbst diese sind in sozialen Netzwerken ganz anders herausgefordert als früher, sobald sie über persönliche Accounts mitdiskutieren. Überall dort, wo wir uns selbst darstellen, funktioniert die Kommunikation am besten, wenn sie uns natürlich von der Hand geht. Je mehr jemand postet, kommentiert, mitdiskutiert, auch und gerade auf Plattformen, auf denen schneller Austausch geschieht und nicht über jede Formulierung wochenlang nachgedacht werden kann, desto schwieriger gerät es, sich dauerhaft zu verstellen.

Sprachliche Fähigkeiten, Kommunikationsfähigkeit im direkten Kontakt entscheiden in der Welt, in der wir leben, in einem hohen Ausmaß über den persönlichen Erfolg. Nicht jeder schafft es in gleichem Ausmaß, sich selbst gut zu verkaufen. Nicht zufällig scheint es eine schier unüberschaubare Zahl an Persönlichkeitsoptimierern und Erfolgscoaches zu geben, die eine Aufwertung des persönlichen Auftretens versprechen. Dabei geht es eben nicht nur darum, die vermittelten Inhalte zu verändern, sondern den Ausdruck, die Körpersprache und weitere nonverbale Faktoren der persönlichen Außenwirkung – und eben auch die Darstellung dieser Eigenschaften in digitalen Medien. Vielfach wird suggeriert, dass heute jeder das Zeug zu einem bewunderten Influencer haben könne und dass dies die Basis für persönlichen Erfolg und Reichtum sei. So sinnvoll es sein kann, an der eigenen Außendarstellung, am Selbstbewusstsein und am Ausdruck zu arbeiten: Dies ist nicht gemeint, wenn wir über die Entwicklung von Personenmarken auch, aber nicht nur, als Markenbotschafter sprechen. In den folgenden Abschnitten soll es vielmehr gezielt darum gehen, wie Markenbotschafter ihre persönliche Kommunikationsstrategie entwickeln.

Der erste Schritt auf dem Weg zu einer aktiv gestalteten Personenmarke besteht eigentlich immer darin, überhaupt ein eigenes Bewusstsein dafür zu entwickeln. Dazu gehört es auch, sich die eigene Wirkung auf andere bewusst zu machen.

!

Erste Fragen für die Entwicklung einer Personenmarke

- Was ist das Ziel meines Personal Brandings?
- Was macht meine Persönlichkeit aus , was prägt mich, welche Werte sind für mich entscheidend?
- Was sind meine bevorzugten Ausdrucksmittel?
- Was ist momentan meine zentrale Kommunikationsplattform (zum Beispiel ein eigenes Blog, ein Corporate Blog oder ein bestimmtes soziales Netzwerk)?
- Welche sozialen Netzwerke nutze ich schon jetzt wie, zu welchem Zweck, mit welchen Inhalten? (Siehe dazu auch Kapitel 5.5.2 »Das Social-Media-Audit für Personenmarken«)
- Welche physischen Begegnungen, Auftritte oder sonstigen analogen Möglichkeiten tragen zur Ausbildung meiner Personenmarke bei?
- Welche Erfahrungen habe ich bereits gemacht?
- Wie bin ich gestartet, wo stehe ich jetzt?
- Was würde ich nie wieder so machen – was auf jeden Fall immer wieder?
- Welche Bedenken hatte oder habe ich – und wie gehe ich damit um?
- Für Markenbotschafter aus Unternehmen: Wie trage ich zur Markenstrategie bei? Was muss ich dabei bedenken, und warum tue ich das?
- Wie organisiere und betreibe ich meine Personenmarkenstrategie (zum Beispiel Tools, Workflows, Redaktionspläne ...)?
- Welche Empfehlungen möchte ich anderen mitgeben?

5.2.1 Wie privat müssen und dürfen Personenmarken sein?

Wie privat können Menschen in Social Media sein, und wie viel Berufliches wollen sie preisgeben? Diese Frage stellt sich wohl früher oder später für die meisten Menschen, die in sozialen Netzwerken agieren und sich dort an Schnittstellen zum Berufsleben bewegen. Solange wir uns in der definierten professionellen Welt eines Business-Netzwerkes wie XING oder LinkedIn befinden, sind die Grenzen zumindest scheinbar klar abgesteckt. Doch selbst hier gibt es eine erhebliche Spannbreite dessen, was Menschen von sich zeigen. Doch was geschieht, wenn wir in einem sozialen Netzwerk zunächst privat unterwegs sind und sich hier mehr und mehr Berufliches damit vermischt? Oft entwickelt sich dies schleichend: über den halb privaten Facebook-Kontakt zu einer Arbeitskollegin oder weil man über Bekannte von einem Stellenangebot erfahren hat. Doch dann kommt womöglich auf Facebook eine Kontaktanfrage vom Vorgesetzten oder Mitarbeitenden, oder ein Kunde des eigenen Arbeitgebers entdeckt das Profil. Hier gilt es dann zu entscheiden, wo die persönlichen Grenzen verlaufen und ob man sich darauf einlässt. Dafür hilft es, für sich selbst einige persönliche Grundregeln aufzustellen.

Viele Menschen sind der Ansicht, sie könnten in sozialen Netzwerken rein privat agieren, so als hätten sie die verschiedenen Bereiche ihres Lebens auch seit jeher komplett getrennt behandelt. In bestimmten Berufen mag das auch funktionieren. Doch in dem Moment, in dem sich Menschen als Markenbotschafter zeigen sollen, ist es mit der Privatheit oder gar Anonymität vorbei. Auch Profile mit Pseudonymen, auf Facebook zwar verboten, aber immer noch gang und gäbe, funktionieren dann nicht mehr. Also legen viele Mitarbeitende sich ein privates Profil für Freunde und Familie zu, oft eben mit einem falschen oder abgekürzten Namen. Oder sie behalten für diesen Zweck ihr privates Konto und richten sich für die berufliche Nutzung dann einen zweiten Account ein. Abgesehen davon, dass so etwas sich in der Handhabung schnell als mühsam erweist: Eine solche Vorgehensweise kann auf Dauer nicht funktionieren. Sie verschenkt Potenziale, meistens führt sie auch früher oder später zu Verwirrungen. Dazu tragen nicht zuletzt Algorithmen mit ihren Freundschafts- und Kontaktvorschlägen bei.

Außerdem liegt es auf der Hand, dass es schwerfällt, beide Profile mit dem gleichen Engagement zu betreiben. Beiden fehlen dann wichtige Aspekte der Person. Völlig ungeeignet für Markenbotschafter sind solche gesichtslosen Profile, die von Mitarbeitenden aus dem Social-Media-Team nur zu dem einen Zweck angelegt werden, die Firma zu repräsentieren und deren Seiten zu pflegen. Soziale Netzwerke erfordern persönliches Engagement und auch persönliche Erfahrungen. Niemand kann gute Social-Media-Kommunikation machen, der sich nicht persönlich einbringt.

Insbesondere engere, persönliche Freunde eines Menschen möchten auch im Digitalen das Gefühl haben, mit einem echten Menschen zu kommunizieren. Damit die Markenbotschafter nicht in einer Grauzone operieren und bei der schnellen Kommunikation im

Web keine persönlichen Risiken eingehen, braucht es Unterstützung aus dem Unternehmen sowie eine gute Abstimmung untereinander. Daher ist eine persönliche Kommunikationsstrategie, die auch den Grad der Privatheit und die Belastbarkeit des Einzelnen berücksichtigt, elementar.

5.3 Was erfolgreiche Markenbotschafter ausmacht

Eine Personenmarke entsteht nicht am Reißbrett, sondern entwickelt sich. Eine Persönlichkeit entfaltet sich auch in digitalen Medien über ihre charakterlichen Eigenschaften ebenso wie über Wissen und Kenntnisse. Doch stellen die digitalen Medien mit ihren vielfältigen Dialogen und ihrer schieren Menge an Informationen zusätzliche, für viele Menschen immer noch neue Anforderungen. Auch ein Markenbotschafter muss sich auf den verschiedenen Plattformen zunächst selbst zurechtfinden, bevor er Orientierung liefern kann. Ehe es ihr oder ihm gelingt, die persönlichen Stärken auch in den virtuellen Bereich zu übertragen, sollte er erst einmal die Gesetzmäßigkeiten, Regeln und Funktionen der Kommunikation auf digitalen Wegen verstehen. Zudem gilt es, mit der Präsenz in sozialen Netzwerken und Mikro-Communitys auch die damit verbundene schnelle und direkte Erreichbarkeit zu handhaben. Im Folgenden beschreibe ich einige Merkmale erfolgreicher Markenbotschafter, vor allem mit Bezug auf ihre Präsenzen in sozialen Netzwerken.

Erfolgreiche Markenbotschafter pflegen Beziehungen

In einer Welt, in der viele Unternehmen immer noch primär auf das Sender-Prinzip setzen, haben gute Markenbotschafter längst verstanden, warum dies nicht ausreicht. Sie haben verinnerlicht, wie wichtig es ist, den persönlichen Austausch zu pflegen. Deswegen veröffentlichen sie nicht hauptsächlich Werbebotschaften oder Unternehmensnews, sondern interessieren sich für andere. Dies geschieht beispielsweise in Kommentaren, in der Unterstützung von anderen oder in Beiträgen zu Fachcommunitys. Auch der direkte persönliche Kontakt wird von ihnen genutzt. Viele Markenbotschafter haben über ihren Job hinaus das Ziel, zu etwas größerem Ganzen beizutragen und andere zu fördern.

Erfolgreiche Markenbotschafter zeigen etwas von sich selbst

Wer sich die Profile und Inhalte von erfolgreichen Markenbotschaftern in sozialen Netzwerken anschaut, der wird feststellen, dass sich nicht alles um den Beruf oder gar um die Selbstdarstellung dreht. Sie trauen sich oft, Persönliches preiszugeben. Welchen Grad der Privatheit die Betreffenden zulassen, ist dabei höchst unterschiedlich. Politische Statements, Hobbys, Urlaubs- oder Familienfotos: In jedem Fall wird über die Zeit hinweg die Geschichte eines Menschen und seines Umfelds erzählt. Die persönlichen Profile werden, auch wenn der Arbeitgeber und der eigene Beruf eine zentrale Rolle spielen, nicht für Markeninhalte instrumentalisiert. Das bedeutet auch: Die Personenmarke ist oft für sich betrachtet sehr stark.

Erfolgreiche Markenbotschafter sind gut erreichbar

Die direkte Ansprechbarkeit über soziale Netzwerke sowie Messenger ist durchaus ein zweischneidiges Schwert. Wer keine vernünftige Strategie hat, damit umzugehen, steuert schnell in die Überlastung. Mancher empfindet es nicht als Belastung, sich seine Zeit selbst einteilen zu können. Ein anderer braucht dagegen vielleicht Unterstützung in seinem Zeitmanagement. Doch in den meisten Fällen geht es gar nicht so sehr um die Reaktion in Echtzeit, sondern einfach nur darum, dass jemand im Web sichtbar und direkt erreichbar ist. Menschen erwarten auch von Prominenten und gleichfalls von Entscheidern in Unternehmen einen unmittelbaren Zugang zu Gesprächen. Kluge Markenbotschafter haben das verstanden und tragen dem Rechnung. Je exponierter jemand ist, je größer das Netzwerk, desto herausfordernder kann sich dies gestalten. Doch auch hier kann die Kommunikationsabteilung unterstützen. Im Interview mit Jörg Ehmer, CEO bei Apollo-Optik, haben Sie bereits gelesen, wie er dies persönlich handhabt (vgl. Kapitel 3.1.9).

Erfolgreiche Markenbotschafter haben eine starke Personenmarke

In den Interviews haben Sie einige erfolgreiche Markenbotschafter kennengelernt, die – mehr oder weniger unabhängig von ihrem Arbeitgeber – mittlerweile eine eigene starke Personenmarke aufgebaut haben. Dazu gehört beispielsweise der »Themenbotschafter« Carsten Meißner (vgl. Kapitel 3.2.10).

Unternehmen werden in Zukunft noch viel mehr damit leben müssen, dass über Jahre aufgebaute Markenbotschafter zu anderen Marken wechseln und ihren Wert als Personenmarke mitnehmen. Allerdings sollte man dabei bedenken, dass sie eben diese Werte auch selbst mit aufgebaut haben und dass diese bis dahin dem alten Arbeitgeber zugutekamen. Meiner Ansicht nach werden solche Personenmarkenwerte im Recruiting der Zukunft noch viel stärker eine Rolle spielen. Je weniger sie die Ausnahme sind, desto mehr wird sich alles untereinander ausgleichen. Je mehr ein Unternehmen seine Markenbotschafter fördert, desto attraktiver ist es auch für neue Bewerber. Für einen im Unternehmen herangewachsenen »Rockstar« kommt dann auch wieder ein neuer.

Erfolgreiche Markenbotschafter haben keine Angst vor Konkurrenz

Nichts steht dem Erfolg einer Marke ebenso wie einer Personenmarke so sehr entgegen wie ein ängstliches Inseldenken. Wer versucht, sein eigenes Herrschaftswissen für sich zu behalten, hat keine Inhalte, um sie mit anderen zu teilen. Ebenso beruht erfolgreiches Netzwerken darauf, andere zu unterstützen und die Inhalte von anderen ebenfalls weiterzuverbreiten. Wer andere nicht unterstützt, indem er ihnen zur Sichtbarkeit verhilft, wird selbst auf solche Unterstützung vergeblich warten. Alleine nur über eigene Kanäle zu senden reicht in den seltensten Fällen aus. Marken und Markenbotschafter brauchen für ihre Inhalte Multiplikatoren – und dazu müssen sie selbst zu Multiplikatoren werden.

5.4 Persönliche Kommunikationsstrategie für Markenbotschafter

Als Person, als Mensch, als Unternehmensangehöriger haben Sie persönliche Ziele. Wahrscheinlich stimmen diese, zumindest was den beruflichen Bereich angeht, zu einem guten Teil mit den Unternehmenszielen überein. Als Markenbotschafter sind Sie aus naheliegenden Gründen dann am glaubwürdigsten, wenn Ihre persönlichen Ziele mit den Unternehmenszielen im Einklang stehen. Aber natürlich weichen Unternehmenskommunikation und persönliche Kommunikation voneinander ab. Sie haben unterschiedliche Voraussetzungen und verfolgen manchmal auch unterschiedliche Interessen. Wenn es also darum geht, Ihre persönliche Kommunikationsstrategie zu erarbeiten, dann stellt dies immer ein Stück weit auch einen Balanceakt dar. Persönliche Kommunikation folgt dennoch in vielerlei Hinsicht den Gesetzmäßigkeiten professioneller Kommunikation, und man kann auch die Regeln, die Erfahrung und das Handwerkszeug der professionellen Kommunikation für sich nutzen.

Wie lässt sich nun die Vorgehensweise und die Wertschöpfung aus der Strategie für die Markenkommunikation auf die Kommunikationsstrategie für Personenmarken übertragen?

Analog zum Markenwert könnte man den Personenmarkenwert eines angestellten Markenbotschafters als dessen Wert am Arbeitsmarkt bezeichnen. Dies greift aber insofern viel zu kurz, als persönlicher Erfolg und die Bestätigung als Personenmarke weit über den Erfolg bei der Stellensuche oder den Gehaltszahlen hinausgehen. Was immer Sie als persönlichen Erfolg definieren: Als Markenbotschafter tragen Sie idealerweise sowohl zum Erfolg der Marke in Bezug auf die strategischen Unternehmensziele bei als auch zu Ihrem persönlichen Erfolg im Sinne der Personenmarkenstrategie. Die Personenmarke zahlt auf Ziele und Image des Unternehmens ein – und die Unternehmensziele und das Unternehmensimage nützen umgekehrt dem einzelnen Markenbotschafter. Nur wenn beides zusammenspielt, ist es für beide Seiten ein fairer Deal.

5.4.1 Schritte zur persönlichen Kommunikationsstrategie für Markenbotschafter

In den meisten von mir begleiteten Markenbotschafterprojekten entwickle ich mit dem Team entsprechend der gemeinsamen Strategie ein Programm für die persönliche Kommunikationsstrategie aller beteiligten Markenbotschafter. Ein solches Programm besteht in der Regel aus Workshops, Webinaren, Onlinekursen sowie – wenn gewünscht – individueller Begleitung und Coaching. Es basiert ebenfalls auf einer von mir entwickelten Methodik. Im Folgenden finden Sie eine Übersicht über die einzelnen Schritte inklusive Zielfragen, die bei der Erarbeitung helfen sollen.

- **Ausrichtung:** Was ist Ihre Motivation als Markenbotschafter, und auf welches größere Ganze zahlen Sie, gemeinsamen mit anderen, ein? Welche Erwartungen haben Sie an den gesamten Prozess?
- **Einordnung:** Wie tragen Sie zur Markenstrategie und zur gemeinsamen Markenbotschafterstrategie bei, was ist dabei zu bedenken?
- **Ziele:** Wie sehen Ihre persönlichen Ziele – kurz-, mittel- und langfristig – in Bezug auf die Unternehmensziele aus, die in der Markenbotschafterstrategie und im Leitbild kommuniziert wurden? Was ist das Ziel Ihres Personal Brandings?
- **Status und Ausgangspunkt:** Wo stehen Sie jetzt, wo wollen Sie hin – sowohl als einzelne Personenmarke als auch im Zusammenspiel mit anderen Markenbotschaftern? Was macht Ihre Person aus, was prägt Sie, welche Werte sind für Sie entscheidend? Welche Bedenken hatten oder haben Sie – und wie gehen Sie damit um? Welche Erfahrungen haben Sie bereits gesammelt?
- **Audit:** Was sind Ihre bevorzugten Ausdrucksmittel oder was ist momentan Ihre zentrale Kommunikationsplattform (zum Beispiel ein eigenes Blog, ein Corporate Blog oder ein bestimmtes soziales Netzwerk)? Welche sozialen Netzwerke nutzen Sie bereits, zu welchem Zweck, mit welchen Inhalten?[101] Welche physischen Begegnungen, Auftritte oder sonstigen analogen Möglichkeiten tragen zu Ihrer Personenmarken-Bildung bei?
- **Analyse der eigenen Reputation:** Wie werden Sie momentan wahrgenommen? Wie sieht die berufliche Reputation aus, die Sie erreichen möchten?
- **Alleinstellung:** Was macht Sie aus, und was macht Sie einzigartig – in der Kombination von Wissen, Kenntnissen, Fähigkeiten und persönlichen Eigenschaften?
- **Zielgruppen:** Mit wem kommunizieren Sie?
- **Nutzen:** Welche Werte schaffen Sie in Ihrer Community?
- **KPI:** Woran messen Sie, dass Ihre Strategie erfolgreich ist?
- **Listening und Monitoring:** Wie erfahren Sie von relevanten Gesprächen, und wie überwachen Sie Ihre Reputation und Ihre Personenmarke – auch wieder angebunden an die gemeinsame Markenbotschafterstrategie?
- **Kernbotschaften:** Worüber sprechen Sie und wie – mit Bezug auf die Unternehmensziele sowie auf Ihre persönlichen Ziele, aber auch auf die Werte, denen Sie sich verpflichtet fühlen?
- **Themen:** Worüber sprechen Sie, bezogen auf das zuvor Erarbeitete?
- **Ressourcen:** Wie viel Zeit und Aufwand wollen Sie in Ihre Personenmarken-Kommunikation investieren, und was brauchen Sie sonst noch dazu?
- **Strukturen:** Wie organisieren Sie Ihre Kommunikation – inklusive Vernetzung und Abstimmung mit anderen innerhalb der Markenbotschafterstrategie?

101 Siehe dazu auch Kapitel 5.5.2 über das persönliche Social-Media-Audit.

- **Medien:** Auf welchen Plattformen und bei welchen Anlässen wollen Sie präsent sein – ebenfalls abgestimmt mit der Markenbotschafterstrategie oder dem Programm, an dem Sie gegebenenfalls teilnehmen? Wo wollen Sie als Corporate Influencer ansprechbar sein?
- **Handlungsplan:** Wie gehen Sie bei der weiteren Erarbeitung vor?
- **Kanalstrategien:** Wie sehen Ihre spezifischen Kommunikationsziele und Teilstrategien für die jeweilige Plattform aus – und wie vermitteln Sie dies dort Ihren Gesprächspartnern? Welche Kanäle sind eher professionell, welche eher privat? Wo tragen beispielsweise Hobbys und private Interessen dazu bei, Ihre Personenmarke bunter und authentischer zu gestalten?
- **Redaktionspläne:** Bezogen auf die Kanalstrategien, wie verwirklichen Sie die Markenbotschafter-Kommunikation in der praktischen Umsetzung?
- **Inhalte und Gespräche:** Wie setzen Sie das Erarbeitete in Inhalte, Gespräche, kontinuierlichen Austausch um?
- **Abgrenzung, Risikobewertung und Konfliktlösung:** Wo verläuft Ihre Grenze zwischen beruflich und privat? Welche Strategien der Abgrenzung haben Sie? Welche Hindernisse, Probleme und Konflikte könnten auftreten? Wie gehen Sie damit um? Wo bekommen Sie Hilfe?
- **Weiterentwicklung:** Wie nutzen Sie Erfahrungen und Feedback, um Ihre persönliche Strategie weiterzuentwickeln?

Diese Schritte zur Erarbeitung der persönlichen Kommunikationsstrategie beziehen sich auf die professionellen Aspekte als Markenbotschafter. In der Erarbeitung zeigen sich erfahrungsgemäß aber auch private Aspekte. Deswegen lohnt es sich, den Blick auf das Persönliche nicht zu verlieren und dementsprechend auch zu überlegen, wo die eigene Grenze zwischen der Privatsphäre und der Sichtbarkeit in den Medien verläuft.

5.4.2 Das Konzentrische Lotsenmodell

Das Konzentrische Lotsenmodell kann als anschauliches Modell vor allem Wissensträgern – in manchen Markenbotschafterprogrammen werden sie »Fachexperten« genannt – und Contentproduzenten dabei helfen, ihre persönliche Kommunikationsstrategie zu planen und umzusetzen. Es hilft aber erfahrungsgemäß auch anderen Markenbotschaftern, ihre Rolle als Influencer innerhalb ihrer Community besser zu verstehen.

Markenbotschafter als sichtbare Köpfe eines Unternehmens übernehmen in ihrem Netzwerk eine Art Lotsenfunktion. Dies gilt insbesondere für Wissensträger in sehr weit gefasstem Sinne. Als anerkannte Experten in ihrem Fachgebiet haben sie das Vertrauen ihrer Kontakte, wenn es um spezifische Informationen geht. Sie wählen stellvertretend für ihr Netzwerk die relevanten Inhalte aus oder produzieren sie sogar selbst. Sie trennen Wichtiges von Irrelevantem. Haben sie das Vertrauen einmal erworben und ihre Verlässlichkeit unter Beweis gestellt, dann bevorzugen Menschen die Inhalte, die sie liefern. Dies nützt auch ihrem Arbeitgeber, denn diese Glaubwürdigkeit wird auf die Marke übertragen. Denn Markeninhalte, die mit den Gesichtern solcher Lotsen verbunden sind, setzen sich in der Informationsflut besonders gut durch. So lautet in Kurzfassung die These, die meinem Buch »Lotsen in der Informationsflut«[102] zugrunde liegt. Hier habe ich erstmals das Konzentrische Lotsenmodell vorgestellt. Für dieses Buch habe ich es nun komplett überarbeitet. Es veranschaulicht die verschiedenen Kommunikationsebenen, über die Markenbotschafter ihrer Community wertvolle Inhalte liefern. Es versteht sich von selbst, dass diese Kommunikationsebenen in ein Kommunikationskonzept und eine Personenmarkenstrategie eingebunden und gegebenenfalls an die Contentstrategie des Unternehmens angeschlossen ist. Solche Lotsen kann man für ihre spezifischen Communitys auch als Influencer bezeichnen, denn genau das ist die Rolle, die sie übernehmen. Ich habe aber die Bezeichnung »Lotsenmodell« beibehalten, um hier keine zusätzlichen Begriffsverwirrungen zu erzeugen.

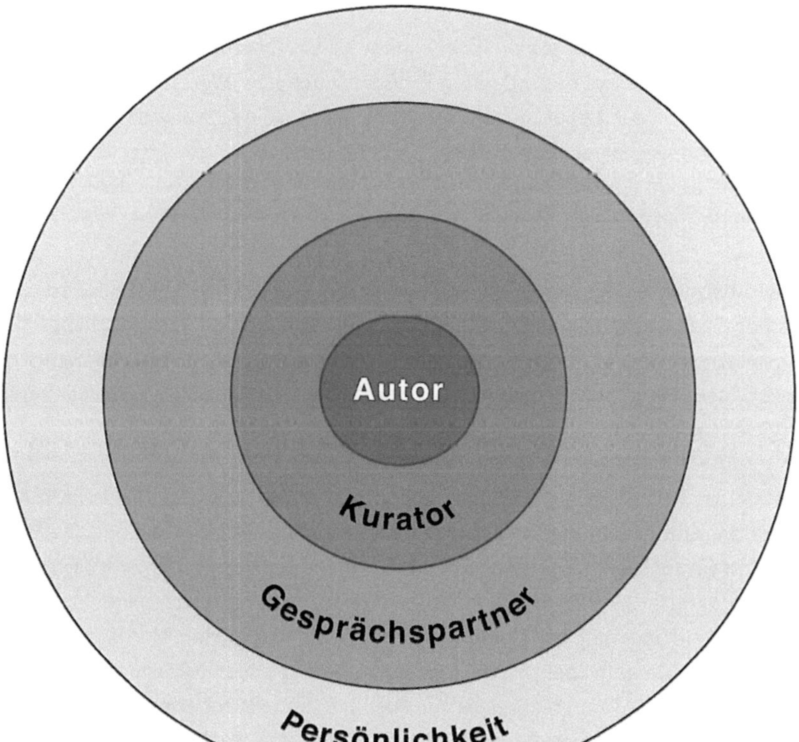

Abb. 2: Das Konzentrische Lotsenmodell (© Kerstin Hoffmann)

102 Vgl. Hoffmann, Kerstin: Lotsen in der Informationsflut. Haufe 2017.

!

Die Content-Produktion ist selten der Einstieg

Das Lotsenmodell ist keine Darstellung einer zeitlichen Abfolge, sondern beschreibt verschiedene Ebenen. Nicht jeder Markenbotschafter wird in seiner persönlichen Kommunikationsstrategie mit der Produktion eigener Inhalte beginnen. Die Entwicklung einer digitalen Personenmarke geht oft von persönlichen Vorlieben und bereits vorhandenen Kontakten aus und beginnt dann häufig mit ersten Aktivitäten in sozialen Netzwerken.

1. Autor: Fach-Content produzieren

Experten aus dem Unternehmen als Beitragende im Corporate Magazin: Wie dies funktioniert, haben Sie bereits in Kapitel 4.8 über die Beteiligung der Mitarbeiter in der Contentstrategie gelesen. Doch auch in sozialen Netzwerken liefern Markenbotschafter häufig wertvollen Content – entweder als längere Beiträge, Video oder Audio, oder in kürzeren Postings. Soziale Netzwerke ebenso wie Content-Sharing-Plattformen, etwa YouTube oder Slideshare, bieten viele Möglichkeiten, Inhalte direkt dort zu publizieren, zu bloggen oder in Statusmeldungen zu teilen.

Ein gutes Beispiel hierfür sehen Sie in Kapitel 3.2.9 »Markenbotschafter als Themenbotschafter« am Beispiel von Carsten Meißner. Auch der »Wertebotschafter« Stefan Möller (vgl. Kapitel 3.2.8) produziert wertvolle Inhalte, die sich allerdings weniger auf seine beraterische Expertise beziehen als vielmehr auf die Werte, die er vertritt. Daher steht der Begriff »Fach-Content« im Lotsenmodell für viele verschiedene Arten von Inhalten. Es sind nicht allein fachliche Inhalte von Spezialisten gemeint. Die Führungsebene wird sich auf andere Weise mit Content profilieren als eine Ingenieurin aus der Entwicklungsabteilung. Immer aber geht es darum, bezogen zum einen auf die Unternehmensziele und zum anderen auf die Bedürfnisse der Stakeholder, nützliche Inhalte zu produzieren. Das können beispielsweise geschriebene Artikel sein, aber auch Vorträge, Videos, Podcasts, PowerPoint-Präsentationen, Infografiken, Checklisten und dergleichen.

Fach-Content entsteht auch in Gesprächen oder in sozialen Netzwerken: in Kommentaren, Statusmeldungen oder im direkten Austausch via Messenger. Ist dieses Bewusstsein für die vielen verschiedenen Formen, Plattformen und Anlässe einmal geweckt, dann lassen sich daraus viele weitere Ideen entwickeln, Inhalte mehrfach zu verwerten, sie über mehrere Medien und Plattformen zu spielen. Man kann sie in Diskussionen einbringen. Ebenso kann man kurze Beiträge aus Diskussionen zum Anlass nehmen, darüber an anderer Stelle einen ausführlichen Ratgeberinhalt zu publizieren. Wer mit Kunden interagiert und sich einfach einmal eine Woche lang typische Fragen sowie die eigenen Antworten darauf notiert, stellt garantiert fest, wie viel wertvoller Content hier entsteht, der auch anderen zugutekommen könnte.

Beispiele für eigenständige Fachinhalte

Vorträge, Videos, Beiträge im eigenen Magazin oder Corporate Blog, Artikel auf Blogging-Plattformen von Drittanbietern (beispielsweise Medium.com oder LinkedIn), Gastbeiträge in anderen Publikationen.

2. Kurator: Fach-Content finden, selektieren und bewerten

Die Menge der Inhalte, die ein einzelner Mensch selbst mit großem Fleiß produzieren kann, ist verschwindend gering gegenüber der Gesamtmenge verschiedener Inhalte unterschiedlicher Qualität auch nur aus einem kleinen Teilbereich eines einzelnen Fachs. Jeder, der über sein Fach publiziert, wird zugleich darüber auch andere Publikationen lesen beziehungsweise anschauen oder anhören. Er oder sie steht im Kontakt mit anderen Fachleuten, Branchenkollegen, Interessierten. Niemand anders kann so gut die Qualität und Relevanz von Inhalten beurteilen wie derjenige, der sich in seinem Fach auf dem aktuellen Stand hält sowie selbst dazu publiziert. Schon im eigenen Interesse wird der Betreffende viele Publikationen sichten und für sich selbst einordnen. Wer würde sich also besser dazu eignen, für andere Menschen solche Inhalte zu sammeln, zu bewerten und zu sortieren? Diese verlassen sich dann darauf, dass sie – von ihrem Lotsen für sie ausgewählt – nur die korrekten und relevanten Informationen zum betreffenden Thema erhalten. Eine solche Zusammenstellung der Links und Quellen ausgewählter Fachinhalte bezeichnet man auch als Content Curation (deutsch: Kuratieren von Inhalten).

Aber auch für die Verbreitung von eigenen Inhalte ist es entscheidend, sich nicht allein auf die Produktion zu beschränken, sondern im Netzwerk darauf hinzuweisen.

Beispiele für die Content Curation

Das Sammeln, Verteilen und Einordnen von Inhalten kann auf ganz unterschiedliche Art und Weise geschehen: Viele Menschen versehen nach wie vor ausgewählte Gesprächspartner in ihrem Netzwerk direkt mit Hyperlinks zu interessanten Angeboten anderer Urheber per E-Mail oder über einen Messenger. Dies ist eine sehr intensive, arbeitsaufwendige Art der persönlichen Beziehungspflege, die sich schon allein deswegen auf relativ wenige enge Kontakte beschränken muss.

Content-Curation-Plattformen wie Flipboard ermöglichen es, Inhalte aus anderen Quellen thematisch zu sammeln. Speziell ausgerichtete Angebote wie Pinterest beziehen sich auf bestimmte Formen, hier: Fotos oder Grafiken. Denken Sie aber auch und vor allem an Plattformen wie LinkedIn, Twitter oder Facebook, auf denen Sie Ihren Kontakten in Statusmeldungen Empfehlungen geben können. Gruppen auf LinkedIn oder Facebook, in denen sich Menschen zu bestimmten Themen bereits zusammengefunden haben, sind ebenfalls eine Überlegung wert. YouTube-Playlists, eigene Newsletter mit kuratierten Inhalten, Linksammlungen im eigenen Blog: Die Möglichkeiten sind vielfältig, und die Wahl des Kanals richtet sich letztlich danach, was Ihre Gesprächspartner brauchen und wo sie danach suchen. Grundsätzlich geht es darum, die Lotsenrolle als gut vernetzter Markenbotschafter dort auszuüben, wo die betreffenden Stakeholder unterwegs sind.

3. Gesprächspartner: Im direkten Austausch fachliche Glaubwürdigkeit aufbauen
Wer selbst publiziert sowie Inhalte kuratiert, pflegt meistens auch den direkten Austausch in Fachkreisen. Als Ratgeber, aber natürlich auch als Impulsgeber und gleichberechtigter Diskussionspartner. Erst in Diskussionen mit anderen – öffentlich, halböffentlich, in geschlossenen Zirkeln, im direkten Dialog – erweist sich die fachliche Anwendungskompetenz des Betreffenden. Erst im Frage-Antwort-Dialog erweist sich zudem, wie gut jemand sich einerseits in einem Fach auskennt, und andererseits, welche individuellen Schwerpunkte seine Anwendungskompetenz ausmachen.

Es kommt aber ein Faktor hinzu, der noch entscheidender ist: Nicht allein die fachliche Eignung oder die Erfahrung in einer Branche signalisieren dem Gegenüber, ob dieser betreffende Lotse zu den eigenen Bedürfnissen passt. Wie konstruktiv sich jemand in eine fachliche Diskussion einbringt, hängt stark von sozialen Fähigkeiten ab. Menschen wollen darüber hinaus anhand persönlicher Signale viele verschiedene Parameter abgedeckt wissen: Stimmen die Werte mit meinen eigenen überein? Sprechen wir die gleiche Sprache? Vermittelt derjenige die Inhalte auf eine Art und Weise, dass ich damit etwas anfangen kann? Solche Fragen gehören dann schon in den äußeren Kreis des Konzentrischen Lotsenmodells, der sich auf den persönlichen Bereich bezieht.

!

Gelegenheiten zum fachlichen Austausch

Eigentlich bedarf es hier gar keiner näheren Erläuterung: Überall dort, wo Menschen über Fachliches diskutieren, ist der richtige Ort, eigene Expertise einzubringen. Natürlich spielt auch hier das persönliche Gespräch zwischen zwei oder mehr Personen eine wichtige Rolle. Es kann ebenso auf Veranstaltungen stattfinden wie in entsprechenden Diskussionen in sozialen Netzwerken. Gerade thematische Gruppen in sozialen Netzwerken bieten hervorragende Möglichkeiten, anderen Menschen weiterzuhelfen, die eine Frage oder ein Problem haben.

4. Persönlichkeit: Soft Skills, menschliche Stärken, Vernetzung
Werte und persönliche Eigenschaften einer Person sind nicht von der Fachlichkeit abzukoppeln. Wer über langjährige Erfahrungen im Netzwerken verfügt und einmal bewusst betrachtet, wie sich Beziehungen auch in rein geschäftlichen Verhältnissen entwickeln, kennt die Bedeutung persönlicher Eigenschaften. Als wie glaubwürdig jemand einen Lotsen auch in fachlicher Hinsicht bewertet, hängt ganz wesentlich von der empfundenen Sympathie ab. Menschliche Vorlieben, Hobbys, persönliche Äußerungen, emotional geprägte Aussagen machen das Bild eines Menschen erst greifbar. Soft Skills, Kommunikationsfähigkeit, Freundlichkeit, Entschiedenheit und andere Charaktereigenschaften bestimmen mit über Glaubwürdigkeit und Verankerung im Netzwerk. Sie sorgen eigentlich erst dafür, dass sich eine dauerhafte Bindung entwickelt. Dabei geht es eben genau nicht darum, sich jedem angenehm zu machen, sondern darum, dass die Richtigen zusammenfinden. Dies aus den bisherigen Lebenserfahrungen in digitale Medien und soziale Netzwerke zu übertragen, erfordert gerade

zu Beginn einige Übung. Auch sollte die Balance zwischen Distanz und dem für die Person vertretbaren Maß an Privatheit gefunden werden. Die Positionierung innerhalb der Kommunikationsstrategie des Unternehmens, gemeinsam aufgebaut mit anderen Markenbotschaftern zusammen, gehört dazu.

5.4.3 Hilfreiche Fragen für Markenbotschafter als Lotsen

Auf der Grundlage der strategischen Erwägungen, mit denen wir uns bereits befasst haben, steht und fällt der persönliche Erfolg eines Markenbotschafters mit seinem persönlichen Verhalten. Dazu gehört Klarheit über die eigenen Absichten ebenso wie über die Wirkung des eigenen Verhaltens. Folgende Fragen könnten – ergänzend oder alternativ (wenn bisher keine so gründliche Erarbeitung erfolgt ist) zu den Fragen für die persönliche Kommunikationsstrategie – dabei helfen, das eigene Verhalten auszurichten sowie immer wieder zu überprüfen:

- Wie sehe ich mich innerhalb meines Netzwerks?
- Was sind meine persönlichen Ziele?
- Welche persönlichen Wertvorstellungen zeichnen mich aus?
- Was sind meine Kernthemen, für die ich Lotse sein will?
- Für wen will ich Lotse sein?
- Wie viel Aufwand und wie viel Zeit will ich investieren?
- Wie und in welchen Medien will ich mich als Unternehmensvertreter zeigen?
- Wo sind andere, mit denen ich mich zu diesem Thema verbinden und gemeinsam Nutzen generieren kann?
- Inwiefern trägt das, was ich veröffentliche, zum wirklichen Nutzen meiner Community bei?
- Welches Fremdbild erzeugt die Gesamtheit dessen, was ich öffentlich (oder teilöffentlich) sichtbar von mir preisgebe? Entspricht dies meinem Selbstbild ebenso wie dem Image, das ich mir wünsche?
- Wie erfahre ich von wichtigen Informationen?
- Wie verhalte ich mich in Diskussionen? Bin ich in der Lage, mich auf Argumente einzulassen und meinen Standpunkt zu überdenken?
- Traue ich mich, meine eigene Meinung zu vertreten, auch wenn ich weiß, dass dies Kontroversen hervorrufen kann?
- Sind es mir meine Gesprächspartner wert, auch einmal Kritik zu üben und Unangenehmes (wertschätzend!) auszudrücken?
- Entspricht der Tonfall dieses einen Kommentars oder dieses speziellen Postings, das ich gerade abschicken will, dem Tonfall, den ich auch bei meinen eigenen Beiträgen begrüßen würde?
- Wie gehe ich mit Krisen und Konflikten um, und wer hilft mir dabei?

5.5 Personenmarkenstrategien in sozialen Netzwerken umsetzen

Jedes soziale Netzwerk, jede Plattform hat spezifische Funktionalitäten und Bereiche. So kann man sich in einem Facebook-Profil umfassender selbst darstellen als in einer Twitter-Kurzbiografie. Auf Facebook herrscht die Klarnamenspflicht (gegen die jedoch von sehr vielen verstoßen wird), während man sich anderswo im Netz Pseudonyme verleihen kann. Zudem sind jeweils viele Formen der persönlichen Darstellung möglich: Ist das eigene Profil eher von beruflichem Fachwissen geprägt oder überwiegt die private Nutzung? Will derjenige sich eher bewusst als Personenmarke inszenieren, auch im professionellen Kontext, oder geht es hier ausschließlich um privaten Austausch?

Ein privater Account bei Instagram sieht anders aus und setzt andere Schwerpunkte als ein berufliches Profil auf XING und LinkedIn. Immer häufiger kommt echte Körpersprache hinzu, nämlich in den Bewegtbildformen, in denen jemand selbst spricht und sich zeigt – ob live (etwa in Live-Videos) oder in Aufzeichnungen. Doch auch diese Inhalte sind eben immer noch vermittelt, also medial, und unterliegen damit anderen Gesetzmäßigkeiten als der direkte Kontakt. Es kommen also auch hier weitere verbale und nonverbale Signale hinzu, während andere wegfallen.

Bei jedem neuen Angebot müssen wir uns, abhängig von den Möglichkeiten des Netzwerks, wieder neu orientieren, um uns selbst zu präsentieren sowie um andere einzuschätzen. Je mehr jedoch die eigene Routine in sozialen Netzwerken zunimmt, desto leichter fällt es, auch bei einem völlig neuen Angebot die digitale Körpersprache des anderen zu erkennen und einzuschätzen. Vollständiger wird das Bild über die Zeit und gegebenenfalls auch über verschiedene Plattformen hinweg, auf denen sich verschiedene Aspekte derselben Person verwirklichen.

Trotzdem lassen sich bestimmte typische Persönlichkeitsmerkmale oft schnell erkennen und plattformübergreifend erstaunlich präzise beschreiben: Redet derjenige nur über sich selbst, oder unterstützt er andere? Ist er humorvoll oder allzu ernst? Wie geht er mit Konflikten um? Welche persönliche Weltsicht spiegeln die Äußerungen in seinem Profil? Nörgelt er oft herum, macht er andere für eigene Unbill verantwortlich, oder geht er selbstbestimmt und selbstbewusst durch das Leben?

Haben wir uns einmal eine Meinung über einen anderen Menschen gebildet, revidieren wir diese nicht mehr so schnell. Daher ist es aus der Perspektive der eigenen Reputation in digitalen Medien umso wichtiger, sich zu überlegen, inwieweit die Signale, die wir aussenden, mit dem übereinstimmen, was uns wirklich ausmacht. Deswegen lohnt es sich auch, rückblickend über einen längeren Zeitraum einmal die eigene Kommunikation zu betrachten und daraufhin zu überprüfen, ob sich womöglich unliebsame

Angewohnheiten eingeschlichen haben: Bin ich beispielsweise dazu übergegangen, mich auf Facebook nur noch über alles Mögliche zu beschweren? Spiegeln meine letzten zehn oder zwanzig Tweets das wider, was ich als Kanalversprechen[103] definiert habe? Holen Sie sich gegebenenfalls Feedback von Menschen, denen Sie vertrauen. Werten Sie aber auch qualitative und quantitative Signale aus, die Ihnen zeigen, ob Sie noch auf dem richtigen selbstgewählten Weg sind.

Nachhaltigkeit braucht Geduld

Der nachhaltige Aufbau einer Präsenz in sozialen Netzwerken erfordert Geduld und einen langen Atem. Das gilt für Marken ebenso wie für Personenmarken. Auch die schnelleren Reaktionszeiten in digitalen Medien setzen, wie schon mehrfach betont, allgemeine menschliche Prinzipien und soziale Umgangsformen nicht außer Kraft. Niemand entwickelt eine Bindung zu einer Marke oder zu einem Markengesicht sofort, nachdem er den Kontakt bestätigt, die Seite geliket oder ein paar Fotos angeschaut hat. Kaum jemand würde einem neuen Bekannten schon beim zweiten Treffen persönliche Geheimnisse anvertrauen. Eine Beziehung, und dazu gehört die persönliche Bindung ebenso wie das Vertrauen in die fachliche Kompetenz eines Themenführers, entsteht über einen längeren Zeitraum hinweg. Selbst ein riesiges Anzeigenbudget kann zwar Sichtbarkeit erzeugen und auch Nachfrage. Markenbindung und Vertrauen in eine Marke aufzubauen dauert länger. Gleiches gilt für Produktbewertungen im Internet: Erst wenn sich über einen gewissen Zeitraum mehrere unterschiedliche Äußerungen angesammelt haben, vertraut der nächste Interessent diesen Aussagen. Stammen sie dagegen alle aus einem Zeitraum von nur wenigen Tagen, wird er sogar eher misstrauisch reagieren. Fast alles, was für den Reputationsaufbau und die Sichtbarkeit von Unternehmen in digitalen Medien gilt, ist auch auf Personenmarken anwendbar.

Bisherige Erfahrungen helfen bei der Einordnung

Die persönliche Kommunikation, das direkte Gespräch mit anderen üben wir alle auf die eine oder andere Weise ein Leben lang, und auch die Rückkoppelungsmechanismen sind uns aus der Lebenserfahrung heraus vertraut. Wir lesen in der Mimik anderer ebenso wie zwischen den Zeilen ihrer Antworten. Es fällt den meisten von uns gar nicht mehr auf, dass wir andere ebenso pausenlos taxieren und einschätzen, wie diese das mit uns tun; ob es nun ausgesprochen wird oder nicht. Begibt sich jemand nun als Person in digitale Medien, dann ändern sich plötzlich etliche Gegebenheiten. Jede Plattform hat ihre eigenen Formen und Gesetzmäßigkeiten. Sprache, Bild und Bewegtbild ersetzen das direkt gesprochene Wort. Digitale Vermittlung verändert den Kontext. Nonverbale Signale müssen neu erfahren und geübt werden, und das

103 Vgl. https://www.kerstin-hoffmann.de/pr-doktor/kanalversprechen-empfaenger-nutzen/, zum Begriff »Kanalversprechen« vgl. den Abschnitt »Was ist ein Kanalversprechen, und wie lässt es sich erarbeiten?« in Kapitel 4.4.4.

in einem Umfeld, das zumindest zu Beginn noch selbst viel Aufmerksamkeit bindet; erst recht deswegen, weil sich alles so rasant weiterentwickelt, dass selbst gerade erst Gelerntes oft schon bald wieder obsolet werden kann. Zudem fällt die Trennung zwischen verschiedenen Genres deutlich schwerer als in den gewohnten Domänen. Werbung lässt sich nicht immer als solche erkennen. Wenn doch, dann nervt sie uns häufig, weil sie unsere privaten Bereiche zu durchdringen scheint. Berufliches und Privates lassen sich nicht mehr so leicht trennen wie »früher« – wann immer dieses »Früher« gewesen sein mag.

Manche Menschen beschreiben die digitale Welt so, als wäre sie von einer sogenannten realen Welt abgetrennt. Dies ist nicht der Fall, und eine solche Sichtweise wäre irreführend. Sollte irgendwo in diesem Buch der Eindruck entstehen, ich würde eine solche Trennung vornehmen, dann ist dies keinesfalls so gemeint. Tatsächlich ist es oft auch wirklich sehr schwierig, die verschiedenen Bereiche zu vergleichen, ohne in irgendeiner Form zu kontrastieren. Doch das Digitale ist Teil der realen Welt, digitale Botschaften sind mit physischen Erscheinungen direkt verbunden und vernetzt. Auch persönliche Identitäten kann man nicht in »digital« und »analog« aufspalten. Wo sollte man auch die Grenze ziehen: Ist etwa ein Telefonat zwischen zwei Menschen weniger »real«, weil diese einander nicht direkt gegenüberstehen? Ist ein Austausch zwischen zwei Menschen auf Facebook, in dem Fotos betrachtet werden, weniger real, als wenn diese zwei Menschen einander ihre Fotos in einer Gesprächssituation vorzeigen? Wir bewegen uns heute in so vielen medial unterstützten, vernetzten und abgebildeten Realitäten, dass jede Trennlinie willkürlich wäre.

Richtig ist allerdings: Wenn neue Medien hinzukommen, müssen wir auch die Interpretation von neuen Signalen lernen. Dies ist schon beim Übergang von gesprochener in Schriftsprache der Fall und eben in jedem anderen Medium auch. Je komplexer das Medium, desto mehr Signale müssen wir neu zu interpretieren und auch selbst einzusetzen lernen. Skeptisch sind wir vor allem dort, wo wir noch nicht so viele Erfahrungen gesammelt haben oder wo wir scheinbare Tatsachen schwer überprüfen können – etwa, ob ein Profil in einem sozialen Netzwerk eine reale Person repräsentiert. Doch wir können alle bisherigen Erfahrungen dazu nutzen, auch für den Fall, dass soziale Netzwerke uns noch nicht so vertraut sind.

5.5.1 Welche Social-Media-Plattformen für welche Personenmarke?

Beispiele für Social-Media-Plattformen in der Markenbotschafterstrategie haben Sie bereits in Kapitel 4.7 gesehen. Die dort genannten Empfehlungen und Beispiele gelten ebenso an dieser Stelle und könnten auch hier stehen. Entscheidend für die Auswahl der genutzten Angebote ist immer, wo Sie Ihre Community antreffen, wo Ihre persönlichen Vorlieben liegen, aber auch, ob und wie Sie sich mit diesen Profilen innerhalb der

Markenbotschafterstrategie des Unternehmens verorten. Insofern lautet die Frage weniger, welche Plattformen sich für welchen Corporate Influencer eignen. Vielmehr geht es für jede einzelne Person darum zu entscheiden, wo sie sich wie präsentieren will, mit wem sie sich austauschen und wie ansprechbar Sie sein will.

Wie wir bereits gesehen haben: Wenn jemand Sie als Experten in einem Fachgebiet kennt und eine Frage dazu hat, wird derjenige wahrscheinlich den Kanal wählen, über den er meint, Sie am schnellsten zu erreichen. Dies kann im Zweifel dann auch ein rein privat genutzter Messenger sein oder die Privatnachrichten-Funktion auf Instagram, obwohl Sie dort noch nie einen einzigen beruflichen Bezug haben erkennen lassen.

Daher sind die Strategien der persönlichen Abgrenzung so wichtig – und dabei kann es helfen, sich die eigenen Ziele und die eigene Strategie zu verdeutlichen. Auch die gewünschte eigene Expertenposition spielt hier eine Rolle. Gerade Wissensträgern kann hier das Konzentrische Lotsenmodell wertvolle Anregungen liefern.

5.5.2 Das Social-Media-Audit für Personenmarken

Startet man mit einer Kommunikationsstrategie, besteht einer der ersten Schritte darin, sich zunächst einmal einen Überblick zu verschaffen: über das, was bereits an Inhalten, Kanälen, Profilen, Seiten vorhanden ist. Dies empfiehlt sich auch für die persönliche Kommunikationsstrategie und die dazugehörige Social-Media-Strategie. Je mehr Präsenzen und Accounts in sozialen Netzwerken hinzukommen, desto schwerer fällt der Überblick. Häufig weiß man gar nicht mehr, welche Profile man wo angelegt hat. Nicht immer sind die Zugangsdaten gleich verfügbar. Ein Social-Media-Audit hilft nicht nur, einen Status zu erheben. Es schafft zugleich ein System, das im weiteren Auf- und Ausbau der Social-Media-Strategie dauerhaft für Orientierung sorgt.

Das persönliche Social-Media-Audit mit dem Social-Media-Inventory

Das Social-Media-Inventory habe ich speziell für Personenmarkenstrategien entwickelt und erstmals in »Lotsen in der Informationsflut«[104] veröffentlicht. Für dieses Buch habe ich es gründlich überarbeitet. Es ermöglicht eine einfache, strukturierte Bestandsaufnahme aller bereits bestehenden Konten und hilft dabei, wenn diese systematisch ausgebaut werden sollen. Hier können Sie alle persönlichen Accounts eintragen und natürlich auch solche, mit denen Sie Gemeinschafts- oder Unternehmenspräsenzen verwalten. Sie finden den Link zum Download des Inventorys auf der Buch-Website.

104 Vgl. Hoffmann, Kerstin: Lotsen in der Informationsflut. Haufe 2017.

!

Social-Media-Inventory: kostenloser Download

Das Social-Media-Inventory finden Sie als Tabelle mit allen hier vorgestellten Feldern auf der Buch-Website zum kostenlosen Download.
www.markenbotschafterbuch.de

So beginnen Sie mit dem persönlichen Social-Media-Audit

- Laden Sie die Tabelle herunter.
- Richten Sie die Tabelle für sich ein.
- Füllen Sie die Tabelle aus, wie im Folgenden erläutert.
- Fahnden Sie dazu auch nach Profilen, die Sie vielleicht einmal angelegt, aber nie wirklich genutzt haben.
- Legen Sie während der Erfassung jeweils für jedes Profil, jede Präsenz, jede Seite, jede Gruppe eine neue Zeile an

Bezeichnung	Aktion
Datum des letzten Checks	Tragen Sie hier das Datum ein, an dem Sie das Profil, die Seite oder die Präsenz, die in dieser Zeile beschrieben ist, überprüfen. Wenn Sie die Tabelle erstmals anlegen und alle eingetragenen Profile checken, dann brauchen Sie das Datum natürlich nur einmal einzutragen.
Plattform/Anbieter	Um welche Plattform bzw. welches soziale Netzwerk handelt es sich? Beispiele: XING, LinkedIn, Facebook oder Twitter.
Angelegt am	Pro Profil (deswegen also bei mehreren Profilen/Seiten/Gruppen bei einem Anbieter für jedes davon eine neue Zeile anlegen): Wann haben Sie den Account eröffnet beziehungsweise sich angemeldet? Wenn dies nicht mehr bekannt und im Profil nicht angegeben ist, hilft oft der Blick auf das erste Posting.
URL	Hier steht der Deep Link zu Ihrem Profil/zu Ihrer Seite/Ihrer Gruppe, und zwar so, wie er für andere aufrufbar ist. So haben Sie den Link für alle Zwecke, etwa die Weitergabe an andere oder die Verlinkung von anderen Seiten aus, schnell zur Hand.
Benutzername	Wie auf der Plattform angegeben. Nicht alle Plattformen erfordern einen Benutzernamen, bei manchen ist er mit dem Personen- oder Firmennamen identisch.
Screenname	Nur falls vom Benutzernamen abweichend: Nicht immer sind Benutzername und Screenname gleich. Bei Twitter beispielsweise können Sie entweder auch als eigentlichen Namen das Handle angeben oder eine eigene Bezeichnung.

Bezeichnung	Aktion
• Persönliches Profil • Unternehmensprofil • Gemeinschaftsprofil • Seite • Gruppe • (...)	Zutreffendes kennzeichnen. Eventuell sind Sie ja über Ihre persönlichen Profile hinaus unmittelbar (mit) verantwortlich für Seiten oder Gruppen.
Aktiv (A) oder stillgelegt (S)?	Manche Profile und Seiten legt man zunächst nur an, um den eigenen Namen als Benutzernamen vorsorglich zu sichern. Andere will man temporär ausprobieren. Oder man hat ein Angebot eine Zeitlang intensiv genutzt, aber dann haben sich die Prioritäten verschoben. Steht in diesem Feld ein »S«, braucht der Check für dieses Profil allerdings erst einmal nicht weiterzugehen. Es ist sinnvoll, alle stillgelegten Profile ans Ende einer solchen Liste oder in eine separate Liste zu legen und ggf. wieder hervorzunehmen, wenn sie doch wieder aktiviert werden sollen.
Inhalte/Kanalversprechen	Was wollen Sie mit dem Account bewirken? Was ist das Kanalversprechen an Ihr Netzwerk? Welche Arten der Botschaften gehören dazu? Falls Sie sich dazu bereits Gedanken gemacht haben, können Sie hier Stichworte eintragen. Ansonsten bleibt das Feld für die spätere Erarbeitung leer.
Kurzbio aktuell?	Stimmt Ihre Selbstbeschreibung noch? Wenn nicht, können Sie sie jetzt schon ändern. Am besten machen Sie aber einen Vermerk für die spätere Erarbeitung.
Infos und Links aktuell?	Bitte prüfen und gegebenenfalls für die weitere Erarbeitung kennzeichnen.
Bild/Design aktuell?	Wann haben Sie eigentlich das letzte Mal Ihr Profil- und Ihr Titelbild ausgetauscht? Hat womöglich seither die Plattform ihr Layout verändert, und die Bildgröße passt gar nicht mehr? Stammt die letzte Überarbeitung Ihres Twitter-Accounts aus einer Zeit, als es dort noch keine Titelbilder gab? Enthält das Titelbild eine veraltete Information? Bitte alle Designelemente prüfen und bei Bedarf kennzeichnen.
Zahl der Fans/Follower/ Kontakte	Tragen Sie hier die Zahlen am eingetragenen Erfassungsdatum (Spalte 1) ein.
Passwort-Hinweis	Manche Sicherheitsfachleute empfehlen, die Passwörter in allen Profilen und Accounts regelmäßig zu wechseln. Manche Plattformen fordern das sogar regelrecht ein. Auch wenn eine Plattform, was ja leider manchmal vorkommt, eine Sicherheitslücke an einem vergangenen Zeitpunkt meldet, ist es gut zu wissen, ob Sie schon damals dasselbe Passwort verwendet haben. Daher sollten Sie sich notieren, seit wann das jeweilige Passwort gültig ist.

Bezeichnung	Aktion
2-Faktor-Authentifizierung	Wo immer dies möglich ist – und zum Glück wird es mehr und mehr angeboten – sollten Sie eine 2-Faktor-Authentifizierung einrichten. Gerade wenn mehrere Personen zugreifen müssen – etwa, wenn Sie Profile gemeinschaftlich pflegen oder Unterstützung für Ihre persönlichen Profile erhalten, ist es hilfreich, zusätzlich zu vermerken, wie dies eingerichtet ist. Bitte richten Sie dies, wo es möglich ist, schon jetzt ein, und verschieben Sie es nicht auf die spätere Erarbeitung.
Wer hat Zugriff?	Ob nun eine Seite oder ein persönliches Profil: In vielen Fällen erscheint es sinnvoll, dass für den Notfall mindestens eine weitere Person zugreifen kann. Oft gehört Unterstützung zu einer Personenmarkenstrategie dazu. Mit der Zeit vergisst man aber, wer irgendwann einmal Zugriff hatte. Vielleicht ist der oder die betreffende Mitarbeitende längst nicht mehr im Unternehmen, könnte aber theoretisch immer noch zugreifen. Umgekehrt muss man beim Austausch eines Passworts ebenfalls daran denken, den anderen Beteiligten diese Information zukommen zu lassen.
Weitere Felder	*Bis hierher haben Sie das Wichtigste für den weiteren Ausbau und den dauerhaften Überblick erledigt. Die weiteren Felder sind optional. Für die erstmalige Anlage können Sie sie ignorieren. Wenn Sie bereits eine Social-Media-Strategie haben, können Sie sie ergänzend ausfüllen.*
Überwiegend auf der Plattform selbst gepflegt	Wenn Sie für den Account keine Social-Media-Tools nutzen, setzen Sie hier einen Haken.
Überwiegend (oder zusätzlich) mit diesem Tool gepflegt	Nutzen Sie Tools wie Buffer, Hootsuite, Social Pilot u. a.? Dann können Sie diese hier eintragen und haben immer einen Überblick darüber, welche Berechtigungen Sie für diese Zwecke vergeben haben.
Weitere Berechtigungen/ Verknüpfungen	Haben Sie weiteren Drittanbietern Zugriff auf den betreffenden Account gewährt? Dann tragen Sie dies bitte hier ein. (Oft sammeln sich über längere Zeit hinweg viele Berechtigungen an, die man gar nicht mehr braucht und an die man gar nicht mehr denkt.)
Themenplanung, Redaktionsplan und Projektmanagement	Dies ist ein optionales Freitextfeld, in dem Sie weitere Verweise hinterlegen können, wenn es sinnvoll ist.
Weiterer Handlungsbedarf	Was ist sonst noch zu tun? Was dürfen Sie – einmalig oder regelmäßig – nicht vergessen?
Nächster Check	Hier steht der nächste Termin für Ihren turnusmäßigen Social-Media-Check. Dieser gehört zugleich in Ihren Kalender.
Bemerkungen/Sonstiges	Hier können Sie alles notieren, was Sie sonst noch brauchen, um sich etwa beim nächsten Mal sofort zurechtzufinden. Womöglich wollen Sie hier auch Hinweise für weitere Bearbeiter hinterlegen.

5.5.3 Markenbotschafter ohne einen einzigen Social-Media-Account?

»Ich möchte mich gerne als Markenbotschafter engagieren. Aber eigene Social-Media-Profile möchte ich nicht anlegen.« Das hört man zuweilen in Markenbotschafterprojekten. Aber ist dies überhaupt möglich, und vor allem: Ist es sinnvoll? Natürlich kann kein Unternehmen seine Mitarbeitenden zwingen, sich in Social Media aktiv zu engagieren oder auf bestimmten Plattformen Profile anzulegen. Unter bestimmten Umständen kann die Aufnahme in ein Markenbotschafterprogramm von der Bereitschaft zu Social-Media-Aktivitäten abhängig gemacht werden. Doch zunächst lässt sich nochmals betonen: Markenbotschafter zu sein ist kein reines Social-Media-Thema. Man kann ein sehr guter Corporate Influencer sein ohne einen einzigen Social-Media-Account. Oder man kann auch mit ganz vielen Social-Media-Accounts kein Markenbotschafter sein oder sich nicht als solcher verstehen – oder sogar ein schlechter Markenbotschafter. Corporate Influencer wirken als solche in persönlichen Begegnungen, mittels Vorträgen, auf Veranstaltungen, mit Publikationen. Für all dies sind zunächst einmal Aktivitäten in sozialen Netzwerken nicht zwingend erforderlich. Allerdings können sie, wie wir bereits gesehen haben, dabei helfen, Kontakte zu pflegen, den Unternehmenspräsenzen im Web ein Gesicht zu verleihen, sowie zu Sichtbarkeit und Reichweite beitragen.

Auch sollten sich sichtbare Unternehmensangehörige darüber im Klaren sein, dass sie auch dann höchstwahrscheinlich in sozialen Netzwerken präsent sind, wenn sie selbst keine Accounts betreiben. Denn andere werden sie erwähnen, namentlich und wahrscheinlich auch mit Fotos. Doch wer selbst nicht teilnimmt, erfährt womöglich nicht davon und hat auch in diesen Foren keine eigene Stimme. Daher kann man zwar ein guter Markenbotschafter ohne einen einzigen Social-Media-Account sein. Es lohnt sich aber dennoch, zumindest darüber nachzudenken. Wenn grundsätzliche Vorbehalte gegen soziale Netzwerke bestehen, kann man dahinterschauen, was dem eigentlich zugrunde liegt. Denn die Abwehr kann ganz unterschiedliche Gründe haben. Handelt es sich mehr um einen allgemeinen, eher diffusen Widerwillen, sich mit dem Thema auseinanderzusetzen? Dann hört man häufig Sätze wie: »Das hat mich noch nie interessiert, es ist nicht meine Welt.« Sie finden pauschal, dass Social Media Zeitverschwendung sind – entweder weil sie schon Erfahrungen damit gesammelt haben oder weil das einfach ihre unverrückbare Meinung ist. Sie betrachten den Nutzen von Social-Media-Kommunikation als sehr fraglich. Sie haben Datenschutzbedenken oder sie befürchten, dass der Aufwand zusätzlich zu ihren bereits bestehenden Aufgaben nicht zu bewältigen ist (siehe dazu auch Kapitel 4.10 über typische Ängste).

Zugleich sollte im Corporate-Influencer-Kontext klar sein: Wir sprechen über professionelle Kommunikation, und professionelle Kommunikation ist heute ohne digitale Medien nicht mehr denkbar. Das gilt für die Unternehmenskommunikation. Aber es gilt eben auch für die professionelle persönliche Kommunikation. Selbst wer über kein einziges Profil in sozialen Netzwerken verfügt, nutzt auf die eine oder andere Weise längst digitale Medien – privat wie beruflich. Der Personenmarkenwert steigt, wenn Sie ihn auch mittels digitaler Präsenzen aktiv gestalten. Sie überlassen es nicht anderen, über Sie zu reden, sondern Sie sehen, wie andere über Sie sprechen. Sie haben die Möglichkeit, Einfluss zu nehmen und themenbezogen mitzudiskutieren. Und, nicht zu vergessen: Sie sind mit solchen Suchergebnissen auffindbar, die Sie selbst bestimmen, und nicht vielleicht mit einer Schultheateraufführung von 1998. Sie hinterlassen absichtsvoll Spuren im Netz und gestalten damit das digitale Bild Ihrer eigenen Person in der Öffentlichkeit mit.

Mitreden kann nur, wer es zumindest ausprobiert hat. Erst die aktive Teilhabe sowie die Erfahrung aus eigenem Erleben heraus erlaubt es, Aussagen über soziale Netzwerke zu treffen und diese zu beurteilen. Womöglich erweist das direkte Erleben ganz anderes, als die Vorstellung produziert hatte.

Wie könnte denn nun der Social-Media-Einstieg für bisherige Social-Media-Verweigerer aussehen? Beispielsweise, indem Sie zunächst einmal nur mitlesen und sich informieren. Sie könnten mit Alerts – zum Beispiel Google Alerts[105] oder Talkwalker Alerts[106] – automatisierte Suchen zu Ihrem Namen oder zu bestimmten Themen einrichten. Sie könnten – ohne direkt einen eigenen Account anzulegen – von Hand die Twitter-Suche oder die Suche in anderen sozialen Netzwerken nutzen. Sie könnten in Social Media ihren Arbeitgeber bewerten und unterstützen, beispielsweise indem sie auf der Bewertungsplattform kununu[107] eine Bewertung abgeben. Auch das ist Social Media.

Beginnen Sie mit dem Anlegen von Accounts nicht gleich auf Facebook, sondern legen Sie sich – falls noch nicht vorhanden – ein Profil bei LinkedIn oder XING an, das zunächst nur eine Art digitale Visitenkarte darstellt. Wählen Sie die Einstellung so, dass Ihre persönlichen Daten für Außenstehende maximal geschützt sind.

Wenn Sie aber als Social-Media-Einsteiger doch jetzt die nächsten Schritte in soziale Netzwerke gehen wollen, dann könnten die folgenden Vorschläge dabei helfen.

5.5.4 Als Markenbotschafter in sozialen Netzwerken: 12 Schritte für Einsteiger

Sehr viele Menschen sind heute bereits auf die eine oder andere Weise mit sozialen Netzwerken in Berührung gekommen – aber nicht alle haben dies bereits bewusst

105 https://www.google.de/alerts
106 https://www.talkwalker.com/de/alerts
107 https://www.kununu.com/

vollzogen und selbst aktiv gestaltet. Das gilt auch für solche Personen, die sich bereiterklärt haben, an einem Markenbotschafterprogramm teilzunehmen. Diese brauchen dann besondere Unterstützung beziehungsweise Weiterbildung. Die folgenden Schritte können dabei helfen – auch wenn Sie als Kommunikationsverantwortlicher andere Markenbotschafter im Unternehmen dabei unterstützen wollen.

Sie haben sich entschieden, sich in einem oder mehreren sozialen Netzwerken als Markenbotschafter sichtbar zu machen? Bevor Sie ein neues Profil anlegen oder in das bisher nur privat genutzte Profil den Arbeitgeber eintragen, sollten Sie für das weitere Vorgehen einige Dinge bedenken. Im Folgenden habe ich die aus meiner Sicht wichtigsten Überlegungen in zwölf Schritten zusammengefasst. Hier ist zu beachten: Besonders Menschen, die mit digitalen Medien noch wenig Erfahrung haben, steigen womöglich aber mit einer Reihe von Vorstellungen ein, die eher dem Hörensagen entspringen. Manchmal kann es dann eine Weile dauern, bis das Medium selbst nicht mehr so viel Aufmerksamkeit bindet. Im Übrigen sind gewisse Vorbehalte gesund und einem allzu unkritischen Aktionismus auf jeden Fall vorzuziehen. Dinge zu hinterfragen, sorgfältig mit eigenen Daten umzugehen und auch das eigene Verhalten immer wieder zu reflektieren: Das hilft nicht nur Markenbotschaftern und nicht nur in digitalen Medien.

Schritt 1: Rahmen und Möglichkeiten klären

Als Erstes sollten Sie den Rahmen im Unternehmen klären:

- Gibt es Social-Media-Guidelines, die mir Orientierung liefern?
- Wo habe ich Weiterbildungsbedarf und welche weiteren Informationen brauche ich zum Start?
- Gibt es Unterstützung und vielleicht sogar Weiterbildung im Rahmen eines Markenbotschafterprojekts?
- Wer hilft mir bei Rechtsfragen?
- Gibt es Kollegen, die ich als Vorbild nehmen könnte oder von deren Erfahrungen ich profitieren kann?
- Was ist sonst noch zu beachten?

Schritt 2: Die eigene Rolle festlegen

Die Personenmarke in sozialen Netzwerken ist nichts ohne ihr Umfeld. Wenn Sie sich authentisch präsentieren und entsprechend Ihren eigenen Werten kommunizieren, dann werden Sie auf ganz natürliche Weise zu einem für sie passenden Umfeld finden. Doch darüber hinaus sollten Sie sich einige Gedanken über Ihre Personenmarke machen und über die Art, wie Sie mit anderen interagieren. Dazu können Fragen wie die folgenden helfen:

- Was zeichnet mich persönlich aus, und wie bringe ich das zum Ausdruck?
- Mit wem will ich auf der ausgewählten Plattform kommunizieren?
- Welche gemeinsamen Werte sind mir wichtig?

- Was interessiert andere überhaupt, und wie generiere ich Nutzen?
- Wie kann ich zu einem größeren Ganzen beitragen?
- Welche meiner Inhalte sind eher privat, welche öffentlich?
- Welche Themen und Inhalte will ich hier behandeln?

Lesen Sie dazu auch die Kapitel über die persönliche Kommunikationsstrategie (Kapitel 5.4) sowie über das Konzentrische Lotsenmodell (Kapitel 5.4.2).

Schritt 3: Persönliche Grenzen definieren

Wie viel Persönliches oder gar Privates jemand preisgeben will: Da sind die Vorlieben ganz unterschiedlich, und hier kann es kaum allgemeine Ratschläge geben. Viele Personenmarken handhaben es so, dass sie den Grad der Privatheit über Privatsphäre-Einstellungen und Listen steuern und auch auf verschiedenen Plattformen unterschiedlich handhaben. Wurde beispielsweise das Facebook-Profil bisher nur privat genutzt, hilft es, mögliche vorhandene Kontakte noch einmal zu betrachten. Diese in verschiedene Listen[108] zu sortieren, kann dabei bereits die eigene Klarheit sehr unterstützen.

Eine solche Einteilung kann mit mehr oder mit weniger Aufwand erfolgen. Ich selbst handhabe es beispielsweise so, dass ich den Großteil meiner Postings »öffentlich« publiziere. Einen kleineren Teil verbreite ich mit der Einstellung »Freunde«. Nur für ganz spezielle Inhalte gibt es eine kleine Liste der engeren Freunde. Grundsätzlich würde ich aber trotzdem ohnehin nichts auf Facebook veröffentlichen, das nicht potenziell öffentlich sichtbar sein dürfte.

Schritt 4: Mit den Regeln und Funktionen vertraut machen

Hand aufs Herz: Lesen Sie sich stets ausführlich die Nutzungsbedingungen durch, bevor Sie sich auf einer Plattform anmelden? Mit bestimmten Grundregeln und den Privatsphäre-Einstellungen sollten Sie sich aber auf jeden Fall vertraut machen. Dazu gehören Antworten auf Fragen wie:

- Welche Möglichkeiten und Formen bietet diese Plattform?
- (Wie) kann ich beispielsweise meine Kontakte in Listen einteilen?
- Was ist rechtlich erlaubt und wo drohen Probleme?
- Welche Möglichkeiten gibt es, Inhalte mit anderen zu teilen?
- Wie funktionieren Kommentare?
- Wie direkt möchte ich erreichbar und ansprechbar sein – etwa über Messenger und private Nachrichten?

108 Mehr zu den Listen im Facebook-Hilfebereich: https://www.facebook.com/help/204604196335128/

Bei Facebook ist es beispielsweise möglich, Personen zwar als »Freunde« anzunehmen, aber zugleich aus dem privaten Bereich auszusperren. Wenn Sie Personen der »Eingeschränkt«-Liste hinzufügen,[109] sehen die Betreffenden nur Ihre öffentlichen Beiträge, nicht aber die Postings, die standardmäßig an Freunde gehen. Eine Information darüber erhalten diese nicht.

Bei Facebook, XING oder LinkedIn können Sie einstellen, ob Ihr Profil öffentlich durchsuchbar ist und wer welche persönlichen Daten von Ihnen sieht. Denken Sie unbedingt darüber nach, ob Sie die Listen Ihrer Kontakte für andere öffentlich sichtbar machen wollen – oder besser nicht.

Jedes soziale Netzwerk bietet unzählige Funktionen, auf die ich hier nicht im Einzelnen eingehen kann. Viele davon werden Sie mit der Zeit auch entdecken, indem Sie die Beiträge anderer beobachten. Zu den einzelnen Funktionen bieten die meisten Plattformen selbst einen umfassenden Hilfebereich an.

Schritt 5: Profil einrichten und ausbauen

Überarbeiten Sie zugleich mit den Privatsphäre-Einstellungen auch Ihr gesamtes Profil: die persönlichen Angaben, Informationen und gegebenenfalls die Verknüpfung mit Unternehmensseiten Ihres Arbeitgebers. Falls Sie bereits über einen Account verfügen und diesen nun bewusst in Ihre Personenmarkenstrategie als Markenbotschafter einsetzen möchten: Vielleicht wollen Sie Ihr Profilfoto und Ihr Titelbild austauschen, Ihre Biografie überarbeiten oder sogar ein Profilvideo hinzufügen. Nutzen Sie hierzu die zahlreichen Punkte aus der Tabelle im Kapitel 5.5.2 »Das Social-Media-Audit für Personenmarken«.

Schritt 6: Das eigene Netzwerk wiederfinden

Selbst wenn Sie auf Facebook, LinkedIn oder XING noch keinen einzigen Kontakt besitzen, finden Sie sicherlich viele Ihrer Geschäftspartner und Freunde hier wieder. Fügen Sie diese als Erste hinzu. Am besten senden Sie zu Kontaktanfragen auch jeweils eine persönliche Nachricht. So steigen Sie bereits mit einem kleinen Netzwerk in die eigenen Aktivitäten ein und können die Aktivitäten anderer beobachten. Finden kann man Menschen, indem man beispielsweise nach Namen sucht. Im direkten Umfeld kann man auch persönlich danach fragen, ob jemand auf der Plattform vertreten ist. Bei einer gemeinsamen Personenmarkenstrategie sollten sich die Firmenangehörigen gegenseitig vernetzen.

109 Mehr Informationen dazu im Facebook-Hilfebereich: https://www.facebook.com/help/204604196335128/

! **Tipp: Laden Sie nicht Ihr Adressbuch hoch!**

Vorsicht: Viele Plattformen bieten sehr offensiv die Funktion an, eigene Kontakte oder E-Mail-Verzeichnisse für einen Abgleich hochzuladen. Davon rate ich dringend ab!

Schritt 7: Weitere Kontakte aufbauen

Nach und nach können Sie ein größeres Netzwerk aufbauen. Sie werden beispielsweise vielleicht in den Kommentaren unter den Beiträgen von Freunden andere interessante Profile entdecken. Auch in den Vorschlägen, die das betreffende Netzwerk selbst macht, können sich alte und neue Bekannte finden. Je mehr Kontakte Sie haben, desto treffsicherer schlägt Ihnen die Plattform Personen vor, die Sie schon persönlich kennen könnten oder die im Netzwerk sehr nah an Ihnen dran sind. In Facebook-Gruppen zu gemeinsamen Interessen lassen sich ebenfalls neue »Freunde« finden. Vom regelrechten Kontaktesammeln möchte ich jedoch nochmals dringend abraten. Wenn Sie Menschen Kontaktanfragen schicken, dann schreiben Sie am besten eine Privatnachricht dazu. Und: Verzichten Sie bitte darauf, neue Kontakte dann gleich mit Seiteneinladungen und anderer Werbung zu nerven.

! **Tipp: Vorsicht vor gefälschten Profilen**

Eine gewisse gesunde Skepsis ist in sozialen Netzwerken immer angebracht, gerade dort, wo Sie sich mit Personen vernetzen, die Ihnen nicht persönlich bekannt sind. Nicht hinter jedem Profil steht die Person, die es behauptet zu sein. Häufig werden auch Profile realer Personen kopiert. Seien Sie also auch vorsichtig mit der Herausgabe persönlicher Informationen in Privatnachrichten und vergewissern Sie sich lieber einmal mehr, dass es sich hier tatsächlich um den Ihnen bekannten Menschen handelt. Sie selbst können sich davor schützen, dass jemand beispielsweise Ihre Facebook- oder XING-Kontakte mit einem gefälschten Profil und einer Betrugsabsicht anfragt, indem Sie Ihre Freundes- oder Kontaktliste so einstellen, dass nur Sie selbst sie sehen können.

Schritt 8: Gruppen entdecken

Die Rolle von Gruppen in sozialen Netzwerken wird oft unterschätzt. Dies gilt besonders für Facebook, mehr und mehr aber auch für LinkedIn-Gruppen. Fanpages wird in der Unternehmenskommunikation im Vergleich häufig weit mehr Bedeutung zugemessen. Tatsächlich gibt es gerade bei Facebook Gruppen für nahezu alle privaten, geschäftlichen und (gesellschafts-)politischen Interessen, soweit diese mit den Nutzungsbedingungen übereinstimmen. Auch viele Marken pflegen eigene Gruppen für Kunden, Geschäftspartner und andere Fans. Mitarbeitende von manchen Unternehmen finden sich hier zusammen, und es gibt kaum einen Studiengang an einer deutschen Hochschule, zu dem keine Facebook-Gruppe gehört. Hier kann man direkt mit anderen Menschen ins Gespräch kommen, die ähnliche Interessen teilen. Man kann einander helfen und auch Unterstützung bekommen. Jedes Mitglied kann Facebook-

Gruppen eröffnen. Um allerdings andere dafür zu gewinnen und so Aktivitäten zu erzeugen, braucht man auch hier zunächst eine eigene Vernetzung.[110]

Schritt 9: Zuhören, liken, gratulieren, kommentieren

Zuhören ist wichtiger als Sprechen: Wer nur aussendet, wird weniger gehört werden als derjenige, der sich für andere interessiert und deren Aktivitäten unterstützt. Das gilt für alle sozialen Netzwerke. Gerade wenn Sie einsteigen, sollten Sie zunächst vor allem mitlesen und zuschauen. Beginnen Sie damit, auf Beiträge zu reagieren, die Ihnen gefallen. So entwickeln Sie ein immer besseres Gefühl dafür, was Ihr Netzwerk interessiert und wie Sie sich selbst verorten. Wichtigste Regel auch hier: Nicht nerven! Das Konzentrische Lotsenmodell, das in Kapitel 5.4.2 vorgestellt wird, kann hier ebenfalls helfen.

Schritt 10: Eigene Geschichte(n) erzählen

Über die Zeit hinweg entspinnt sich aus Bildern, Texten, Videos, Links, vielleicht Live-Videos sowie der Interaktion mit anderen auf einer Plattform der rote Faden Ihrer ganz persönlichen Geschichte oder auch Ihrer beruflichen Expertise. Was Sie von sich preisgeben und was nicht, können Sie nur selbst entscheiden (und sich dazu auch Feedback von anderen holen). Auch für Markenbotschafter gilt: Je mehr Sie eigenes Engagement zeigen, desto mehr werden Sie andere interessieren. Was nicht gut funktioniert: plumpes Selbstlob, verdeckte Vorhaben oder Pseudofragen. Auch hier helfen der gesunde Menschenverstand und die eigene Lebenserfahrung dabei, ein realistisches Selbstbild zu entwickeln und ein adäquates Sozialverhalten auf die sozialen Medien zu übertragen.

Schritt 11: Gesamtbild überprüfen

Vergessen Sie nicht, von Zeit zu Zeit auf Ihre eigene Pinnwand zu schauen und zu überprüfen, welches Gesamtbild Ihrer Person sich über die Zeit hinweg entwickelt: »Bin ich das noch? Möchte ich so von anderen gesehen werden?« Auch hier ist es sehr sinnvoll, sich immer wieder ein Fremdbild von anderen einzuholen. Wenn Sie die »Leitfragen für angehende Lotsen« beantwortet haben, dann können die Antworten bei der Überprüfung helfen, ob Sie sich noch auf dem einmal eingeschlagenen Weg befinden.

Schritt 12: Aus Erfahrungen lernen

Das Wichtigste ist die eigene Erfahrung. Sie werden sehen, was bei anderen ankommt und was nicht. Sie werden beobachten, wie Sie auf andere reagieren. Eine Personenmarke entwickelt sich mit dem Menschen weiter, der dahintersteht, aber auch in der Interaktion mit anderen. Nutzen Sie die Werkzeuge aus diesem Buch sowie

110 Mehr zu Facebook-Gruppen im Hilfebereich: https://www.facebook.com/help/162866443847527/
Mehr zu LinkedIn-Gruppen im Hilfebereich: https://www.linkedin.com/help/linkedin/answer/12592

gegebenenfalls die Angebote des Markenbotschafterprogramms in Ihrem Unternehmen, um Ihre persönliche Social-Media-Strategie weiterzuentwickeln.

5.5.5 Von der Social-Media-Euphorie zum Social-Media-Frust: Typische Phasen

Ist die anfängliche Skepsis gegenüber sozialen Netzwerken einmal überwunden, stellt sich bei den Betreffenden oft Begeisterung ein. Es erschließen sich im Digitalen völlig neue Möglichkeiten. Resonanz und Sichtbarkeit steigen. Einerseits erfahren die Betreffenden plötzlich viel mehr Feedback, das oft erfreulich positiv ausfällt. Zum anderen gewinnen sie plötzlich Zugang zu unendlich vielen interessanten Inhalten. Dies kann dazu führen, dass mehr Zeit aufgewendet wird, als man sich ursprünglich vorgenommen hatte. Schnell sind beim Scrollen durch die sozialen Netzwerke ein paar Stunden verschwunden, die man eigentlich anders einsetzen wollte.

Doch da Social-Media-Kommunikation immer auch persönliches Engagement bedeutet, ist der erste Rückschlag oft nicht fern – der erste Konflikt in einer Diskussion, ein unerwünschter Kommentar, die schockierende Geisteshaltung, die ein Kontakt plötzlich offenbart. Oder ein Blogbeitrag, in den man besonders viel Herzblut gesteckt hat, erfährt keinerlei Resonanz oder wird von einem Leser verrissen. Wer (zu) viel Zeit in das soziale Netzwerken investiert, wird womöglich nach der Euphorie eine erste Frustphase erleben. Dies ist durchaus typisch. Jetzt gilt es, einen Schritt zurückzutreten und einmal innezuhalten. Vielleicht sind die eigenen Kommunikationsziele aus dem Blickfeld verschwunden, oder eine anfangs noch vorhandene gewisse sachliche Distanz ist verlorengegangen. Vielleicht hat sich die eingangs gewählte Balance zwischen privat und professionell zu sehr zum Persönlichen hin verschoben.

Dass bestimmte Aktivitäten phasenweise ausgeprägter oder weniger ausgeprägt sind, gehört zum Leben ebenso dazu wie zur Beziehungspflege in sozialen Netzwerken. Jeder braucht von Zeit zu Zeit Ruhephasen. Diese sollten Sie sich selbst unbedingt gönnen. Nicht empfehlenswert dagegen sind Kurzschlussreaktionen aus Frust, wie ein Löschen des gerade erst mit viel Aufwand aufgebauten Accounts im Affekt. In unserem Zusammenhang, also der professionellen Repräsentanz von Markenbotschaftern im Web, sollte ein gewisser Grad an professioneller Distanz zur eigenen Rolle und zur eigenen Kommunikation bestehen bleiben. Im Zweifel hilft es, eine Social-Media-Pause einzulegen. Niemand verliert seine Sichtbarkeit und gibt sein Netzwerk auf, nur weil er einmal ein paar Tage nicht auf Facebook, Twitter oder XING präsent ist.

Auch Urlaubs- und andere Auszeiten können und sollten Sie sich gönnen. Wie weit Sie mit Ihrer Online-Abstinenz in den Ferien gehen oder inwiefern Sie an Abenden und am Wochenende den sozialen Netzwerken fernbleiben, bleibt dabei den persönlichen

Vorlieben überlassen; und auch diese können sich ändern. Zwingen Sie sich weder selbst zu einer »Immer-online-Strategie« noch lassen Sie sich von anderen einreden, dass ein erholsamer Urlaub im kompletten Offline-Modus erfolgen müsste. Finden Sie zu Ihrer ganz eigenen Online-Strategie und entwickeln Sie diese weiter. Die Werkzeuge aus diesem Buch helfen Ihnen dabei. Zusätzlich kann ein Feedback von außen helfen – im Kollegenkreis, im Netzwerk, in der eigenen Markenbotschafter-Community.

Die Reputationsskala: Vom Monitoring zum Management

!

Wer in der Flut der Angebote und Möglichkeiten, sich als Personenmarke zu verwirklichen, unterzugehen droht, tut gut daran, für sich selbst eine schrittweise Vorgehensweise zu entwickeln. Doch wie trifft man, abgestimmt auf die eigenen strategischen Ziele ebenso wie auf die zur Verfügung stehenden Ressourcen, die richtigen Entscheidungen? Was dürfen Sie auf keinen Fall außer Acht lassen, und wie bauen Sie Ihre Strategie Schritt für Schritt so aus, dass Sie den Überblick behalten? Die **Reputationsskala** ist ein zusätzliches Tool, das auf der Buch-Website verlinkt ist. Eine ausführliche Anleitung zur Anwendung der Reputationsskala gibt es im PR-Doktor.[111] Sie bietet eine skalierte Vorgehensweise an und ermöglicht Ihnen zugleich, sich aktuell zu verorten und perspektivisch auszurichten.

5.6 (Wie) lässt sich der Wert einer Personenmarke messen?

Wie fasst man den Erfolg einer Marke, einer Strategie, einer Maßnahme, eines einzelnen Inhalts sinnvoll in Zahlen? Welches sind die relevanten, aussagekräftigen Werte? Gibt es kritische Massen, etwa bei der Anzahl der Kontakte? Wie viele Facebook-Freunde brauche ich beispielsweise für meine Sichtbarkeit? Was ist sonst noch in diesem Zusammenhang zu bedenken? Das Thema KPI (Key Performance Indicator), also Messgrößen für den Erfolg von Strategien und Maßnahmen, ist sehr komplex.

Letztlich ist – auf Unternehmen bezogen – der wichtigste Indikator dafür, ob die Unternehmenskommunikation erfolgreich ist, dass die betreffenden strategischen Ziele erreicht werden. Meistens lässt sich dies in Umsatz- und Gewinnzahlen beschreiben. Doch bis dahin gibt es eine riesige Zahl von Messwerten, die Hinweise darauf liefern, ob man sich auf dem richtigen Weg befindet. So sollten beispielsweise beim Aufbau einer Contentstrategie die Zugriffszahlen auf die Inhalte steigen; und anhand der Zugriffszahlen oder anderer Werte wie der Verweildauer zeigt sich, welche Inhalte besser spielen als andere. Immer muss die qualitative Bewertung hinzukommen: Was nützen Hunderttausende Likes, wenn sie nicht von den Richtigen kommen? Was nützen massenweise Klicks auf einen Inhalt, wenn dieser nicht konvertiert, also weder

111 »Die Reputationsskala: In sieben einfachen Schritten zur digitalen Personenmarke«, in: PR-Doktor, https://www.kerstin-hoffmann.de/pr-doktor/reputationsskala-sieben-schritte-erfolgreiche-personenmarke/

weitere Handlungen auslöst noch einen einzigen Interessenten hervorbringt? Übertragen auf eine Personenmarke: Was nützen sehr viele »Freunde«, wenn sie bloß angesammelt werden, wenn keine echten Beziehungen entstehen und wenn kein einziger Meinungsbildner darunter ist?

Mehr noch als in der Gesamtkommunikation muss die Erfolgsmessung im Personal Branding qualitativ erfolgen. Der eine wird mit 200 Facebook-Freunden direkt zum Erfolg einer Marke ebenso wie zur Sichtbarkeit der eigenen Personenmarke beitragen, weil er diese Kontakte intensiv persönlich pflegt. Die andere hat ein Vielfaches an Kontakten, weil die eigene Personenmarke in einem größeren Personenkreis bereits Meinungsführerschaft besitzt. Für eine gewisse Sichtbarkeit muss man auch als Personenmarke bestimmte kritische Massen erreichen. Doch wo diese liegen, ist individuell extrem verschieden. Deswegen möchte ich Ihnen im Folgenden einige kurze Überlegungen zum Wert von Personenmarken mitgeben und einige mögliche KPI ansprechen, mit denen Sie sich näher befassen könnten.

Werte und Wert in sozialen Netzwerken
Ein Netzwerk, eine Community aufzubauen kostet Zeit und Aufwand. Doch allein über Zahlen kann man den Wert eines persönlichen Social-Media-Accounts nicht bewerten. Werte spielen hier eine größere Rolle als ein vielleicht sogar in Zahlen zu beschreibender Wert. Gleichwohl herrscht gerade in beruflichen Netzwerken eine zumeist unausgesprochene Übereinkunft, dass der Austausch zu dem (auch wirtschaftlichen) Erfolg der Beteiligten beiträgt. Eine gemeinsame Markenbotschafterstrategie erzeugt Unternehmens- und Markenwerte in vielerlei Hinsicht und steigert zugleich auch den Wert der beteiligten Personenmarken.

Mir gefallen allerdings die Begriffe »Erfolg«, »Reichweite« oder »Sichtbarkeit« besser als der Begriff »Wert«, wenn es um Personenmarken geht. Denn Personen können keinen unterschiedlichen Wert besitzen. Jeder Mensch ist gleich viel wert!

Kritische Massen: Wie viele Kontakte brauche ich eigentlich?
Dass das bloße Sammeln von Kontakten, Fans und Freunden in sozialen Netzwerken in den meisten Fällen wenig bringt, haben wir bereits geklärt. Je weniger Beziehungen zu den Menschen hinter den Profilen besteht, desto weniger Interaktion wird man auslösen. Eine Facebook-Fanpage mit vielen Fans, die mit der Seite wenig interagieren, ist nahezu wertlos, weil unsichtbar. Das gilt auch für persönliche Profile, etwa auf Facebook: Wer seine Beziehungen nicht aktiv pflegt, wird kaum wahrgenommen. Dennoch gibt es auch im digitalen Raum gewisse kritische Massen, die erreicht sein müssen, bevor ein Markenbotschafter als solcher wahrgenommen wird. Konkrete Zahlenziele kann man hier jedoch nicht empfehlen. Reichweite und Meinungsführerschaft haben nur bedingt etwas mit absoluten Zahlen zu tun. Jemand kann in einem kleinen Kreis anderer Meinungsbildner sehr gut vernetzt sein und so über deren Reichweite eine

große Sichtbarkeit erzielen. In einem Branchensegment, in dem nur sehr wenige große Kunden für den Umsatz sorgen, ist es unter Umständen wichtiger, mit diesen vernetzt zu sein, als anderswo Tausende »Fans« zu haben.

Von außen, wenn man eben die Kontaktannahme-Politik einer Personenmarke nicht kennt, lassen sich anhand von Zahlen kaum Aussagen über die Bedeutung dieser Person und des Accounts treffen. Ein angeblicher »Influencer«, der weniger als die 150 bis 250 Kontakte der sogenannten Dunbar-Zahl[112] aufweist, erscheint anderen wahrscheinlich eher als unglaubwürdig in dieser Rolle. Ein Social-Media-Verantwortlicher, dessen Twitter-Followerzahlen auch Jahre nach Eröffnung des Accounts noch im zweistelligen Bereich liegen, macht ganz sicher etwas falsch.

Aus der Innensicht desjenigen, der eine Personenmarkenstrategie plant und umsetzt, lassen sich dagegen mehrere Indikatoren bewerten. Zunächst einmal hilft auch die Betrachtung des Umfeldes und wiederum dessen Zahlen. Mit anderen Worten: Die Reichweite eines eigenen Netzwerkkontakts trägt zur eigenen Reichweite bei. Bei Persönlichkeiten selbst in Teilöffentlichkeiten sind schnell vierstellige Zahlen von Kontakten erreicht, es sei denn, der oder die Betreffende unterwirft sich hier absichtsvoll einer Beschränkung, etwa auf gute persönliche Bekannte. Empfehlen würde man eine solche starke Beschränkung bei öffentlichen Personen aber wahrscheinlich nicht – zumindest dann nicht, wenn die Personenmarke Sichtbarkeit als Corporate Influencer anstrebt. Entscheiden und beurteilen kann es der oder die Betreffende aber nur selbst, und danach richtet sich dann auch die Beurteilung der Zahlen.

Reaktionen, Kommentare, Retweets: KPI für Personenmarken

Typische Key Performance Indicators (KPI), also Schlüsselindikatoren für den Erfolg einer Personenmarke in sozialen Netzwerken, sind beispielsweise:

- **Aufrufe** eines Inhalts: etwa **Views** eines Videos oder **Downloads** eines Podcasts
- **Likes** (Reactions) also einfach Reaktionen per Klick (Deren Form/Bezeichnung ist in jedem Social Network anders.)
- **Mentions**, das heißt Erwähnungen etwa des eigenen (Nutzer-)Namens durch andere
- **Kommentare**, also Antworten auf einen Inhalt in dem betreffenden Social Network
- **Shares** (Retweets oder Ähnliches), also die Weiterverbreitung des eigenen Postings durch andere
- **Konversion**, sprich: Folgehandlungen, etwa Klick auf einen Link; dies lässt sich meist nur im Zielmedium messen und nicht auf der Fremdplattform selbst
- **Fans, Follower, Kontaktanfragen** durch andere Nutzer

---

112 Vgl. Saramäki, Leicht et al.: »Persistence of social signatures in human communication«, in: Crossmark, 11. November 2013, http://www.pnas.org/content/111/3/942; vgl. Dambeck, Holger: »Soziale Netzwerke verdrängen alte Freunde«, in: Spiegel online Wissenschaft, 7. Januar 2014, http://www.spiegel.de/wissenschaft/mensch/psychologie-neue-freunde-verdraengen-alte-freunde-a-941971.html

Ebenso gehören dazu aber auch:

- **Erwähnungen der Person sowie Zitate** in Blogs und sozialen Netzwerken, abgekoppelt vom direkten Zusammenhang mit einem Nutzernamen
- **Direkte Kontaktaufnahmen** wie etwa Interviewanfragen und, je nach Ausrichtung der Personenmarke, beispielsweise auch Vortragsanfragen

Mit steigenden eigenen Aktivitäten sowie der steigenden Zahl der Kontakte sollte auch die Zahl der Reaktionen beziehungsweise Interaktionen steigen. Geschieht dies nicht, läuft in der Personenmarkenstrategie wahrscheinlich etwas falsch. Die Zahlen liefern dann erste Hinweise darauf, dass Ursachenforschung erfolgen muss – diese wiederum erfolgt dann aber qualitativ.

Allerdings zeigt sich häufig, dass die Zahl der Interaktionen in Relation zu der steigenden Zahl der Kontakte generell eher sinkt. Das liegt darin, dass in einem kleinen Kreis die Bindungen enger und die Verbindlichkeit größer sind. Mindestens so bedeutsam wie die quantitative Messung ist die qualitative Einordnung:

- **Wer klickt auf etwas? Wer empfiehlt etwas weiter?**
  Erwähnungen durch bekannte Meinungsbildner erzeugen mehr Reichweite als die anderer Nutzer.
- **Wie ist die Stimmung der Kommentare?**
  Die sogenannte Sentiment-Analyse bewertet, ob eine Erwähnung oder ein Kommentar positiv, neutral oder negativ ist. Ohne eine solche Unterscheidung würde man beispielsweise die massenweise Erwähnung einer Marke in einem Shitstorm ebenfalls als Erfolg verbuchen.
- **Welche weiteren Reaktionen ergeben sich daraus?**
  Wie werde ich also beispielsweise in direkten Begegnungen darauf angesprochen, wie ist das Feedback?
- **Wie trägt dies insgesamt zur positiven Wahrnehmung und Reputationssteigerung der Personenmarke bei?**
  Hier geht es um das komplexe Bild einer Personenmarke über längere Zeit und über alle Medien hinweg.

Über die Resonanz, die die Inhalte einer Personenmarke erzielen, entscheiden mehrere verschiedene Faktoren, über die wir bereits gesprochen haben, beispielsweise:

- Wie viele Kontakte hat der- oder diejenige?
- Wie gut pflegt er oder sie diese Kontakte insgesamt?
- Wie gut pflegt der Betreffende die Beziehungen seines inneren Kreises?

- Wie hoch ist der Anteil relevanter anderer gut sichtbarer Meinungsbildner unter diesen Kontakten?
- Wie aktiv ist derjenige insgesamt auf der betreffenden Plattform?
- Wie wertvoll sind die Inhalte in Bezug auf den Nutzen für die betreffende Community?

Die Qualität von Beziehungen lässt sich also nur sehr bedingt in Zahlen fassen. Aber die quantitative Messung liefert ganz entscheidende Indizien dafür, ob Wahrnehmung und Reichweite steigen und die eigene Vorgehensweise erfolgreich ist.

6 Markenbotschafter und Rechtsfragen: Antworten von Rechtsanwalt Dr. Thomas Schwenke

Rechtssicherheit ist ein entscheidender Erfolgsfaktor für jede Markenbotschafterstrategie. Rechtliche Klärung und Begleitung sind, wie wir an vielen Stellen in diesem Buch gesehen haben, unverzichtbar. In diesem letzten Kapitel des Buchs beantwortet der Rechtsanwalt Dr. Thomas Schwenke umfassend die wichtigsten Fragen rund um das Thema Corporate Influencer.

Dr. jur. Thomas Schwenke, LL.M. commercial (UoA), Dipl.FinWirt (FH), ist Rechtsanwalt in Berlin, berät international Unternehmen sowie Agenturen im Marketingrecht und ist Datenschutzsachverständiger, zertifizierter Datenschutzbeauftragter und Datenschutz-Auditor sowie Referent, Blogger, Podcaster und Buchautor. Mehr Informationen: https://drschwenke.de

Wenn man mit Mitarbeiterinnen und Mitarbeitern spricht, die sich als Markenbotschafter für ihren Arbeitgeber engagieren wollen oder sollen, dann erlebt man oft große Vorbehalte gegenüber der Nutzung von Social Media. Das hat mich anfangs sehr erstaunt. Denn viele der Betreffenden sind privat schon in sozialen Netzwerken präsent, kommunizieren privat oder sogar dienstlich mittels Messengern. Doch viele haben Bedenken, sich auf größeren Plattformen und auch in Mikronetzwerken als Markenbotschafter zu engagieren. Fragt man nach den Gründen, werden oft rechtliche Befürchtungen geäußert: Die Datenschutz-Diskussionen der letzten Monate und Jahre sorgen für Unsicherheit. Mitarbeitende haben zum einen Angst, sie könnten vom Arbeitgeber rechtlich belangt werden, wenn sie sich im Ton vergreifen oder etwas äußern, was nicht zur offiziellen Unternehmenspolitik passt. Umgekehrt fürchten sie aber auch Abmahnungen etwa wegen Schleichwerbung, für die sie dann persönlich geradestehen müssten. Wie berechtigt sind solche Ängste und warum?

Dr. Thomas Schwenke (TS): Nach meiner Erfahrung ist es sinnvoll, achtsam zu sein, aber Ängste sind nicht berechtigt. Ich kenne kein Unternehmen, bei dem ein Corporate-Influencer-Programm zu rechtlich unerwünschten Folgen führte. Ganz im Gegenteil kann man sagen, dass geschulte Mitarbeiterinnen und Mitarbeiter das Risiko von Rechtsverstößen erheblich senken.

Die Angst im Zusammenhang mit Corporate Influencern ist vor allem bei Rechtsabteilungen anhand der Nähe zu dem Privatleben der Arbeitnehmerinnen und Arbeitnehmer zu erklären. Das ist ein kritischer Bereich, in dem ein Arbeitgeber nur in einem sehr eingeschränkten Rahmen Regelungen treffen und wirksam Verträge mit Arbeitnehmern treffen darf. Solange es an positiven Gerichtsentscheidungen oder einer längeren Übung ohne Vorfälle mangelt, müssen die Juristen sogar von Berufs wegen die Risiken anmahnen. Wichtig ist jedoch, dass sie auch die möglichen wirtschaftlichen Folgen kennen, damit diese mit den Vorteilen eines Corporate-Influencer-Programmes abgewogen werden können.

Wenn ein Unternehmen eine Markenbotschafterstrategie oder ein Markenbotschafterprogramm aufsetzt: An welche rechtlichen Punkte sollten die Verantwortlichen unbedingt denken?

TS: Zum einem sollte bedacht werden, dass eine sinnvolle Corporate-Influencer-Strategie einen zeitlichen Mehraufwand für die Beteiligten mit sich bringt. Das heißt Mitarbeitende sollten einen zeitlichen oder finanziellen Ausgleich unter Berücksichtigung der übrigen Regelungen, zum Beispiel zu Überstunden, erhalten.

Des Weiteren muss auch der zusätzliche Grad der Kontrolle über die Arbeitnehmer berücksichtigt werden. Der Arbeitgeber kann beispielsweise Informationen über den Aufenthaltsort sowie private Gewohnheiten des Arbeitnehmers oder auch zu seiner Social-Media-Performance erhalten. Diese Kontrollmöglichkeiten müssen entweder bei Individualvereinbarungen mit genannt oder ansonsten mit dem Betriebsrat, Personalrat oder einer sonstigen Personalvertretung vereinbart werden.

Wenn Mitarbeitende private Accounts einsetzen, sollten Vereinbarungen im Hinblick auf die Haftung, Inhaberschaft, das Impressum und die Datenschutzhinweise geschlossen werden. Nicht zuletzt müssen die Corporate Influencer geschult und mit klaren Regeln ausgestattet werden.

Wenn sich eine Mitarbeiterin oder ein Mitarbeiter eines Unternehmens als Markenbotschafter engagiert und auch in sozialen Netzwerken zeigen will: An welche rechtlichen Punkte sollte der oder die Betreffende persönlich unbedingt denken?

TS: Schon um auch selbst unnötige Rechtsstreitigkeiten zu vermeiden und die eigenen Rechte zu sichern, muss der Betreffende an dieselben Fragen denken wie der Arbeitgeber. Falls der Arbeitgeber die Punkte nicht von sich aus regelt, sollte der Mitarbeiter oder die Mitarbeiterin sie von sich aus vorschlagen. Meines Erachtens kann ein solcher Vorschlag nur positiv gewertet werden, weil er von Eigeninitiative und Verantwortungsbewusstsein zeugt.

Gibt es für Arbeitgeber oder Arbeitnehmer besondere Fallstricke, die oft übersehen werden?

TS: An sich gibt es keine Fallstricke. Der einzige Fallstrick ist, als Arbeitgeber den möglichen Werbeaktivitäten von Mitarbeitenden in Social Media gar keine Beachtung zu schenken und so die eigene Mithaftung zu riskieren.

Ansonsten wird häufig nicht daran gedacht, dass geschäftlich genutzte Social-Media-Profile von Corporate Influencern ein Impressum und einen Datenschutzhinweis enthalten sollten. Hier empfehle ich Links zu den jeweiligen Informationstexten des Arbeitgebers zu setzen. Im Impressum sollte dann im Optimalfall gesagt werden, dass das Impressum auch für die Arbeitnehmer, die als Corporate Influencer tätig sind, gelten.

So wurde zum Beispiel ein Autohaus abgemahnt, dessen Mitarbeiter Autoangebote in seinem privaten Profil vorstellte. Dabei meinte das Gericht, dass es sich um geschäftliche Werbung handelte und die Verbrauchs- sowie Emissionswerte als auch ein Impressum hätten angegeben werden müssen.[113]

Ferner sollte vertraglich vereinbart werden, dass der Arbeitgeber im Innenverhältnis nur für die im Rahmen der Arbeitstätigkeit verfassten Beiträge haftet. Dagegen sollte der Arbeitgeber für rein privat motivierte Verstöße haften.

Stichwort Schleichwerbung: Wann kann dieser Sachverhalt eintreten, wenn sich jemand als Markenbotschafter betätigt? Kann das überhaupt passieren?

TS: Schleichwerbung umschreibt geschäftlich motivierte Aussagen, die bei den Lesern oder Betrachtern wie private, das heißt wirtschaftlich unbeeinflusste Handlungen ankommen. Das kann bei Corporate Influencern schnell der Fall sein. Wenn Corporate Influencer mit ihren Postings ihren Arbeitgeber unterstützen, die Beziehung zu dem Arbeitgeber jedoch nicht erkennbar ist, kann eine derartige Situation eintreten. Diese Art der Schleichwerbung kann durchaus schon beim Teilen von Beiträgen des Arbeitgebers angenommen werden.

Wenn ein Arbeitnehmer beispielsweise ein Social-Media-Posting des Arbeitgebers im eigenen Profil teilt: Reicht es dann, dass irgendwo in der Selbstbeschreibung steht, dass man für dieses Unternehmen arbeitet? Oder muss man jedes Posting kennzeichnen?

TS: Meines Erachtens wird die Kennzeichnung im Profil allein nicht ausreichen. Denn die Beiträge können für sich in einer Timeline auftauchen. Das gilt zumindest dann, wenn jedermann die Postings aufrufen kann, sie also nicht nur bestätigten Kontakten, Freunden oder Followern zur Verfügung stehen. Man sollte also schon bei geteilten Beiträgen auf die Verbindung zum Arbeitgeber, zum Beispiel mit Begleittexten, wie »Von meinem Arbeitgeber: …« oder »News aus meiner Firma« oder ähnlich hinweisen. Auch die Begriffe »Werbung« oder »Anzeige« sind möglich. Sie werden jedoch eher

113 LG Freiburg Az. 12 O 83/13.

ungerne verwendet, weil sie nach professioneller Werbung und nicht nach Corporate Influencern klingen.

Stichwort private oder geschäftliche Nutzung: Wenn jemand sein (bisher) privates Profil für berufliche Themen nutzt, ab wann ist es nicht mehr privat, und welche Pflichten ergeben sich daraus?

TS: Bereits ab dem ersten Posting kann sich ein Rechtsverstoß ergeben, für den der Arbeitnehmer und der Arbeitgeber haften. Dabei wird es auf die Art der Postings und die Ansichten entscheidender Richterinnen und Richter ankommen. Maßgeblich wird die Frage sein, ob Mitarbeiter mit einem Posting eigene berufliche Interessen oder geschäftliche Interessen des Arbeitgebers verfolgen.

Zu eigenberuflichen Interessen des Mitarbeiters gehören zum Beispiel die persönliche Weiterbildung und Karriere sowie ein persönlicher Umgang mit Kollegen. Dabei können sich auch bei solchen Beiträgen durchaus absatzfördernde Vorteile für den Arbeitgeber ergeben. Allerdings müssen diese Vorteile den eigenberuflichen Aussagen untergeordnet und deren unvermeidbare Folge sein, um als eigenberuflich zu gelten.

So ist ein Beitrag, in dem ein Mitarbeiter über sein berufliches Fortkommen oder persönliche Erfahrungen, die er bei der Beteiligung an einem betrieblichen Projekt gesammelt hat, noch als eigenberuflich zu bewerten. Ein zusätzlicher Verweis auf die Möglichkeiten, das Produkt zu erwerben, wäre jedoch nicht mehr eigenberuflicher Natur und würde alleine der Absatzförderung des Arbeitgebers dienen. Dadurch wäre der Beitrag insgesamt als geschäftlich zu betrachten. Auch wenn Mitarbeiter ihre Profile als Service-Kanal nutzen und Anfragen zu Produkten des Arbeitgebers beantworten, handeln sie geschäftlich.

Kann man umgekehrt verhindern, dass ein eigenes Profil als geschäftliches anzusehen ist, und wenn ja, wie? Anders gefragt: Kann jemand im privaten Profil gelegentlich Informationen oder Links des Arbeitgebers teilen und nicht unter die Impressumspflicht fallen?

TS: Ausgehend von der Rechtsprechung ist zumindest in Deutschland eher davon auszugehen, dass Gerichte eine Impressumspflicht sehr schnell fordern werden. Praktisch betrachtet ist aber die Wahrscheinlichkeit gering, dass jemand wegen einiger weniger Shares von Beiträgen des Arbeitgebers abgemahnt wird. Das müsste schon ein Mitbewerber mitbekommen, und dieser müsste auch noch abmahnwillig sein. Werden allerdings Produkte des Arbeitgebers direkt angepriesen, dann steigt das Risiko erheblich.

Ferner ist anzumerken, dass die manchmal zu findenden Hinweise »privates Profil«, »alle Meinungen sind privater Natur« oder Ähnliches allenfalls eine Intention von Mitarbeitern darstellen kann. Der Hinweis kann jedoch eine faktisch vorliegende Geschäftlichkeit nicht aufheben, da der Schutz der Verbraucher und datenschutzrechtlich Betroffener nicht zur Disposition der Corporate Influencer steht.

Ein Angestellter, der sich in seinen Profilen für den Arbeitgeber engagiert hat, wechselt den Job und fängt bei einem anderen Unternehmen an. Kann er sein Profil und alle Inhalte mitnehmen? Kann der bisherige Arbeitgeber verlangen, dass er bestimmte Inhalte löscht? Was ist dabei noch zu bedenken?

TS: Es ist möglich, all diese Optionen rechtlich zu vereinbaren. Bringt der Arbeitnehmer einen eigenen Account mit ein, dann wird im Regelfall vereinbart, dass er den Account behält. Wird keine Vereinbarung getroffen, dann wird sich ein Gericht eher pro Arbeitnehmer aussprechen. Das heißt, wenn der Arbeitgeber nicht die Inhaberschaft am Account nachweisen kann, dann wird er keine Rechte und keinen Einfluss auf die Accounts der Arbeitnehmer haben. Indizien für die Accountinhaberschaft des Arbeitgebers sind zum Beispiel die Registrierung des Accounts im Rahmen der Arbeitszeit oder die Verwendung einer betrieblichen E-Mail-Adresse. Eine Vereinbarung ist für Arbeitgeber jedoch weitaus sicherer, als auf Indizien zu vertrauen.

Wenn ein Markenbotschafter wegen einer Aussage oder eines Postings rechtlich belangt wird: Ist das dann allein sein Problem? Oder ist der Arbeitgeber mit in der Haftung, zumindest, sobald es im Rahmen eines Markenbotschafterprogramms geschieht?

TS: Wenn ein Arbeitnehmer zugunsten des Arbeitgebers handelt und gegen das Gesetz verstößt, dann wird im Regelfall der Arbeitgeber in Anspruch genommen. Der Arbeitgeber verspricht zum einen eine höhere Solvenz. Zum anderen ist es angesichts potenzieller Außenwirkung moralisch vertretbarer, gegen den Arbeitgeber vorzugehen.

In derartigen Konstellationen haftet der Arbeitgeber unabhängig vom eigenen Verschulden für die Beiträge der zu seinen Gunsten handelnden Arbeitnehmer. Handeln die Arbeitnehmer zumindest fahrlässig, das heißt ohne die nötige Sorgfalt, dann kann der Arbeitgeber theoretisch einen Ersatz seiner Unkosten verlangen. Dabei gilt: Je geschulter und instruierter die Arbeitnehmer sind, desto eher handeln sie fahrlässig.

Zu empfehlen ist in jedem Fall, dass ein Arbeitgeber sofort involviert wird. Das kann zum Beispiel dadurch sichergestellt werden, dass der Arbeitgeber im Impressum des Accounts der Corporate Influencer genannt wird.

Wie formuliert man eine Erlaubnis für einen Corporate Influencer, für das Unternehmen zu sprechen, und in welcher Form sollte sie vorliegen?

TS: Die Erlaubnis sollte als Ergänzung zum Arbeitsvertrag unter Einbeziehung der Personalabteilung, PR-/Marketing-Abteilung, der Rechtsabteilung und, soweit vorhanden, des Betriebsrates beziehungsweise einer anderen Personalvertretung, des Datenschutzbeauftragten und der direkten Vorgesetzten erfolgen. Denn die Kompetenzbereiche all dieser Stellen werden berührt.

Was den Inhalt angeht, so sollten in jedem Fall Regelungen zum Umfang, zur Art der Postings sowie den Netzwerken, auf denen Corporate Influencer tätig werden, getroffen werden. Auch Regelungen zur Inhaberschaft an den verwendeten Accounts sowie der Erfüllung der Impressumspflicht als auch der Haftung sollten geregelt werden. Ferner wird mit der geschäftlichen Nutzung der Accounts auch die Datenschutz-Grundverordnung (DSGVO) einschlägig sein, da Mitarbeiter sich dann nicht mehr auf die Ausnahme »ausschließlich persönlicher und familiärer« Nutzung berufen können. Das bedeutet, es müssen ebenfalls datenschutzrechtliche Vereinbarungen getroffen werden. Diese können von einer einfachen Verpflichtung auf die Beachtung der Datenschutzvorgaben bis zur Vereinbarung über gemeinsame datenschutzrechtliche Verantwortlichkeit reichen.

Social-Media-Guidelines sind ja in der Regel eher Empfehlungen für die Unternehmensangehörigen, wie sie sich in den sozialen Netzwerken am besten verhalten. Sie können auch dabei helfen, bereits vorhandene Regeln etwa aus dem Arbeitsvertrag oder betriebliche Regeln – beispielsweise Geheimhaltungsvereinbarungen – noch einmal bewusst zu machen und auf digitale Medien zu übertragen. Gibt es darüber hinaus rechtliche Aspekte, die bei der Erstellung solcher Leitlinien zu bedenken sind?

TS: Eine Vereinbarung zwischen Arbeitgebern und Arbeitnehmern sollte auf jeden Fall juristisch geprüft werden. Schon aufgrund der Überlegenheitsposition eines Arbeitgebers muss sichergestellt werden, dass erst gar kein Anschein einer zulasten des Arbeitnehmers intransparenten oder sonst unfairen Regelung aufkommt.

Meines Erachtens sollte man jedoch zweigleisig fahren: zum einen mit arbeitsvertraglichen Regelungen und zum anderen mit verständlich und einfach gefassten Instruktionen oder Anleitungen. Kein Vertrag schützt vor Haftung, wenn Arbeitnehmer vermeidbare Fehler begehen.

Kann ein Unternehmen alle Beschäftigten verpflichten, Profile auf einer Plattform anzulegen, beispielsweise auf XING oder LinkedIn?

TS: Nein, das Unternehmen kann Arbeitnehmer nicht auffordern, unter deren eigenen Namen Accounts anzulegen. Eine Ausnahme kann nur dann vorliegen, wenn ein solcher Account wirksam als Teil der Arbeitsleistung vereinbart wird. Dabei wird es vor allem darauf ankommen, ob die Arbeitnehmer vor möglichen Folgen geschützt sind, zum Beispiel durch Haftungsübernahme, und ob sie freiwillig handeln. Darüber sollten sie schriftlich belehrt werden.

Kann ein Unternehmen seinen Mitarbeitenden verbieten, Profile auf einer Plattform anzulegen, beispielsweise auf XING oder LinkedIn, oder sich in allen oder in bestimmten sozialen Netzwerken als Unternehmensangehörige zu zeigen? Was kann er verbieten, was nicht?

TS: Das Anlegen von Accounts kann der Arbeitgeber nicht verhindern. Auch wird er im Regelfall nicht verhindern können, dass er als Arbeitgeber angegeben wird. Ausnahmen können vorliegen, wenn ein besonderes Interesse des Arbeitgebers vorliegt und dies wirksam vereinbart wurde. Denn es stellt einen Nachteil für Arbeitnehmer da, wenn sie privat ständig darauf achten müssen, ihre Arbeitgeber nicht preiszugeben. Ein solches besonderes Interesse ist zum Beispiel im Sicherheitssektor oder in bestimmten wirtschaftlichen Konkurrenzkonstellationen vorstellbar.

Ferner kann ein Unternehmen private Handlungen untersagen, die zum Nachteil des Unternehmens führen können. Es ist zwar nicht erlaubt, private Accounts von Beschäftigten zu überwachen. Allerdings können und müssen Arbeitgeber in manchen Fällen sogar tätig werden, wenn ihre Mitarbeitenden sich in der Öffentlichkeit ungebührlich oder gar strafwidrig verhalten. Dabei können sie ihnen zwar auch strafbare private Ansichten nicht untersagen. Unternehmen können jedoch je nach Schweregrad Mitarbeiterinnen und Mitarbeitern kündigen. Eine Kündigung ist vor allem dann möglich, wenn die Betreffenden in der Öffentlichkeit strafbare Ansichten kundtun. Das gilt vor allem, wenn die Aussagen der Unternehmensphilosophie widersprechen.

Persönlichkeitsrechte in digitalen Medien: Worauf müssen Arbeitgeber achten, worauf Arbeitnehmer?

TS: Der Arbeitgeber muss sicherstellen, dass die Corporate Influencer wissen, in welchem Umfang Persönlichkeitsrechte zu beachten sind. Dazu müssen die Corporate Influencer beispielsweise die Regeln zur Veröffentlichung von Personenabbildungen kennen. Ganz wichtig ist zu wissen, welche Aussagen im Zusammenhang mit dem Unternehmen oder dessen Produkten rechtswidrig sind. So darf zum Beispiel eine Privatperson ein Bier für bekömmlich halten. Wenn jedoch jemand, der bei einer Bierbrauerei angestellt ist, ihr Getränk als bekömmlich bezeichnet, dann könnte die Bierbrauerei wegen eines Verstoßes gegen die EU-Health-Claims-Verordnung abgemahnt werden.

In der Audit-Phase einer Corporate-Influencer-Strategie kann es als sehr sinnvoll erscheinen, alle Accounts und Profile derjenigen zu erfassen, die sich bereits in Social Media als Unternehmensangehörige engagieren. Das kann darin bestehen, dass sie in der Kurzbio ihren Arbeitgeber nennen oder sich aktiv mit Postings über ihre beruflichen Themen sowie gegebenenfalls über ihren Arbeitgeber engagieren – beispielsweise auch, indem sie dessen Postings teilen. Ist eine solche Auflistung überhaupt erlaubt, und wenn ja, was ist dabei zu beachten?

TS: Ein Arbeitgeber darf weder gezielt nach Informationen zu Social-Media-Accounts oder Aktivitäten von Mitarbeitern suchen noch sie zu einem Social-Media-Profil der Betreffenden zusammenfügen oder gar analysieren. Auch wenn die Profile einfach zugänglich sind, handelt es sich grundsätzlich um private Aktivitäten, bei denen sich ein Arbeitgeber zurückhalten muss. Zulässig ist ein allgemeines Monitoring, bei dem zum Beispiel nach Stichworten, Hashtags zum Unternehmen gesucht wird. Dabei kann es zwangsläufig passieren, dass auch private, aber öffentlich zugängliche Postings von Mitarbeitenden erfasst werden. Diese dürfen jedoch nur dann weiter verarbeitet werden, wenn Anhaltspunkte für Pflicht- oder Rechtsverstöße bestehen. Das wäre beispielsweise der Fall, wenn eine Mitarbeiterin oder ein Mitarbeiter für den Arbeitgeber wirbt und es sich dabei um »Schleichwerbung« handeln würde, für die der Arbeitgeber mithaftet. In einem solchen Fall sollte das Gespräch gesucht werden.

Das in der Frage genannte Profiling ist dagegen nur mit Zustimmung zulässig. Diese kann in Form einer vertraglichen Absprache erfolgen (zum Beispiel wenn Vereinbarungen mit ausgewählten Social-Media-Influencern geschlossen werden) oder in Form einer Einwilligung. In beiden Fällen müssen die Beschäftigten freiwillig handeln.

An die Freiwilligkeit werden bei Beschäftigten hohe Anforderungen gestellt. Dazu wird allgemeinhin verlangt, dass sie zum Beispiel selbst Vorteile aus der Vertragsbeziehung beziehungsweise der Einwilligung erhalten müssen und unter keinen sozialen Druck gestellt werden dürfen. Eine Rundmail, die alle Arbeitnehmer um die Einwilligung für die Erfassung ihrer Social-Media-Profile bittet, würde diese Voraussetzungen nicht erfüllen. Bei Teilnehmern an einem freiwilligen Corporate-Influencer-Programm, die zudem Vorteile wie etwa ein Zusatzentgelt oder Freistellung von anderen Arbeitsaufgaben erhalten, kann dagegen von deren Freiwilligkeit ausgegangen werden.

Datenschutz in digitalen Medien: Worauf müssen Arbeitgeber achten, worauf Arbeitnehmer?

TS: Wenn man den EuGH beim Wortlaut nimmt, was Datenschutzbehörden tun, dann sind die Inhaber von Accounts für die Erhebung der Daten der Account-Besucher durch die sozialen Netzwerke mitverantwortlich. Das bedeutet zum einen, dass Accounts neben einem Impressumshinweis auch einen Hinweis auf die Datenschutzerklärung enthalten sollten. Da Mitarbeiter im Regelfall keine eigenen Datenschutzerklärungen haben, wird der Verweis auf die Datenschutzerklärung des Unternehmens die naheliegendere Lösung sein. Ferner führt die Mitverantwortung dazu, dass zum Beispiel Datenschutzbehörden Unterlassungsverfügungen oder Bußgelder direkt gegen die Mitarbeiter verfügen könnten. Auch wenn dies eher weniger wahrscheinlich ist, sollten Unternehmen vertraglich die Verantwortung für beruflich veranlasste Haftung gegenüber ihren Corporate Influencern übernehmen.

Wie ist es mit dem Urheberrecht der Postings und Beiträge der Arbeitnehmer – etwa im Corporate Blog?

TS: An Postings und Beiträgen, die im Rahmen des Arbeitsauftrags erstellt werden, erhält der Arbeitgeber die exklusiven Nutzungsrechte. Eine Vereinbarung sollte jedoch getroffen werden, wenn der Arbeitnehmer im privaten Bereich, also außerhalb des Unternehmens und der Arbeitszeit, erstellte Texte oder Bildaufnahmen beisteuert. Hier empfehlen sich Rahmenverträge, die rechtlich sicherstellen, dass der Arbeitgeber diese zu beschreibenden Inhalte wie gewünscht nutzen kann.

An welchen Stellen in der Arbeit mit Markenbotschaftern aus dem Unternehmen ist es unerlässlich, einen Juristen hinzuzuziehen?

TS: Kurz gesagt: Juristen sollten den Einsatz von Corporate Influencern von der Planung an begleiten. Sei es bei der Erstellung der Vereinbarungen mit den Arbeitnehmern, bei deren Instruktion und bei zumindest stichprobenartigen Prüfungen: Hier sollten stets Juristen involviert werden. Dazu müssen die Juristen sich auch mit rechtlichen Rahmenbedingungen und tatsächlichen Gegebenheiten von Social Media auskennen.

Schlussbemerkung

Vielen Dank, dass Sie bis zum Schluss gelesen haben. Ich hoffe, Sie haben in diesem Buch die Informationen gefunden, die Sie sich zum Thema Markenbotschafter/Corporate Influencer gewünscht haben. Wahrscheinlich haben sich beim Lesen bereits neue Fragen ergeben, und weitere Fragen werden sich in der Anwendung der Anregungen, Werkzeuge und Praxistipps zeigen. Ich freue mich daher sehr über Feedback, Erfahrungsberichte und Ergänzungen. Nutzen Sie dazu gerne die Kontaktmöglichkeiten auf der Buch-Website: www.markenbotschafterbuch.de

Es versteht sich, dass alle Anleitungen und Ratschläge in diesem Buch nur allgemeiner Natur sein können. Für die Anwendung und Umsetzung sind Sie selbst verantwortlich. Irrtümer sind ausdrücklich vorbehalten. Auch kann es in dieser dynamischen digitalen Welt vorkommen, dass sich beschriebene Mechanismen oder Funktionen in Details ändern. Zudem konnte ich aus Platzgründen nicht alles so ausführlich erläutern, wie ich es mir vielleicht an der einen oder anderen Stelle gewünscht hätte.

Ein Buch kann, insbesondere wenn es um eine komplexe Thematik geht, verschiedene Bereiche nur anreißen. Deswegen publiziere ich nicht nur in Buchform, sondern beispielsweise auch in meinem Online-Magazin »PR-Doktor« sowie als Gastautorin in weiteren Publikationen. Ich halte Vorträge, habe einen Videokanal und gebe Newsletter heraus. In meinen Social-Media-Präsenzen finden Sie ebenfalls aktuelle Informationen zu diesem und weiteren Themen aus Unternehmenskommunikation und aus der digitalen Welt. Auf der Buch-Website habe ich diese Angebote leicht auffindbar verlinkt.

Ich freue mich daher sehr, wenn Sie mir auch über das Buch hinaus folgen.

Für Ihre Markenbotschafterstrategie und für Ihren persönlichen Erfolg als Corporate Influencer wünsche ich Ihnen viel Erfolg!

Kerstin Hoffmann, im Frühjahr 2020

Danksagung

Vielen Dank an alle diejenigen, die mich beim Schreiben dieses Buchs inspiriert, ermutigt und unterstützt haben. Danke an mein Netzwerk, das mir viele wertvolle Impulse geliefert hat. Danke an die Markenbotschafterinnen und Markenbotschafter, die sich die Zeit für die ausführlichen Interviews genommen und wirklich spannende Einblicke geliefert haben. Danke an diejenigen Kommunikationsverantwortlichen in Unternehmen, die hier selbst nicht namentlich erkennbar sind, aber dazu beigetragen haben, dass einige der Interviews zustande kamen. Danke auch an meine Kundinnen und Kunden, in deren Auftrag ich in den vergangenen Jahren so viele Erfahrungen mit der praktischen Umsetzung von Markenbotschafterprojekten sammeln durfte.

Das wunderbare Team des Haufe-Verlags hat mich bei diesem Buch erneut ebenso freundlich wie professionell unterstützt. Danke an meinen Lektor Peter Böke, der mir mit seiner unvergleichlichen Kombination aus feinfühliger Freundlichkeit und fachlicher Klarheit zu einem wertvollen Sparringspartner für meine Bücher geworden ist.

Mein abschließender und besonderer Dank gilt wie immer meinem Mann, Ulrich Heister, der mir auch für dieses Buch – das zu großen Teilen an Abenden, Wochenenden und freien Tagen entstanden ist – den Rücken freigehalten hat.

Sollte ich an dieser Stelle jemanden vergessen und nicht namentlich erwähnt haben, dann sehen Sie es mir bitte nach und fühlen Sie sich ausdrücklich in meine Danksagung eingeschlossen!

Die Autorin

Dr. Kerstin Hoffmann ist Kommunikations- und Strategieberaterin, Vortragsrednerin und Autorin. Ihr »PR-Doktor« gehört zu den meistgelesenen Online-Magazinen der Branche. Sie lehrte an der Heinrich-Heine-Universität Düsseldorf PR und digitale Strategien. Ihre Schwerpunkte sind strategische Kommunikation, Content-Marketing sowie bereits seit mehreren Jahren das Thema Markenbotschafter/Corporate Influencer. Mit der Markenbotschafterschmiede hat Kerstin Hoffmann ein darauf spezialisiertes Angebot ins Leben gerufen: www.markenbotschafterschmiede.de

Ihr Buch »Prinzip kostenlos. Wissen verschenken – Aufmerksamkeit steigern – Kunden gewinnen« (2012) ist früh zu einem Standardwerk im Bereich Content-Marketing geworden. Ihr Buch »Lotsen in der Informationsflut. Erfolgreiche Kommunikationsstrategien mit starken Markenbotschaftern aus dem Unternehmen« (Haufe Verlag 2016) ist bisher eines der wenigen umfassenden Werke in Deutschland zu diesem Thema gewesen und setzte entscheidende Impulse. 2019 erschien ebenfalls im Haufe Verlag die Neuauflage ihres Buchs »Web oder stirb! Erfolgreiche Unternehmenskommunikation in Zeiten des digitalen Wandels« (1. Auflage 2015).

Mehr über Kerstin Hoffmann erfahren Sie auf ihrer Website: www.kerstin-hoffmann.de

Literatur und Weblinks

Alle Literaturhinweise und Weblinks finden Sie auch auf der Buch-Website direkt zum Anklicken.
Stand für alle Weblinks, wo nicht anders angegeben: Zuletzt abgerufen am 25. März 2020. Auch die Beschreibung der Plattformen und Anbieter im Web sowie deren einzelne Funktionen erfolgt nach bestem Wissen mit Stand vom März 2020. Irrtümer vorbehalten.

BdP-Award für Kommunikation 2019: https://www.bdp-net.de/themen/bdp-award

Bendiek, Sabine auf Twitter: https://twitter.com/bendiek

Berner, Manfred: »Angst: Die wichtigste Emotion (nicht nur) in Veränderungsprozessen«, in: Die Umsetzungsberatung, https://www.umsetzungsberatung.de/psychologie/angst.php

Bohlen, Dieter, auf Instagram: @dieterbohlen, https://www.instagram.com/dieterbohlen/?hl=de

Buggisch, Christian: »Deutsche Social Media Guidelines«, in: Christian Buggischs Blog, 12. Oktober 2011, zuletzt aktualisiert im Januar 2020.

Bullas, Jeff: »The Social Network Tribes – Plus Infographic«, https://www.jeffbullas.com/2012/07/05/the-social-network-tribes-plus-infographic/

Bundeswehr Exclusive: https://www.youtube.com/channel/UCZPAni75bkLnjGO8yhuJpdw

Capgemini, IT-Trends-Blog: https://www.de.capgemini.com/blog/it-trends-blog

Daisyme, Peter: »5 Trends That Will Reshape Customer Service Over the Next 5 Years«, in: Entrepreneur Europe, 5. Dezember 2019, https://www.entrepreneur.com/article/343367

Dambeck, Holger: »Soziale Netzwerke verdrängen alte Freunde«, in: Spiegel online Wissenschaft, 7. Januar 2014, http://www.spiegel.de/wissenschaft/mensch/psychologie-neue-freunde-verdraengen-alte-freunde-a-941971.html

DATEV: #WirSindDATEV: www.datev.de/botschafter

Deckstein, Dinah: »Kopiert Twitter-König Kaeser Ideen vom Konkurrenten?«, in: Spiegel+, 29. November 2019.

Deutschlandfunk Nova: »Alte Masche, neue Technik«, in: Deutschlandfunk Nova, 25. Juni 2019, https://www.deutschlandfunknova.de/beitrag/deep-fakes-betrug-per-stimmsynthese

Douglas auf Instagram: https://www.instagram.com/douglas_cosmetics/

Douglas: https://corporate.douglas.de/ueber-douglas/management/

Douglas: https://corporate.douglas.de/ueber-douglas/verantwortung/

Douglas-Blog: https://www.douglas.de/tipps-trends/blog/

Ebner, Winfried: »#Werkstolz: Das Telekom-Botschafter-Programm«, in: winfriedebner.de, 15. März 2017.

Eck, Klaus; Eichmeier, Doris: Die Content-Revolution im Unternehmen: Neue Perspektiven durch Content-Marketing und -Strategie, Haufe 2014.

Effenberg, Stefan, auf Instagram: @stefan_effenberg_official, https://www.instagram.com/stefan_effenberg_official/?hl=de

Effenberg, Stefan: »Effenberg hautnah – ein Star und seine Fans«, in: RP Online, 24. Oktober 2019, https://rp-online.de/nrw/staedte/krefeld/krefeld-stefan-effenberg-bei-mcdonalds-wiedereroeffnung_aid-46693057

Ehmer, Jörg: »Die Tür ist erst einen Spalt aufgestoßen!«, in: PR-Doktor, 27. Januar 2015, https://www.kerstin-hoffmann.de/pr-doktor/joerg-ehmer-ceo-blogger/

Ehmer, Jörg: https://www.ehmers-blog.de/2018/verantwortung-uebernehmen/

EWE Azubi-Blog: https://azubiblog.ewe.com

Facebook: Facebook-Gruppen im Hilfebereich: https://www.facebook.com/help/162866443847527/

Facebook-Gruppe: #WIRsindAudi (private Facebook-Gruppe), https://www.facebook.com/groups/1746821518926163/

fme, Karriereseite: Inside fme. https://www.fme-karriere.de/inside-fme/

Frenzel, Karolina; Müller, Michael; Sottong, Hermann: Storytelling. Das Praxisbuch, Carl Hanser 2006.

Freytag, Bernd: »Seitenbacher. Die Stimme für das Müsli«, aktualisiert am 19. Februar 2013, https://www.faz.net/aktuell/wirtschaft/unternehmen/seitenbacher-die-stimme-fuer-das-muesli-12085247.html

Gesellschaft für Wirtschaftsförderung im Kreis Höxter mbH: https://www.gfwhoexter.de/presse/pressemitteilungen--newsletter/3600.Kreispolizeibehoerde-Hoexter-stellt-neue-Botschafter-fuer-Standortkampagne-Region-plus-X-Spurensicherung-aus-Rio-de-Janeiro-und-Polizisten-Gene-aus-Beverungen.html

Google Alerts: https://www.google.de/alerts

Granovetter, Mark: »The Strength of Weak Ties«, in: American Journal of Sociology 78 (1973), S. 1360-1380.

Heinrich, Nicole: »Das OTTO-Jobbotschafter-Programm«,https://www.rethink-hrtech.de/wp-content/uploads/2018/03/Tag-2_05_Nicole-Heinrich_Otto.pdf.

Hoffmann, Kerstin: Prinzip kostenlos: Wissen verschenken – Aufmerksamkeit steigern – Kunden gewinnen, Wiley-VCH, 2. Auflage, 2017.

Hoffmann, Kerstin: Lotsen in der Informationsflut. Haufe 2017.

Hoffmann, Kerstin: Web oder stirb! Haufe, 2. Auflage 2019.

Hoffmann, Kerstin: Studie: »Markenbotschafter – Corporate Influencer, Zum Stand in den Unternehmen«. Auswertung der Umfrage der Markenbotschafterschmiede, Dezember 2019, www.markenbotschafterschmiede.de/studie/

Hoffmann, Kerstin: Markenbotschafterschmiede, https://www.markenbotschafterschmiede.de/studie/

Hoffmann, Kerstin: »Die Content-Ampel«, http://www.content-ampel.de

Hoffmann, Kerstin: »Die Reputationsskala: In sieben einfachen Schritten zur digitalen Personenmarke«, in: PR-Doktor, https://www.kerstin-hoffmann.de/pr-doktor/reputationsskala-sieben-schritte-erfolgreiche-personenmarke/

Hoffmann, Kerstin: »Warum B2B-Unternehmen auf Facebook-Gruppen setzen sollten«, in: PR-Doktor, 18. November 2019, https://www.kerstin-hoffmann.de/pr-doktor/facebook-gruppen-b2b-kommunikation/

Hoffmann, Kerstin: »Wie lautet Ihr Kanalversprechen«, in: PR-Doktor: https://www.kerstin-hoffmann.de/pr-doktor/kanalversprechen-empfaenger-nutzen/

Hoffmann, Kerstin: »Wie man Social-Media-Guidelines erarbeitet, die tatsächlich funktionieren«, in: PR-Doktor, 4. Oktober 2017, letzte Aktualisierung 3. Januar 2020, https://www.kerstin-hoffmann.de/pr-doktor/social-media-guidelines-unternehmen/

Hoffmann, Kerstin: »Zwei Jahre Corporate Influencer bei Otto: ›Wir müssen lernen loszulassen‹«, in: PR-Doktor, 16. September 2019.

IKEA, Azubi-Blog: https://ausbildung.ikea.de/azubi-blog

Janke, Klaus: »Marken-Award 2019 – Die Sieger: Geschickt gekontert mit der BVG«, in: *Absatzwirtschaft*, 22. Mai 2019, https://www.absatzwirtschaft.de/marken-award-2019-die-finalisten-geschickt-gekontert-mit-der-bvg-156893/

Knaus, Uwe: »Unsere Mitarbeiter-Blogger waren und sind die glaubwürdigsten Markenbotschafter«, in: PR-Doktor, 6. Dezember 2017, https://www.kerstin-hoffmann.de/pr-doktor/uwe-knaus-zehn-jahre-daimler-blog-mitarbeiter-markenbotschafter/

Kununu: https://www.kununu.com/

Lazarsfeld, Paul F.; Berelson, Bernard; Gaudet, Hazel: The People's Choice. How the Voter Makes Up his Mind in a Presidential Campaign. Duell, Sloan and Pearce, New York 1944.

Lewanczik, Niklas: »27 Jahre SEO und Suchmaschinen im Zeitraffer«, In: Onlinemarketing.de, 28. November 2018, https://onlinemarketing.de/news/27-jahre-seo-suchmaschinen-zeitraffer

Liebich, Dirk: »Was Entscheider jetzt über Künstliche Intelligenz und Machine Learning wissen müssen«, in: PR-Doktor, 19. September 2018, https://www.kerstin-hoffmann.de/pr-doktor/entscheider-wissen-kuenstliche-intelligenz-machine-learning/

LinkedIn: LinkedIn-Gruppen im Hilfebereich: https://www.linkedin.com/help/linkedin/answer/12592

LinkedIn-Anmeldeseite: https://www.linkedin.com/search/results/people/?facetCurrentCompany=%5B%221798701%22%5D

Lithium.com: »74 Percent of Digital Natives Tired of Brands Shouting at Them«, Lithium, 5. Mai 2016, http://www.lithium.com/company/news-room/press-releases/2016/lithium-74-percent-of-digital-natives-tired-of-brands-shouting-at-them

Löffler, Miriam: Think Content! Content-Strategie, Content fürs Marketing, Content-Produktion, 2. Auflage, Rheinwerk 2019.

Marten, Nick: SMWHH aus dem Galionsfigurensaal, 1. März 2018, https://youtu.be/BWZSdDK6mTY (Auskunft über Details zu OTTO, Start etwa bei 4:12 h)

MonitoringMatcher: http://www.monitoringmatcher.de/2016/04/mehr-als-30-instagram-tools/

Mönning, Eugenia: »Zwei Jahre Corporate Influencer bei Otto: ›Wir müssen lernen loszulassen‹«, Interview mit Eugenia Mönning, Pressesprecherin HR bei Otto, in: PR-Doktor, 16. September 2019, https://www.kerstin-hoffmann.de/pr-doktor/2-jahre-jobbotschafter-otto-interview/

Müller, Tina, auf LinkedIn: https://www.linkedin.com/in/tina-mueller/

Neumann, Karl-Thomas: »CEOs: Digital ist Teil Ihres Jobs. Nutzen Sie die Chancen«, in: LinkedIn, Meinungen & Macher, 1. August 2016, https://www.linkedin.com/pulse/ceos-digital-ist-teil-ihres-jobs-nutzen-sie-die-chancen-neumann

o. V.: »Die peinlichen Patzer der Deutsche-Bank-Chefs«, in: Die Welt, 18. Dezember 2012, http://www.welt.de/wirtschaft/article112105675/Die-peinlichen-Patzer-der-Deutsche-Bank-Chefs.html

Opel: »Opel startet neue Corsa-Kampagne mit Jürgen Klopp in der Hauptrolle«, in: Opel Pressroom, 4. November 2019.

personal.magazin 07/2018: https://www.haufe.de/download/personalmagazin-ausgabe-72018-personalmagazin-454966.pdf

Piechowski, Nadine von: »Erfolg fürs Influencer Marketing: Jeder Fünfte kauft Produkte nach Empfehlung«, in: Onlinemarketing.de, https://onlinemarketing.de/news/studie-influencer-marketing-2020

Polizei NRW Viersen, Facebook-Seite: https://www.facebook.com/polizei.nrw.vie/

PR-Doktor. Online Magazin von Dr. Kerstin Hoffmann: https://www.pr-doktor.de

Recrudo, Markenbotschafter für ICEBREAKER auf Twitter: https://twitter.com/RecrudoJobs/status/1189924623804248064?s=20

Salesforce Deutschland Blog: https://www.salesforce.com/de/blog/uber-dieses-blog

Saramäki, Leicht et al.: »Persistence of social signatures in human communication«, in: Crossmark, 11. November 2013, http://www.pnas.org/content/111/3/942

Schach, Annika; Lommatzsch, Timo: Influencer Relations: Marketing und PR mit digitalen Meinungsführern, Springer Gabler 2018.

Schindera, Philipp, Twitter-Account: https://twitter.com/schindera/status/1172372329566887936

Schindera, Philipp: »Corporate Influencer: Segen, Schein, Sein oder heißer Scheiß«, Vortrag von Philipp Schindera, Leiter Unternehmenskommunikation der Deutschen Telekom auf dem Kommunikationskongress 2019 in Berlin, Aufzeichnung auf YouTube: https://www.youtube.com/watch?v=-r2sTlyF7Yw

Schindler, Marie-Christine: »Mitarbeiter als Influencer, Botschafter oder sollen sie einfach ihre Arbeit tun?«, in: mcschindler.com, 28. August 2018, https://www.mcschindler.com/mitarbeiter-als-influencer-botschafter-oder-sollen-sie-einfach-ihre-arbeit-tun/

Schmidt, Holger: »Digitale Nachzügler riskieren Abwanderung ihrer besten Mitarbeiter«, in: netzoekonom.de, 29. Juli 2016, https://netzoekonom.de/2016/07/29/11961/

Spangenberg, Toni: »Corporate Influencer sind eine Riesenchance«, in: Pressesprecher, 16. Juli 2019, https://www.pressesprecher.com/nachrichten/corporate-influencer-vorteile-tipps-risiken-2017522695

Stadtwerke Neuss: Stadtwerke Magazin: https://www.stadtwerke-neuss.de/stadtwerke-magazin/

Statista.com: »Welche Messenger nutzen Sie regelmäßig?«, in: Statista, 18. Juni 2019, https://de.statista.com/prognosen/999735/umfrage-in-deutschland-zu-beliebten-messengern

Tagesschau.de: »Namensschilder für Polizisten sind rechtens«, in: tagesschau.de, 26. September 2019, https://www.tagesschau.de/inland/polizei-kennzeichnungspflicht-101.html

Talkwalker Alerts: https://www.talkwalker.com/de/alerts

The Economist: »Chief Humanising Officer«, in: 10. Februar 2005, https://www.economist.com/business/2005/02/10/chief-humanising-officer

Theobald, Tim: »Roller wirbt jetzt mit dem doppelten Bohlen«, in: Horizont, 23. September 2019, https://www.horizont.net/agenturen/nachrichten/jubilaeumskampagne-roller-wirbt-jetzt-mit-dem-doppelten-bohlen-177745

Tißler, Jan: »Was ist ein Content Hub? Wozu brauchst du ihn?«, in: wp unboxed, 24. Januar 2020, https://raidboxes.io/blog/online-marketing/content-hub/

Werle, Klaus: »Weltendeuter im Weisheits-Wahn«, in: manager magazin, 27. Mai 2016, http://www.manager-magazin.de/unternehmen/artikel/richard-branson-virgin-chef-gibt-auf-twitter-den-weltendeuter-a-1094245.html

Wulff, Hans Jürgen: »Rieplsches Gesetz«, in: Lexikon der Filmbegriffe, http://filmlexikon.uni-kiel.de/index.php?action=lexikon&tag=det&id=4772 (Artikel zuletzt geändert am 24. Juli 2011).

Zientz, Falk: »BS 2018 / 2 – Wir sind mehr!«, in: GLS Bank, Das Blog, 19. November 2018, https://blog.gls.de/bankspiegel/bs-2018-2-wir-sind-mehr-haltung/

Stichwortverzeichnis

HAUFE.
Werden Sie uns weiterempfehlen?
www.haufe.de/feedback-buch
Teilnehmen und eReader gewinnen!
Feedback